机 电 电 气 专 业 系 列

U0733936

焊 接 工 艺

主　编　王志华　杜双明

副主编　吴静然　黄永德

北京师范大学出版集团
BEIJING NORMAL UNIVERSITY PUBLISHING GROUP
北京师范大学出版社

图书在版编目（ＣＩＰ）数据

　　焊接工艺/王志华，杜双明主编.—北京：北京师范大学出版社，
2021.1
　　ISBN 978-7-303-11758-1

　　I.①焊…　Ⅱ.①王…　②杜…　Ⅲ.①焊接工艺－高等学校：技术学
校－教材　Ⅳ.①TG44

　　中国版本图书馆 CIP 数据核字（2010）第 218749 号

营 销 中 心 电 话	010-58802128　58805532
北师大出版社科技与经管分社	http://www.jswsbook.com
电 子 信 箱	jswsbook@163.com

出版发行：北京师范大学出版社　www.bnupg.com
　　　　　北京市西城区新街口外大街 12－3 号
　　　　　邮政编码：100088
印　　刷：北京虎彩文化传播有限公司
经　　销：全国新华书店
开　　本：787 mm×1092 mm　1/16
印　　张：21.75
字　　数：470 千字
版 印 次：2021 年 1 月第 1 版第 5 次印刷
定　　价：54.00 元

策划编辑：庞海龙 周光明	责任编辑：庞海龙 周光明
美术编辑：刘　超	装帧设计：刘　超
责任校对：李　菡 赵非非	责任印制：马　洁

前　　言

　　《焊接工艺》是为了满足高等院校材料成形与控制专业、焊接方向以及其他与焊接相关专业的教学需要编写的。本教材可作为焊接专业本科生的教学用书，也可作为从事焊接工作的研究人员和工程技术人员的参考书。

　　焊接工艺是现代制造业中重要的成形加工方法之一，广泛应用于航天、航空、机械制造、石油化工、交通车辆、动力工程、船舶等各个工业部门。焊接工艺课程是材料成形与控制专业、焊接方向的一门主要的专业课，在培养本科生掌握专业理论知识和提高焊接工程实践能力方面起着重要作用。

　　本教材系统地讲述了常用的焊接方法，包括焊条电弧焊、埋弧焊、熔化极气体保护焊、钨极惰性气体保护焊、等离子弧焊接、电阻焊、钎焊、电子束焊接、电子束焊、激光焊接、扩散焊、超声波焊接。针对每一种焊接方法，都讲述了其焊接原理、特点、应用，尤其着重阐述了其焊接工艺参数的选择。本教材还讲述了金属材料的焊接性分析方法及金属材料的焊接，包括碳钢、合金钢、铸铁、常用有色金属及异种金属的焊接。此外，根据焊接工艺的应用现状，本教材讲述了高分子材料的焊接。

　　本教材由王志华和杜双明担任主编，吴静然和黄永德担任副主编，西安交通大学王昕主审。西安科技大学王晓刚编写了绪论；西安科技大学王志华编写了第2章、第3章，并负责全书统稿；王晓刚和王志华共同编写了第6章；安徽工业大学尹孝辉编写了第4章；西安科技大学朱明编写了第5章；西安科技大学杜双明编写了第7章、第8章；承德石油高等专科学校吴静然编写了第9章、第10章、第15章；南昌航空大学黄永德编写了第11章、第12章；太原理工大学杜华云编写了第13章；北京工业大学文胜平编写了第14章；西安科技大学左晶编写了第16章。

　　在本教材的编写过程中，得到了很多同志的帮助和支持，编者在此表示衷心的感谢，同时，向本书中所引用文献的作者深表谢意。

　　由于编者水平有限，书中难免有不当之处，恳请读者批评指正。

编　者

目 录

第1章　绪　论 ……………………（1）
　1.1　焊接技术的发展 …………（1）
　1.2　焊接工艺 ……………………（2）
　　1.2.1　焊接方法的分类 ……（2）
　　1.2.2　材料的焊接性 ………（3）
第2章　焊条电弧焊 …………………（5）
　2.1　焊条电弧焊基础 …………（6）
　　2.1.1　焊条电弧焊的电弧特性
　　　　　 …………………………（6）
　　2.1.2　焊接的熔滴过渡 ……（7）
　　2.1.3　焊接操作过程 ………（9）
　2.2　焊条 ………………………（10）
　　2.2.1　焊条的组成 …………（10）
　　2.2.2　焊条的分类及型号 …（11）
　　2.2.3　专用焊条 ……………（16）
　　2.2.4　焊条的选用原则 ……（16）
　2.3　焊条电弧焊的接头形式和
　　　　坡口 ………………………（18）
　　2.3.1　接头形式 ……………（18）
　　2.3.2　坡口形式 ……………（18）
　　2.3.3　焊接衬垫和引出板 …（27）
　2.4　焊接工艺 …………………（27）
　　2.4.1　焊前准备 ……………（27）
　　2.4.2　焊接工艺参数 ………（28）
　2.5　焊接缺陷及防止措施 …（31）
　　2.5.1　外观缺陷 ……………（31）
　　2.5.2　内部缺陷 ……………（33）
　习题 ………………………………（35）
第3章　埋弧焊 ………………………（36）
　3.1　概述 ………………………（36）

　　3.1.1　埋弧焊的工作原理和过程
　　　　　 …………………………（36）
　　3.1.2　埋弧焊的特点 ………（36）
　　3.1.3　埋弧焊的应用范围 …（38）
　3.2　埋弧焊的焊接材料及冶金
　　　　特点 ………………………（38）
　　3.2.1　焊接材料 ……………（38）
　　3.2.2　冶金特点 ……………（46）
　3.3　埋弧焊工艺 ………………（46）
　　3.3.1　焊前准备 ……………（47）
　　3.3.2　埋弧焊的主要工艺参数
　　　　　 …………………………（47）
　　3.3.3　埋弧自动焊工艺 ……（57）
　　3.3.4　埋弧焊常见缺陷及防止方法
　　　　　 …………………………（64）
　3.4　埋弧焊的其他方法 ……（67）
　　3.4.1　多丝埋弧焊 …………（67）
　　3.4.2　带极埋弧焊 …………（68）
　　3.4.3　窄间隙埋弧焊 ………（69）
　习题 ………………………………（69）
第4章　熔化极气体保护焊 ………（71）
　4.1　概述 ………………………（71）
　　4.1.1　熔化极气体保护焊的分类及
　　　　　特点 ……………………（71）
　　4.1.2　熔化极气体保护焊的应用
　　　　　 …………………………（72）
　4.2　熔化极氩弧焊 …………（73）
　　4.2.1　熔化极氩弧焊的特点 …（73）
　　4.2.2　熔化极氩弧焊的熔滴过渡
　　　　　 …………………………（73）

4.2.3 混合气体选择及应用范围
…………………………… (76)
4.2.4 熔化极活性混合气体保护焊
工艺 ………… (79)
4.3 CO$_2$气体保护电弧焊 …… (82)
4.3.1 CO$_2$焊的特点及应用 … (82)
4.3.2 CO$_2$焊的冶金特性 …… (83)
4.3.3 CO$_2$焊的焊接材料 …… (86)
4.3.4 CO$_2$气体保护焊的熔滴过渡
形式及规范参数的选择
…………………………… (88)
4.3.5 减少CO$_2$气体保护焊飞溅的
措施 ……… (92)
4.4 熔化极气体保护焊的其他
方法 ………………… (94)
4.4.1 脉冲熔化极气体保护焊
…………………………… (94)
4.4.2 窄间隙混合气体保护焊
…………………………… (95)
4.5 应用实例 ……………… (97)
4.5.1 铝制罐车的MIG焊 …… (97)
4.5.2 42CrMo链轮的富氩气体保
护焊 ……………… (98)
4.5.3 CO$_2$气体保护焊在汽车焊接中
的应用 ………… (99)
4.5.4 CO$_2$气体保护焊在4 000m^3
球罐中的应用 ……… (100)
习题 ………………… (101)

第5章 钨极惰性气体保护焊 … (102)
5.1 概述 ………………… (102)
5.1.1 钨极氩弧焊的基本原理
…………………………… (102)
5.1.2 钨极氩弧焊的分类和特点
…………………………… (102)
5.1.3 钨极氩弧焊的应用 …… (103)
5.2 钨极氩弧焊的电流种类和
极性 ………………… (103)
5.2.1 直流钨极氩弧焊 …… (103)
5.2.2 交流钨极氩弧焊 …… (105)

5.2.3 脉冲钨极氩弧焊 …… (107)
5.3 钨极氩弧焊工艺 …… (107)
5.3.1 接头及坡口形式 …… (107)
5.3.2 焊前准备 ………… (108)
5.3.3 钨极氩弧焊焊枪 …… (108)
5.3.4 工艺参数的选择 …… (109)
5.3.5 钨极氩弧焊加强保护效果的
措施 ………… (113)
5.4 钨极氩弧焊的其他方法
…………………………… (114)
5.4.1 钨极氩弧点焊 …… (114)
5.4.2 热丝钨极氩弧焊 …… (116)
5.5 工艺缺陷、产生原因及防止
措施 ………… (117)
5.6 应用实例 …………… (118)
5.6.1 固定管全位置钨极氩弧焊
…………………………… (118)
5.6.2 管与管板焊接 …… (120)
习题 …………………… (121)

第6章 等离子弧焊接 …… (122)
6.1 概述 ………………… (122)
6.1.1 等离子弧的形式和类型
…………………………… (122)
6.1.2 等离子弧特性 …… (123)
6.1.3 等离子弧的电流极性
…………………………… (124)
6.2 等离子弧焊的分类 … (124)
6.2.1 小孔型等离子弧焊 … (125)
6.2.2 熔入型等离子弧焊 … (126)
6.2.3 微束等离子弧焊 … (126)
6.3 等离子弧焊的焊接材料
…………………………… (126)
6.3.1 母材 …………… (126)
6.3.2 填充材料 ……… (126)
6.3.3 气体 …………… (126)
6.4 等离子弧焊的工艺 … (128)
6.4.1 接头形式 ……… (128)
6.4.2 装配与夹紧 …… (129)
6.4.3 工艺参数 ……… (130)

6.4.4　等离子弧焊的缺陷及防止

措施 …………………… (136)

习题 ……………………………… (136)

第7章　电　阻　焊 …………… (137)

7.1　点焊 ………………………… (137)

7.1.1　概述 …………………… (137)

7.1.2　点焊基本原理 ……… (138)

7.1.3　点焊工艺 …………… (142)

7.1.4　常用金属材料的点焊

………………………… (150)

7.2　缝焊(Seam Welding)

………………………… (153)

7.2.1　缝焊的基本类型 …… (153)

7.2.2　缝焊接头形成过程 … (154)

7.2.3　缝焊工艺 …………… (154)

7.3　对焊 ………………………… (158)

7.3.1　闪光对焊 …………… (158)

7.3.2　电阻对焊 …………… (163)

习题 ……………………………… (166)

第8章　钎　焊 ………………… (167)

8.1　钎焊的原理及特点 ……… (167)

8.1.1　钎焊的原理 ………… (167)

8.1.2　钎焊的特点 ………… (171)

8.2　钎焊材料 …………………… (171)

8.2.1　钎料 …………………… (171)

8.2.2　钎剂 …………………… (173)

8.3　钎焊的分类及应用 ……… (174)

8.4　钎焊工艺 …………………… (175)

8.4.1　钎焊接头的设计 …… (175)

8.4.2　焊件的表面处理 …… (178)

8.4.3　焊件的装配和固定 … (179)

8.4.4　钎料的放置 ………… (179)

8.4.5　钎料工艺参数确定 … (180)

8.4.6　钎焊的后处理 ……… (181)

8.5　应用实例 …………………… (181)

习题 ……………………………… (182)

第9章　其他焊接方法 ……… (183)

9.1　电子束焊接 ……………… (183)

9.1.1　概述 …………………… (183)

9.1.2　电子束焊的特点及应用

………………………… (185)

9.1.3　金属材料的电子束焊

………………………… (187)

9.2　激光焊接 …………………… (188)

9.2.1　概述 …………………… (188)

9.2.2　激光焊的特点及应用

………………………… (192)

9.2.3　激光焊工艺 ………… (194)

9.3　扩散焊接 …………………… (194)

9.3.1　扩散焊的原理 ……… (195)

9.3.2　扩散焊的特点及应用

………………………… (197)

9.3.3　材料的扩散焊 ……… (199)

9.4　超声波焊接 ………………… (199)

9.4.1　概述 …………………… (199)

9.4.2　优缺点及其应用 …… (202)

9.4.3　塑料的超声波焊接 … (204)

习题 ……………………………… (204)

第10章　金属材料焊接性分析方法 …

………………………… (205)

10.1　金属的焊接性 …………… (205)

10.1.1　金属焊接性 ……… (205)

10.1.2　影响焊接性的因素 … (206)

10.1.3　评定金属焊接性的方法

………………………… (207)

10.2　金属焊接性评定与试验

………………………… (209)

10.2.1　焊接性试验的内容 … (209)

10.2.2　焊接性试验方法分类

………………………… (210)

10.2.3　常用的焊接性试验方法

………………………… (211)

习题 ……………………………… (219)

第11章　碳钢的焊接 ………… (220)

11.1　概述 ………………………… (220)

11.2　低碳钢的焊接 …………… (222)

11.2.1　低碳钢的焊接特点 … (222)

11.2.2　低碳钢的焊接工艺 … (222)

11.2.3 低碳钢施焊工艺要点
    ………………………………… （225）
11.3 中碳钢的焊接 ……… （226）
    11.3.1 中碳钢的焊接特点 … （226）
    11.3.2 中碳钢的焊接工艺 … （227）
    11.3.3 中碳钢的典型零件焊接
        ……………………………… （229）
11.4 高碳钢的焊接 ……… （230）
    11.4.1 高碳钢的焊接特点 … （230）
    11.4.2 高碳钢的焊接工艺 … （230）
习题 ……………………………… （231）

第 12 章 合金钢的焊接 ……… （232）
12.1 概述 …………………… （232）
12.2 合金结构钢的焊接性
    ……………………………… （233）
12.3 合金结构钢的焊接工艺
    ……………………………… （237）
    12.3.1 焊接材料的选择 …… （237）
    12.3.2 焊接方法的选择 …… （238）
    12.3.3 焊前准备 …………… （239）
    12.3.4 焊接工艺参数的选择
        ……………………………… （240）
    12.3.5 焊后热处理 ………… （240）
    12.3.6 应用实例…………… （241）
12.4 不锈钢的焊接 ……… （242）
    12.4.1 不锈钢的分类 ……… （242）
    12.4.2 不锈钢的焊接特点 … （245）
    12.4.3 不锈钢的电弧焊、埋弧焊
        与氩弧焊 ……… （251）
习题 ……………………………… （254）

第 13 章 铸铁的焊接 ……… （255）
13.1 概述 …………………… （255）
    13.1.1 铸铁的一般特性 …… （255）
    13.1.2 铸铁焊接性分析 …… （263）
    13.1.3 铸铁的焊接方法 …… （267）
13.2 铸铁焊接用的焊条及焊粉
    ……………………………… （268）
    13.2.1 铸铁焊接用焊条 …… （268）
    13.2.2 铸铁焊粉 …………… （271）

13.3 铸铁电弧热焊 ……… （271）
    13.3.1 灰口铸铁同质（铸铁型）焊缝
        的电弧热焊 ……… （271）
    13.3.2 球墨铸铁的电弧热焊
        ……………………………… （272）
13.4 铸铁的电弧冷焊 ……… （272）
    13.4.1 灰口铸铁同质电弧冷焊
        （焊缝为铸铁型的电弧冷焊）
        ……………………………… （272）
    13.4.2 灰口铸铁异质焊缝的电弧
        冷焊 ……………… （273）
    13.4.3 球墨铸铁的电弧冷焊
        ……………………………… （276）
13.5 铸铁的气焊 …………… （276）
    13.5.1 灰口铸铁的气焊 …… （276）
    13.5.2 球墨铸铁的气焊 …… （277）
习题 ……………………………… （277）

第 14 章 有色金属的焊接 ……… （280）
14.1 铝及铝合金的焊接 … （280）
    14.1.1 铝合金的种类、性能和用途
        ……………………………… （280）
    14.1.2 铝合金的焊接特性 … （281）
    14.1.3 铝合金焊接的主要问题
        ……………………………… （282）
    14.1.4 铝合金的焊接方法 … （283）
    14.1.5 焊前准备 …………… （288）
    14.1.6 焊后处理…………… （288）
14.2 铜及铜合金的焊接 … （289）
    14.2.1 铜及铜合金的种类及性质
        ……………………………… （289）
    14.2.2 焊接性分析 ………… （289）
    14.2.3 铜及铜合金的焊接工艺特性
        ……………………………… （291）
    14.2.4 铜及其合金焊接的常用
        工艺 ……………… （291）
14.3 钛及钛合金的焊接 … （292）
    14.3.1 钛及其合金的分类 … （292）
    14.3.2 钛及钛合金的焊接性
        ……………………………… （293）

14.3.3 采用一般焊接方法存在的
　　　主要问题 ……………（294）
14.3.4 钛合金的焊接方法 …（294）
14.3.5 焊前清理方法 ………（296）
习题 ……………………………（297）

第15章　异种金属的焊接 ………（298）
15.1 异种金属的焊接性 …（298）
15.1.1 异种金属的焊接性概述
　　　………………………（298）
15.1.2 异种金属焊接性的影响
　　　因素 ………………（30□）
15.2 异种钢的焊接 ………（302）
15.2.1 异种珠光体钢焊接 …（302）
15.2.2 异种低合金高强钢的焊接
　　　………………………（306）
15.3 钢与铝及铝合金的焊接
　　　………………………（313）
15.3.1 焊接特点 ……………（313）
15.3.2 钢与铝及铝合金的熔化焊
　　　………………………（314）
15.4 钢与铜及铜合金的焊接
　　　………………………（315）
15.4.1 铜-钢焊接的主要特点
　　　………………………（315）

15.4.2 钢与铜及铜合金的熔焊
　　　………………………（318）
习题 ……………………………（321）
第16章　高分子焊接 …………（323）
16.1 热粘接 ………………（323）
16.1.1 热气焊接 ……………（323）
16.1.2 挤出焊接 ……………（324）
16.1.3 加热工具焊接 ………（325）
16.1.4 感应加热焊接 ………（325）
16.2 摩擦（机械）焊接 ……（326）
16.2.1 旋转焊接 ……………（326）
16.2.2 超声波焊接 …………（327）
16.2.3 振动焊接 ……………（329）
16.3 溶剂焊接 ……………（329）
16.3.1 常用的溶剂 …………（330）
16.3.2 溶剂焊接的适用范围
　　　………………………（330）
16.4 高分子的焊接质量测试
　　　………………………（332）
16.4.1 破坏性测试 …………（332）
16.4.2 非破坏性测试 ………（333）
习题 ……………………………（333）
参考文献 ………………………（334）

第1章　绪　论

▶ 1.1　焊接技术的发展

　　焊接技术是将两种或两种以上的(同种或异种)材料通过原子或分子之间的结合和扩散造成永久性连接的工艺过程，被广泛应用于航天、航空、机械制造、石油化工、交通车辆、桥梁、船舶、武器、电子等各个工业部门，已成为材料工程领域的主要加工工艺之一。随着科学技术和国民经济的不断发展及各种新材料的不断出现，焊接技术的应用范围将会越来越宽广。

　　在人类历史上，焊接技术的应用可追溯到5 000年前，美索不达米亚人采用铅或锡来钎焊铜制嵌板上两只雄鹿的牙齿，古埃及人采用锡钎焊连接银摆设和铜体的银把手，采用银铜钎料钎焊管子。4000年前，古埃及人采用金钎料钎焊护符盒。公元前350年罗马人开始用Sn-Pb合金连接Pb制水管或Cu制金属工具。我国应用焊接技术的历史源远流长。北京平谷刘家河出土的商斝制造的铁刃铜钺是铁与铜的铸焊件，其表面铜与铁的熔合线蜿蜒曲折。湖北随州市擂鼓墩春秋战国时期曾侯乙墓出土的建鼓铜座上有许多盘龙，是分段钎焊连接而成的。安徽舒城九里墩春秋墓出土的鼓座，上面的龙身就是先铸造成若干段再钎焊起来，焊接处还残留有大块焊锡。秦兵马俑坑出土的铜车马采用了青铜铸焊技术。唐代已采用铁器的锻焊技术。汉朝班固所著的《汉书》一书记载："胡桐泪盲似眼泪也，可以汗金银也，今工匠皆用之。"明代宋应星所著《天工开物》中已有钎焊和锻焊记载："凡铁性逐节黏合，涂上黄泥于接口之上，入火挥槌，泥滓成枵而去，取其神气为媒合。胶结之后，非灼红斧斩，永不可断也。凡熟铁、钢铁已经炉锤，水火未济，其质未坚。乘其出火时，入清水淬之，名曰健钢、健铁。言乎未健之时，为钢为铁，弱性犹存也。凡焊铁之法，西洋诸国别有奇药。中华小焊用白铜末，大焊则竭力挥锤而强合之，历岁之久终不可坚。故大炮西番有锻成者，中国惟恃冶铸也。"明代方以智所著《物理小识》记载："焊药以硼砂合铜为之，若以胡桐汁合银，坚如石。今玉石刀柄之类焊药，加银一分其中，则永不脱。试以圆盆口点焊药于其一隅，其药自走，周而环之，亦一奇也。"

　　随着近代工业的飞速发展，在冶金和化工工业发展的基础上，焊接技术从19世纪开始进入飞速发展时期，而且伴随着新的焊接热源的出现产生了许多新的焊接方法和工艺。1801年，英国H. Davy发现电弧。1836年，Edmund Davy发现乙炔气。1856年：英格兰物理学家James Joule发现了电阻焊原理。1959年，Deville和Debray发明氢氧气焊。1862年用二碳化钙生产出乙炔气。1881年，法国人De Meritens发明了最早期的碳弧焊机。1881年，美国的R. H. Thurston博士用了6年的时间，完成了全系列铜-锌合金钎料在强度与延伸性方面的全部实验。1882年，英格兰人Robert A. Hadfield发明并以他的名字命名的奥氏体锰钢获得了专利权。1885年，美国人Elihu

Thompson 获得电阻焊机的专利权。1885 年，俄罗斯人 Benardos Olszewski 发展了碳弧焊接技术。1888 年，俄罗斯人 H. г. Славянов 发明金属极电弧焊。1889～1890 年，美国人 C. L. Coffin 首次使用光焊丝作电极进行了电弧焊接。1890 年，美国人 C. L. Coffin 提出了在氧化介质中进行焊接的概念。1890 年，英国人 Brown 第一次使用氧加燃气切割进行了抢劫银行的尝试。1895 年，巴伐利亚人 Konrad Roentgen 观察到了一束电子流通过真空管时产生 X 射线的现象。1895 年，法国人 Le Chatelier 获得了发明氧乙炔火焰的证书。1898 年，德国人 Goldschmidt 发明铝热焊。1898 年，德国人克莱菌·施密特发明铜电极弧焊。1900 年，英国人 Strohmyer 发明了薄皮涂料焊条。1900 年，法国人 Fouch 和 Picard 制造出第一个氧乙炔割炬。1926 年，美国的 A. O. Smith 公司率先介绍了手工电弧焊焊条的制作方法。1930 年，人们发明了埋弧焊。1950 年，采用熔渣电阻热作为焊接热源的电渣焊首次用于生产(俄罗斯)。1956 年出现了分别以超声波和电子束作为焊接热源的超声波焊和电子束焊。1957 年，在熔化极气体保护焊中使用 CO_2 作为保护气体(美国、英国和俄罗斯)，而且出现了以摩擦热作为热源的摩擦焊和以等离子弧作为热源的等离子弧焊接和切割。1965 年和 1970 年相继出现了以激光束作为热源的脉冲激光焊和连续激光焊。1991 年，英国率先使用了搅拌摩擦焊。进入 21 世纪后，焊接技术得到了长足的发展。火焰、电弧、电阻热、超声波、摩擦热、激光、电子束、微波等都可以作为焊接的热源，而且人们正在开发更有效、更方便、更节能、更低碳的热源，例如采用几种热源叠加等。此外，焊接材料的范围不断扩大，如合金钢、铸铁、不锈钢、超细晶粒钢、非金属及异种材料(如金属/非金属)的连接等。可用于焊接的结构范围也不断扩大，从普通的结构到超大结构和超微结构(微米级零件)等。焊接设备从手工、高能耗等发展至自动化、数字化、智能化、高效率、低能耗等。

▶ 1.2 焊接工艺

不同的焊接方法有不同的焊接工艺。焊接工艺是指制造焊接结构件所有有关的加工方法和实施要求，包括焊接准备、材料选用、焊接方法选定、焊接参数、操作要求等。根据被焊工件的材质、牌号、化学成分、焊件结构类型，焊接性能要求来确定焊接工艺。

1.2.1 焊接方法的分类

确定焊接工艺首先要确定焊接方法，如手弧焊、埋弧焊、钨极氩弧焊、熔化极气体保护焊等。由于焊接方法的种类繁多，一般情况下根据具体情况进行选择。目前，常用族系法对焊接方法进行分类。

族系法是根据焊接工艺中某几个特征将焊件方法分为三大类，即熔化焊、压焊、钎焊，然后进一步根据其他特征细分为若干小类，形成族系，如图 1-1 所示。采用族系法进行分类时，分类的层次比较灵活，主次关系比较明确，但是没有明确的、一致的分类原则，如熔化焊，按能源种类细分为电弧焊、气焊、铝热焊等，而电弧焊又可分为熔化极和非熔化极焊。

熔化焊是在不施加压力的情况下，将母材的待焊处加热熔化以形成焊缝的焊接方法。压焊是焊接过程中必须对焊件施加压力(加热或不加热)来完成焊接过程。钎焊是在焊接过程中采用比母材熔点低的钎料，将焊件和钎料加热至高于钎料的熔点，而低于母材熔点的温度。利用液态钎料润湿母材，填充接头间隙，并与母材相互扩散来实现连接。

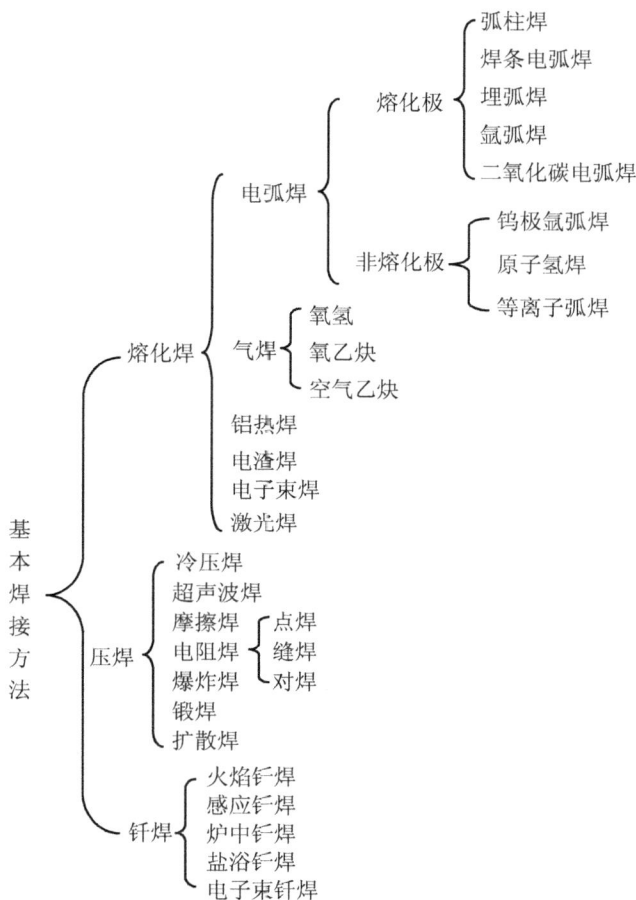

```
                                                        ┌ 弧柱焊
                                                        │ 焊条电弧焊
                                            ┌ 熔化极 ┤ 埋弧焊
                                            │          │ 氩弧焊
                                            │          └ 二氧化碳电弧焊
                                ┌ 电弧焊 ┤
                                │          │          ┌ 钨极氩弧焊
                                │          └ 非熔化极┤ 原子氢焊
                                │                     └ 等离子弧焊
                                │                     ┌ 氧氢
                    ┌ 熔化焊 ┤        ┌ 气焊 ┤ 氧乙炔
                    │          │        │        └ 空气乙炔
                    │          │        铝热焊
                    │          │        电渣焊
                    │          └        电子束焊
                    │                   激光焊
                    │                   ┌ 冷压焊
      基            │                   │ 超声波焊
      本            │                   │ 摩擦焊   ┌ 点焊
      焊 ┤ 压焊 ┤ 电阻焊 ┤ 缝焊
      接            │                   │ 爆炸焊   └ 对焊
      方            │                   │ 锻焊
      法            │                   └ 扩散焊
                    │                   ┌ 火焰钎焊
                    │                   │ 感应钎焊
                    └ 钎焊 ┤ 炉中钎焊
                                        │ 盐浴钎焊
                                        └ 电子束钎焊
```

图 1-1　族系法对焊接方法的分类

由于焊接方法的种类非常多，所以只能根据具体情况选择。确定焊接方法后，再制定焊接工艺参数。焊接工艺参数的种类与焊接方法有关，如手工电弧焊主要包括：焊条型号（或牌号）、直径、电流、电压、焊接电源种类、极性接法、焊接层数、道数、检验方法等。

1.2.2　材料的焊接性

焊接性是指金属材料对焊接加工的适应性，即在一定工艺条件下，如焊接材料、焊接方法、焊接工艺参数及结构形式等，获得优质焊接接头的能力，或指获得优质接头所采取工艺措施的复杂程度。金属材料的焊接性的好坏包括两方面内容：一是结合性能，即在一定的焊接工艺条件下，形成完整而无缺陷的焊缝的难易程度；二是使用性能，即在一定的焊接工艺条件下，金属的焊接接头对使用性能的适应性。

影响金属材料焊接性的因素有材料因素、工艺因素、结构因素、使用条件等。材料因素包括母材和使用的焊接材料，而母材的化学成分是主要因素。工艺因素主要与焊接方法相关，对于同一焊件而言，采用不同的焊接方法和焊接工艺时，所表现的焊接性也不相同。通常采用合适的焊接工艺来防止焊件出现焊接缺陷，提高其使用性能。结构因素是指焊件接头的结构形式对焊件的应力状态产生影响，从而影响材料的焊接性。使用条件是指焊件的服役条件，如高温、低温、腐蚀介质、动载、静载等。

因此，了解各种焊接方法和掌握被焊材料适合采用的焊接方法是合理制定焊接工艺的关键。本教材主要讲述的就是各种常用的焊接方法的焊接工艺和常见金属材料的焊接性。

第 2 章　　焊条电弧焊

　　焊条电弧焊是用手工操纵焊条进行焊接的电弧焊接方法，也称为手工电弧焊。它是利用焊条末端与焊件之间稳定燃烧的电弧所产生的高温使焊条药皮与药芯及焊件熔化，熔化的焊芯端部迅速地形成细小的金属熔滴，通过弧柱过渡到局部熔化的焊件表面，熔到一起形成金属熔池，冷凝后获得牢固的焊接接头，其焊接过程如图 2-1 所示。焊条电弧焊时，焊条药皮在熔化过程中产生的气体和熔渣可以隔绝金属熔池和电弧周围的空气，并且与焊芯和母材发生冶金反应，以保证形成焊缝的化学成分和性能。

　　焊条电弧焊是工业应用最广泛的焊接方法，其具有许多优点。

　　1）设备简单，价格便宜，维护方便。焊接操作时不需要复杂的辅助设备，只需要配备简单的辅助工具，方便携带。

　　2）不需要辅助气体防护，并且具有较强的抗风能力。

　　3）操作灵活，适应性强，凡焊条能够到达的地方都能进行焊接。焊条电弧焊适于焊接单件或小批量工件以及不规则的、任意空间位置和不易实现机械化焊接的焊缝。

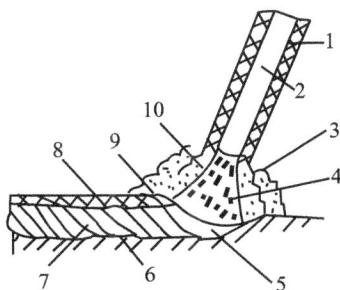

图 2-1　焊条电弧焊的过程

1—焊条药皮；2—焊芯；3—保护气；4—电弧；5—熔池；6—母材；7—焊缝；8—渣壳；9—熔渣；10—熔滴

　　4）应用范围广，可以焊接工业应用中的大多数金属和合金，如低碳钢、低合金结构钢、不锈钢、耐热钢、低温钢、铸铁、铜合金、镍合金等。此外，焊条电弧焊还可以进行异种金属的焊接、铸铁的补焊及各种金属材料的堆焊。

　　但是，焊条电弧焊也有其不足之处。

　　1）依赖性强。焊条电弧焊的焊缝质量可以通过调节焊接电源、焊条、焊接工艺参数外，还依赖于焊工的操作技巧和经验。

　　2）焊工劳动强度大，劳动条件差。焊接时，焊工始终在高温烘烤和有毒烟尘环境中进行手工操作及眼睛观察。

　　3）生产效率低。与自动化焊接方法相比，焊条电弧焊使用的焊接电流较小，而且需要经常更换焊条。

　　4）不适于焊接薄板和特殊金属。焊条电弧焊的焊接工件厚度一般在 1.5mm 以上，1mm 以下的薄板不适于焊条电弧焊。对于活泼金属（如 Ti，Nb，Zr 等）和难熔金属（如 Ta，Mo 等），焊条电弧焊的气体保护作用不足以防止其氧化，导致焊接质量不高；对于低熔点金属（如 Ti，Nb，Zr 及其合金等），焊条电弧焊电弧的温度远远高于其熔点，所以也不能采用这种方法焊接。

▷ 2.1 焊条电弧焊基础

2.1.1 焊条电弧焊的电弧特性

1. 电弧的静特性

当弧长一定，电弧稳定燃烧时，两电极间总电压 U 与电流 I 之间的关系曲线称为电弧静特性曲线，也称为伏-安特性，焊条电弧焊的静特性曲线如图 2-2 所示。可知，当电流密度较小时，随着电流的增加，电弧电压急剧下降，这一段为下降特性，也称为负阻特性；随着电流继续增加，电弧电压几乎保持不变，这一段是水平特性，也是负阻特性。因此，在弧长一定时，如果在一定范围内改变电流值，焊条电弧焊的电弧电压几乎保持不变，电弧均稳定燃烧。

图 2-2 焊条电弧焊的电弧静特性曲线

2. 电弧的温度分布

焊条电弧焊时，电弧在焊条末端和工件间燃烧，电弧由阳极、阴极和弧柱三部分组成，各部分的温度不相同。一般情况下，如果阳极和阴极的材料相同，因阴极发射电子消耗的能量较多，使得阳极温度略高于阴极温度，弧柱温度随焊接电流增大而升高。焊接钢材时，阳极约为 2 600℃，阴极约为 2 400℃，弧柱的温度为 6 000~7 000℃。当使用交流电焊接时，由于电流周期性变化使得两个电极的极性在不断变化，所以焊条和工件的温度分布及热量分布几乎一样。此外，金属极电弧的温度分布还与电极材料相关，不同电极材料的电弧温度分布如表 2-1 所示。

表 2-1 不同电极材料的电弧温度分布

电极材料	气体介质(0.101 3MPa)	电极材料沸点/K	阴极温度/K	阳极温度/K
碳	空气	4 830	3 500	4 200
铁	空气	3 000	2 400	2 600
铜	空气	2 595	2 200	2 450
镍	空气	2 730	2 370	2 450
钨	空气	5 930	3 640	4 250

3. 电弧偏吹

电弧偏吹是指在焊接过程中，由于某种原因使得电弧周围磁场分布的均匀性受到破坏，从而导致焊接电弧偏离焊丝(或焊条)的轴线而向某一方向偏吹的现象。当采用交流电焊接时很少引起电弧偏吹，而采用直流电焊接时会产生电弧偏吹，使得焊缝的缺陷增多。

(1)电弧偏吹的原因

产生电弧偏吹的原因有 3 种。①焊条偏心产生的偏吹。焊条偏心严重时，与焊条药皮较厚的一边相比，

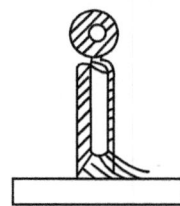

图 2-3 焊条偏心引起的电弧偏吹

较薄的一边首先熔化并引起电弧外露使得电弧偏吹，如图 2-3 所示。②电弧周围气流产生的偏吹。比如露天焊接时，大风会造成严重的电弧偏吹；管线焊接时，由于空气在管中的流速较大也会引起电弧偏吹。③焊接电弧的磁偏吹。当电弧周围磁场不均匀或电弧附近存在强磁体时，都使电弧中心偏离电极轴线的现象称为磁偏吹。当采用交流电焊接时磁偏吹较弱，当采用直流电焊接时磁偏吹较严重。引起磁偏吹的原因有 3 种。a. 地线接线位置偏向电弧一侧，如图 2-4 所示。可知，焊接时，工件、电弧和电焊条周围均产生磁场，而在左侧由于工件和电弧产生的磁力线叠加使得左侧的磁场密度大于右侧的，引起电弧向右侧偏吹。b. 电弧一侧放置铁磁体。图 2-5 中，在电弧的一侧放置一块钢板(导磁体)，使右侧磁力线密度小于左侧，引起偏吹。c. 电弧运动至钢板的端部时，导磁面积改变使得靠近焊接边缘处的磁场密度增大，从而引起磁偏吹。

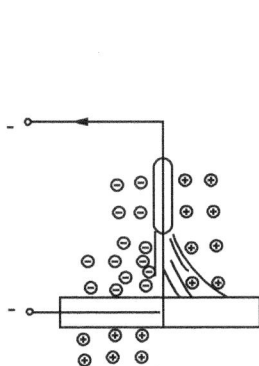

图 2-4　地线接线位置偏向电弧一侧产生的磁偏吹　　图 2-5　电弧一侧放置铁磁体引起的磁偏吹

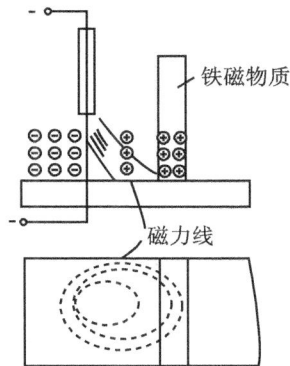

(2)减少电弧偏吹的方法

磁偏吹严重时，焊接过程不稳定，操作过程难控制，使得焊缝的成形性变差，那么，可以采用一些方法减少磁偏吹现象。①可能时，采用交流电焊接代替直流电焊接。②如果是焊条偏心引起的偏吹，停弧后观察偏心度的大小。如果偏心度较小，可转动焊条将偏心位置移到焊接前进方向，调整焊条角度后再施焊；如果偏心度较大，必须更换焊条。③采用遮挡法来解决气流引起的偏吹。④由于电弧越短偏离越小，尽量采用短弧焊接。⑤对于长的和大的工件，可采用两端接地线方法施焊。⑥避免周围铁磁体的影响。若工件有剩磁，则焊前需退磁。

2.1.2　焊接的熔滴过渡

在电弧热的作用下，焊丝末端熔化成熔滴，并在各种外力的作用下脱离焊丝进入熔池，称为熔滴过渡。焊接电弧不仅作为热源，而且也是一个力源。在熔滴过渡过程中，熔滴和熔池会受到重力、表面张力、电弧力等各种外力的作用，直接影响焊接过程的熔滴过渡和焊缝成形。

1. 熔滴上的作用力

(1)重力

重力对熔滴的影响取决于焊缝的空间位置。平焊时，重力促进熔滴过渡，但是如果温度过高，熔池过大，会产生焊瘤和烧穿现象。立焊和仰焊时，重力阻碍熔滴脱离焊丝末端，采用短弧焊可克服重力的影响。

（2）表面张力

表面张力是焊丝端头保持熔滴的主要作用力。只有重力和其他作用力的合力大于表面张力时，熔滴才能脱离焊丝过渡到熔池中。因此，平焊时，表面张力阻碍熔滴过渡，可采用减小焊丝直径和表面张力系数的方法来促进熔滴过渡；而仰焊、立焊或横焊时，则有利于熔滴过渡。熔滴与熔池接触时，表面张力可将熔滴拉入熔池，并使熔池或熔滴不易流淌，加速熔滴过渡。

（3）电弧力

电流较小时，重力和表面张力对熔滴过渡起主要作用；电流较大时，电弧力则起主要作用。电弧力包括电磁收缩力、等离子流力和斑点压力。焊条末端熔滴的缩颈部分电流密度较大，电磁收缩力较强，可促使熔滴过渡。等离子流力是随着等离子气流从焊丝末端侧面切入并冲向熔池，有利于熔滴过渡。在大电流焊接时，等离子流力对熔滴过渡的影响较大。斑点压力包括阳离子和电子对熔滴的撞击力、电极材料蒸发时产生的反作用力及弧根面积很小时产生的指向熔滴的电磁收缩力，对熔滴过渡起阻碍作用。当采用直流正接时，阳离子的压力阻碍熔滴过渡；当采用直流反接时，电子的压力阻碍熔滴过渡。由于阳离子质量大，其压力也较大，所以直流反接时易产生细颗粒过渡。

（4）电弧气体吹力

焊条电弧焊时，焊条药皮的熔化速度较快，焊芯的熔化速度较慢，以至于在焊条熔化端头形成套管，药皮中造气剂熔化后产生大量的 CO，CO_2，H_2，O_2 等在高温作用下急剧膨胀，从套管中喷出，沿焊条的轴线方向形成挺直稳定的气流，推动熔滴冲向熔池。所以，无论任何焊接位置，电弧气体吹力都有利于熔滴过渡。

2. 熔滴过渡的主要形式

电弧焊的熔滴过渡可分为自由过渡、接触过渡和渣壁过渡三种形式，其形态如表 2-2 所示。

自由过渡是指熔滴脱离焊丝末端前不与熔池接触，它经空间自由飞行进入熔池的一种过渡形式。按照过渡形态不同可以分为滴状过渡、喷射过渡和爆炸过渡。

表 2-2　熔滴过渡分类及其形态示意图

类型			形态	焊接条件	特点
自由过渡	滴状过渡	大滴过渡	滴落过渡	高电压小电流 MIG 焊	熔滴大，形成时间长，影响电弧稳定性，焊缝成形粗糙、飞溅较多，生产中很少采用
			排斥过渡	高电压、小电流 CO_2 焊及正接、大电流 CO_2 焊	

续表

类型		形态	焊接条件	特点
自由过渡	滴状过渡 细颗粒过渡		较大电渣的 CO_2 焊	熔滴向熔池过渡频率较大，飞溅少，电弧稳定，焊缝成形较好，在生产中广泛应用
	喷射过渡 射滴过渡		铝 MIG 焊及脉冲焊	焊接过程稳定，飞溅小，熔深大，焊缝成形美观。平焊位置，板厚大于 3mm 的工件多采用这种方式过渡，不宜焊接薄板
	喷射过渡 射流过渡		钢 MIG 焊	
	喷射过渡 旋转射流过渡		特大电流 MIG 焊	
	爆炸过渡		焊丝含挥发性成分的 CO_2 焊或某些焊条电弧焊	爆炸引起飞溅，恶化工艺
接触过渡	短路过渡		CO_2 焊	焊接电流密度大，速度快，热输入小，但是如果焊接参数选择不当，则金属飞溅，过渡不稳定，与短路过渡类似，只是填充焊丝不通电
	搭桥过渡		非熔化极填丝焊	
渣壁过渡	沿渣壁过渡		埋弧焊	电弧稳定，飞溅小，综合工艺性能优良，是理想的过渡形式
	沿套筒过渡		焊条电弧焊	

2.1.3 焊接操作过程

焊接的操作过程包括引弧、熔池保持及电弧行走和收弧四个基本环节。焊条电弧焊的四个环节均由焊工手动操作完成，电弧的稳定性及焊接质量均取决于焊工的技术。

1. 引弧

首先将工件与焊条短接，然后向上拉起焊条以引燃电弧，称为点拉式引弧；或将焊条端部在坡口表面呈圆弧形轻轻划擦后提起焊条，以引燃电弧，称为划擦式引弧。对于厚度较大的焊件或某些低合金钢、合金钢等，采用划擦式引弧时必须在坡口内或引弧板上引弧，不允许在焊件表面引弧，以免擦伤焊件表面造成焊接缺陷。

2. 熔池保持及电弧行走

焊接时，焊工必须仔细观察熔池形态，始终保持熔池宽度不变，不断地调整焊条角度,控制弧长及保持熔池金属不溢流;另外,焊工必须保持电弧的行走方向与焊接方向一致。只有熔池大小和焊接电弧移动速度始终保持不变,才能获得质量较好的焊缝。

3. 收弧

焊接结束后,如果直接拉断电弧,则在焊接熄弧处形成弧坑,并产生气孔、裂纹等焊接缺陷。所以,需要采取以下措施防止收弧时产生的缺陷:

1)在重要结构焊件的焊缝终端加熄弧板,使电弧在其上行走一段距离后拉断;

2)如果不采用熄弧板,则应设法填满弧坑。如焊条电弧焊时,使电弧在焊缝终端稍稍停留或回焊一小段,以填满弧坑,最后缓慢拉断电弧。

▶ 2.2 焊条

涂有药皮的供弧焊用的熔化电极称为电焊条,简称焊条。

2.2.1 焊条的组成

焊条由焊芯和药皮组成。通常焊条引弧端有倒角,药皮被除去一部分,露出焊芯端头,有的焊条引弧端涂有引弧剂,使引弧更容易。在靠近夹持端的药皮上印有焊条牌号。

(1)焊芯

焊芯是焊条中被药皮包敷的金属芯。焊条电弧焊时,焊芯与焊件之间产生电弧并熔化为焊缝的填充金属。焊芯既是电极,又是填充金属。焊芯的成分将直接影响熔敷金属的成分和性能。用于焊芯的专用金属丝(又称为焊丝)有碳素钢、低合金钢和不锈钢等,如表 2-3 所示。

表 2-3 各类焊条所用的焊芯

焊条种类	焊芯种类
低碳钢焊条	低碳钢焊芯(H08A 等)
低合金高强钢焊条	低碳钢或低合金钢焊芯
低合金耐热钢焊条	低碳钢或低合金钢焊芯
不锈钢焊条	不锈钢或低碳钢焊芯
堆焊用焊条	低碳钢或合金钢焊芯
铸铁焊条	低碳钢、铸铁、非铁合金焊芯
有色金属焊条	有色金属焊芯

(2)药皮

涂敷在焊芯表面的有效成分称为药皮,也称涂层。焊条药皮是矿石粉末、铁合金粉、有机物和化工制品等原料按照一定比例配制后压涂在焊芯表面上的一层涂料,其在焊接过程中的作用:一是保护。焊条药皮熔化或分解后产生气体和熔渣,保护熔滴、金属熔池和焊缝金属表面防止氧化或氮化,并减缓焊缝金属的冷却速度,获得良好的焊缝成形。二是冶金处理。与焊芯配合,通过冶金反应脱氧、除硫、除磷、去氢等,还可以加入适当的合金元素以改善焊缝的性能,如耐热、耐蚀、耐磨等性能。三是改善焊接工艺性能。保证电弧集中、稳定,使熔滴金属过渡容易;减少飞溅,改善焊缝成形等。表 2-4 列出了常用焊接药皮的组成及其作用。

表 2-4　常用焊接药皮的组成及其作用

名称	组分	作用
稳弧剂	碳酸钾、碳酸镁、金红石、长石、钛铁矿、白垩、大理石等	使焊条容易引弧及在焊接过程中能保持电弧稳定燃烧
造渣剂	大理石、萤石、白云石、菱苦土、长石、白泥、云母、石英砂、金红石、二氧化钛、钛铁矿、还原钛铁矿、铁砂及冰晶石等	焊接时能形成具有一定物理化学性能的熔渣，保护焊缝金属不受空气的影响，改善焊缝成形，保证熔融金属的化学成分
造气剂	大理石、白云石、菱苦土、碳酸银、木粉、纤维素、淀粉及树脂等	在电弧高温作用下，能进行分解，放出气体，以保护电弧及熔池，防止周围空气中的氧和氮的侵入
脱氧剂	锰铁、硅铁、钛铁、铝铁、镁粉、铝镁合金、硅钙合金及石墨等	通过焊接过程中进行的冶金化学反应，降低焊缝金属中的含氧量，提高焊缝性能。与熔融金属中的氧作用，生成熔渣、浮出熔池
合金剂	锰铁、硅铁、铬铁、钼铁、钒铁、铌铁、硼铁、金属锰、金属铬、镍粉、钨粉、稀土硅铁等	补偿焊接过程中合金元素的烧损及向焊缝过渡合金元素，保证焊缝金属获得必要的化学成分及性能等
增塑润滑剂	云母、合成云母、滑石粉、白土、二氧化钛、白泥、木粉、膨润土、碳酸钠、海泡石、绢云母等	增加药皮粉料在焊条压涂过程的塑性、滑性及流动性，提高焊条的压涂质量，减小偏心度
黏结剂	水玻璃、酚醛树脂等	使药皮粉料在压涂过程中具有一定的黏性，能与焊芯牢固地黏结，并使焊条药皮在烘干后具有一定的强度

2.2.2　焊条的分类及型号

焊条的种类繁多，可以从其用途、药皮的成分、熔渣性质等方面去分类。

1. 焊条的分类

（1）按用途分类

按国家标准规定，我国现行的按照用途对焊条的分类见表 2-5 所示。

表 2-5　焊条按用途分类

国家标准编号	名称
GB/T 5117-1995	碳钢焊条
GB/T 5118-1995	低合金钢焊条
GB/T983-1995	不锈钢焊条
GB/T 984-2001	堆焊焊条
GB/T 10044-2006	铸铁焊条及焊丝

续表

国家标准编号	名称
GB/T 3670-1995	铜及铜合金焊条
GB/T 3669-2001	铝及铝合金焊条
GB/T 13814-2008	镍及镍合金焊条

（2）按熔渣的碱度分类

在实际生产中，按照熔渣中酸性氧化物和碱性氧化物的比例，即碱度，可将焊条分为酸性焊条和碱性焊条。熔渣以酸性氧化物为主的焊条称为酸性焊条。酸性焊条焊接工艺性能好，可采用交流或直流电源进行焊接，简称交、直两用。电弧柔和，飞溅小，熔渣流动性好，易于脱渣，焊缝外表美观，不易产生气孔，但是氧化性较强，焊接时合金元素的烧损较多，熔敷金属的塑韧性较差。

熔渣以碱性氧化物和氟化钙为主的焊条称为碱性焊条。在碳钢焊条和低合金钢焊条中，低氢型焊条（包括低氢钠型、低氢钾型和铁粉低氢型）是碱性焊条，其他涂料类型的焊条均属酸性焊条。碱性焊条一般要求直流反接，只有当药皮中加入稳弧剂后才可以采用交流电源焊接。采用碱性焊条焊接时，熔渣脱硫能力强，熔敷金属的抗热裂性较好，焊缝具有较高的塑韧性和抗冷裂性。

因此，当生产设计或焊接工艺对于一些重要的结构件规定采用碱性焊条时，不能用酸性焊条代替，但是碱性焊条的焊接工艺性（如飞溅、稳弧性、脱渣性等）较差，对锈、油、水的敏感性较大，容易产生较多的气孔、有毒气体和烟尘。酸性焊条和碱性焊条的性能对比见表2-6所示。

表2-6　酸性焊条和碱性焊条的性能对比

酸性焊条	碱性焊条
对水、铁锈的敏感性不大，使用前经100～150℃烘焙1h	对水、铁锈的敏感性较大，使用前经300～350℃烘焙1～2h
电弧稳定，可用交流或直流施焊	需用直流反接施焊；药皮加稳弧剂后，可交、直流两用施焊
焊接电流较大	比同规格酸性焊条约小10%左右
可长弧操作	须短弧操作，否则易引起气孔
合金元素过渡效果差	合金元素过渡效果好
熔深较浅，焊缝成形较好	熔深稍深，焊缝成形一般
熔渣呈玻璃状，脱渣较方便	熔渣呈结晶状，脱渣不及酸性焊条
焊缝的常、低温冲击韧度一般	焊缝的常、低温冲击韧度较高
焊缝的抗裂性较差	焊缝的抗裂性好
焊缝的含氢量较高，影响塑性	焊缝的含氢量低
焊接时烟尘较少	焊接时烟尘较多

（3）按药皮成分分类

表 2-7 所示为几种焊条药皮类型和主要特点。由于焊条药皮成分不同，其熔渣性、焊接工艺、焊缝的成型性也不同。即使同一类型的药皮，由于生产厂家采用不同的药皮成分配比，使其焊接工艺性也有明显的差异。例如低氢型药皮因采用不同的稳弧剂和黏结剂，可分为低氢钾型和低氢钠型。

表 2-7　焊条的药皮类型和主要特点

型号	药皮类型	电源种类	主要特点
0	不属已规定类型	不规定	在某些焊条中采用氧化锆、金红石等组成的新渣系目前尚未形成系列
1	氧化钛型	DC（直流），AC（交流）	含多量氧化钛，焊条工艺性能良好，电弧稳定，再引弧方便，飞溅很小，熔深较浅，熔渣覆盖性良好，脱渣容易，焊缝波纹特别美观，可全位置焊接，尤宜于薄板焊接。但焊缝塑性和抗裂性稍差，随药皮中钾、钠及铁粉等用量的变化，分为高钛钾型、高钛钠型及铁粉钛型等
2	钙钛型	DC，AC	药皮中含氧化钛 30％ 以上，钙、镁的碳酸盐 20％ 以下，焊条工艺性能良好，熔渣流动性好，熔深一般，电弧稳定，焊缝美观，脱渣方便，适用于全位置焊接，如 1422 即属此类型，它是目前碳钢焊条中使用最广泛的一种焊条
3	钛铁矿型	DC，AC	药皮中含钛铁矿≥30％，焊条熔化速度快，熔渣流动性好，熔深较深，脱渣容易，焊波整齐，电弧稳定，平焊、横角焊工艺性能较好，立焊稍次，焊缝有较好的抗裂性
4	氧化铁型	DC，AC	药皮中含有多量氧化铁和较多的锰铁脱氧剂，熔深大，熔化速度快，焊接生产率较高，电弧稳定，再引弧方便，立焊、仰焊较困难，飞溅稍大，焊缝抗热裂性能较好，适用于中厚板焊接。由于电弧吹力大，适于野外操作。若药皮中加入一定量的铁粉，则为铁粉氧化铁型
5	纤维素型	DC，AC	药皮中含 15％ 以上的有机物，30％ 左右的氧化钛，焊接工艺性能良好，电弧稳定，电弧吹力大，熔深大，熔渣少，脱渣容易。可作立向下焊、深熔焊或单面焊双面成型焊接，立、仰焊工艺性能好。适用于薄板结构、油箱管道、车辆壳体等焊接。随药皮中稳弧剂、黏结剂含量变化，分为高纤维素钠型（采用直流反接）、高纤维素钾型两类

型号	药皮类型	电源种类	主要特点
6	低氢钾型	DC，AC	药皮组分以碳酸盐和萤石为主。焊条使用前须经300～400℃烘焙。短弧操作，焊接工艺性一般，可全位置焊接，焊缝有良好的抗裂性和综合力学性能。适宜于焊接重要的焊接结构。按照药皮中稳弧剂量、铁粉量和黏结剂不同，分为低氢钠型、低氢钾型和铁粉低氢型等
7	低氢钠型	DC	
8	石墨型	DC，AC	药皮中含有较多石墨，通常用于铸铁或堆焊焊条。采用低碳钢焊芯时，焊接工艺性较差，飞溅较多，烟雾较大，熔渣少，适用于平焊；采用非钢铁金属焊芯时，就能改善其工艺性能，但电流不宜过大
9	盐基型	DC	药皮中含有多量氯化物和氟化物，主要用于铝及铝合金焊条，吸潮性强，焊前要烘干，药皮熔点低，熔化速度快，采用直流电源，焊接工艺性较差，短弧操作，熔渣有腐蚀性，焊后需用热水清洗

（4）按焊条性能分类

可分为超低氢焊条、低尘低毒焊条、立向下焊条、底层焊条、铁粉高效焊条、水下焊条、抗潮焊条、重力焊条、躺焊焊条。

2. 焊条的型号

本章只介绍碳钢焊条、铸铁焊条和镍及镍合金焊条。其他类型焊条的型号表示方法参见表2-5所列出的国标。

碳钢焊条的表示方法为：字母"E"表示焊条，前两位数字表示熔敷金属抗拉强度的最小值，第三位数字表示焊条的焊接位置，"0"及"1"表示焊条适合于全位置焊接（平、立、仰、横），"2"表示焊条适用于平焊及平角焊，"4"表示焊条适用于向下立焊，第三位和第四位数字组合时表示焊接电流种类及药皮类型。在第四位数字后附加"R"表示吸潮焊条，附加"M"表示耐吸潮和力学性能有特殊规定的焊条，附加"-1"表示冲击性能有特殊规定的焊条。例如E4315，其中"E"表示焊条，"43"表示熔敷金属抗拉强度的最小值，"1"表示焊条适用于全位置焊接，"5"表示焊条药皮为低氢钠型，采用直流反接焊接。部分碳钢焊条的型号、药皮类型、抗拉强度、焊接位置、电流种类、特点见表2-8所示。

表2-8　部分碳钢焊条的型号、药皮类型、抗拉强度、焊接位置、电流种类及特点（G 3/T5117-1995）

焊条型号	药皮类型	抗拉强度/MPa（≥）	焊接位置	电源种类	特点
E4301	钛铁矿型	420	平、立、仰、横	交流或直流正、反接	熔渣流动性良好，电弧吹力较大，熔深较深，渣覆盖良好，脱渣容易，飞溅一般，焊波整齐。主要焊接较重要的碳钢结构

续表

焊条型号	药皮类型	抗拉强度/MPa(≥)	焊接位置	电源种类	特点
E4311	高纤维素钾型	420	平、立、仰、横焊	交流或直流反接	电弧稳定,采用直流反接时,熔深浅。用于焊接一般的碳钢结构,如管道等,也可用于打底焊
E4320	氧化铁型	420	平、平角焊	交流或直流正、反接 / 交流或直流正接	电弧吹力大,熔深较深,电弧稳定,再引弧容易,熔化速度快,渣覆盖好,脱渣性好,焊缝成形好,略带凹度,飞溅稍大。不宜焊接薄板,主要焊接较重要的碳钢结构
E4328	铁粉低氢型	420	平、平角焊	交流或直流反接	药皮很厚、熔敷效率很高。主要焊接重要的碳钢结构,也可焊接与焊条强度相当的低合金钢结构
E5015	低氢钠型	490	平、立、仰、横焊	直流反接	焊接工艺性能一般,焊波较粗,角焊缝略凸,熔深适中,脱渣性较好,焊接时要求焊条干燥,并采用短弧焊。熔敷金属具有良好的抗裂性和力学性能。主要用于重要的碳钢结构焊件或与其强度相当的低合金钢结构
E5027	铁粉氧化铁型	490	平、平角焊	交流或直流反接	熔敷效率高,电弧吹力大,焊缝成形好,飞溅少,脱渣好,焊缝稍凸。主要焊接较重要的碳钢结构
E5018-1	铁粉低氢钾型	490	平、立、仰、横焊	交流或直流反接	焊接时采用短弧,焊缝成形较好,但角焊缝较凸,飞溅较少,熔深适中,熔敷效率较高。用于焊缝脆性转变温度较低的结构。

　　铸铁焊条型号表示方法为:字母"E"表示焊条,字母"Z"表示用于铸铁焊接,其后的字母表示熔敷金属的主要化学成分金属类型代号,例如 EZCQ 和 EZNiFe-1,其中"E"表示焊条,"Z"表示用于铸铁焊接,"C"表示熔敷金属类型为铸铁,"Q"表示熔敷金属中含有球化剂,"NiFe"表示熔敷金属中主要元素为镍、铁,"1"是细分类编号。EZCQ 铁基球墨铸铁焊条可交、直流两用,其焊缝可承受较高的残余应力而不产生裂纹,但最好采用预热及缓冷防止母材及焊缝产生应力裂纹及白口;对于重要的铸件可以焊后进行热处理得到所需要的组织和性能。EZNiFe 型镍铁铸铁焊条可交、直流两用进行全位置焊接。施焊时可不预热,具有强度高,塑性好,抗裂性优良,与母材熔合好等特点,可用于重要灰口铸铁及球墨铸铁补焊。除了这两类焊条外,铸铁焊条还有

EZC 型灰口铸铁焊条、EZNi 型纯镍铸铁焊条、EZNiCu 型镍铜铸铁焊条、EZNiFeCu 型镍铁铜铸铁焊条等。

镍及镍合金焊条型号由三部分组成，第一部分为字母"ENi"，表示镍及镍合金焊条；第二部分为四位数字，表示焊条型号；第三部分为可选部分，表示化学成分代号。此外，第二部分四位数字中第一位数字表示熔敷金属的类别，其中 2 表示非合金系列，4 表示镍铜合金，6 表示含铬，且铁含量不大于 25% 的 NiCrMo 合金，8 表示含铬，且铁含量大于 25% 的 NiFeCr 合金，10 表示不含铬，含钼的 NiMo 合金。例如 ENi6022 (NiCr21Mo13W3)，其中"ENi"表示镍及镍合金焊条，"6022"表示焊条型号，"(NiCr21Mo13W3)"表示化学成分代号，用于低碳镍铬钼合金的焊接。尤其是 UNS N06022 合金，用于低碳镍铬钼复合合金的焊接，低碳镍铬钼合金与钢的焊接以及其他镍基合金的焊接。

2.2.3 专用焊条

在实际生产中，焊条的品种除了满足不同钢种的要求外，还需根据钢板的不同厚度、接头形式、坡口及其焊接部位、焊接方向等生产出适合于各种不同要求的焊条。此外，还应该生产出具有某些特殊性能、特殊形式的焊条，如可挠性焊条、躺焊焊条等，这些都称为专用焊条。与常规焊条相比，专用焊条是对某些特殊的工艺要求有更好的适应性的焊条。

（1）重力焊条

重力焊条用于横角焊、平角焊和水平对接，如 J421216，J422213，J503Z 等，其生产率较高。

（2）立向下焊条

在船体结构中立角焊约占全部焊缝长度的 40% 左右。通常在立焊或立角焊时，采用普通焊条自下而上进行焊接，操作要求较高，焊接速度慢，焊缝剖面凸度大，应力集中系数较大。如果采用立向下焊条，可自上而下进行焊接，焊条一般不做摆动，直拖而下。还可采用较大电流，焊缝美观，且效率可提高 30% 以上，节约焊条 30%～50%。

（3）管道焊接专用焊条

管道焊接要求焊条的全位置焊接工艺性能特别优良，封底焊时具有良好的抗气孔性和抗裂性，还要有单面焊双面成形的特点。

此外，专用焊条还有在窄坡口中脱渣性特别好的打底焊条；再引弧及焊缝抗裂性优良的定位焊条；可使用夹具进行低角度接触式焊接的接触焊条；焊条横置在工件焊接线上，焊接时电弧能自动地指向焊接部位，具有特殊断面的躺焊焊条等。

2.2.4 焊条的选用原则

1. 同种金属焊接时焊条的选用原则

焊条的种类繁多，每种焊条均有特定的性能和用途。焊接前，选用焊条是直接关系到焊接质量的重要环节。在实际生产中，对于同种金属焊接，一般根据焊件的材质、施工条件、工艺及焊接性能要求等因素综合考虑选用焊条的成分、性能和用途。

（1）焊接材料的力学性能和化学成分

1）对于普通结构钢，通常要求焊缝金属与母材等强度，应选用抗拉强度等于或稍高于母材的焊条。

2）对于合金结构钢，通常要求焊缝金属的主要合金成分与母材金属相同或相近。

3）在被焊结构刚性大、接头应力高、焊缝容易产生裂纹的情况下，可以考虑选用比母材强度低一级的焊条。

4）当母材中碳及硫、磷等元素含量偏高时，焊缝容易产生裂纹，应选用抗裂性能好的低氢型焊条。

（2）焊件的使用性能和工作条件

1）对承受动载荷和冲击载荷的焊件，除满足强度要求外，还要保证焊缝具有较高的韧性和塑性，应选用塑性和韧性指标较高的低氢型焊条。

2）接触腐蚀介质的焊件，应根据介质的性质及腐蚀特征，选用相应的不锈钢焊条或其他耐腐蚀焊条。

3）在高温或低温条件下工作的焊件，应选用相应的耐热钢或低温钢焊条。

（3）焊件的结构特点和受力状态

1）对结构形状复杂、刚性大及大厚度焊件，由于焊接过程中产生很大的应力，容易使焊缝产生裂纹，应选用抗裂性能良好的低氢型焊条。

2）对焊接部位难以清理干净的焊件，应选用氧化性强，对铁锈、氧化皮、油污不敏感的酸性焊条。

3）对受条件限制不能翻转的焊接，有些焊缝处于非平焊位置，应选用全位置焊接的焊条。

（4）施工条件及设备

1）在没有直流电源而焊接结构又要求必须使用低氢型焊条的场合，应选用交、直流两用低氢型焊条。

2）在狭小或通风条件差的场所，应选用酸性焊条或低尘焊条。

（5）改善操作工艺性能

在满足产品性能要求的条件下，尽量选用电弧稳定，飞溅少，焊缝成形均匀整齐，容易脱渣的工艺性能好的酸性焊条。焊条工艺性能要求满足施焊操作需要。如在非水平位置施焊时，应选用适于各种位置焊接的焊条。如在立向下焊、管道焊接、底层焊接、盖面焊、重力焊时，可选用相应的主用焊条。

（6）合理的经济效益

1）在满足使用性能和操作工艺性的条件下，尽量选择成本低、效率高的焊条。例如，从成本上看，钛铁矿型焊条的成本较钛钙型焊条低，所以应广泛选用钛铁矿型焊条。

2）对于焊接工作量大的结构，应尽量采用高效率焊条，如铁粉焊条、高效率不锈钢焊条及重力焊条等，或选用封底焊条、立向下焊条等专用焊条，以提高生产率。

2. 异种金属焊接对焊条的选用原则

（1）碳钢和低合金钢，以及强度级别不等的低合金钢和低合金高强钢

1）一般要求焊缝金属及接头的强度大于两种被焊金属的最低强度，因此选用的焊接材料强度应能保证焊缝及接头的强度高于强度较低钢材的强度，同时焊缝的塑性和冲击韧性应不低于强度较高而塑性较差的钢材的性能。

2）为了防止裂纹，应按焊接性较差的钢种确定焊接工艺，包括规范参数、预热温度及焊后热处理等。

（2）低合金钢和奥氏体不锈钢

1）通常按照对焊缝熔敷金属化学成分限定的数值来选用焊条，建议使用铬镍含量高于母材的，塑性、抗裂性较好的不锈钢焊条。

2）对于非常重要结构的焊接，可选用与不锈钢成分相近的焊条。

（3）不锈钢复合钢板

为了防止基体碳素钢对不锈钢熔敷金属产生稀释作用，建议对基层、过渡层、覆层的焊接选用三种不同性能的焊条：

1）对基层（碳钢或低合金钢）的焊接，选用相应强度等级的结构钢焊条。

2）对过渡层（即覆层和基体交界面）的焊接，选用铬、镍含量比复合钢板高的，塑性和抗裂性较好的奥氏体不锈钢焊条。

3）覆层直接与腐蚀介质接触，应选用相应成分的奥氏体不锈钢焊条。

2.3 焊条电弧焊的接头形式和坡口

2.3.1 接头形式

焊条电弧焊常用的接头形式有对接接头、搭接接头、角接接头和T形接头，如图2-6所示。根据产品的结构，综合考虑受力状态、工艺等因素选择接头形式。

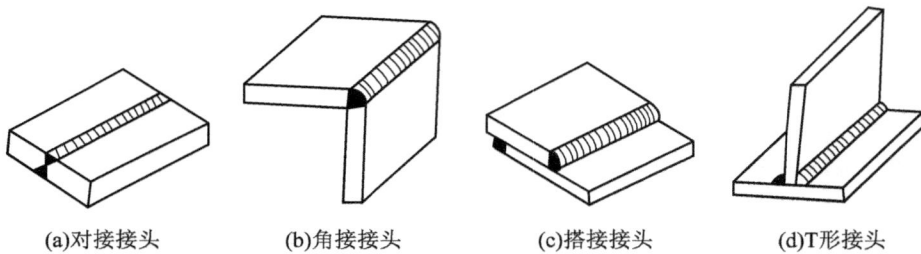

(a)对接接头　　(b)角接接头　　(c)搭接接头　　(d)T形接头

图 2-6　接头的基本形式

2.3.2 坡口形式

根据设计或工艺需要，将焊件的待焊部位加工成一定几何形状并经装配后构成的沟槽称为坡口。开坡口是指采用机械、火焰或电弧等方法加工坡口的过程，如剪切、刨削、车削、坡口切割机加工、氧-乙炔焰切割、碳弧气刨等。开坡口可使电弧深入到焊缝根部将其焊透，便于清理，并获得较好的焊缝成形，还可以调节焊缝中母材金属和填充金属的比例。

常用的坡口形式有I形、V形、U形、X形、双U形等。对于厚度小于6mm的工件，一般不开坡口而是留有间隙就可保证焊透。对于中等厚度和大厚度焊件的对接焊，必须开坡口。V形坡口便于加工，但焊后易变形。X形坡口因其焊缝截面对称，焊后焊件的变形和内应力较小。当板厚相同时，与V形坡口相比，X形、U形及双U形坡口的焊缝填充金属较少，焊后变形较小，但坡口加工困难，一般用于重要的结构件。

根据GB/T985.1-2008气焊、焊条电弧焊、气体保护焊和高能束焊的推荐坡口规定，单面对接焊坡口、双面对接焊坡口、单面角焊缝、双面角焊缝见表2-9、表2-10、表2-11、表2-12所示。

表 2-9　单面对接焊坡口（GB/T985.1-2008）

母材厚度 t	坡口/接头种类	基本符号	横截面示意图	尺寸				焊缝示意图	备注
				坡口角 α 或坡口圆角 β	间隙 b	钝边 c	坡口深度 h		
≤2	卷边坡口	八		—	—	—	—		通常不添加焊接材料
≤4	I 形坡口	‖		—	≈t	—	—		—
3<t≤10	V 形坡口	V		40°≤α≤60°	≤4	≤2	—		必要时加衬垫
>16	陡边坡口	⅄		5°≤β≤20°	5≤b≤15	—	—		带衬垫

...

续表

母材厚度 t	坡口/接头种类	基本符号	横截面示意图	尺寸 坡口角 α 或坡口角 β/圆角 β	尺寸 间隙 b	尺寸 钝边 c	尺寸 坡口深度 h	焊缝示意图	备注
5≤t≤40	V形坡口（带钝边）	Y		$\alpha \approx 60°$	$1\leq b\leq 4$	$2\leq c\leq 4$	—		—
>12	U-V形组合坡口			$60°\leq \alpha\leq 90°$ $8°\leq \beta\leq 12°$	$1\leq b\leq 3$	—	≈ 4		$6\leq R\leq 9$
>12	V-V形组合坡口			$60°\leq \alpha\leq 90°$ $10°\leq \beta\leq 15°$	$2\leq b\leq 4$	>2	—		—
>12	U形坡口	Y		$8°\leq \beta\leq 12°$	≤ 4	≤ 3	—		—

续表

母材厚度 t	坡口/接头种类	基本符号	横截面示意图	坡口角 α 或坡口圆角 β	间隙 b	钝边 c	坡口深度 h	焊缝示意图	备注
$3 < t \leqslant 10$	单边 V 形坡口	V		3	$2 \leqslant b \leqslant 4$	$1 \leqslant c \leqslant 2$	—		—
>16	单边陡边坡口	⌐		$15° \leqslant \beta \leqslant 60°$	$6 \leqslant b \leqslant 12$	—	—		—
					≈ 12				带衬垫
>16	J 形坡口	⌐		$10° \leqslant \beta \leqslant 20°$	$2 \leqslant b \leqslant 4$	$1 \leqslant c \leqslant 2$	—		—

表 2-10 双面对接焊坡口（GB/T985.1-2008）

母材厚度 t	坡口／接头种类	基本符号	横截面示意图	坡口角 α 或坡口圆角 β	间隙 b	钝边 c	坡口深度 h	焊缝示意图	备注
≤8	I 形坡口	‖		—	≈t/2	—	—		—
3≤t≤40	V 形坡口	∨		$\alpha\approx60°$ / $40°\leq\alpha\leq60°$	≤3	≤2	—		封底
>10	带钝边 V 形坡口	Y		$\alpha\approx60°$ / $40°\leq\alpha\leq60°$	1≤b≤3	2≤c≤4	—		特殊情况下可使用更小的厚度和气保焊方法。注意封底
>10	双 V 形坡口（带钝边）	X		$\alpha\approx60°$ / $40°\leq\alpha\leq60°$	1≤b≤4	2≤c≤6	$h_1=h_2=\dfrac{t-c}{2}$		—

续表

母材厚度 t	坡口/接头种类	基本符号	横截面示意图	尺寸				焊缝示意图	备注
				坡口角 α 或坡口圆角 β	间隙 b	钝边 c	坡口深度 h		
>10	双 V 形坡口	X		α≈60° 40°≤α≤60°	1≤b≤3	≤2	≈t/2		—
	非对称双 V 形坡口	X		α₁≈60° α₂≈60° 40°≤α₁≤60° 40°≤α₂≤60°	1≤b≤3	≤2	≈t/3		—
>12	U 形坡口	⊻		8°≤β≤12°	1≤b≤3 ≤3	≤5	—		封底
≥30	双 U 形坡口	⋈		8°≤β≤12°	≤3	≈3	≈(t−c)/2		可制成与 V 形坡口相似的非对称坡口形式

续表

母材厚度 t	坡口/接头种类	基本符号	横截面示意图	尺寸				焊缝示意图	备注
				坡口角 α 或坡口圆角 β	间隙 b	钝边 c	坡口深度 h		
$3 \leq t \leq 30$	单边 V 形坡口			$35° \leq \beta \leq 60°$	$1 \leq b \leq 4$	≤ 2	—		封底
>10	K 形坡口	K		$35° \leq \beta \leq 60°$	$1 \leq b \leq 4$	≤ 2	$\approx t/2$ 或 $\approx t/3$		可制成与 V 形坡口相似的非对称坡口形式
>16	J 形坡口			$10° \leq \beta \leq 20°$	$1 \leq b \leq 3$	≥ 2	—		封底

续表

母材厚度 t	坡口/接头种类	基本符号	横截面示意图	尺寸				焊缝示意图	备注
				坡口角 α 或坡口圆角 β	间隙 b	钝边 c	坡口深度 h		
>30	双 J 形坡口			$10° \leqslant \beta \leqslant 20°$	$\leqslant 3$	$\geqslant 2$	$\approx (t-c)/2$		可制成与 V 形坡口相似的非对称坡口形式
						<2	$\approx 1/2$		

表 2-11　单面角焊缝(GB/T985.1-2008)

母材厚度 t	坡口/接头种类	基本符号	横截面示意图	尺寸		焊缝示意图
				角度 α	间隙 b	
$t_1 > 2$ $t_2 > 2$	T形接头			$70° \leqslant$ $\alpha \leqslant 100°$	$\leqslant 2$	
$t_1 > 2$ $t_2 > 2$	搭接			—	$\leqslant 2$	
$t_1 > 2$ $t_2 > 2$	角接			$60° \leqslant$ $\alpha \leqslant 120°$	$\leqslant 2$	

表 2-12　双面角焊缝(GB/T985.1-2008)

母材厚度 t	坡口/接头种类	基本符号	横截面示意图	尺寸		焊缝示意图
				角度 α	间隙 b	
$t_1 > 2$ $t_2 > 5$	角接			$60° \leqslant$ $\alpha \leqslant 120°$	—	
$t_1 > 3$ $t_2 > 3$	角接			$70° \leqslant$ $\alpha \leqslant 100°$	$\leqslant 2$	
$2 \leqslant t_1 \leqslant 4$ $2 \leqslant t_2 \leqslant 4$	T形接头			—	$\leqslant 2$	
$t_1 > 4$ $t_2 > 4$				—		

2.3.3　焊接衬垫和引出板

1. 焊接衬垫

对于要求焊透的接头，如果背面施焊困难，一般采用焊缝背面加衬垫的方法达到焊接要求，使施焊第一层金属熔敷在衬垫上，防止其从接头根部漏穿。对于开坡口的焊件，如果装配间隙过大时，为防止焊漏也可采用加衬垫的方法。常用的衬垫有衬条、铜衬垫、打底焊缝和非金属衬垫。

(1)衬条

采用与母材和焊条在冶金上相匹配的材料制成衬条，将其放在接头背面，与母材紧贴。如果衬条不妨碍接头的使用性能，则可保留在原位置上；否则，衬条必须拆除。

(2)铜衬垫

由于铜具有较高的热导率，将其制成铜衬垫来防止焊缝金属与衬垫发生熔合，且铜衬垫的体积应足够大。

(3)打底焊缝

在正面熔敷第一道焊缝之前，在接头背面熔敷一道或多道焊缝，称为打底焊缝，常用于单面坡口焊接接头中。完成打底焊缝后，所有其余的焊缝都从正面坡口内完成。

(4)非金属衬垫

采用难熔材料制成非金属衬垫，将其紧贴于接头背面，支撑焊缝金属使其焊缝根部成形。

2. 引出板

对于重要结构件的焊缝成形常采用引出板。为了不影响焊缝金属成分的变化，常采用与母材相同材质作为引出板。引出板的作用是使坡口延长至焊缝以外，使收弧时缺陷产生于引出板上。焊接结束后，必须拆除引出板。

▶ 2.4　焊接工艺

2.4.1　焊前准备

1. 焊条烘干

为了去除焊条中的水分，减少金属熔池和焊缝中的氢，防止产生气孔、冷裂纹等缺陷，焊前需烘干焊条。焊条的烘干温度由药皮决定，可遵照焊条产品使用说明书中的指定工艺。一般酸性焊条烘干温度为 $70 \sim 100℃$，最高不超过 $250℃$，烘干时间为 $30 \sim 90min$；碱性焊条的烘干温度为 $300 \sim 400℃$，烘干时间为 $30 \sim 120min$。一般烘干后的存放时间约 $4h$，允许重复烘干 3 次。

2. 焊前清理

焊前需清理接头坡口及其附近(约 20mm)的表面油污、铁锈、油漆、水分等。采用碱性焊条焊接时，必须进行彻底清理，否则极易产生气孔、裂纹等缺陷；采用酸性焊条焊接时，由于其对铁锈不敏感，如果对焊缝质量的要求不高且铁锈较轻时，可以不清理。

3. 预热

为了减小接头焊后的冷却速度，获得有利组织，减小焊接应力和变形，焊前对焊件的整体或局部进行加热，称为预热。母材、焊条和接头的特性决定了焊接过程是否采用预热工艺。对于刚性不大的低碳钢和强度级别较低的低合金高强度钢的一般结构，通常不需要预热；对于刚性大的或焊接性差且易产生裂纹的结构，焊前必须预热。此外，由于预热不仅消耗能源，而且降低生产率，所以根据焊缝性能要求选择合适的焊条而尽量不采用预热。

2.4.2 焊接工艺参数

焊接工艺参数直接影响焊缝形状、尺寸、焊接质量和生产率，因此选择合适的焊接工艺参数是焊接生产中一个重要问题。焊条电弧焊的焊接工艺参数通常包括：焊条直径、焊接电流、电弧电压、焊接速度、电源种类和极性、焊接层数及预热温度等。

1. 焊条直径

焊条直径是指焊芯直径。焊条直径是根据焊件厚度、焊接位置、接头形式、焊接层数等进行选择。为了提高生产率，在不影响焊接质量的前提下，尽可能选择直径较大的焊条。焊条直径与被焊钢板厚度的关系见表 2-13 所示。

表 2-13 焊条直径与被焊钢板厚度的关系

工件厚度 t/mm	1.5	2	3	4～5	6～8	9～12	13～15	16～20	＞20
焊条直径 d/mm	1.6	2	3.2	3～4	3～4	4～5	5	5～6	6～10

在板厚相同的条件下，平焊位置的焊接所选用的焊条直径（$d=4.0～6.0$mm）应比其他位置大一些，立焊、横焊和仰焊应选用较细的焊条。立焊和仰焊时选用 $d=3.2～4.0$mm 的焊条，横焊时选用 $d=3.5～5.0$mm 的焊条。第一层焊道应选用小直径焊条焊接，以后各层可以根据工件厚度，选用较大直径的焊条。T 形接头、搭接接头都应选用较大直径的焊条。对于小坡口焊件，为了保证底层完全熔透，宜采用较细直径的焊条，如打底焊时一般选用 $d=2.5$mm 或 $d=3.2$mm 的焊条。

2. 电源种类和极性

采用交流电焊接时，电弧稳定性差，但其构造简单，成本低，维护方便。采用直流电焊接时，电弧稳定，飞溅少，焊接质量高，但电弧磁偏吹较交流严重，一般用于重要的焊接结构或厚板大刚度结构的焊件。低氢型焊条稳弧性差，必须采用直流弧焊电源。用小电流焊接薄板时，也常用直流弧焊电源，因为引弧比较容易，电弧比较稳定。

根据焊条的性质和焊接特点来选择极性。低氢型焊条用直流电焊接时，一般要用反接，因为反接的电弧比正接稳定。焊接薄板时，焊接电流小，电弧不稳定，因此焊接薄板时，不论用碱性焊条还是用酸性焊条，都选用直流反接。碱性焊条选用直流反接；酸性焊条选用正接。

3. 焊接电流

焊接电流是焊条电弧焊的主要工艺参数。焊接电流的大小直接影响焊接质量和焊接效率。

选择焊接电流时，应根据焊条类型、焊条直径、工件厚度、接头形式、焊接位置和层数等因素综合考虑。如果焊接电流过小，则电弧不稳，容易产生未焊透、夹渣以及焊缝成形不良等缺陷。焊接电流越大，熔深越大，焊接效率越高，但是焊接电流过大，焊条后部发红，药皮失效或崩落，保护作用变小，易产生咬边、焊穿、气孔等缺陷，还易增加工件变形和金属飞溅量，也会使焊接接头的组织由于过热而发生变化。所以，焊接时要合理选择电流，在保证焊接质量的前提下，尽量选择较大的焊接电流来提高生产率。通常采用以下三种方法来确定焊接电流。

（1）考虑焊条直径

采用碳钢焊条焊接时，一般根据下式来确定焊条直径。

$$I=Kd \tag{2-1}$$

式中，I——焊接电流/A；

　　　K——经验系数/（A/cm），如表 2-14 所示。

表 2-14　焊接电流经验系数与焊条直径的关系

焊条直径 d/mm	1.6	2~2.5	3.2	4~6
经验系数 K/（A/cm）	20~25	25~30	30~40	40~50

根据式 2-1 计算出的焊接电流只是参考值，在实际生产中应根据接头形式、焊接位置等因素灵活应用。例如厚度较大的焊件若采用 T 形接头和搭接接头时，如果施焊的环境温度较低，则由于传热速度较快应采用较大的焊接电流；焊接不锈钢时，若采用不锈钢焊条，为了减小晶间腐蚀倾向及焊条发红，应采用较小的焊接电流。

通常焊条直径越大，焊接时所需的热量越大，则需采用较大的焊接电流。对于每种焊条都有一个合适的焊接电流范围，可参考表 2-15 选择。

表 2-15　焊接电流和焊条直径的关系

焊条直径 d/mm	1.6	2.0	2.5	3.2	4	5	6
焊接电流 I/A	25~40	40~65	50~80	100~130	160~210	200~270	260~300

（2）考虑焊接位置

在相同焊条直径的条件下，平焊时焊接电流较大，而其他位置焊接时，为了焊缝易成形，应采用较小的焊接电流。立焊、横焊和仰焊时，为了防止熔融金属溢流，应减小金属熔池面积来控制焊缝成形，所以采用的焊接电流较小一些。

（3）考虑焊接层次

打底焊时，为了保证背面焊道的质量，应采用较小的焊接电流；焊接填充焊道时，应采用较大焊接电流使得焊接效率较高，熔合较好；焊接盖面焊道时，为了防止咬边和保证焊道成形美观，应采用较小的焊接电流。

此外，在相同条件的情况下，碱性焊条使用焊接电流一般可比酸性焊条小 10% 左右，否则焊缝中易产生气孔。

4. 焊缝层数的选择

对于厚度较大的工件焊接时，往往需要开坡口进行多层焊。层数增多有利于提高焊缝的塑性和韧性。这主要是因为后焊道对前焊道有回火作用，细化了热影响区的显微组织，尤其是对易淬火钢的效果明显。但是焊缝层数过多，降低生产效率，易产生焊接变形。层数过少，每层焊缝厚度过大时，接头易过热引起晶粒粗化，降低焊缝金属的塑性。因此，对质量要求较高的焊缝，每层厚度最好不大于 4～5mm。

5．电弧电压

当焊接电流调好以后，焊条电弧焊的电弧电压主要由电弧长度来决定。电弧长度越大，电弧电压越高；电弧长度越短，电弧电压越低。在焊接过程中，应尽量使用短弧焊接，否则电弧燃烧不稳定，飞溅大，熔深浅，易产生咬边、气孔等缺陷。而且如果电弧长度太短，容易黏焊条。一般情况下，电弧长度等于焊条直径的 0.5～1 倍为宜，相应的电弧电压为 16～25V。立焊、仰焊时弧长应比平焊更短些，以利于熔滴过渡，防止熔化金属下滴。碱性焊条焊接时应比酸性焊条弧长短些，以利于电弧的稳定和防止气孔。通常碱性焊条的电弧长度为焊条直径的一半为宜，而酸性焊条的电弧长度应等于焊条直径。

6．焊接速度

焊条电弧焊时，焊接速度是指焊条沿焊接方向移动的速度，即单位时间内完成的焊缝长度。焊接过程中，焊接速度应该均匀适当，既要保证焊透又要保证不焊穿，同时还要使焊缝宽度和余高符合设计要求。如果焊速过快，熔化温度不够，焊缝变窄，严重凹凸不平，易造成未熔合、焊缝波形变尖等缺陷；如果焊速过慢，使高温停留时间增长，热影响区宽度增加，余高增加，焊接接头的晶粒粗化，力学性能降低，同时使工件变形量增大。当焊接较薄工件时，易形成烧穿。

焊接速度直接影响焊接生产率，所以应该在保证焊缝质量的基础上采用较大的焊条直径和焊接电流，同时根据具体情况适当加快焊接速度，以提高焊接生产率。

7．热输入

熔焊时由焊接能源输入给单位长度焊缝上的热量称为热输入，其计算公式为

$$Q = \frac{\eta I U}{u} \tag{2-2}$$

式中，Q——单位长度焊缝的热输入/(J/cm)；

I——焊接电流/A；

U——电弧电压/V；

u——焊接速度/(cm/s)；

η——热效率系数，焊条电弧焊为 0.7～0.8。

热输入对低碳钢焊接接头性能的影响不大，因此对于低碳钢焊条电弧焊一般不规定热输入。对于低合金钢和不锈钢，热输入太大时，有可能降低接头的性能；热输入太小时，有些钢种焊接时可能产生裂纹。因此，焊接工艺规定热输入后，焊条电弧焊的电弧电压和焊接速度可间接确定。

一般要通过试验来确定，既不产生焊接裂纹，又能保证接头性能合格的热输入范围。允许的热输入范围越大，越便于焊接操作。

8．后热和焊后热处理

后热是指焊后立即对焊件的全部（或局部）进行加热和保温，使其缓慢冷却。后热的作用是避免形成硬淬组织，并有利于氢逸出焊缝表面，防止产生裂纹。

焊后热处理是为了改善焊缝金属的显微组织和力学性能，以及消除残余应力。易

产生脆性断裂和延迟裂纹的重要结构，对尺寸稳定性要求高的结构和具有应力腐蚀倾向的结构，焊接后都要进行去应力退火；对于锅炉、压力容器，当厚度超过一定限度后需进行消除应力退火。通常退火温度应根据材料等因素经过试验确定，并进行焊接工艺评定，当焊接质量及性能达到技术要求后，才可应用此焊接工艺，而且不能随意更改。

▶ 2.5　焊接缺陷及防止措施

2.5.1　外观缺陷

1. 焊缝尺寸不符合要求

焊缝尺寸不符合要求是指焊缝宽度及宽度差、焊缝余高及余高差、错边量、焊后变形量等不符合标准规定的尺寸，焊缝高低不平、宽窄不齐、变形较大等，见图 2-7 所示。焊缝不直、宽窄不均不仅影响焊缝的美观，而且影响焊缝与母材结合强度；焊缝余高太大，易产生应力集中；焊缝高度低于母材，则焊接接头的强度较低；错边和变形过大，则产生应力集中，使强度下降。

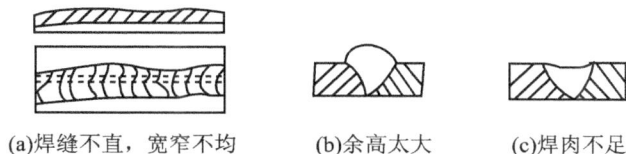

(a)焊缝不直，宽窄不均　　(b)余高太大　　(c)焊肉不足

图 2-7　焊缝尺寸不符合要求

坡口角度不当，装配间隙不均匀，焊接工艺参数选择不当，焊工的操作水平较低等都可以造成焊缝尺寸不符合要求。

防止措施有：选择适当的坡口角度和装配间隙，提高装配质量；选择合适的焊接工艺参数；提高焊工的操作水平等。

2. 咬边

咬边是在沿着焊趾的母材部位上被电弧烧熔而形成的凹陷或沟槽，如图 2-8 所示。造成咬边的原因有：焊接时焊接电流过大，电弧过长，焊条角度不当，运条方式不当等。一般在平焊时较少出现咬边，而在立焊、横焊或仰焊时，由于焊接电流较大，运条时在坡口两侧停留时间较短，而在焊缝中间的停留时间较长，使焊缝中间的金属熔池的温度过高而下坠，两侧的母材金属被电弧吹去而未填满金属熔池。咬边减小了焊缝的有效截面，不仅削弱了焊接接头的强度，而且易造成应力集中而产生裂纹。

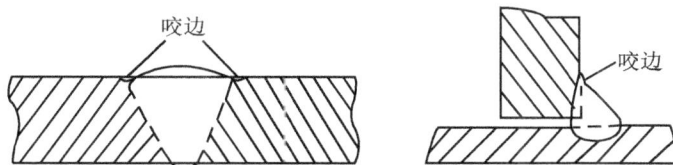

图 2-8　咬边

防止措施有：焊接时选用合适的焊接电流，避免电流过大；电弧不能拉得过长；

焊条角度适当；运条时在坡口边缘速度较慢，停留时间稍长，而在焊缝中间时速度较快。

3. 焊瘤

焊瘤是指在焊接过程中，熔化金属流淌到焊缝以外未熔化的母材上所形成的金属瘤，如图2-9所示。由于金属熔池的温度过高使得熔融金属的凝固速度较慢，在自重力作用下下坠而形成焊瘤。在平焊对接时，第一层背面有时产生焊瘤，而在立焊、横焊、仰焊时常形成焊瘤。焊瘤使得焊缝截面突变，不仅影响焊缝的成形，而且在焊瘤部位通常还存在夹渣、未焊透等缺陷，此外还易造成应力集中，降低接头的疲劳强度。

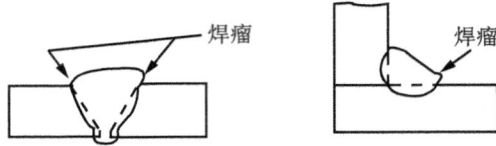

图 2-9　焊瘤

防止措施有：根据焊接工艺选择合适的焊接电流、焊接速度等焊接工艺参数。平焊时，对口间隙不宜过大；应控制金属熔池温度，使其不要过高，选用适当焊接电流，如果熔池的水平位置突然下降，立即灭弧。

4. 凹坑

焊后，在焊缝表面或焊缝背面形成的低于母材表面的局部下陷部分称为凹坑，如图2-10所示。通常由于焊工的操作手法不当，在收弧处易产生凹坑。

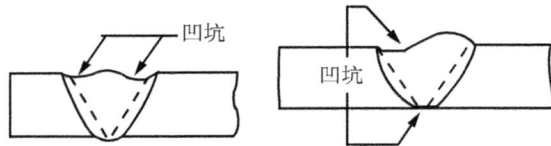

图 2-10　凹坑

防止措施有：焊条在收弧处多停留一会，如果由于停留时间过长造成金属熔池温度过高，则会产生熔池过大或焊瘤。此时应采用断续灭弧焊来填满，即焊条在该处稍微停留后就灭弧，待其冷却后再引弧并填充一些熔化金属，反复几次可将凹坑填满。

5. 裂纹

在焊接应力及其他致脆因素的共同作用下，金属材料的原子结合被破坏，形成新界面而产生的缝隙称为裂纹。裂纹按其产生的温度和时间不同可分为热裂纹、冷裂纹和再热裂纹；按其产生的部位不同可分为纵裂纹、横裂纹、弧坑裂纹、熔合线裂纹、焊根裂纹及热影响区裂纹等。裂纹在焊接缺陷中最危险，不仅使焊件的焊接性能下降，还有可能导致严重的事故。

在焊接过程中，热裂纹是在焊缝和热影响区金属冷却到固相线附近的高温区产生的，主要是因为熔池金属中的低熔点共晶体和杂质在结晶过程中，形成严重的偏析，同时在焊接应力的作用下，沿着晶界被拉开。奥氏体不锈钢、镍合金和铝合金在焊接时易产生热裂纹；而低碳钢焊接时不易产生热裂纹。热裂纹的特征是断口呈蓝黑色，其形状有锯齿状、花纹状及带锯齿的直线状。

防止措施有：严格控制工件和焊接材料的硫、磷等杂质含量，降低热裂纹的敏感性；调整焊缝金属的化学成分，减少偏析；采用碱性焊条，降低焊缝中杂质的含量，改善偏析；选择适当的焊接工艺参数；断弧时采用与母材相同的引出板，或逐渐灭弧，并填满弧坑，避免在弧坑处产生热裂纹。

冷裂纹是焊接接头冷却到较低温度下（对于钢来说，低于 Ms 温度）产生的。冷裂纹可在焊后立即出现，也有可能经过一段时间才出现，具有延迟性，所以其危害性更大。马氏体相变产生淬硬组织，焊接残余应力和焊缝中的氢都有可能产生冷裂纹。

防止措施有：选用碱性低氢型焊条，使用前严格按照焊条说明书的规定进行焊前处理，减少焊缝中的氢含量；选择适当的焊接工艺参数和热输入，减少焊缝的淬硬倾向；焊后进行消氢处理；对于淬硬倾向高的钢材，焊前预热，焊后热处理，改善焊缝组织和性能。

焊后，焊件在一定温度范围内再次加热（比如焊后退火等）而产生的裂纹称为再热裂纹。

防止措施有：在满足设计要求的前提下，选用低强度的焊条，使焊缝强度低于母材，应力在焊缝中松弛，避免在热影响区产生裂纹；尽量减少焊接残余应力和应力集中；控制焊接热输入，合理选择热处理温度，尽量避开裂纹敏感的温度范围。

2.5.2　内部缺陷

1. 未熔合

未熔合是指焊道与母材之间或焊道与焊道之间存在没有完全熔化的部分，如图 2-11 所示。

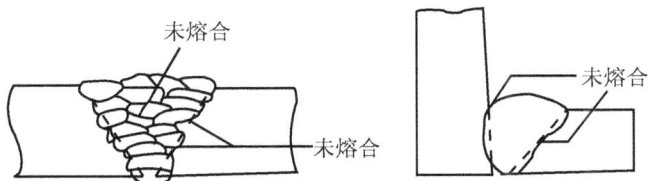

图 2-11　未熔合

产生的原因主要是焊接电流过小，焊接热输入太低，焊速过高，焊条偏离坡口一侧，坡口侧面未清理干净，层间清渣不彻底以及起弧温度过低，先焊的焊道开始端未熔化等。

防止措施有：选用较大的焊接电流，较小的焊接速度，增加热输入使其足以熔化母材或前一条焊道；加强层间清理；焊条有偏心时，调整角度使电弧处于正确方向。

2. 未焊透

未焊透是指焊接时，焊接接头根部未完全熔透的现象，如图 2-12 所示。未焊透容易造成应力集中，产生裂纹，对于重要的焊接接头不允许存在未焊透。

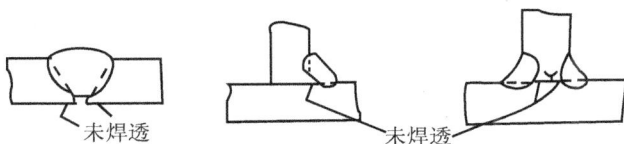

图 2-12　未焊透

未焊透在对接平焊、角接、搭接接头中主要是由于电流过小或焊速较快引起的。对于单面焊双面成形的平、立、仰焊对接时，由于电流过小或在操作时未使一定长的弧柱在背面燃烧而造成未焊透。此外坡口角度或间隙过小，钝边过大，焊工操作水平不高均可造成未焊透。

防止措施有：正确选用和加工坡口尺寸，合理装配，保证间隙，选择适当的焊接电流和焊接速度，提高焊工的操作水平。

3. 夹渣

夹渣是残留在焊缝中的焊接熔渣，如图 2-13 所示。产生原因：焊工的技术水平不高，使金属熔池中的熔渣未浮出而存在于焊缝中；焊接过程中层间清理不干净；焊接速度太快；焊接材料与母材化学成分不匹配；坡口设计加工不当等。夹渣削弱了焊缝的有效截面，降低了焊缝金属的力学性能，还易引起应力集中，使焊接结构在承载时易失效。

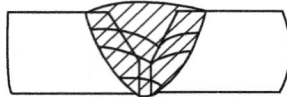

图 2-13　夹渣

防止措施有：提高焊工的技术水平；将母材与前条焊道的熔渣清理干净后再继续焊接，如果发现该处的熔渣没有清理干净，在焊接到此处时拉长电弧，并稍加停留，使熔渣再次熔化、吹走，再继续焊接；调整焊条角度和运条方式。

4. 气孔

焊接过程中，金属熔池中的气体在焊缝金属冷却凝固前未能及时逸出，而在焊缝金属的内部或表面形成的孔洞称为气孔，如图 2-14 所示。气孔的大小、形状及数量与母材的材质、焊条性质、焊接位置及焊工的操作水平有关。常见的气孔形状有圆形、椭圆形、虫形、密集形等。产生的原因有：焊条受潮，使用前没有烘干；药皮熔化时产生气体；电弧过长或偏吹，熔池保护效果不好，使得空气侵入金属熔池；焊件表面和坡口未清理干净，油污、锈、水分等受热后分解；焊接电流过大，药皮提前脱落，失去保护作用；运条方法不当，如收弧动作太快，易产生缩孔，接头引弧不正确，易产生密集气孔等。气孔的存在减小了焊缝金属的有效截面积，降低了焊缝金属的力学性能，而且使焊缝金属的致密性下降。

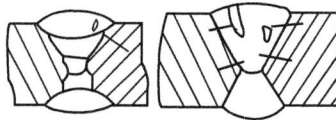

图 2-14　气孔

防止措施有：尽量减少金属熔池中的气体；焊条使用前，严格按照焊条说明书规定的温度和时间进行烘干；尽量采用短弧焊接，户外施工需要有防风设施；在满足焊接质量的前提下，适当地加大焊接电流，降低焊接速度；不允许采用失效的焊条，如焊芯锈蚀，药皮开裂、剥落，偏心较严重等；当采用碱性焊条时，在运条过程中应将电弧压得最低；焊前清理坡口两侧的油污、锈、水分等。

>>> 习题

1. 焊条电弧焊的工作过程是什么？有什么优缺点？
2. 简述焊条的组成和分类。
3. 简述药皮的组成和作用。
4. 焊条电弧焊时，如何选择焊条？
5. 焊条电弧焊的坡口形式和接头形式有哪些？
6. 简述焊条电弧焊的焊接工艺。
7. 焊条电弧焊时，易出现哪些缺陷？如何防止？

第3章 埋弧焊

▷ 3.1 概述

埋弧焊(Submerged Arc Welding)是以电弧作为热源的机械化熔焊方法。埋弧焊可分为自动埋弧焊和半自动埋弧焊两种方式。前者电弧的相对移动和焊丝的送进都由机械完成,后者电弧的移动是由操作者手持焊枪移动,而焊丝的送进是自动的。由于自动埋弧焊的劳动强度较低,目前广泛地应用于生产中,而半自动埋弧焊已很少使用。

3.1.1 埋弧焊的工作原理和过程

埋弧焊的工作原理如图 3-1 所示。焊接时,焊接电源的两极分别接在工件和导电嘴上,以产生电弧,颗粒状焊剂由焊剂漏斗经软管均匀地堆敷到工件的焊缝接口处,由焊丝盘经送丝机构和导电嘴将焊丝送入焊接区,电流通过导电嘴、焊丝与工件构成焊接回路,焊丝在可熔化的颗粒状焊剂覆盖下引燃电弧。电弧热使焊丝、焊剂及母材局部熔化以致部分蒸发。金属蒸气、焊剂蒸气在电弧区形成一个空腔。熔化的焊丝和母材形成的金属熔池位于空腔的底部;熔融的焊剂形成的熔渣位于空腔的顶部。这个空腔不仅使电弧和熔池受到保护,不与空气接触,而且可以遮蔽弧光。随着电弧的向前移动,电弧力将液态金属推向后方并逐渐冷却凝固成焊缝,熔渣

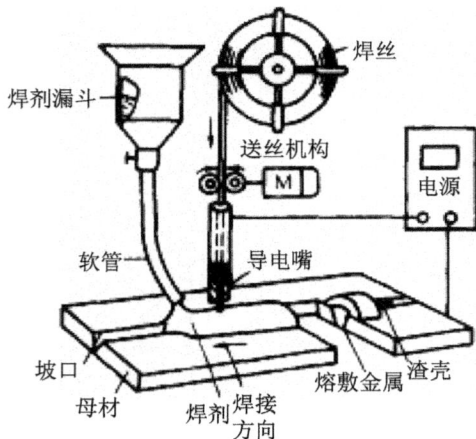

图 3-1 埋弧焊的工作原理

则凝固成渣壳覆盖在焊缝表面。焊接过程中熔渣不仅对金属熔池和焊缝金属起到保护作用,还与熔融金属发生冶金反应,从而影响焊缝金属的化学成分和力学性能,防止焊缝中产生裂纹、气孔等缺陷,焊后未熔化的焊剂另行清理回收。

埋弧焊时,由于送丝机构不断地将焊丝送进,而且焊丝端部在电弧热的作用下不断熔化,所以为了保持焊接过程的稳定进行,焊丝的送进速度和熔化速度必须相平衡。根据焊丝的不同应用场合,焊丝有单丝、双丝、多丝。有时还可以用药芯焊丝代替裸焊丝,或用钢带代替焊丝。

3.1.2 埋弧焊的特点

1. 埋弧焊的主要优点

(1)生产效率高

埋弧焊时,焊丝导电长度缩短,所采用的焊接电流和电流密度大(表 3-1),显著提高了电弧的熔深能力和焊丝熔敷效率,一般不开坡口单丝埋弧焊一次熔深可达 20mm。

此外，由于焊剂和熔渣的隔热作用，热量散失少，热效率较高，飞溅少，焊接速度较高。以厚度为 8～10mm 的钢板对接为例，采用焊条电弧焊时，焊接速度不超过 6～8m/h，而采用单丝埋弧焊时焊接速度可达到 30～50m/h，如果采用双丝和多丝埋弧焊时，焊接速度还可提高 1 倍以上。

表 3-1   焊条电弧焊和埋弧焊的焊接电流、电流密度

焊条/焊丝直径/mm	手工电弧焊		自动埋弧焊	
	焊接电流/A	电流密度 /A·mm^{-2}	焊接电流/A	电流密度 /A·mm^{-2}
2	50～65	16～25	200～400	63～125
3	80～130	11～18	350～600	50～85
4	125～200	10～16	500～800	40～63
5	190～250	10～18	700～1000	30～50

(2)焊接质量好

埋弧焊时，焊接电流、电压、焊速等焊接参数可以通过自动调节保持稳定，降低了对焊工操作水平的依赖程度，焊缝成形好，成分稳定，机械性能较好。此外，由于熔渣的良好保护作用使得金属熔池不与空气接触，焊缝金属中的含氮量仅为焊条电弧焊焊缝含氮量的十分之一；而且金属熔池的散热较慢，熔融金属和熔渣的冶金反应充分，气体易逸出，保证焊缝金属的化学成分和力学性能，焊接质量好。

(3)焊接成本较低

对于 25mm 厚度以下的焊件不开坡口也可以熔透，不仅节约了开坡口所需的能源和时间，还节约了填充坡口所需的时间和焊丝的填充量。而且由于熔渣的良好保护作用，使得埋弧焊过程中金属的烧损和飞溅大幅度减小。

(4)劳动条件好

埋弧焊时，电弧的移动和焊丝的送进均是机械化，减轻了焊工的劳动强度。而且埋弧焊弧光不外露，没有弧光辐射，这是埋弧焊的独特优点。

2. 埋弧焊的缺点

(1)焊接适宜位置受限

埋弧焊是依靠颗粒状焊剂堆积覆盖对金属熔池和电弧形成保护，所以只适用于平焊(即俯焊)位置焊接，如对接接头、角接接头、搭接接头、堆焊等。对于其他位置的埋弧焊，则需要采用特殊装置来保证焊剂覆盖焊缝区，使金属熔池和电弧受保护。

(2)对焊接装配质量要求高

埋弧焊时，不能直接观察电弧与坡口的相对位置，需要采用焊缝自动跟踪装置来保证焊缝平直，或保证坡口的加工和装配精度。

(3)不适合焊接薄板和短焊缝

与焊条电弧焊相比，埋弧焊的适应性和灵活性较差，而且使用的电流较大，当焊接电流小于 100A 时电弧较不稳定，因此埋弧焊适合长焊缝的焊接，不适合短焊缝和厚度小于 1mm 的薄件焊接。

3.1.3 埋弧焊的应用范围

在焊接生产中，埋弧焊的应用较广泛，适用于造船、锅炉与压力容器、化工容器、桥梁、起重机械、冶金机械、工程机械、海洋结构、铁路车辆、核电设备等制造领域中的中厚板、长焊缝的焊接。

采用埋弧焊可焊接的钢种有碳素结构钢，不锈钢、耐热钢、低合金结构钢及镍基合金、铜基合金等有色金属材料。此外，埋弧焊还可用于堆焊耐磨耐蚀合金。而铸铁、铝、镁、铅、锌等低熔点金属材料都不适合用埋弧焊焊接。

3.2 埋弧焊的焊接材料及冶金特点

3.2.1 焊接材料

埋弧焊的焊接材料主要包括焊丝和焊剂。

1. 焊丝

焊丝在埋弧焊中是作为填充材料的金属丝，直接影响焊缝金属的化学成分；此外，未熔化的焊丝还起着导电的作用。埋弧焊采用的焊丝主要有实芯焊丝和药芯焊丝两种，实芯焊丝在实际生产中的应用较广泛，而药芯焊丝只在某些特殊场合应用。根据焊丝适用的被焊材料可将其分为碳素结构钢焊丝、合金结构钢焊丝、不锈钢焊丝、特殊合金钢焊丝、镍基合金钢焊丝等。碳素结构钢焊丝主要是锰含量较低的低碳钢焊丝，如H08A，H15A，H08MnA等。合金结构钢焊丝主要有Mn-Mo系、Mn-Si系、Cr-Mo系等。Mn-Si系合金结构钢焊丝主要应用于焊缝强度低于500MPa的低合金钢焊接；Mn-Mo系合金结构钢焊丝主要应用于焊缝强度大于590MPa的合金钢焊接；Cr-Mo系合金结构钢焊丝主要应用于焊缝强度达到690～780MPa的合金钢焊接。如果对焊缝的韧性要求较高时，可采用含镍的Cr-Mo系合金结构钢焊丝。

焊丝牌号如图3-2所示。焊丝牌号中的首字母"H"表示焊接用实芯焊丝，字母"H"后面的一位或两位数字表示碳的质量分数，化学元素符号及后面的数字表示该元素的大致质量分数。若小于1%，则该元素后面不标数字。某些牌号尾部标有"A"或"E"时，表示优质或特优焊丝，即"A"表示优质焊丝，其硫、磷含量比普通焊丝低；"E"表示特优焊丝，其硫、磷含量更低。

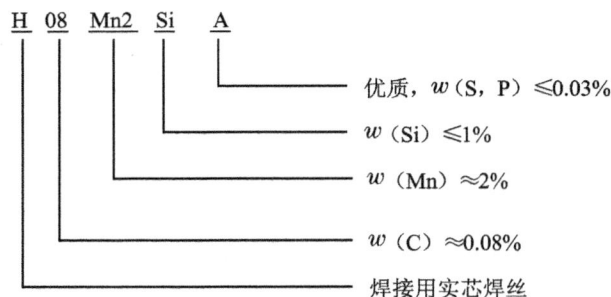

图 3-2 实芯焊丝牌号含义的实例

根据国家标准 GB/T 5293-1999，GB/T 12470-2003 和 GB/T 17854-1999 的规定，埋弧焊用碳素钢焊丝、低合金钢焊丝和不锈钢焊丝的牌号和成分如表 3-2、表 3-3 和

表 3-4 所示。

表 3-2　埋弧焊用碳素钢焊丝的牌号和化学成分　　　　　　%

焊丝牌号	C	Mn	Si	Cr	Ni	Cu	S	P
低锰焊丝								
H08A	≤0.10	0.30～0.60	≤0.03	≤0.20	≤0.30	≤0.20	≤0.030	≤0.030
H08E							≤0.020	≤0.020
H08C				≤0.10	≤0.10		≤0.015	≤0.015
H15A	0.11～0.18	0.35～0.65		≤0.20	≤0.30		≤0.030	≤0.030
中锰焊丝								
H08MnA	≤0.10	0.80～1.10	≤0.07	≤0.20	≤0.30	≤0.20	≤0.030	≤0.030
H15Mn	0.11～0.18		≤0.03				≤0.035	≤0.035
高锰焊丝								
H10Mn2	≤0.12	1.50～1.90	≤0.07	≤0.20	≤0.30	≤0.20	≤0.035	≤0.035
H08Mn2Si	≤0.11	1.70～2.10	0.65～0.95				≤0.035	≤0.035
H08Mn2SiA		1.80～2.10					≤0.030	≤0.030

注: 1. 如存在其他元素, 则这些元素的总量不得超过 0.5%。

　　2. 当焊丝表面镀铜时, 铜含量应不大于 0.35%。

　　3. 根据供需双方协议, 也可生产其他牌号的焊丝。

　　4. 根据供需双方协议, H08A, H08E, H08C 非沸腾钢允许硅含量不大于 0.10%。

　　5. H08A, H08E, H08C 焊丝中锰含量按 GB/T 3429。

表 3-3　低合金钢焊丝的牌号和成分

序号	焊丝牌号	化学成分(质量分数)/%									
		C	Mn	Si	Cr	Ni	Cu	Mo	V, Ti, Zr, Al	S	P
										≤	
1	H08MnA	≤0.10	0.80～1.10	≤0.07	≤0.20	≤0.30	≤0.20	—	—	0.030	0.030
2	H15Mn	0.11～0.18	0.80～1.10	≤0.03	≤0.20	≤0.30	≤0.20	—	—	0.035	0.035
3	H05SiCrMoA[a]	≤0.05	0.40～0.70	0.40～0.70	1.20～1.50	≤0.20	≤0.20	0.40～0.65	—	0.025	0.025
4	H05SiCr2MoA[a]	≤0.05	0.40～0.70	0.40～0.70	2.30～2.70	≤0.20	≤0.20	0.90～1.20	—	0.025	0.025

续表

序号	焊丝牌号	化学成分（质量分数）/%									
		C	Mn	Si	Cr	Ni	Cu	Mo	V，Ti，Zr，Al	S	P
										≤	
5	H05Mn2Ni2MoA[a]	≤0.08	1.25~1.80	0.20~0.50	≤0.30	1.40~2.10	≤0.20	0.25~0.55	V≤0.05 Ti≤0.10 Zr≤0.10 Al≤0.10	0.010	0.010
6	H08Mn2Ni2MoA[a]	≤0.09	1.40~1.80	0.20~0.55	≤0.50	1.90~2.60	≤0.20	0.25~0.55	V≤0.04 Ti≤0.10 Zr≤0.10 Al≤0.10	0.010	0.010
7	H08CrMoA	≤0.10	0.40~0.70	0.15~0.35	0.80~1.10	≤0.30	≤0.20	0.40~0.60	—	0.030	0.030
8	H08MnMoA	≤0.10	1.20~1.60	≤0.25	≤0.20	≤0.30	≤0.20	0.30~0.50	Ti：0.15（加入量）	0.030	0.030
9	H08CrMoVA	≤0.10	0.40~0.70	0.15~0.35	1.00~1.30	≤0.30	≤0.20	0.50~0.70	V：0.15~0.35	0.030	0.030
10	H08Mn2Ni3MoA	≤0.10	1.40~1.80	0.25~0.60	≤0.60	2.00~2.80	≤0.20	0.30~0.65	V≤0.03 Ti≤0.10 Zr≤0.10 Al≤0.10	0.010	0.010
11	H08CrNi2MoA	0.05~0.10	0.50~0.85	0.10~0.30	0.70~1.00	1.40~1.80	≤0.20	0.20~0.40	—	0.025	0.030
12	H08Mn2MoA	0.06~0.11	1.60~1.90	≤0.25	≤0.20	≤0.30	≤0.20	0.50~0.70	Ti：0.15（加入量）	0.030	0.030
13	H08Mn2MoVA	0.06~0.11	1.60~1.90	≤0.25	≤0.20	≤0.30	≤0.20	0.50~0.70	V：0.06~0.12 Ti：0.15（加入量）	0.030	0.030
14	H10MoCrA	≤0.12	0.40~0.70	0.15~0.35	0.45~0.65	≤0.30	≤0.20	0.40~0.60	—	0.030	0.030
15	H10Mn2	≤0.12	1.50~1.90	≤0.07	≤0.20	≤0.30	≤0.20	—	—	0.035	0.035
16	H10Mn2NiMoCuA[a]	≤0.12	1.25~1.80	0.20~0.60	≤0.30	0.80~1.25	0.35~0.65	0.20~0.55	V≤0.05 Ti≤0.10 Zr≤0.10 Al≤0.10	0.010	0.010

续表

序号	焊丝牌号	化学成分(质量分数)/%									
		C	Mn	Si	Cr	Ni	Cu	Mo	V，Ti，Zr，Al	S	P
										≤	
17	H10Mn2MoA	0.08~0.13	1.70~2.00	≤0.40	≤0.20	≤0.30	≤0.20	0.60~0.80	Ti：0.15（加入量）	0.030	0.030
18	H10Mn2MoVA	0.08~0.13	1.70~2.00	≤0.40	≤0.20	≤0.30	≤0.20	0.60~0.80	V：0.06~0.12 Ti：0.15（加入量）	0.030	0.030
19	H10Mn2A	≤0.17	1.80~2.20	≤0.05	≤0.20	≤0.30	—	—		0.030	0.030
20	H13CrMoA	0.11~0.16	0.40~0.70	0.15~0.35	0.80~1.10	≤0.30	≤0.20	0.40~0.60	—	0.030	0.030
21	H18CrMoA	0.15~0.22	0.40~0.70	0.15~0.35	0.80~1.10	≤0.30	≤0.20	0.15~0.25	—	0.025	0.025

注1. 当焊丝镀铜时，除 H10Mn2NiMoCuA 外，其余牌号铜含量应不大于 0.35%。

2. 根据供需双方协议，也可生产使用其他牌号的焊丝。

a. 这些焊丝中残余元素 Cr，Ni，Mo，V 总量应不大于 0.50%。

表 3-4　不锈钢焊丝的牌号和成分

牌号	化学成分/%								
	C	Si	Mn	P	S	Cr	Ni	Mo	其他
H0Cr21Ni10	0.08				0.030	19.50~22.00	9.00~11.00	—	
H00Cr21Ni10	0.03				0.020	19.50~22.00	9.00~11.00	—	
H1Cr24Ni13	0.12				0.030	23.00~25.00	12.00~14.00		—
H1Cr24Ni13Mo2	0.12				0.030	23.00~25.00	12.00~14.00	2.00~3.00	—
H1Cr26Ni21	0.15	0.60	1.00~2.50	0.030	0.030	25.00~28.0	20.00~22.00	—	—
H0Cr19Ni12Mo2	0.08				0.030	18.00~20.00	11.00~14.00	2.00~3.00	—
H00Cr19Ni12Mo2	0.03				0.020	18.00~20.00	11.00~14.00	2.00~3.00	—
H00Cr19Ni12Mo2Cu2	0.03				0.020	18.00~20.00	11.00~14.00	2.00~3.00	Cu：1.00~2.50
H0Cr19Ni14Mo3	0.08				0.030	18.50~20.50	13.00~15.00	3.00~4.00	—
H0Cr20Ni10Nb	0.08				0.030	19.00~21.50	9.00~11.00	—	Nb：$10 \times C\% \sim 1.00$
H1Cr13	0.12	0.50	0.60			11.50~13.50	0.60	—	—
H1Cr17	0.10	0.50	0.60			15.50~17.00	0.60	—	—

注：1. 表中单值均为最大值。

2. 根据供需双方协议，也可生产表中牌号以外的焊丝。

在选择埋弧焊用焊丝时，最主要的是考虑焊丝中锰和硅的含量，所以埋弧焊焊丝也可根据锰含量的不同分为低锰焊丝、中锰焊丝和高锰焊丝。埋弧焊常用的焊丝直径有 1.6mm，2.0mm，2.5mm，3.2mm，4.0mm，5.0mm 和 6.0mm 七种。使用时，为了提高埋弧焊质量，要求将焊丝进行除油、除锈处理。除不锈钢、有色金属焊丝外，在各种低碳钢和低合金钢焊丝表面进行镀铜处理，不仅提高了焊丝与导电嘴的接触状况，而且起到了防锈作用。但是耐腐蚀和核反应堆材料焊接用的焊丝是不能镀铜处理的。

无论是采用单道焊还是考虑焊丝向熔敷金属中过渡的 Mn，Si 对熔敷金属力学性能的影响，熔敷金属中必须保证最低的锰含量，防止产生焊道中心裂纹。特别是使用低锰焊丝匹配产生焊道中心裂纹，此时应改用高锰焊丝和活性焊剂，防止产生裂纹。

2. 焊剂

埋弧焊时，焊剂的主要作用是造渣，对熔池金属起到保护作用和冶金作用。焊剂的组成和化学成分对控制焊缝金属的化学成分、提高焊缝金属的力学性能，防止气孔、裂纹和夹渣缺陷的产生具有决定性的作用。而且为了成形较好，要求焊剂具有良好的稳弧性能。

埋弧焊焊剂可按其化学组成、化学性质、适用对象、颗粒结构等进行分类，如图 3-3 所示。

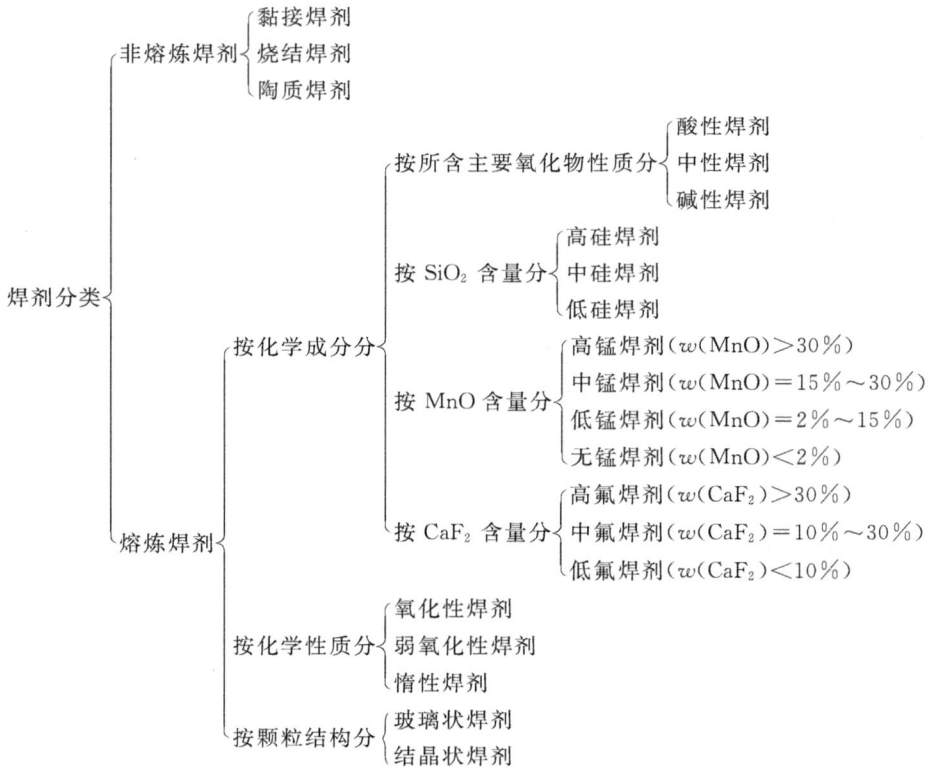

焊剂分类
- 非熔炼焊剂
  - 黏接焊剂
  - 烧结焊剂
  - 陶质焊剂
- 熔炼焊剂
  - 按化学成分分
    - 按所含主要氧化物性质分
      - 酸性焊剂
      - 中性焊剂
      - 碱性焊剂
    - 按 SiO_2 含量分
      - 高硅焊剂
      - 中硅焊剂
      - 低硅焊剂
    - 按 MnO 含量分
      - 高锰焊剂（$w(MnO)>30\%$）
      - 中锰焊剂（$w(MnO)=15\%\sim30\%$）
      - 低锰焊剂（$w(MnO)=2\%\sim15\%$）
      - 无锰焊剂（$w(MnO)<2\%$）
    - 按 CaF_2 含量分
      - 高氟焊剂（$w(CaF_2)>30\%$）
      - 中氟焊剂（$w(CaF_2)=10\%\sim30\%$）
      - 低氟焊剂（$w(CaF_2)<10\%$）
  - 按化学性质分
    - 氧化性焊剂
    - 弱氧化性焊剂
    - 惰性焊剂
  - 按颗粒结构分
    - 玻璃状焊剂
    - 结晶状焊剂

图 3-3 焊剂的分类

根据国标 GB/T 5293-1999 中规定：碳钢埋弧焊用焊剂不是按照焊剂化学成分或焊缝金属的化学成分进行分类，而是按照焊缝金属的力学性能进行分类的。由于焊缝金

属的力学性能与所用的焊丝有关，因此焊剂型号采用了与焊丝匹配的标注形式，即 F×
××－H×××。其中"F"表示焊剂；第一位数字表示焊丝-焊剂组合的熔敷金属抗拉强
度的最小值；第二位字母表示试件的热处理状态，"A"表示焊态，"P"表示焊后热处理
状态；第三位数字表示熔敷金属冲击吸收功不小于 27J 时的最低试验温度；"－"后面表
示焊丝的牌号。

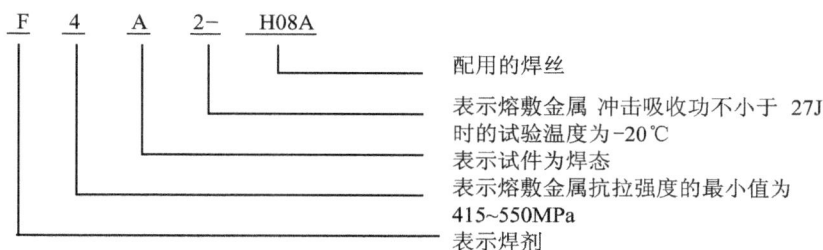

```
F   4   A   2-  H08A
                │    配用的焊丝
                │    表示熔敷金属 冲击吸收功不小于 27J
                │    时的试验温度为-20℃
                │    表示试件为焊态
                │    表示熔敷金属抗拉强度的最小值为
                │    415~550MPa
                │    表示焊剂
```

图 3-4　碳钢埋弧焊焊剂型号含义的实例

根据国家标准 GB/T 12470-2003 中规定，低合金钢埋弧焊用焊剂是根据焊缝金属
的力学性能和热处理状态进行分类的。焊丝-焊剂组合的型号编制方法为 F××××－
H××。其中 F 后面的两位数字表示焊丝-焊剂组合的熔敷金属抗拉强度的最小值，如
"48"表示熔敷金属最小抗拉强度为 480～660MPa，"62"表示熔敷金属最小抗拉强度为
620～760MPa，"69"表示熔敷金属最小抗拉强度为 690～830MPa，"76"表示熔敷金属
最小抗拉强度为 760～900MPa，"83"表示熔敷金属最小抗拉强度为 830～970MPa；第
二位字母表示试件的热处理状态，"A"表示焊态，"P"表示焊后热处理状态；第三位数
字表示熔敷金属冲击吸收功不小于 27J 时的最低试验温度；"－"后面表示焊丝的牌号。
如果需要标注熔敷金属中扩散氢含量时，可用后缀"H×"表示。例如，在型号
F55A4－H08MnMoA－H8中，"F"表示焊剂；"55"表示熔敷金属抗拉强度值为 550～
700MPa；"A"表示试件为焊态；"4"表示熔敷金属冲击吸收功不小于 27J 时的最低试验
温度为－40℃；"H08MnMoA"后面表示焊丝的牌号；"H8"表示熔敷金属中扩散氢含量
不大于 8mL/100g。

根据国家标准 GB/T 17854-1999 的规定，埋弧焊用不锈钢焊丝和焊剂组合的型号
主要有 F308－H×××，F308L－H×××，F309－H×××，F309Mo－H×××，
F310－H×××，F316－H×××，F316L－H×××，F316CuL－H×××，F317－
H×××，F347－H×××，F410－H×××，F430－H×××，其分类是根据熔敷金
属化学成分、力学性能进行划分。其中字母"F"表示焊剂；"F"后面的数字表示熔敷金
属种类代号，如有特殊要求的化学成分，该化学成分用元素符号表示，放在数字的后
面；"－"后面表示焊丝的牌号。例如，F308L－中"F"表示焊剂；"308"表示熔敷金属
种类代号，"L"表示熔敷金属中碳含量较低；"H00Cr21Ni10"表示焊丝牌号。

常用的熔炼焊剂和烧结焊剂的牌号和化学成分如表 3-5 和表 3-6 所示。

表 3-5 常用熔炼焊剂的牌号和化学成分

焊剂牌号	焊剂类型	化学成分(质量分数%)												
		SiO_2	MnO	CaF_2	Al_2O_3	CaO	MgO	FeO	R_2O	TiO_2	NaF	ZrO_2	S≤	P≤
HJ130	无锰高硅低氟	35～40	—	4～7	12～16	10～18	14～19	2	—	7～11	—	—	0.05	0.05～
HJ131	无锰高硅低氟	34～38	—	2～5	6～9	48～55	—	≤1.0	≤3	—	—	—	0.05	0.08～
HJ150	无锰中硅中氟	21～23	—	25～33	28～32	3～7	9～13	≤1.0	≤3	—	—	—	0.08	0.08～
HJ151	无锰中硅中氟	24～30	—	18～24	22～30	≤6	13～20	—	—	—	—	—	0.07	0.08～
HJ172	无锰低硅高氟	3～6	1～2	45～55	28～35	2～5	—	≤0.8	≤3	—	2～3	2～4	0.05	0.05～
HJ230	低锰高硅低氟	40～46	5～10	7～11	10～17	8～14	10～14	≤1.5	—	—	—	—	0.05	0.05～
HJ250	低锰中硅中氟	18～22	5～8	23～30	18～23	4～8	12～16	≤1.5	≤3	—	—	—	0.05	0.05～
HJ251	低锰中硅中氟	18～22	7～10	23～30	18～23	3～6	14～17	≤1.0	—	—	—	—	0.08	0.05～
HJ252	低锰中硅中氟	18～22	2～5	18～24	22～28	2～7	17～23	≤1.0	—	—	—	—	0.07	0.08～
HJ260	低锰高硅中氟	29～34	2～4	20～25	19～24	4～7	15～18	≤1.0	—	—	—	—	0.07	0.07～
HJ330	中锰高硅低氟	44～48	22～26	3～6	≤4	≤3	16～20	≤1.5	≤1	—	—	—	0.06	0.08～
HJ350	中锰中硅中氟	30～35	14～19	14～20	13～18	10～18	—	≤1.0	—	—	—	—	0.06	0.08～
HJ351	中锰中硅中氟	30～35	14～19	14～20	13～18	10～18	—	≤1.0	—	—	—	—	0.04	0.05～
HJ360	中锰高硅中氟	33～37	20～26	10～19	11～15	4～7	5～9	≤1.0	—	2～4	—	—	0.10	0.10～
HJ430	高锰高硅低氟	38～45	38～47	5～9	≤5	≤6	—	≤1.8	—	—	—	—	0.06	0.08～
HJ431	高锰高硅低氟	40～44	40～44	3～7	≤6	≤8	5～8	≤1.8	—	—	—	—	0.06	0.08～
HJ433	高锰高硅低氟	42～45	42～45	2～4	≤3	≤4	—	≤1.8	≤0.5	—	—	—	0.06	0.08～
HJ434	高锰高硅低氟	40～50	40～50	4～8	≤6	≤4	≤5	≤1.5	—	1～8	—	—	0.05	0.05～

表 3-6　常用烧结焊剂的牌号和化学成分

焊剂牌号	焊剂类型	化学成分（质量分数%）					
		$SiO_2 + TiO_2$	$CaO + MgO$	$Al_2O_3 + MnO$	CaF_2	S$\leqslant$	P$\leqslant$
SJ101	氟碱型	20～30	25～35	20～30	15～25	0.06	0.08
SJ102	氟碱型	10～15	35～45	15～25	20～30	0.06	0.08
SJ201	高铝型	16	4	40	30	—	—
SJ203	高铝型	25	30	30	10	—	—
SJ 301	硅钙型	35～45	20～30	20～30	5～15	0.06	0.06
SJ302	硅钙型	20～25	20～25	30～40	8～10	0.06	0.06
SJ303	硅钙型	40	30	20	10	0.06	0.06
SJ401	硅锰型	45	10	40	—	—	—
SJ402	硅锰型	35～45	5～15	40～50		0.06	0.06
SJ403	硅锰型	35～45	10～20	20～35		0.04	0.04
SJ501	铝钛型	25～35	—	50～60	3～10	0.06	0.08
SJ502	铝钛型	45	10	30	5		
SJ503	铝钛型	20～35	—	50～55	5～15	0.06	0.08
SJ601	专用碱性	5～10	6～10	30～40	40～50	0.06	0.06
SJ605	高碱性	10	35	20	30	—	—
SJ608	碱性	$\leqslant20$	6～10	30～40	40～50	—	—

对于埋弧焊所采用的焊剂有如下要求：

1）具有良好的焊接工艺性能，即具有良好的稳弧性、焊缝成形性、脱渣性等。

2）具有良好的焊接冶金性能，即与合适的焊丝配合后，通过调整焊接参数使焊缝金属可获得所需的化学成分、足够低的硫、磷、氮等杂质含量以及良好的抗气孔性和力学性能。

3）要求焊剂颗粒具有足够的强度、合适的尺寸、较小的吸湿性以及较少的夹杂等。

3. 焊剂和焊丝的选用与配合

焊剂和焊丝的正确选用及二者之间的合理配合是获得高质量焊缝的关键，也是埋弧焊工艺过程的重要环节。埋弧焊主要依据被焊材料的类别和焊接接头的性能要求来选配焊剂和焊丝。

1）在焊接低碳钢和强度较低的合金钢时，选配焊剂和焊丝时按照等强原则，使焊缝强度达到与母材等强度，同时还要满足其他力学性能指标要求。例如可选用高锰高硅焊剂（如 HJ430，HJ431，HJ433，HJ434）与低碳钢焊丝（如 H08A）或含锰的焊丝（如 H08Mn，H08MnA）相配合。

2）焊接低合金高强度钢时，提高焊缝的塑性和韧性。例如可以选用低锰中硅型或中锰中硅型焊剂与相应的合金钢焊丝配合。

3）焊接奥氏体或铁素体高合金钢时，主要是保证焊缝的化学成分与母材相近，使焊缝具有与母材相匹配的特殊性能，同时满足力学性能和抗裂性能等方面的要求。一般选用碱度较高的中硅或低硅型熔炼焊剂与相应的高合金钢焊丝配合，以降低合金元素的烧损及掺加较多的合金元素。如果没有合金成分较高的焊丝，有时配合专用的黏结焊剂或烧结焊剂进行焊接，使所需的合金元素从焊剂中过渡到金属熔池，达到焊缝的化学成分和性能的要求。

4)焊接耐热钢、低温钢和耐蚀钢时，除了遵循等强原则外，还要使焊缝具有与母材相同或相近的特殊性能(如耐热性、耐低温性和耐蚀性)，可选用中硅型或低硅型焊剂配合相应的合金钢焊丝。

在进行埋弧焊焊剂与焊丝的选配时，除了考虑上述几方面因素外，还应该考虑埋弧焊的稀释率高、热输入高和焊接速度快等工艺特点的影响。

3.2.2 冶金特点

埋弧焊的冶金过程是指熔融金属、液态熔渣及电弧气氛之间在高温下发生的复杂的冶金反应，主要包括氧化反应、还原反应和焊缝的脱氧、脱硫、脱磷、除氢及焊缝金属的合金化等过程。焊接的冶金过程不仅影响焊缝的成分、组织和性能，而且也影响焊接工艺性能和焊接缺陷的形成。尽管埋弧焊的冶金过程与焊条电弧焊基本相似，但由于其焊接方法的独特性，仍具有本身的冶金特点：

1. 空气不易侵入焊接区

埋弧焊时，焊剂在电弧热的作用下熔化，金属蒸气、焊剂蒸气在电弧区形成一个空腔，有效地隔绝外界空气。以低碳钢的焊接为例，采用埋弧焊时焊缝中的含氮量为 $0.002\% \sim 0.007\%$，而采用焊条电弧焊时焊缝中的含氮量为 $0.02\% \sim 0.03\%$。

2. 冶金反应充分

埋弧焊时，焊接热输入大，且形成的空腔可以减缓散热，使得金属处于液态的时间比焊条电弧焊长几倍，所以熔融金属、液态熔渣及电弧气氛之间的化学冶金反应更充分，有利于获得理想的焊缝成分、组织和性能，而且反应过程中产生的气体、夹渣易逸出，有利于减少气孔、夹杂等焊接缺陷。

3. 焊缝金属的合金成分易于控制

在母材一定的情况下，焊缝的化学成分主要受两方面因素的影响：一是焊接材料，即焊丝和焊剂，决定焊缝的合金系统；二是焊接参数。当焊接参数变化时，一方面要影响熔合比，使母材熔入量发生变化，进而影响焊缝的化学成分；另一方面影响焊剂的熔化率，影响化学冶金反应进行的程度，从而使焊缝的化学成分受到影响。由于埋弧焊时的焊接参数稳定，因此当焊接材料、母材和焊接参数确定后，焊缝的化学成分波动较小。

4. 焊缝金属的组织易粗化

由于埋弧焊采用的焊接电流大，焊接热输入大，使得金属熔池的体积较大，此外金属蒸气、焊剂蒸气在电弧区形成的空腔可以阻止热量散失，所以金属熔池的冷却速度较小，使得埋弧焊焊缝金属的晶粒较粗大。因此，为了获得更好的焊缝金属性能，工业上常常将微量 Ti，B 等合金元素添加到焊接材料中，使其渗入到焊缝金属中来抑制金相组织粗化。

▶ 3.3 埋弧焊工艺

焊接工艺是指实施焊接过程获得要求焊件的所有相关的加工方法和实施要求。埋弧焊的焊接工艺包括焊前准备、选择焊接规范和选择焊接材料等。

3.3.1　焊前准备

1. 坡口的设计和加工

与其他焊接方法相比，埋弧焊所使用的电流较大，热输入较大，母材稀释率高，熔透深度较大，所以设计和加工坡口时要考虑到上述几点，以保证根部熔透和消除夹渣等缺陷。根据国标 GB/T985.2-2008《埋弧焊推荐的坡口》规定，坡口的基本形式和尺寸如表 3-7、表 3-8 和表 3-9 所示。

2. 焊剂和焊丝的处理

根据焊件的钢种及板厚按工艺要求选择焊丝和焊剂的牌号及直径，并对焊丝表面进行除油、除锈处理。此外，焊剂必须严格烘干后立即使用，以防止氢进入焊缝使其性能降低。

3. 装配点固

埋弧焊要求焊接接头间隙均匀，高低平整不错边，所以装配前根据焊件的厚度进行定间距、定位焊。定位焊的位置一般在第一道焊缝的背面，对于板厚小于 25mm、焊缝长度为 300～500mm 的焊件，定位长变为 50～70mm。此外在直缝焊件装配时，需要在接头的两端加引弧和熄弧板，以减少在引弧和收尾时产生的缺陷。

4. 焊件的清理

焊接前，必须将坡口内的铁锈、夹杂铁末及电焊后放置较长时间后因受潮而产生的氧化产物等清理干净，以防止焊接时产生气孔。清理时可采用风动砂轮、喷丸等方法。

3.3.2　埋弧焊的主要工艺参数

焊接工艺参数、工艺因素等方面对焊缝的形状和尺寸具有一定的影响。

1. 焊接工艺参数

焊接工艺参数有焊接电流、电弧电玉、焊接速度等。

（1）焊接电流

当其他条件不变时，焊接电流增大，焊缝的熔深 H 及余高 a 均增加，其影响如图 3-5所示。正常焊接条件下，焊接电流与熔深间成正比，即

$$H = k_m I \tag{3-1}$$

式中，k_m 为比例系数，与电流种类、极性、焊丝直径及焊剂的化学成分等因素相关。

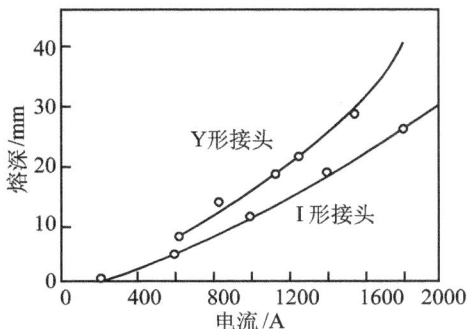

图 3-5　焊接电流与熔深的关系（φ4.8mm）

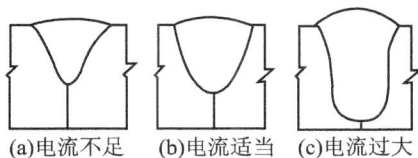

图 3-6　焊接电流对焊缝断面形状的影响（Y形接头）

表3-7　单面对接埋弧焊坡口（GB/T985.2-2008）之一

单位：mm

序号	工件厚度 t	焊缝名称	焊缝基本符号	焊缝示意图	横截面示意图	坡口角 α 或坡口面角 β	间隙 b，圆弧半径 R	钝边 c	坡口深度 h	焊接位置	备注
1	$3 \leqslant t \leqslant 12$	平面对接焊缝	‖			—	$b \leqslant 0.5t$ 最大5	—	—	PA	带衬垫，衬垫厚度至少：5mm或0.5t
2	$10 \leqslant t \leqslant 20$	V形焊缝	V			$30° \leqslant \alpha \leqslant 50°$	$4 \leqslant b \leqslant 8$	$c \leqslant 2$	—	PA	带衬垫，衬垫厚度至少：5mm或0.5t
3	$t > 20$	陡边V形焊缝	⊻			$4° \leqslant \alpha \leqslant 10°$	$16 \leqslant b \leqslant 25$	—	—	PA	带衬垫，衬垫厚度至少：5mm或0.5t
4	$t > 12$	双V形组合焊缝	⩔			$60° \leqslant \alpha \leqslant 70°$ $4° \leqslant \beta \leqslant 10°$	$1 \leqslant b \leqslant 4$	$0 \leqslant c \leqslant 3$	$4 \leqslant h \leqslant 10$	PA	根部焊道可采用合适的方法焊接
5	$t > 12$	U-V形组合焊缝	⩔			$60° \leqslant \alpha \leqslant 70°$ $4° \leqslant \beta \leqslant 10°$	$1 \leqslant b \leqslant 4$ $5 \leqslant R \leqslant 10$	$0 \leqslant c \leqslant 3$	$4 \leqslant h \leqslant 10$	PA	根部焊道可采用合适的方法焊接

续表

序号	焊缝 工件厚度 t	名称	基本符号	焊缝示意图	坡口形式和尺寸 横截面示意图	坡口角 α 或坡口面角 β	间隙 b、圆弧半径 R	钝边 c	坡口深度 h	焊接位置	备注
6	$t>30$	U 形焊缝	∪			$4°\leqslant\beta\leqslant10°$	$1\leqslant b\leqslant4$ $5\leqslant R\leqslant10$	$2\leqslant c\leqslant3$	—	PA	带衬垫，衬垫厚度至少 5mm 或 0.5t
7	$3\leqslant t\leqslant16$	单边 V 形焊缝	V			$30°\leqslant\beta\leqslant50°$	$1\leqslant b\leqslant4$	$c\leqslant2$	—	PA PB	带衬垫，衬垫厚度至少 5mm 或 0.5t
8	$t\geqslant16$	单边陡边 V 形焊缝	⌐			$8°\leqslant\beta\leqslant10°$	$5\leqslant b\leqslant15$	—	—	PA PB	带衬垫，衬垫厚度至少 5mm 或 0.5t
9	$t\geqslant16$	J 形焊接	⊔			$4°\leqslant\beta\leqslant10°$	$2\leqslant b\leqslant4$ $5\leqslant R\leqslant10$	$2\leqslant c\leqslant3$	—	PA PB	带衬垫，衬垫厚度至少 5mm 或 0.5t

表 3-8 双面对接埋弧焊坡口（GB/T985.2-2008）之一

单位：mm

序号	工件厚度 t	焊缝名称	焊缝基本符号	焊缝示意图	坡口形式和尺寸					焊接位置	备注
					横截面示意图	坡口角 α 或坡口面角 β	间隙 b，圆弧半径 R	钝边 c	坡口深度 h		
1	$3 \leq t \leq 20$	平面对接焊缝	‖			—	$b \leq 2$	—	—	PA	间隙应符合公差要求
2	$10 \leq t \leq 35$	带钝边 V 形焊缝/封底				$30° \leq \alpha \leq 60°$	$b \leq 4$	$4 \leq c \leq 10$	—	PA	根部焊道可用其他方法焊接
3	$10 \leq t \leq 20$	V 形对接焊缝				$60° \leq \alpha \leq 80°$	$b \leq 4$	$5 \leq c \leq 15$	—	PA	根部焊道可用其他方法焊接
4	$t \geq 16$	带钝边的双 V 形焊缝				$30° \leq \alpha \leq 70°$	$b \leq 4$	$4 \leq c \leq 10$	$h_1 \approx h_2$	PA	—

续表

序号	工件厚度 t	焊缝 名称	焊缝 基本符号	焊缝示意图	横截面示意图	坡口形式和尺寸 坡口角 α 或 坡口面角 β	间隙 b、圆弧半径 R	钝边 c	坡口深度 h	焊接位置	备注
5	$t \geqslant 30$	U 形焊缝/封底焊缝	 ⊔	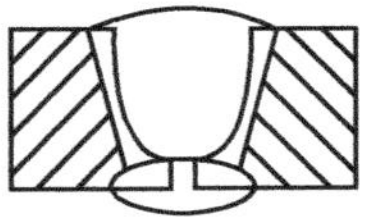	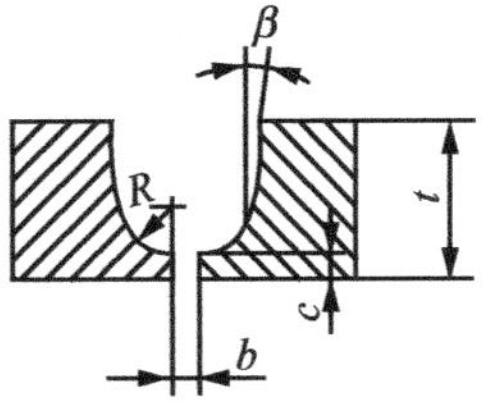	$5° \leqslant \beta \leqslant 10°$	$b \leqslant 4$ $5 \leqslant R \leqslant 10$	$4 \leqslant c \leqslant 10$	—	PA	—
6	$t \geqslant 50$	双 U 形焊缝	 ⋈	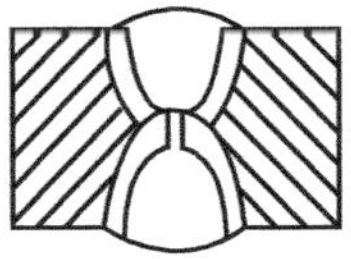	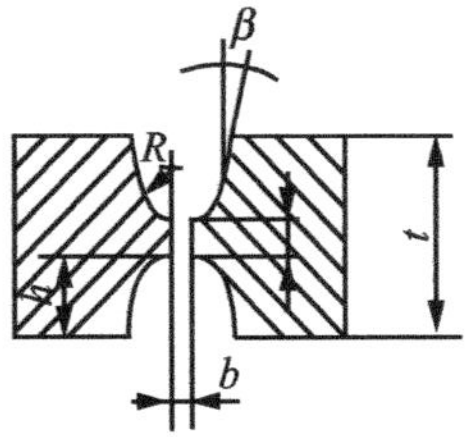	$5° \leqslant \beta \leqslant 10°$	$b \leqslant 4$ $5 \leqslant R \leqslant 10$	$4 \leqslant c \leqslant 10$	$h = 0.5(t-c)$	PA	与双 V 形对接坡口相似，这种坡口可制成的形式
7	$t \geqslant 12$	带钝边的 K 形焊缝	 K	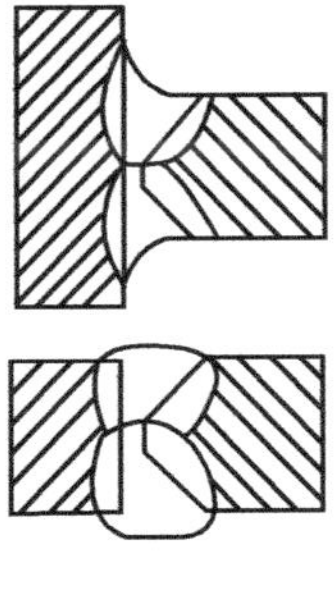	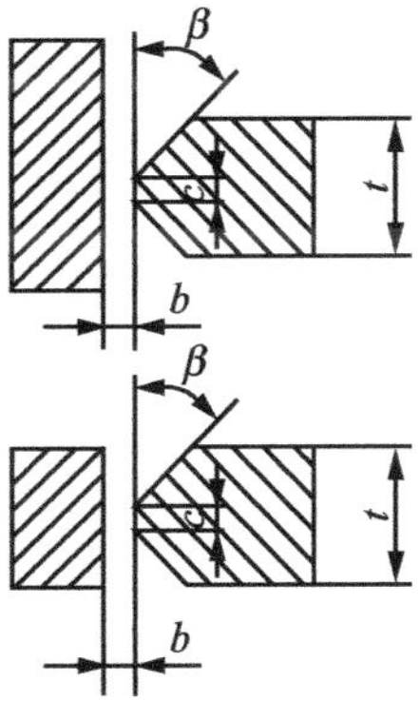	$30° \leqslant \beta \leqslant 50°$	$b \leqslant 4$	$4 \leqslant c \leqslant 10$	—	PA PB	与双 V 形对接坡口相似，这种坡口可制成的形式。必要时可进行打底焊接

51

续表

序号	工件厚度 t	焊缝名称	基本符号	焊缝示意图	横截面示意图	坡口角α或坡口面角β	间隙b, 圆弧半径R	钝边c	坡口深度h	焊接位置	备注
							坡口形式和尺寸				
8	$t \geq 20$	J形焊缝/封底焊缝				$5° \leq \beta \leq 10°$	$b \leq 4$ $5 \leq R \leq 10$	$4 \leq c \leq 10$	—	PA PB	必要时可进行打底焊接
9	$t < 12$	单边V形焊缝				$30° \leq \beta \leq 50°$	$b \leq 4$	$c \leq 2$	—	PA PB	必要时可进行打底焊接
10	$t \geq 30$	双面J形焊缝				$5° \leq \beta \leq 10°$	$b \leq 4$ $5 \leq R \leq 10$	$2 \leq c \leq 7$	—	PA PB	与双V形对称坡口相似，这种坡口可制成对称的形式。必要时可进行打底焊接

续表

序号	工件厚度 t	焊缝			坡口形式和尺寸					焊接位置	备注
		名称	基本符号	焊缝示意图	横截面示意图	坡口角 α 或坡口面角 β	间隙 b、圆弧半径 R	钝边 c	坡口深度 h		
11	$t\leqslant12$	双面 J 形焊缝				—	$b\leqslant2$ $5\leqslant R\leqslant10$	$2\leqslant c\leqslant3$	—	PA PB	单道焊坡口
12	$t>12$	双面 J 形焊缝				$50°\leqslant\beta\leqslant10°$	$b\leqslant4$ $5\leqslant R\leqslant10$	$2\leqslant c\leqslant7$	—	PA PB	多道焊坡口，必要时可进行打底焊接

表3-9 窄间隙埋弧焊坡口（GB/T985. 2-2008）

单位：mm

焊缝						坡口形式和尺寸				焊接位置	备注
序号	工件厚度 t	名称	基本符号	焊缝示意图	横截面示意图	坡口角 α 或坡口面角 β	间隙 b、圆弧半径 R	钝边 c	坡口深度 h		
1	$t \geqslant 30$	U-Y形坡口				$1° \leqslant \beta \leqslant 1.5°$ $85° \leqslant \alpha \leqslant 95°$	$0 \leqslant b \leqslant 2$	$c \approx 2$	$4 \leqslant h \leqslant 10$	PA	适用于环缝、V形坡口侧焊条电弧焊封底
2	$t \geqslant 30$	陡边V形坡口				$1.5° \leqslant \beta \leqslant 2°$ $85° \leqslant \alpha \leqslant 95°$	$0 \leqslant b \leqslant 2$	$c \approx 2$	$4 \leqslant h \leqslant 10$	PA	适用于纵缝、V形坡口侧焊条电弧焊封底
						$1.5° \leqslant \beta \leqslant 2°$	$b \approx 20$	—	—	PA PB	带衬垫、衬垫厚度至少10mm

表 3-10 给出了各种条件下的 k_m 值。焊接电流对焊缝断面形状的影响如图 3-6 所示。电流较小时，熔深浅，余高和宽度不足；电流过大时，熔深大，但余高过大，较易产生高温裂纹。

表 3-10　各种条件下的 k_m 值

焊丝直径 d/mm	电流种类	焊剂牌号	k_m 值/（mm/100A）	
			T 形焊缝及开坡口的对接焊缝	堆焊及不开坡口的对接焊缝
5	交流	HJ431	1.5	1.1
2	交流	HJ431	2.0	1.0
5	直流正接	HJ431	1.75	1.1
5	直流正接	HJ431	1.25	1.0
5	交流	HJ430	1.55	1.15

因此，根据不同形状接头的熔深要求首先选择焊接电流。焊接电流过小时，容易产生未熔合、未焊透、夹渣等缺陷，降低焊缝的成形性。增大焊接电流可增大熔深，提高生产率，但焊接电流过大时，增大余高和焊接热影响区宽度，易产生过热组织及咬边、焊瘤或烧穿等缺陷，降低焊缝的性能。

此外，电流种类和极性对焊缝的形状和尺寸有一定的影响。采用直流反接时，熔敷速度稍低，熔深较大。采用直流正接时，熔敷速度比反接高 $30\% \sim 50\%$，但熔深较浅，降低了熔敷金属中母材的百分比。特别适合于堆焊。母材的热裂纹倾向较大时，为了防止热裂，也可采用直流正接。采用交流进行焊接时，熔深处于直流正接与直流反接之间。

（2）电弧电压

电弧电压与电弧长度成正比。当电弧电压和焊接电流相同时，若采用不同的焊剂，则电弧空间的电场强度不同，电弧长度不同。在其他条件不变的情况下，电弧电压的变化对焊缝成形的影响如图 3-7 所示。电弧电压过小时，焊缝熔宽小而熔深大，易产生热裂纹；电弧电压过高时，焊缝熔宽较大而余高较小。此外，电弧电压对焊缝熔宽的影响还与极性相关。反极性时电弧电压对熔宽的影响比正极性时大。电弧电压还会改变熔敷金属的化学成分。当电弧电压增加时，焊剂的熔化量增加，过渡到焊缝金属中的合金元素会有所增加。埋弧焊时，电弧电压是依据焊接电流来调整的，即一定的焊接电流要保持一定的弧长才可保证焊接电弧的稳定燃烧，因此电弧电压的变化范围是有限的。

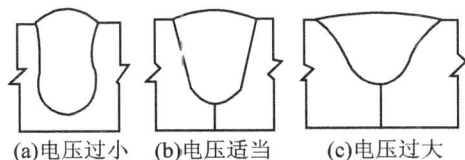

(a)电压过小　(b)电压适当　(c)电压过大

图 3-7　电弧电压对焊缝成形的影响（Y 形接头）

图 3-8　焊接速度对焊缝成形的影响

H—熔深；B—熔宽

（3）焊接速度

焊接速度对熔深及熔宽均有明显的影响，如图 3-8 所示。焊接速度增大时，熔深、熔宽均略有减小，易引起咬边等缺陷。在实际焊接过程中，为了提高生产率并保证焊透，在提高焊接速度的同时，必须增大焊接电弧的功率。焊接速度较小时，熔化金属量较多，焊缝的成形性较差。

2. 工艺因素

（1）对接坡口形状和间隙

埋弧焊时，若其他条件相同，而增大坡口的宽度和深度使得焊缝的熔深加大，而余高减小，如图 3-9 所示。因此，通常采用对接坡口的形状来控制焊缝的余高和熔合比。在对接焊缝中，间隙大小对焊缝的成形略有影响，可以作为调整熔合比的一种手段。

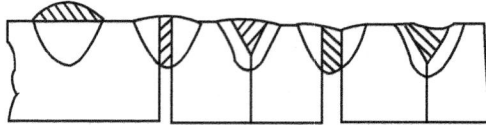

图 3-9　坡口对焊缝成形的影响

（2）焊丝的倾角

焊丝的倾角方向可分为前倾和后倾，如图 3-10 所示。图 3-10（c）是焊丝后倾角对熔深和熔宽的影响。焊丝在一定倾角内后倾时，电弧力后排熔池金属的作用减弱，熔池底部液态金属增厚，故熔深减小；而电弧对熔池前方的母材预热作用加强，故熔宽增大。在实际埋弧焊时，焊丝前倾只在某些特殊的场合应用，例如焊接小直径圆筒形工件的环缝等。

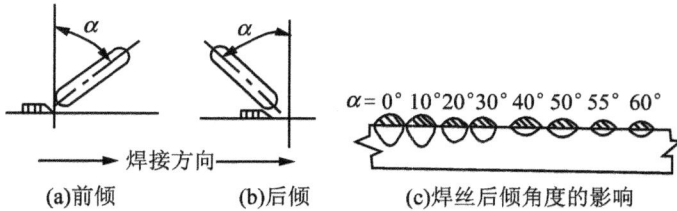

焊接方向

(a)前倾　　(b)后倾　　(c)焊丝后倾角度的影响

$\alpha = 0°\ 10°20°30°\ 40°\ 50°\ 55°\ 60°$

图 3-10　焊丝倾角对焊缝成形的影响

（3）工件斜度

工件倾斜时焊接有上坡焊和下坡焊两种情况，其对焊缝成形的影响各异，如图 3-11 所示。上坡焊时，若工件斜度 β 大于 $6°\sim12°$，则焊缝余高过大，两侧出现咬合，成形显著恶化，实际工作中应避免采用上坡焊。下坡焊则反之，当工件斜度 β 大于 $6°\sim8°$ 时，焊缝的熔深和余高均减小，而熔宽略有增大，焊缝的成形性较好。若工件斜度继续增大时，焊缝易产生焊瘤、未焊透等缺陷。

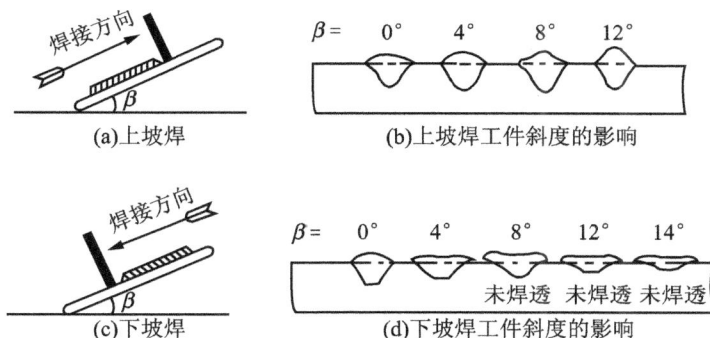

图 3-11　工件倾角对焊缝成形的影响
β—工件斜度

3.3.3　埋弧自动焊工艺

1. 对接接头单面焊

对接接头埋弧焊时，如果焊件翻转有困难或背面无法进行施工的情况下必须进行单面焊。对于无需熔透的焊件，可以通过调节焊接工艺参数、坡口形状和尺寸及间隙大小来控制熔深比、焊缝余高等。焊接工件可以开坡口或不开坡口。在不开坡口的情况下，埋弧焊可以一次焊透厚度小于 20mm 的工件，但要求预留 5～6mm 的间隙，否则厚度超过 14～16mm 的工件必须开坡口才能用单面焊一次焊透。对于需要一次熔透的工件，为了保证背面一次成形，对接接头单面焊时采用较大的焊接电流，因此背面需要施加强制成形衬垫。根据焊件的重要性和背面可达程度选用衬垫。

(1)焊剂铜衬垫法

焊缝背面的装置采用焊剂铜衬垫法是将焊剂铺敷在带有沟槽的铜垫板上，不仅起到焊剂垫的作用以保证焊缝背面成形，而且还可以保护铜垫板免受电弧的直接作用。焊接时，工件一般不开坡口，但是工件之间必须留有一定的装配间隙，并使间隙中心线对准成形槽的中心线。将细粒焊剂均匀地从装配间隙填入到铜垫的成形槽中。板料可以用电磁平台固定，也可用龙门压力架固定。

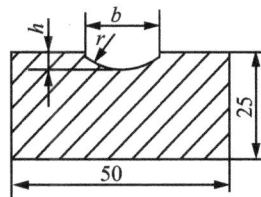

图 3-12　铜衬垫的截面尺寸

铜垫板的尺寸见图 3-12 和表 3-11 所示。在龙门架焊剂铜衬垫上单面焊的焊接参数如表 3-12所示。

表 3-11　铜衬垫的截面尺寸　　　　　　　　　　　（单位：mm）

焊件厚度	槽宽 b	槽深 h	槽曲率半径 r
4～6	10	2.5	7.0
6～8	12	3.0	7.5
8～10	14	3.5	9.5
12～14	18	4.0	12

表 3-12　在龙门架焊剂铜衬垫上单面焊的焊接参数

板厚/mm	装配间隙/mm	焊丝直径/mm	焊接电流/A	电弧电压/V	焊接速度/cm·min⁻¹
3	2	3	380～420	27～29	78.3
4	2～3	4	450～500	29～31	68
5	2～3	4	520～560	31～33	63
6	3	4	550～600	33～35	63
7	3	4	640～680	35～37	58
8	3～4	4	680～720	35～37	53.3
9	3～4	4	720～780	36～38	46
10	4	4	780～820	38～40	46
12	5	4	850～900	39～41	38
14	5	4	880～920	39～41	36

（2）焊剂垫法

在焊接垫上焊接时，焊缝成形的质量主要取决于焊剂垫托力的大小和均匀度以及装配间隙的均匀与否。对于板厚小于 8mm 的对接接头，采用电磁铁将下面有焊剂垫的待焊钢板吸紧在平台上进行焊接，其焊接参数如表 3-13 所示。

表 3-13　对接接头在电磁平台—焊剂垫上单面焊的焊接参数

板厚/mm	装配间隙/mm	焊丝直径/mm	焊接电流/A	电弧电压/V	焊接速度/cm·min⁻¹	电流种类	焊剂垫中焊剂颗粒	焊剂垫软管中的空气压力/kPa
2	0～1.0	1.6	120	24～28	73	直流反接	细小	81
3	0～1.5	1.6	275～300	28～30	56.7	交流	细小	81
		2	275～300	28～30	56.7			
		3	400～425	25～28	117			
4	0～1.5	2	375～400	28～30	66.7	交流	细小	101～152
		4	525～550	28～30	83.3			101
5	0～2.5	2	425～450	32～34	58.3	交流	细小	101～152
		4	575～625	28～30	76.7			
6	0～3.0	2	475	32～34	50	交流	正常	101～152
		4	600～650	28～32	67.5			
7	0～3.0	4	650～700	30～34	61.7	交流	正常	101～152
8	0～3.5	4	725～775	30～36	56.7	交流	正常	101～152

（3）水冷滑块式铜垫法

水冷滑块式铜垫法是将水冷铜滑块装在焊件背面，位于电弧下方，在焊接时随同电弧一起移动，是一种强制焊缝背面成形的方法，其结构如图 3-13 所示。铜滑块 1 的长度以保证熔池底部凝固而不焊漏为宜。焊件的装配间隙为 3～6mm。这种方法适合焊接厚度为 6～20mm 的钢板，其优点是一次焊双面成形，焊接生产率较高，缺点是铜滑块易磨损。

图 3-13　移动式水冷铜滑块结构
1—铜滑块；2—钢板；3—拉片；4—拉紧滚轮架；
5—滚轮；6—夹紧调节装置；7—顶杆

（4）热固化焊剂衬垫法

热固化焊剂衬垫法是把一定比例的热固化物质（如酚醛树脂、苯酚树脂等）加入到一般焊剂中制成具有一定刚性但可挠曲的板条，采用磁铁或特殊胶带将其固定在焊件的背面，支撑金属熔池，帮助焊缝背面成形，其构造和装配示意图如图 3-14 所示。热固化焊剂衬垫法不仅可以用于平面焊接，还可用于曲面焊接。焊接时，焊件一般开 V 形坡口，而且在坡口内堆覆一定高度的铁合金粉末可以提高生产率，其焊接参数见表 3-14 所示。

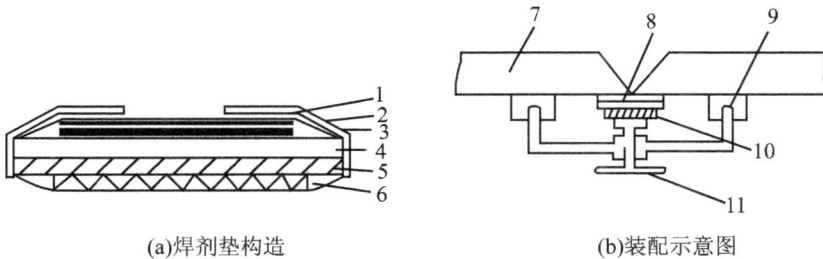

(a)焊剂垫构造　　　　(b)装配示意图

图 3-14　热固化焊剂垫构造和装配示意图
1—双面黏结带；2—热收缩薄膜；3—玻璃纤维布；4—热固化焊剂；5—石棉布；
6—弹性垫；7—焊件；8—焊剂垫；9—磁铁；10—托板；11—调节螺钉

表 3-14　热固化焊剂垫单面埋弧焊的焊接参数

焊件厚度/mm	V 形坡口		焊件倾斜角度		焊道顺序	焊接电流/A	电弧电压/V	金属粉末高度/mm	焊接速度/cm·min^{-1}
	角度/°	间隙/mm	垂直/°	横向/°					
9	50	0～4	0	0	1	720	34	9	18
12	50	0～4	0	0	1	800	34	12	18

续表

焊件厚度/mm	V形坡口		焊件倾斜角度		焊道顺序	焊接电流/A	电弧电压/V	金属粉末高度/mm	焊接速度/cm·min⁻¹
	角度/°	间隙/mm	垂直/°	横向/°					
16	50	0～4	3	3	1	900	34	16	15
19	50	0～4	0	0	1	850	34	15	15
					2	810	36	0	
19	50	0～4	3	3	1	850	34	15	15
					2	810	36	0	
19	50	0～4	5	5	1	820	34	15	15
					2	810	36	0	
19	50	0～4	7	7	1	800	34	15	15
					2	810	34	0	
19	50	0～4	3	3	1	960	40	15	12
22	50	0～4	3	3	1	850	34	15	15
					2	850	36		12
25	50	0～4	0	0	1	1200	45	15	12
32	45	0～4	0	0	1	1600	53	25	12
22	40	2～4	0	0	前	960	35	12	18
					后	810	36		
25	40	2～4	0	0	前	960	35	15	15
					后	840	38		
28	40	2～4	0	0	前	900	35	15	15
					后	900	40		

注：采用双丝焊，"前"、"后"为焊丝顺序。

2. 对接接头双面焊

对于工件厚度大于12～14mm的对接接头，通常采用双面焊。第一面的焊接技术与单面焊类似，但是要保证足够的熔深而不完全焊透。然后，翻转焊件进行反面焊接，焊缝的熔透由反面焊接来保证。对接接头双面焊常见有4种方法。

(1)悬空双面焊法

悬空双面焊法不需要任何衬垫及辅助设备和装置。焊件装配时不留间隙或间隙很小(一般不超过1mm)，其目的是防止熔融金属从间隙中流失或引起烧穿。第一面焊接时，应选用较小的焊接参数，使得熔深小于焊件厚度的一半；而反面焊接采用较大的焊接参数，使得熔深达到焊件厚度的60%～70%以保证焊件完全焊透。不开坡口的对接接头悬空双面焊的焊接参数见表3-15所示。

表 3-15　不开坡口的对接接头悬空双面焊的焊接参数

工件厚度/mm	焊丝直径/mm	焊接顺序	焊接电流/A	电弧电压/V	焊接速度/cm·min^{-1}
6	4	正	380～420	30	58
		反	430～470	30	55
8	4	正	440～480	30	50
		反	480～530	31	50
10	4	正	530～570	31	50
		反	590～640	31	46
12	4	正	620～660	35	42
		反	680～720	35	41
14	4	正	680～720	37	41
		反	730～770	40	38
16	5	正	800～850	34～36	63
		反	850～900	36～38	43
17	5	正	850～900	35～37	60
		反	900～950	37～39	48
18	5	正	850～900	36～38	60
		反	900～950	38～40	40
20	5	正	850～900	36～38	42
		反	900～1 000	38～40	40
22	5	正	900～950	37～39	53
		反	1 000～1 050	38～40	40

注：装配间隙 0～1mm，MZ－1000 直流焊机。

(2)焊剂垫双面焊法

在焊接第一面时，将焊剂垫衬在焊缝的背面，其结构如图 3-15 所示。第一面的焊接参数应保证熔深超过焊件厚度的 60%～70%。然后翻转焊件进行反面焊接，其焊接参数应保证焊件完全焊透。重要零件在反面焊接前应将根部清理干净。对于不开坡口的工件，在焊件装配时，应根据焊件的厚度预留一定的装配间隙，预留间隙双面焊的

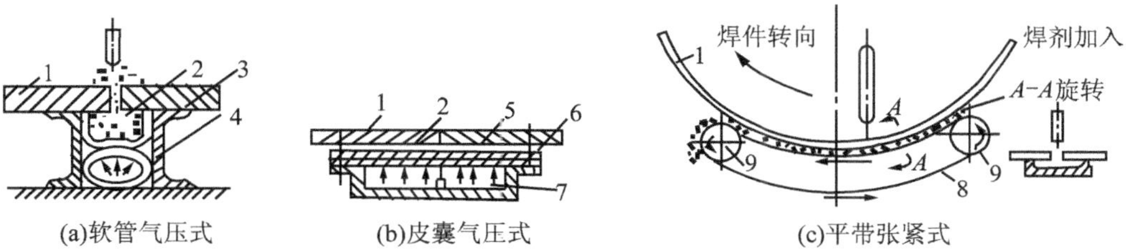

(a)软管气压式　　　(b)皮囊气压式　　　(c)平带张紧式

图 3-15　焊剂垫的结构

1—焊件；2—焊剂；3—帆布；4—充气软管；5—橡皮膜；6—压板；7—气室；8—平带；9—带轮

焊接参数见表 3-16 所示。尽管焊接第一面采用预留间隙而不开坡口的方法最为经济，但是对于厚度较大或不宜采用较大热输入焊接的焊件，可采用开坡口的焊剂垫双面焊。坡口的形式根据工件的厚度来决定，对于厚度小于 22mm 的工件，一般开 V 形坡口；对于厚度大于 22mm 的工件，一般开 X 形坡口。焊件的坡口形式和焊接参数如表 3-17 所示。

表 3-16 预留间隙双面焊的焊接参数

钢板厚度/mm	装配间隙/mm	焊丝直径/mm	焊接电流/A	电弧电压/V	焊接速度/m·h⁻¹
14	3～4	5	700～750	34～36	30
16	3～4	5	700～750	34～36	27
18	4～5	5	750～800	36～40	27
20	4～5	5	850～900	36～40	27
24	4～5	5	900～950	38～42	25
28	5～6	5	900～950	38～42	20
30	6～7	5	950～1 000	40～44	16
40	8～9	5	1 100～1 200	40～44	12
50	10～11	5	1 200～1 300	44～48	10

注：焊接用交流电源，焊剂用 HJ431。

表 3-17 开坡口双面焊的焊接参数

焊件厚度/mm	坡口形式	焊丝直径/mm	焊接顺序	坡口尺寸			焊接电流/A	电弧电压/V	焊接速度/m·h⁻¹
				α/°	b/mm	g/mm			
14		5	正	70	3	3	830～850	36～38	42
			反				600～620	36～38	75
16		5	正	70	3	3	830～850	36～38	33
			反				600～620	36～38	75
18		5	正	70	3	3	830～850	36～38	33
			反				600～620	36～38	75
22		6	正	70	3	3	1 050～1 150	38～40	30
		5	反				600～620	38～40	75
24		6	正	70	3	3	1 100	38～40	40
		5	反				800	36～38	47
30		6	正	70	3	3	1 000	36～40	30
			反				900～1 000	36～38	33

（3）临时工艺衬垫双面焊法

焊接第一面时，焊件接头预留间隙，并采用临时工艺衬垫（如薄钢带、石棉绳、石棉板等)托住间隙中填满的焊剂,使焊接熔深达到焊件厚度的 $60\%\sim70\%$,如图 3-16 所示。然后翻转焊件,去除临时工艺衬垫并清理干净间隙中的焊剂或焊渣,以相同的焊接参数焊接反面,而且熔深要达到焊件厚度的 $60\%\sim70\%$。这种方法适合单件或小批量生产。

(a)薄钢带垫 (b)石棉绳垫 (c)石棉板

图 3-16 临时工艺衬垫结构

(4)多层双面焊法

当工件厚度超过 $40\sim50mm$ 时,宜采用多层焊,其坡口形状一般采用 V 形和 X 形,且坡口角度适当。如果焊道宽度比焊缝深度小得多,在焊缝中心较易产生梨形焊缝裂纹,如图 3-17 所示。

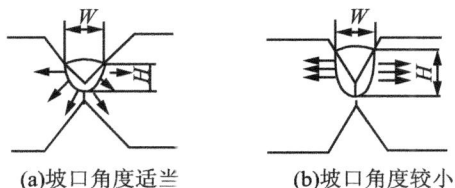

(a)坡口角度适当 (b)坡口角度较小

图 3-17 多层焊坡口角度对焊缝的影响

3. T 形接头和搭接接头埋弧焊工艺

埋弧焊焊接 T 形接头和搭接接头通常采用船形焊和平角焊两种方法。

(1)船形焊法

船形焊法是将焊件角焊缝的两边置于与垂直线成 45° 的位置,焊丝垂直,熔池处于水平位置(图 3-18),可为焊缝成形提供最有利的条件,较易保证焊缝质量,其焊接参数见表 3-18 所示。船形焊的装配间隙为 $1\sim1.5mm$,否则容易导致焊穿或液态金属溢漏。因此如果间隙过大,则要在坡口下方放置焊剂垫或石棉垫支撑金属熔池。

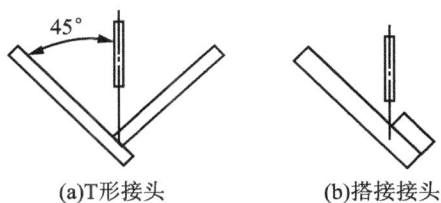

(a)T形接头 (b)搭接接头

图 3-18 船形焊法

表 3-18 船形焊的焊接参数(交流电源)

焊件长度/mm	焊丝直径/mm	焊接电流/A	电弧电压/V	焊接速度/m·h^{-1}
6	2	450~475	34~36	40
8	3	550~600	34~36	30
	4	575~625	34~36	30
10	3	600~650	34~36	23
	4	650~700	34~36	23

续表

焊件长度/mm	焊丝直径/mm	焊接电流/A	电弧电压/V	焊接速度/m·h⁻¹
12	3	600~650	34~36	15
	4	725~775	36~38	20
	5	775~825	36~38	18

(2)平角焊法

当焊件无法采用船形焊时，则焊件的角焊缝可采用平角焊法(图 3-19)。与船形焊相比，平角焊对接头装配间隙较不敏感，即使间隙达到 2~3mm 时，不需要采用任何措施也可防止熔池金属溢流等现象，但是不利于垂直板的焊缝成形。如果焊角尺寸小于 8mm，可采用单道焊；如果焊角尺寸大于 8mm，必须采用多道焊，否则引起咬边和溢流。焊丝与焊缝的相对位置对焊缝质量影响较大。焊丝偏角 α 为 20°~30°时，焊缝的成形性较好。此外，若电弧电压不太高，可以减少熔渣并防止熔渣溢流。平角焊的焊接参数如表 3-19 所示。

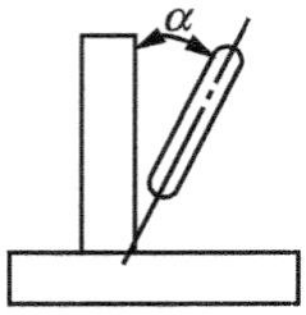

图 3-19　平角焊法

表 3-19　平角焊的焊接参数

焊件长度/mm	焊丝直径/mm	焊接电流/A	电弧电压/V	焊接速度/m·h⁻¹
3	2	200~220	25~28	60
4	2	280~300	28~30	55
	3	350	28~30	55
5	2	375~400	30~32	55
	3	450	28~30	55
7	2	375~400	30~32	28
	3	500	30~32	28

3.3.4　埋弧焊常见缺陷及防止方法

埋弧焊时可能产生的主要缺陷，除了由于所采用的焊接工艺参数不当造成的熔透不足、烧穿、成形不良等以外，还有气孔、裂纹、夹渣等。

1. 气孔

埋弧焊焊缝产生气孔的主要原因及防止措施如下：

(1)焊剂吸潮或不干净

焊剂中的水分、污物和氧化铁屑等都会使焊缝产生气孔，在回收使用的焊剂中这个问题尤为突出。水分可通过烘干消除，烘干温度与时间由焊剂生产厂家规定。防止焊剂吸收水分的最好方法是正确地储存和保管。采用真空式焊剂回收器可以较有效地分离焊剂与尘土，从而减少回收焊剂在使用中产生气孔的可能性。

（2）焊接时焊剂覆盖不充分

由于电弧外露并卷入空气而造成气孔。焊接环缝时，特别是小直径的环缝，容易出现这种现象，应采取适当措施，防止焊剂散落。

（3）熔渣黏度过大

焊接时溶入高温液态金属中的气体在冷却过程中将以气泡形式溢出。如果熔渣黏度过大，气泡无法通过熔渣，被阻挡在焊缝金属表面附近而造成气孔。通过调整焊剂的化学成分，改变熔渣的黏度即可解决。

（4）电弧磁偏吹

焊接时经常发生电弧磁偏吹现象，特别是在用直流电焊接时更为严重。电弧磁偏吹会在焊缝中造成气孔。磁偏吹的方向受很多因素的影响，例如工件上焊接电缆的连接位置、电缆接线处接触不良、部分焊接电缆环绕接头造成的二次磁场等。在同一条焊缝的不同部位，磁偏吹的方向也不相同。在接近端部的一段焊缝上，磁偏吹更经常发生，因此这段焊缝气孔也较多。为了减少磁偏吹的影响，应尽可能采用交流电源；工件上焊接电缆的连接位置尽可能远离焊缝终端；避免部分焊接电缆在工件上产生二次磁场等。

（5）工件焊接部位被污染

焊接坡口及其附近的铁锈、油污或其他污物在焊接时将产生大量气体，促使气孔生成，焊接之前应清除。

2. 裂纹

通常情况下，埋弧焊接头有可能产生两种类型裂纹，即结晶裂纹和氢致裂纹。前者只限于焊缝金属，后者则可能发生在焊缝金属或热影响区。

（1）结晶裂纹

钢材焊接时，焊缝中的 S，P 等杂质在结晶过程中形成低熔点共晶。随着结晶过程的进行，它们逐渐被排挤在晶界，形成了"液态薄膜"。焊缝凝固过程中，由于收缩作用，焊缝金属受拉应力，"液态薄膜"不能承受拉应力而形成裂纹。可见产生"液态薄膜"和焊缝的拉应力是形成结晶裂纹的两方面原因。

钢材的化学成分对结晶裂纹的形成有重要影响。硫对形成结晶裂纹影响最大，但其影响程度又与钢中其他元素含量有关，如 Mn 与 S 结合成 MnS 而除硫，从而可以抑制 S 的有害作用。Mn 还能改善硫化物的性能、形态及其分布等。此外，是否产生结晶裂纹不仅与焊缝金属中的 Mn/S 值有关，还与含碳量有关。为了防止产生结晶裂纹，含 C 量愈高，Mn/S 值也愈高。Si 和 Ni 的存在也会增加硫的有害作用。

埋弧焊焊缝的熔合比通常都较大，因而母材金属的杂质含量对结晶裂纹倾向有很大关系。母材杂质较多，或因偏析使局部 C，S 含量偏高，Mn/S 可能达不到要求。可以通过工艺措施（如采用直流正接、加粗焊丝以减小电流密度、改变坡口尺寸等）减小熔合比；也可以通过焊接材料调整焊缝金属的成分，如增加含 Mn 量，降低含 C，S 量等。

焊缝形状对于结晶裂纹的形成也有明显的影响。窄而深的焊缝会造成对称的结晶面，"液态薄膜"将在焊缝中心形成，有利于结晶裂纹的形成。焊接接头形式不同，不但刚性不同，并且散热条件与结晶特点也不同，对产生结晶裂纹的影响也不同。图3-20表示不同形式接头对结晶裂纹的影响，图中3-20（a）（b）两种接头的抗裂性较高，而图3-20（c）（d）（e）（f）几种接头的抗裂性较差。

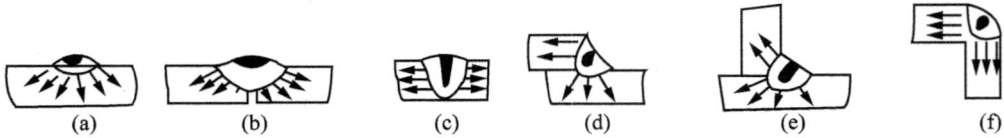

图 3-20　不同接头形式对结晶裂纹的影响

（2）氢致裂纹

氢致裂纹较多地发生在低合金钢、中合金钢和高碳钢的焊接热影响区中。它可能在焊后立即出现，也可能在焊后几小时、几天甚至更长时间才出现。这种焊后若干时间才出现的裂纹称为延迟裂纹。氢致裂纹是焊接接头含氢量、接头显微组织、接头拘束情况等因素相互作用的结果。在焊接厚度 10mm 以下的工件时，一般很少发现这种裂纹。工件较厚时，焊接接头冷却速度较大，对淬硬倾向大的母材金属，易在接头处产生硬脆的组织。另一方面，焊接时溶解于焊缝金属中的氢，由于冷却过程中溶解度下降，向热影响区扩散。当热影响区的某些区域氢浓度很高而温度继续下降时，一些氢原子开始结合成氢分子，在金属内部造成很大的局部应力，在接头拘束应力作用下产生裂纹。

针对氢致裂纹产生的原因，可以从几方面采取措施。①减少氢的来源及其在焊缝金属中的溶解，采用低氢焊剂；焊剂保管中注意防潮，使用前严格烘干；对焊丝、工件焊口附近的锈、油污、水分等焊前必须清理干净。通过焊剂的冶金反应把氢结合成不溶于液态金属的化合物，如高锰高硅焊剂可以把氢结合成 HF 和 OH 两种稳定化合物进入熔渣中，减少氢对生成裂纹的影响。②正确选择焊接工艺参数，降低钢材的淬硬程度并有利于氢的逸出和改善应力状态，必要时可采用预热。③采用后热或焊后热处理。焊后热有利于焊缝中溶解氢顺利逸出。有些工件焊后需要进行热处理，一般情况下多采用回火处理。这种热处理效率一方面可消除焊接残余应力，另一方面使已产生的马氏体高温回火，改善组织。同时接头中的氢可进一步逸出，有利于消除氢致裂纹，改善热影响区的延性。④改善接头设计，降低焊接接头的拘束应力。在焊接接头设计上，应尽可能消除引起应力集中的因素，如避免缺口、防止焊缝的分布过分密集等。坡口形状尽可能对称为宜，不对称的坡口裂纹敏感性较大。在满足焊缝强度的基本要求下，应尽量减少填充金属的用量。埋弧焊时，焊接热影响区除了可能产生氢致裂纹外，还可能产生淬硬脆化裂纹、层状撕裂等。

3. 夹渣

埋弧焊时，焊缝的夹渣除与焊剂的脱渣性有关外，还与工件的装配情况和焊接工艺有关。对接焊缝装配不良时易在焊缝根部产生夹渣。焊缝成形对脱渣情况也有明显影响。平面略凸的焊缝比深凹或咬边的焊缝更易脱渣。双道焊的第一道焊缝，当它与坡口上缘熔合时，脱渣容易，如图 3-21（a）所示。而当焊缝不能与坡口边缘充分熔合时，脱渣困难，如图 3-21(b)所示，在焊接第二道焊缝时易造成夹渣。焊接深坡口时，由较多的小焊道组成的焊缝，夹渣的可能性小，而由较少的大焊道组成的焊缝，夹渣的可能性大，如图 3-22 所示。

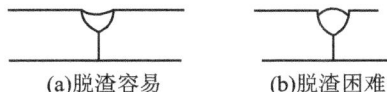

(a)脱渣容易   (b)脱渣困难

图 3-21　焊道与坡口熔合情况对脱渣的影响

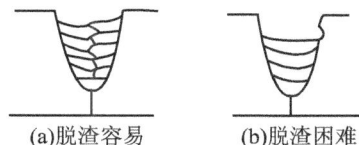

(a)脱渣容易   (b)脱渣困难

图 3-22　多层焊时焊道大小对脱渣的影响

▷ 3.4　埋弧焊的其他方法

3.4.1　多丝埋弧焊

多丝埋弧焊(Multile Wire Subnerged Arc Welding)是同时使用两根或两根以上焊丝来完成同一条焊缝的埋弧焊方法。它是一种既能保证合理的焊缝成形和良好的焊接质量，又可以提高熔敷率、焊接速度及焊接生产率的有效方法，主要用于厚板的焊接，通常应用于在焊件背面使用衬垫的单面焊双面成形的焊接工艺中。焊接时，焊丝可多达 14 根，焊接速度高达 120m/h。按照所用焊丝数目可分为双丝埋弧焊、三丝埋弧焊等，目前工业上应用最多的是双丝埋弧焊和三丝埋弧焊。多丝埋弧焊的焊接电源可用直流或交流，也可以交、直流并用。焊丝排列可采用纵列式和横列式，但工业上一般都用纵列式，即两根或三根焊丝沿焊接方向顺序排列，双丝埋弧焊的焊丝排列形式如图 3-23 所示。焊接过程中每根焊丝所用的焊接电流和电压各不相同，一般由前导电弧获得足够的熔深，后续电弧调节熔宽或起改善成形作用。焊丝之间的距离和倾角也可调节焊缝成形。焊丝的间距影响焊缝的金属熔池。当两焊丝距离(一般为 10~30mm)较小时，两个电弧形成单熔池，其体积较大，散热较慢，冶金反应充分，可减少气孔等焊接缺陷。当两焊丝距离(大于 100mm)较大时，两个电弧形成双熔池，通常用于水平位置平板拼接的单面焊双面成形工艺。双丝和多丝埋弧焊单面焊的焊接条件如表 3-20 所示。

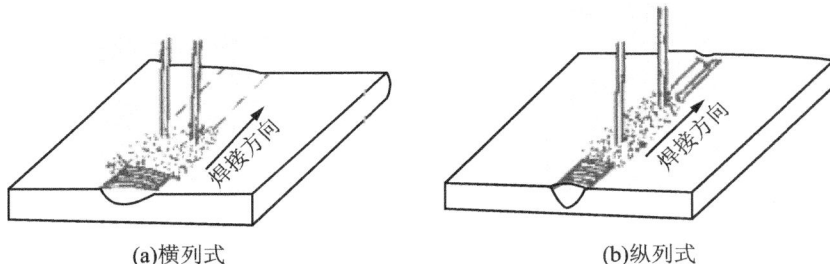

(a)横列式   (b)纵列式

图 3-23　双丝埋弧焊的焊丝排列形式

表 3-20　双丝和多丝埋弧焊单面焊的焊接条件

板厚/mm	焊丝数	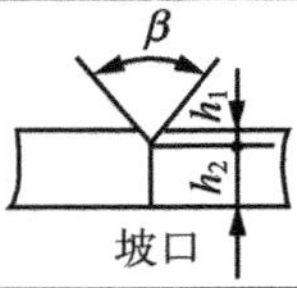 h₁/mm	h₂/mm	θ/°	焊丝	焊接电流/A	电弧电压/V	焊接速度/m·h⁻¹
20	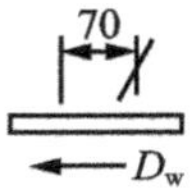 双丝	8	12	90	前	1 400	32	60
					后	900	45	
25		10	15	90	前	1 600	32	60
					后	1 000	45	
32		16	16	75	前	1 800	33	50
35		17	18	75	后	1 100	45	43
20	多丝	11	9	90	前	2 200	30	110
25	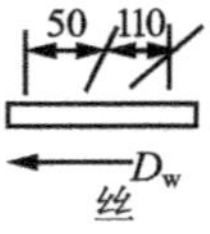	12	13	90	中	1 300	40	95
					后	1 000	45	
32		17	15	70	前	2 200	33	70
50		30	20	60	中	1 400	40	40
					后	1 100	45	

(注：表头中坡口示意图标注 β、h_1、h_2，下方为"坡口"；焊丝数栏中 20、25 处标注 70、D_w；多丝栏中标注 50、110、丝、D_w。焊接参数为跨栏总标题。)

3.4.2　带极埋弧焊

带极埋弧焊是采用矩形截面的金属带材取代圆形截面的焊丝作为电极的一种埋弧焊焊接方法，主要应用于普通碳钢和低合金结构钢的坡口焊缝和角焊接。金属带的厚度为 0.4～2.0mm，宽度为 25～80mm，较窄的金属带多用于接缝的焊接，而较宽的金属带多用于表面堆焊。这种方法的优点是焊缝金属的熔敷率高，熔敷面积大，稀释率低，焊缝的成形性较好。带极埋弧堆焊示意图如图 3-24 所示。带极埋弧堆焊的典型工艺参数如表 3-21 所示。

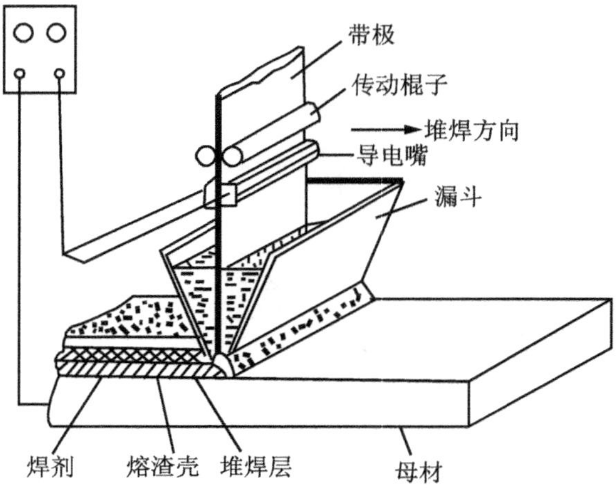

图 3-24　带极埋弧堆焊示意图

表 3-21　带极埋弧堆焊的典型工艺参数

带极尺寸/mm	焊接电流/A（直流反接）	电弧电压/V	焊接速度/m·h⁻¹	焊道重叠度/mm	带极伸长长度/mm
0.4×25	350～450	24～28	15～23	5～10	35～45
0.4×37.5	550～650	24～28	15～23	5～10	35～45
0.4×50	750～850	23～28	15～23	5～10	35～45
0.4×75	1 200～1 300	24～28	15～23	5～10	35～45

3.4.3　窄间隙埋弧焊

　　窄间隙埋弧焊是近年新发展起来的一种高效、节能的厚板焊接方法。对于厚度大于50mm的较厚工件，若采用普通的埋弧焊时，则需要开 V 形或 U 形坡口导致焊接的层数、道数和焊缝金属填充量增多，而且焊件变形严重；如果采用窄间隙埋弧焊，则坡口形状为简单的 I 形（坡口间隙为 12～35mm，坡口角度为 1°～7°），不仅可大大减小坡口加工量，而且由于坡口截面积小，焊接时可减小焊缝的热输入和熔敷金属数量，节省焊接材料和电能，并且易实现自动控制。

　　为了避免电弧在窄坡口内产生电弧偏吹，窄间隙埋弧焊通常采用交流电源而不是直流电源，较理想的电源是晶闸管控制的交流方波。为了可以把焊丝送至焊件的窄坡口底部，导电嘴必须经专门设计制成扁平状，其表面涂敷绝缘层来防止导电嘴与焊件短路。焊剂是专用的，其特点是在窄缝内容易脱渣且颗粒度较小，常用高碱度烧结焊剂。此外，必须采用自动跟踪焊缝的设备以保证焊丝和电弧在深而窄的坡口内处于正确位置。窄间隙埋弧焊接工艺参数如表 3-22 所示。

表 3-22　窄间隙埋弧焊接工艺参数

方法	焊道数	焊丝数		焊接电流/A	焊接电压/V	焊接速度/cm·min⁻¹	热输入/kJ·cm⁻¹
中心单道焊	1	单丝		500	33	30	33.0
	≥2			5C0～550	33～34	25～30	33.0～44.9
	≥2	双丝	L	500	26	40～50	31.2～42.9
			T	500	26	40～50	31.2～42.9
每层双道焊	1.2	单丝		500	27	25	32.4
	≥2	双丝	L	550	29	50	36.9
			T	550	27	50	36.9

>>> 习题

1. 埋弧焊的原理及其特点是什么？
2. 埋弧焊用焊接材料的选用原则是什么？
3. 埋弧焊的焊接材料有哪些？如何表示？

4. 焊剂和焊丝如何选用和配合？

5. 埋弧焊的焊接工艺有哪些？

6. 埋弧焊的焊接参数和焊接工艺对焊缝质量有什么影响？

7. 对接接头单面焊和双面焊的方法有哪些？各有什么优缺点？

8. 采用埋弧焊时，焊缝易产生哪些缺陷？如何防止？

第 4 章　熔化极气体保护焊

▶ 4.1　概述

4.1.1　熔化极气体保护焊的分类及特点

熔化极气体保护焊（GMAW：Gas Shielded Metal Arc Welding）是使用熔化电极，以外加气体作为电弧介质，并保护金属熔滴、焊接熔池和焊接区高温金属的电弧焊方法。

熔化极气体保护焊的焊丝材料和保护气体对电弧的电特性、热特性、焊丝熔化、焊缝成型以及焊接冶金都有较大影响，所以根据焊丝材料和保护气体的不同，可将其分为以下几种方法，如图 4-1 所示。按焊丝分类可分为实芯焊丝焊接和药芯焊丝焊接。用实芯焊丝的惰性气体（Ar 或 He）保护电弧焊法称为熔化极惰性气体保护焊，简称 MIG 焊（Metal Inert Gas Arc Welding）；用实芯焊丝的富氩混合气体保护电弧焊，简称 MAG 焊（Metal Active Gas Arc Welding）。用实芯焊丝的 CO_2 气体保护电弧焊（包括用纯 CO_2 或 $CO_2 + O_2$ 混合气体）简称 CO_2 焊。用药芯焊丝时，可以用 CO_2 或 $CO_2 + Ar$ 混合气体作为保护气体的电弧焊称为药芯焊丝气体保护焊。还可以不加保护气体，这种方法称为自保护电弧焊。

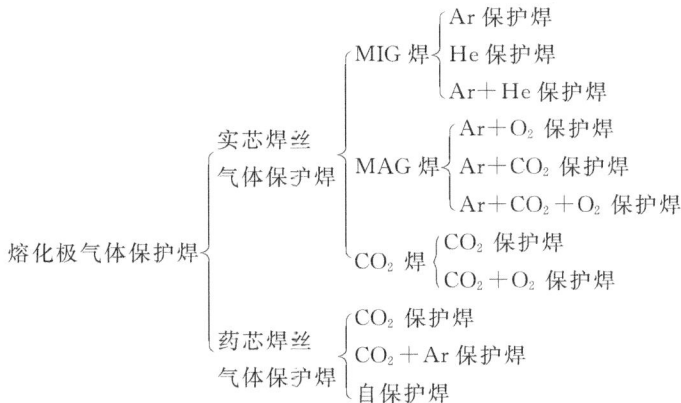

图 4-1　熔化极气体保护焊方法的分类

熔化极气体保护焊与渣保护焊方法（如焊条电弧焊和埋弧焊）相比较，在工艺、生产率与经济效果等方面有着下列优点：

1）熔化极气体保护焊是一种明弧焊。焊接过程中电弧及熔池的加热熔化情况清晰可见，便于发现问题与及时调整，故焊接过程与焊缝质量易于控制。

2）熔化极气体保护焊在焊接过程没有熔渣，焊后不需要清渣，省掉了清渣的辅助工时，降低了焊接成本。

3)熔化极气体保护焊适用范围广，生产效率高，易进行全位置焊接及实现机械化和自动化。

4)焊接时采用明弧，使用的电流密度大，电弧光辐射较强；不适于在有风的地方或露天施焊；而且设备较复杂。

4.1.2 熔化极气体保护焊的应用

熔化极气体保护焊适用于焊接大多数金属和合金，最适于焊接碳钢和低合金钢、不锈钢、耐热合金、铝及铝合金、铜及铜合金及镁合金。

对于高强度钢、超强铝合金、锌含量高的铜合金、铸铁、奥氏体锰钢、钛和钛合金及高熔点金属，熔化极气体保护焊要求将母材预热和焊后热处理，采用特制的焊丝，控制保护气体要比正常情况更加严格。

对低熔点的金属如铅、锡和锌等，由于焊接时易于蒸发出有毒的物质，或污染焊缝，不宜采用熔化极气体保护焊。表面包覆这类金属的涂层钢板也不适宜采用这类焊接方法。

熔化极气体保护焊可以焊接的金属厚度范围很广，最薄约 1mm，最厚几乎没有限制。

就焊接位置而言，熔化极气体保护焊适合于焊接各种位置的焊缝。特别是 CO_2 气体保护焊，由于电弧有一定吹力，更适合全位置焊接。由于各种气体保护焊采用的保护气体不同，每种方法具体的适应性也不同。比如，氩气比空气的密度大，因而氩弧焊更适合于水平位置的焊接；氦气比空气的密度小，氦弧焊适合于空间位置焊接，特别是仰焊位置的焊接。但实际应用较少，大量的仍然是采用氩气作为保护气体进行焊接。

根据所采用的保护气体的种类不同，气体保护焊适用于焊接不同的金属结构。下面介绍的是几种常用气体保护焊方法的应用。

1. CO_2 气体保护焊

CO_2 气体保护焊一般用于汽车、船舶、管道、机车车辆、集装箱、矿山及工程机械、电站设备、建筑等金属结构的焊接生产。CO_2 气体保护焊可以焊接碳钢和低合金钢，并可以焊接从薄板到厚板不同的工件。采用细丝、短路过渡的方法可以焊接薄板；采用粗丝、喷射过渡的方法可以焊接中、厚板。CO_2 气体保护焊可以进行全位置焊接。也可以进行平焊、横焊及其他空间位置的焊接。

药芯焊丝 CO_2 气体保护焊是近年来发展起来的采用渣-气联合保护的适用性广泛的焊接工艺，主要适合于焊接低碳钢、500MPa 级及 600MPa 级的低合金高强钢、耐热钢以及表面堆焊等。通常药芯焊丝气体保护焊适合于中厚板进行水平位置的焊接，一般用于对外观要求较严格的箱形结构件、工程机械。目前，CO_2 气体保护焊是用于焊接碳钢和低合金钢的重要焊接方法之一，具有很大的发展前景。

2. 熔化极惰性气体保护焊

熔化极惰性气体保护焊（MIG 焊）可以采用半自动或全自动焊接，应用范围较广。MIG 焊可以对各种材料进行焊接，但近年来由于碳钢和低合金钢等更多地采用富氩混合气体保护焊进行焊接，而很少采用纯惰性气体保护焊，因此熔化极惰性气体保护焊一般常用于焊接铝、镁、铜、钛及其合金和不锈钢。熔化极惰性气体保护焊可以焊接各种厚度的工件，但实际生产中一般焊接较薄的板，如厚度 2mm 以下的薄板采用熔化极惰性气体保护焊的焊接效果较好。熔化极惰性气体保护焊可以实现智能化控制的全位置焊接。

3. 熔化极活性气体保护焊

熔化极活性气体保护焊（MAG 焊）因为电弧气氛具有一定的氧化性，所以不能用于活泼金属（如 Al，Mg，Cu 及其合金）的焊接。熔化极活性气体保护焊多应用于碳钢和某些低合金钢的焊接，可以提高电弧稳定性和焊接效率。熔化极活性气体保护焊在汽车制造、化工机械、工程机械、矿山机械、电站锅炉等行业得到了广泛的应用。

▶ 4.2 熔化极氩弧焊

4.2.1 熔化极氩弧焊的特点

熔化极氩弧焊是采用熔化极焊丝作为电弧的一极，从焊枪喷嘴中流出的气体对焊接区及电弧进行保护，焊丝熔化从焊丝端部脱落过渡到熔池，与母材熔化金属共同形成焊缝。以 Ar 或 Ar-He 作保护气体时，称 MIG 焊（Metal Inert Gas Arc Welding）。如果用 Ar-O_2，Ar-CO_2 或者 Ar-O_2-CO_2 等作保护气体则称 MAG 焊（Metal Active Gas Arc Welding）。上述混合气体一般为富 Ar 气体，电弧性质仍呈氩弧特征。与其他焊接方法相比，熔化极氩弧焊具有如下几方面特点：

1）熔化极氩弧焊可以焊接几乎所有的金属。既可以焊接碳钢、合金钢、不锈钢，还可以焊接铝及其合金、铜及其合金、钛及其合金等容易被氧化的有色金属；

2）由于采用熔化极方式进行焊接，焊丝和电弧的电流密度大，焊丝熔化速度快，对母材的熔敷效率高，焊接生产率高，焊接变形小；

3）熔化极氩弧焊可直流反接，焊接铝及铝合金时有良好的阴极雾化作用；

4）熔化极氩弧焊焊接铝及其合金时，亚射流电弧的固有自调节作用较为显著；

5）熔化极氩弧焊电弧状态稳定，熔滴过渡平稳，几乎不产生飞溅，熔透也较深。能实现各种熔滴过渡方式，采用短路过渡和脉冲焊可进行全位置焊接。

熔化极氩弧焊也有如下几点不足：

1）由于使用氩气或富氩气体保护，焊接成本比 CO_2 电弧焊高，焊接生产率也低于 CO_2 电弧焊；

2）焊接过程中对油、锈等比较敏感，因此，对工件以及焊丝的焊前清理要求较高；

3）厚板焊接中的封底焊焊缝成型不如 TIG 焊质量好。

4.2.2 熔化极氩弧焊的熔滴过渡

焊丝的熔化及熔滴过渡，是熔化极电弧焊焊接过程中的重要物理现象，过渡的优劣会直接影响焊接生产率和焊接质量。熔滴过渡现象非常复杂，当焊接规范条件变化时各种过渡形态可以相互转化。

MIG 焊熔滴的过渡形态可以分为短路过渡、喷射过渡、亚射流过渡、脉冲过渡等，分别依据材质、焊件尺寸、焊接姿势而使用。

1. 短路过渡

在较小电流低电压时，熔滴未长成大滴就与熔池短路，在表面张力及电磁收缩力的作用下，熔滴向母材过渡，这种过渡称为短路过渡。短路过渡电弧稳定，飞溅较小，熔滴过渡频率高，焊缝成型好，通常产生体积小而快速凝固的熔池，适用于薄板、全位置焊接。

实现熔滴短路过渡的基本条件是采取较细的焊丝，以较小的电流在低的电弧电压下进行焊接。如图 4-2 所示，在电弧引燃的初期，焊丝受到电弧的加热而逐渐熔化，端部形成熔滴并逐渐长大（图中①②），此时电弧向未熔化的焊丝中传递的热量在逐渐减小，焊丝熔化速度下降，而焊丝仍然以一定的速度送进，使熔滴接近熔池而发生短路（图中③），此时电弧熄灭，电压急剧下降，短路电流逐渐增大，形成短路液柱。在熔池金属表面张力和液柱中电流形成的电磁收缩力的作用下，使液柱靠近焊丝端头的部位迅速产生"颈缩"，称作"颈缩小桥"（图中④）。当短路电流增加到一定数值时，"小桥"迅速断开，电弧电压很快恢复到电源空载电压，电弧又重新引燃（相当于接触引弧），而后电流逐渐降低（向稳定位靠近），又重新开始上述过程。

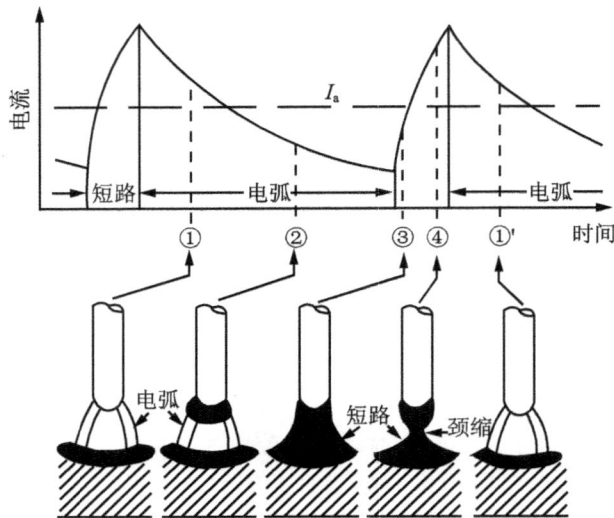

图 4-2　熔滴短路过渡过程

2. 喷射过渡

MIG 焊熔滴喷射过渡主要用于中等厚度和大厚度板水平对接和水平角接。MIG 焊产生喷射过渡的原因是电弧形态的扩展。在 CO_2 电弧下，CO_2 气体高温分解对电弧有很大的冷却作用，使电弧电场强度提高，电弧收缩，弧根面积减小，增加了斑点压力而阻碍熔滴过渡，并形成大滴状排斥过渡。在 MIG 焊电弧下，氩气是单原子气体，没有分解问题，而且热传导率较小，对电弧的冷却作用小，因此电弧电场强度低，形态上容易扩展，能够较大范围包含焊丝端头，熔滴过渡比较容易。

熔滴以小于焊丝直径的尺寸进行的过渡统称为喷射过渡。然而通过对过渡形态的细致观察，发现因焊丝材质的不同其熔滴过渡形态仍有差异，由此把 MIG 焊熔滴喷射过渡分为射滴过渡和射流过渡两种。

（1）射滴过渡

射滴过渡时，熔滴直径接近于焊丝直径，熔滴脱离焊丝时的加速度大于重力加速度，此时焊丝端部的熔滴大部分或全部被弧根所笼罩。实现熔滴从粗滴过渡到射滴过渡转变的临界电流称作射滴过渡临界电流。

射滴过渡时电弧形态呈钟罩形。由于弧根面积大并包围熔滴，熔滴内部的电流线发散，作用在熔滴上的电磁收缩力成为过渡的推动力。斑点压力作用在熔滴表面各个部位，阻碍熔筋过渡的作用降低，这时阻碍熔滴过渡的力主要是焊丝对熔滴的表面张力。

由于铝合金的导热性好，熔点低，不会在焊丝端部形成很长的液态金属柱，所以常常表现为这种过渡形式。气体保护焊时，均有射滴过渡形式。对钢焊丝 MIG 焊时，射滴过渡是介于小电流滴状过渡和大电流射流过渡之间的一种熔滴过渡形式。它的电流区间非常窄，甚至认为钢焊丝 MIG 焊时没有射滴过渡。

MIG 焊射滴过渡主要是低熔点材料所表现出的熔滴过渡形式，但在脉冲 MIG 焊中通过脉冲参数控制，即使是钢质焊丝也会产生射滴过渡，实际上射滴过渡是脉冲 MIG/MAG 焊所力求实现的过渡形式。

（2）射流过渡

钢焊丝 MIG 焊电流较小时，电弧与熔滴状态如图 4-3（a）所示，电弧呈圆柱状。这时电磁收缩力较小，熔滴在重力作用下呈大滴状过渡。随着电流的增加，电弧阳极斑点笼罩的面积逐渐扩大，可以达到熔滴的根部，如图 4-3（b）所示，这时熔滴与焊丝间形成缩颈。全部电流在缩颈流过，该处电流密度很高，细颈被过热，一旦缩颈表面上温度达到金属沸点，电弧的阳极斑点将瞬时从熔滴的根部扩展到缩颈的根部，称这一现象为跳弧现象。当第一个较大熔滴脱落之后，电弧呈如图 4-3（d）所示的圆锥状，这就容易形成较强的等离子流，使焊丝端部的液态金属呈"铅笔尖"状。焊丝端部液体金属直径很细，熔滴的表面张力很小，再加等离子气流的作用，细小的熔滴从焊丝尖端一个接一个向熔池过渡，过渡速度很快，脱离焊丝端部的熔滴加速度可以达到重力加速度的几十倍，称这种过渡形式为射流过渡。发生这种跳弧现象的最小电流称为射流过渡临界电流。射流过渡临界电流值与焊丝材料、焊丝直径、焊丝干伸长、保护气成分有直接联系。

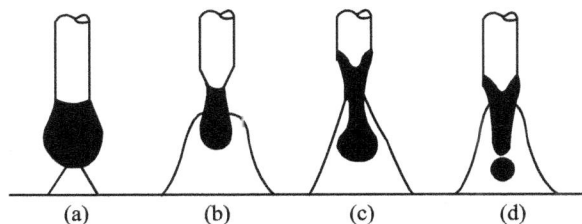

图 4-3   熔滴射流过渡中电弧形态的变化过程

3. 亚射流过渡

熔化极氩弧焊对于铝合金焊接还有一种亚射流过渡方式可以利用。这是介于短路过渡与射滴过渡之间的一种过渡形式，因其弧长较短，在电弧热作用下形成熔滴并长大，形成缩颈在即将以射滴形式过渡脱离之际与熔池短路，在电磁收缩力的作用下细颈破断，并重燃电弧完成过渡。

铝合金亚射流过渡与正常短路过渡的差别是缩颈在熔滴短路之前形成并达到临界

脱落状态。因此短路时间很短,在电流上升得不太大时,在熔池金属表面张力和颈缩部位电磁收缩力作用下,缩颈快速断开,熔滴过渡到熔池中并重新引燃电弧。因此,熔滴过渡平稳,基本没有飞溅发生。

亚射流过渡时电弧具有较强的固有自调节作用。铝合金 MIG 焊时,可采用等速送丝恒流特性电源进行稳定的焊接,容易得到均匀一致的熔深。

4.2.3 混合气体选择及应用范围

气体保护焊时,保护气体既是焊接区的保护介质,也是产生电弧的气体介质。因此保护气体的特性(如物理特性、化学特性等)不仅影响保护效果,而且也影响到电弧和焊丝金属熔滴过渡特性、焊接过程冶金特性以及焊缝的成型与质量等。

保护气体的物理化学性能,不仅决定焊接金属(如电极与焊件)是否产生冶金反应与反应的剧烈程度,且影响到焊丝末端、过渡熔滴及熔池表面的形态,从而影响到焊缝成型与质量。

因此,在气体保护焊工作中,尤其是用熔化极焊接时,不能仅从保护作用角度来选定保护气体种类,而应根据上述各方面的要求,综合地考虑选用合适的保护气体,以获得最好的焊接工艺与保护性能。所以合理选用保护气体是一项很重要且又具有实际意义的工作。

1. 气体的物理性能

为了说明保护气体对熔化极气体保护焊焊接过程的影响,下面简单介绍气体的一些物理性能。

(1)解离能

由于电弧温度很高,保护气为多原子气体(由两个以上原子组成的气体分子)在热的作用下将分解为单原子气体,这种现象也称作解离。

气体分子产生解离所需要的最低能量成为解离能,不同气体的解离能是不同的。由于气体解离能低于电离能,气体分子受热的作用将首先大量解离成原子,然后才被电离。气体的解离度(解离数/分子总数)随着温度升高而增大。在焊接电弧环境下,分子气体的解离度是很高的。同时气体与金属之间的反应也以解离后的原子形态进行的更为剧烈。

气体解离是吸热反应,即对电弧有冷却作用。解离能越大,说明气体解离时对电弧的冷却作用越强。气体解离对电弧的冷却作用,还要看解离度。解离度大时,才能有较强的冷却作用。

(2)电离电压

在一定条件下,中性气体分子或原子分离为正离子和电子的现象称为电离。使中性气体粒子失去第一个电子所需要的最低外加能量称为第一电离能,通常以电子伏(eV)为单位。在电子学中,为计算方便起见,常把用电子伏为单位的能量转换为数值上相等的电压来处理,单位为伏。因此在实用中经常直接用电离电压(单位为伏)来表示气体电离的难易。电离电压越大,越难电离。气体的电离电压比金属的高,所以气体是难以电离的。熔化极气体保护电弧焊时,电弧中充满了大量的金属蒸气,因为它的电离势低,所以被大量电离。这些电离了的金属蒸气对电弧及熔滴过渡必然产生很大的影响。

（3）气体的密度

气体密度对熔池的覆盖保护能力有很大的影响。氩气和 CO_2 比空气重，所以在平焊位置焊接时，保护效果较好。而氦气正相反，在仰焊位置时显示出良好的保护效果。气体密度对热传导的影响也是很大的。氢气和氦气的密度小，容易以扩散的方式带走电弧的热量，所以热传导率大。而氩气的热传导率却很低。热传导率大，说明从弧柱向周围散失的热量多，对电弧的冷却作用强；反之，热传导率小，对电弧的冷却作用就小。

综上所述可见，不论是气体的解离能、解离度、电离电压，还是气体密度，都表现出对电弧的电场强度有影响。

2. 焊接保护气体的选用原则

随着焊接技术的发展，尤其是熔化极气体保护焊的发展和应用范围逐步扩大，选择保护气体时要考虑的因素也随之增加，一般考虑如下几方面：

1）保护气体应对焊接区中的电弧与金属（包括电极、填充焊丝、熔池与处于高温的焊缝及其邻近区域）起到良好的保护作用；

2）保护气体作为电弧的气体介质应有利于引燃电弧和保持电弧稳定燃烧（如稳定电弧阴极斑点、减小电弧飘移等）；

3）保护气体应有助于提高对焊件的加热效率，改善焊缝成型；

4）熔化极气体保护焊时，保护气体应促使获得要求的熔滴过渡特性，减少飞溅；

5）保护气体在焊接过程中的有害冶金反应能进行控制，以减少气孔和裂纹等缺陷；

6）保护气体应容易制取和价格低廉，以降低焊接生产成本。

根据上述原则，目前可供选用的保护气体除了单一成分的气体外，还广泛采用由不同成分气体组成的混合保护气，其目的是使混合保护气具有良好的综合性能，以适应不同的金属材料和焊接工艺的需要，促使获得最佳的保护效果、电弧特性、熔滴过渡特性以及焊缝成型与质量等。因此，熔化极气体保护焊时采用混合气作焊接保护气的趋向愈来愈强，对混合气性能与作用的研究也越来越深入。

3. 混合气体的选择及作用

（1）Ar＋He

氦气是惰性气体。但它的传热系数大。和氩气相比，在相同的电弧长度下电弧电压较高，电弧温度也比氩气电弧高得多。

据资料介绍，钨极 He 弧焊的焊接速度几乎是钨极 Ar 弧焊的两倍。所以氦气的最大优点是电弧温度高，母材热输入大。

氩气独特的优点是在氩气中电弧燃烧非常稳定。进行熔化极焊接时焊丝金属很容易呈稳定的轴向射流过渡，飞溅极小。

以氩气为基体，加入一定数量的氦气后即可获得两者所具有的优点。

焊接大厚度铝及铝合金时，采用 Ar＋He 混合气体可改善焊缝熔深，减少气孔和提高生产率。焊接铜及其合金时，采用 Ar＋He 混合气体最显著的好处是改善焊缝金属的润湿性，提高焊接质量，He 占的比例一般为 $50\% \sim 75\%$。

对于钛、锆等金属的焊接，用 Ar－He 混合气体也是为了改善熔深和焊缝金属的润湿性。这时 Ar 与 He 的比例通常为 75：25。这种比例对于脉冲电弧、短路电弧、射流电弧都合适。

焊接镍基合金也是常常采用 Ar＋He 混合气体。焊缝金属的润湿性及熔深比纯氩气好。加入的 He 为 15％～20％。

（2）Ar＋H_2

利用 Ar＋H_2 混合气体的还原性。可用来焊接镍及其合金。可以抑制和消除镍焊缝中的 CO 气孔。但 H_2 含量必须低于 6％，否则会导致产生 H_2 气孔。

（3）Ar＋N_2

氩气中加入氮气后，电弧的温度比纯氩时高，主要用于焊接铜及铜合金（从冶金性质上讲，通常氮弧焊只在焊接脱氧铜时使用），其混合比 Ar/N_2 为 80/20。这种气体与 Ar＋He 混合气比较，优点是氮气的来源多，价格便宜。缺点是焊接时有飞溅，焊缝表面较粗糙，焊缝外观不如 Ar＋He 混合气好。此外，在焊接奥氏体不锈钢时，在氩气中加入少量的氮气（1％～4％），对提高电弧的刚度以及改善焊缝成型有一定的效果。

（4）Ar＋O_2

Ar＋O_2 混合气分两种类型：一种含氧量较低（1％～5％），用于焊接不锈钢等高合金钢及级别较高的高强钢；另一种含氧量较高，可达 20％，用于焊接低碳钢及低合金结构钢。

用纯氩气焊接不锈钢时（包括焊接低碳钢及低合金钢），液体金属的黏度及表面张力大，易产生气孔。焊缝金属的润湿性差，焊缝两侧容易形成咬边等缺陷；而且电弧阴极斑点不稳定，产生阴极斑点飘移现象。电弧根部的不稳定，会引起焊缝熔深和焊缝成型的不规则。因此，熔化极焊接时，用纯氩气保护焊接不锈钢等金属是不合适的，通常要在其中加入一定量的氧气，使上述问题得到改善。

实践证明，加入 1％的氧气到氩气中，阴极斑点飘移现象便可克服。另外，加入氧气后有利于金属熔滴的细化，降低了射流过渡的临界电流值。

用 Ar＋O_2 混合气焊接不锈钢，当氩气中加入微量的氧气，对接头的抗腐蚀性能无显著影响；当氧气量超过 2％时，焊缝表面氧化严重，接头质量下降。

如果将混合气中的氧气含量增加到 20％，则这种强氧化气体可以用来焊接碳素钢及低合金结构钢。Ar＋20％O_2 混合气焊接不仅有较高的生产率，抗气孔性能比加 20％ CO_2 及纯 CO_2 都好，焊缝韧性也有所提高。这是因为焊缝金属的冲击韧性不取决于保护气的氧化性，而取决于焊缝金属中的含氧量。在保护气中加入适量的氧气，虽然气体的氧化性提高，但焊缝金属中的含氧量和夹杂物却有所减少，所以焊缝金属的冲击韧性有所提高。

用 Ar＋20％O_2 混合气进行高强钢的窄间隙垂直焊（立焊），可减少焊缝金属产生树枝状晶间裂纹的倾向。钢中含有一定量的氧时，能使硫化物变为球状或呈弥散分布。该混合气有较强的氧化性，应配用含 Mn，Si 等脱氧元素较高的焊丝。

用纯氩气作保护气还有另外一个问题，就是焊缝形状为蘑菇形（亦称"指形"）。纯氩气保护射流过渡焊接时，蘑菇形熔深最为典型，这种熔深无论焊接哪种金属都是不希望得到的。在其中加入 20％氧气后，熔深形状得到改善。

（5）Ar＋CO_2

Ar＋CO_2 混合气被广泛用于焊接碳钢和低合金钢。它既具有氩气的优点，如电弧稳定，飞溅少，容易获得轴向射流过渡等，又因为具有氧化性，克服了纯氩气焊接时的阴极斑点飘移现象及焊缝成型不良等问题。

氩气与 CO_2 的比例，通常为 $(70\sim80)/(30\sim20)$。这种比例既可用于喷射过渡，也可用于短路过渡和脉冲过渡焊接。但在短路过渡电弧进行垂直焊和仰焊时，氩气和 CO_2 的比例最好为 $50/50$，这样有利于控制熔池。

采用 $Ar+CO_2$ 混合气焊接碳钢和低合金钢，虽然成本较纯 CO_2 焊高，但由于焊缝金属冲击韧性好及工艺效果好，特别是飞溅比 CO_2 焊小很多，所以应用很普遍。

为防止 CO 气孔及减少飞溅，须使用含有脱氧元素的焊丝，如 H08Mn2SiA 等。

另外，还可以用这种气体焊接不锈钢，但 CO_2 的比例不能超过 5%，否则焊缝金属有渗碳的可能，从而降低接头的抗腐蚀性能。

在氩气中加入 O_2 气或 CO_2 气对焊缝金属性能的影响却不一样。随着混合气中 CO_2 含量的增加，焊缝金属冲击韧性下降。采用纯 CO_2 气保护时，焊缝冲击韧性趋于最低值。

(6) $Ar+CO_2+O_2$

试验证明，$80\%Ar+15\%CO_2+5\%O_2$ 混合气对于焊接低碳钢、低合金钢是最佳的。无论是焊缝成型、接头质量，还是熔滴波及电弧稳定性方面都非常好。

4.2.4　熔化极活性混合气体保护焊工艺

1. 焊前准备

熔化极氩弧焊过程对油、锈等比较敏感，而且与手弧焊和 CO_2 焊相比，没有冶金反应的精炼作用，于是对工件、焊丝、设备、焊工以及周围环境的准备提出了更高的要求。

铝及其合金的表面上覆盖着极薄而致密的氧化膜。焊接时，该氧化物不仅容易引起未熔合缺陷，而且它还含有结晶水，使得生成气孔的倾向增加。所以必须用机械或化学法预先对焊丝及工件表面进行清理。

化学处理后工件表面仍有氧化膜，但该膜的厚度很薄，依靠阴极雾化作用就可以完全去除。可是若不能立即焊接时，由于长时间放置将生成较厚的氧化膜，焊前必须再次去膜。

不锈钢、黄铜和低碳钢等金属预处理没有必要像铝合金那样严格，但工件表面上的防锈油、润滑油和油漆等以及较厚的氧化层也应去除。

2. 熔化极氩弧焊工艺参数的选择

熔化极氩弧焊的工艺参数主要有焊接电流、电弧电压、电源极性、焊接速度、焊丝直径、焊丝干伸长、喷嘴至工件的距离及气体流量等。其中焊接电流和电弧电压最为关键，这两个参数决定了电弧的形态和熔滴过渡形式。

(1) 焊丝直径

焊丝直径要根据工件的厚度和焊接位置来确定。薄板及空间位置的焊接通常采用细焊丝（直径 $d<1.2mm$）。平焊位置口等厚度及大厚度板时，可采用直径 $d=3.2\sim5.6mm$ 的粗焊丝，此时，焊接电流可调节到 $500\sim1000A$。粗焊丝、大电流的优点是熔透能力强，焊道层数少，生产效率高，焊接变形小等。

(2) 焊接电流

熔化极氩弧焊通常采用直流反接，这种接法的优点是，熔滴过渡稳定，熔透能力大且阴极雾化效应大。实际焊接中，根据工件厚度、焊丝直径、焊接位置选择焊接电流。采用等速送丝焊机进行焊接时，焊接电流通过送丝速度来调节。

当其他参数保持恒定时，焊接电流与送丝速度或熔化速度以非线性关系变化。送丝速度增加时，焊接电流也随之增大。随着焊接电流的增大，熔化速度以更高的速度增加。当焊丝直径增加时（送丝速度不变），要求更高的焊接电流。送丝速度和焊接电流的关系还与焊丝的化学成分有关。

熔化极氩弧焊焊接时，焊丝直径不同，熔滴过渡形式与焊接电流范围也不同。焊丝直径一定时，可通过选用不同的焊接电流，获得不同的熔滴过渡形式。短路过渡和脉冲喷射过渡时电流小，对母材的热输入小；要获得连续的喷射过渡，电流必须超过喷射过渡临界电流值，焊丝直径增大，其临界值也增大；铝合金粗丝大电流的连续喷射过渡焊接时，稳定焊接时的电流范围由两个临界电流值决定，其下限是产生喷射过渡的临界电流，上限是焊缝产生"起皱"现象的临界电流。"起皱"临界电流随着焊丝直径的增大而增大。在稳定焊接过程中，增大焊接电流，会使焊丝熔化速度增加，使焊缝的熔深和余高明显增加，而熔宽略有增加。

（3）焊接电压

焊丝直径一定时，要获得稳定的熔滴过渡，除了选用与之相适应的焊接电流外，还必须匹配合适的焊接电压。焊接电压过高（电弧过长），可能会产生气孔和飞溅；焊接电压过低（电弧过短），可能使电弧短接或熄弧。

在稳定焊接过程中，焊接电压主要影响熔宽，对熔深的影响较小。焊接电压应根据焊接电流、保护气体的成分、被焊材料的种类、熔滴过渡方式等进行选择。

（4）焊接速度

焊接速度是重要的焊接工艺参数之一，焊接速度与焊接电流适当配合，才能获得良好的焊缝成型。在焊接热输入不变的条件下，如果焊接速度过快，熔宽、熔深会减小，甚至产生咬边、未熔合、未焊透等缺陷。如果焊接速度过慢，不但直接影响生产率，还可能导致烧穿、焊接变形过大等缺陷。

（5）焊丝干伸长

焊丝干伸长影响焊丝的预热，对焊接过程及焊缝质量有显著的影响。其他条件不变而焊丝干伸长过长时，焊接电流减小，易导致未焊透、未熔合等缺陷；焊丝干伸长过短时，易导致喷嘴堵塞及烧损。焊丝干伸长一般根据焊接电流的大小、焊丝直径及焊丝电阻率来选择。

（6）保护气体的种类及流量

熔化极气体保护焊用纯氩焊接时容易产生指状熔深；焊接不锈钢时（包括焊接低碳钢及低合金钢），液体金属的黏度及表面张力大，易产生气孔；而且电弧阴极斑点不稳定，产生阴极斑点飘移现象，从而引起焊缝熔深和焊缝成型的不规则。因此，熔化极氩弧焊一般不使用纯氩气体进行焊接，通常根据所焊接的材料，采用适当比例的混合气体。表4-1列出焊接时常用的几种混合气体的工艺特点及应用范围。

表 4-1　常用焊接保护气体及使用范围

焊接材料	保护气体	混合比	化学性质	焊接方法	附注
铝及其合金	Ar		惰性	MIG/TIG	TIG 用交流，MIG 用直流反接有阴极雾化作用，焊缝表面光洁
	Ar＋He	MIG：0%～20%He TIG：多种混合比直至 75%He＋25%Ar	惰性	MIG/TIG	电弧温度高。焊厚板可增加熔深，减少气孔。MIG 焊随 He 量增加，有一定飞溅
钛、锆及其合金	Ar		惰性	MIG/TIG	
	Ar＋He	Ar/He：75/25	惰性	MIG/TIG	可增加热输入量，适用于射流电弧、脉冲电弧及短路电弧
铜及其合金	Ar		惰性	MIG/TIG	MIG 焊时产生稳定的射流过渡
	Ar＋He	Ar/He：50/50 或 70/30	惰性	MIG/TIG	热输入量增加，降低预热温度
	N_2			MIG	热输入量增加，可降低或取消预热，但有飞溅和烟雾
	Ar＋N_2	Ar/N_2：80/20		MIG	热输入量比纯氩大，有飞溅
镍基合金	Ar		惰性	MIG/TIG	对射流、短路、脉冲均适用
	Ar＋He	15%～20% He	惰性	MIG/TIG	增大热输入量
	Ar＋H_2	H_2<6%	还原性	TIG	加 H_2 有利于抑制 CO 气孔
不锈钢及高强钢	Ar		惰性	TIG	焊接薄板
	Ar＋O_2	O_2：1%～2%	氧化性	MIG	用于射流电弧、脉冲电弧，降低液态金属表面张力
	Ar＋CO_2＋O_2	O_2：2% CO_2：5%	氧化性	MIG	用于射流电弧、短路电弧，电弧能量增加
碳钢及低合金钢	Ar＋O_2	O_2：1%～5%或20%	氧化性	MIG	对焊缝要求较高时应用
	Ar＋CO_2	Ar/CO_2：70～80/30～20	氧化性	MIG	有良好的熔深，用于脉冲电弧、短路电弧或细颗粒过渡
	Ar＋CO_2＋O_2	Ar/CO_2/O_2：80/15/5	氧化性	MIG	有较佳的熔深，用于脉冲电弧、短路电弧或细颗粒过渡
	CO_2		氧化性	MIG	适用于短路电弧，有飞溅
	CO_2＋O_2	O_2：20%～25%	氧化性	MIG	用于短路电弧

保护气体的流量一般根据电流的大小、喷嘴孔径及接头形式来选择。对于一定直径的喷嘴,有一个最佳的保护气体流量范围。流量过大,易产生紊流;流量过小,气流的挺度差,保护效果不好。气体流量最佳范围通常需要用实验来确定,保护效果可通过焊缝表面的颜色来判断,见表4-2所示。

表4-2 保护效果与焊缝表面颜色之间的关系

母材	最好	良好	较好	不良	最差
钛及其合金	亮银白色	橙黄色	蓝紫色	青灰色	白色(氧化钛)
铝及其合金	亮银色有光亮	白色	灰白色	灰色	黑色
铜及其合金	金黄色	黄色	—	灰黄色	灰黑色
不锈钢	金黄色或银色	蓝色	红灰色	灰色	黑色
低碳钢	灰白色有光亮	灰色	—		灰黑色

熔化极气体保护焊有时采用双层气流保护,可以得到良好的效果。此时,喷嘴由两个同心喷嘴组成,即内喷嘴和外喷嘴。气流分别从内外喷嘴喷出。某些情况下,例如采用大电流、粗丝焊接铝及铝合金时,必须采用双层保护气流。双层保护气流可采用不同成分的保护气体,内外层气体的流量控制在1∶1～1∶2。

(7)喷嘴至工件的距离

喷嘴高度应根据焊接电流的大小进行选择,见表4-3所示。距离过大时,保护效果变差;距离过小时,飞溅颗粒堵塞喷嘴且阻挡操作者的视线。

表4-3 喷嘴高度推荐值

焊接电流/A	<200	200～350	350～500
喷嘴高度/mm	10～15	15～20	20～25

▶ 4.3 CO_2气体保护电弧焊

利用CO_2气体对电弧及熔化区母材进行保护的熔化极气体保护焊接方法称作"CO_2气体保护电弧焊",简称"CO_2焊"。CO_2焊是20世纪50年代初期发展起来的一种高效焊接技术,现在已在国内外获得广泛应用。

4.3.1 CO_2焊的特点及应用

与其他电弧焊方法相比,CO_2焊具有明显的特点。

1)焊接生产率高。利用CO_2电弧焊焊接中厚板时,可以选择较粗焊丝,使用较大电流实现细颗粒过渡,这时焊丝中的电流密度高达$100～300 A/mm^2$,焊丝熔化速度快,熔敷率高,电弧刚度大,穿透力强,焊接熔深大,可以不开坡口或开小坡口;另外,CO_2焊在焊接过程中,基本上没有焊渣产生,焊后不用清渣,从而节省了许多辅助时间,生产率比焊条电弧焊提高1～3倍。

在焊接薄板时,可选用细焊丝,使用较小电流实现熔滴短路过渡,这时电弧对工件间断加热，焊接线能量小，焊接变形也很小，甚至不需要焊后校正工序，也可以提高工效。实际上CO_2焊短路过渡的频率很高，焊接生产率也是很高的。

2)焊接低合金钢不易产生冷裂纹。与埋弧焊和氩弧焊相比，CO_2焊对油、锈、水分等不敏感，具有较强的抗潮湿和抗锈能力，焊缝中的含氢量很低，是一种低氢型的焊接方法。所以，采用CO_2焊焊接低合金钢时不易产生冷裂纹。

3)焊接能耗低。由于CO_2焊焊接电流密度大，熔深大，热效率高，熔敷系数大，有更大的焊接速度，所以，焊接相同厚度的焊件时，熔化单位质量的填充金属所消耗的电能比手弧焊要少，是一种较好的节能焊接方法。

4)适用范围广。CO_2焊采取自动焊或半自动焊方法，可以进行平焊、立焊、横焊、仰焊等各种位置的焊接，即全位置焊接。从焊接构件的板厚来看，薄板可焊到1mm左右，最厚几乎不受限制(可以采取多层多道焊接)。而且焊接薄板比较之气焊速度快，变形小。

5)焊接成本低。CO_2气在工业中大量使用，来源广(既有专业生产的CO_2气体，也有某些化工产品的副产品)，其价格便宜；焊件焊缝坡口尺寸小，熔敷金属少，材料成本低；焊接过程中消耗的电能也少。其焊接成本只是埋弧焊和焊条电弧焊的40%~50%。

6)焊接电弧可见性良好。CO_2焊是明弧焊接，焊接过程中电弧可见性良好，容易对准焊缝和控制熔池熔化以及焊缝成型，对于曲线焊缝的焊接、空间位置焊缝的焊接都是十分有利的。

7)CO_2气体密度较大，并且受电弧加热后体积膨胀也较大，所以隔离空气保护焊接熔池和电弧效果良好。

CO_2气体的物理化学性质又给焊接带来一些问题，如CO_2气及其在高温下分解出的氧气具有较强的氧化性，而且随着温度的升高，其氧化性增强，在焊接过程中，强氧化性将导致合金元素的烧损，必须采用含有脱氧剂的焊丝；焊接过程中有金属飞溅，焊缝外形较为粗糙等。

CO_2焊焊接过程中气体保护区的抗风能力弱，室外焊接作业时，CO_2焊电弧区周围要有防风措施。

CO_2焊不能用于非铁金属的焊接，只能用于低碳钢和低合金钢等黑色金属的焊接。对于不锈钢，焊缝金属有增碳现象，影响抗晶间腐蚀性能，因此也只能用于对焊缝性能要求不高的部件。

4.3.2　CO_2焊的冶金特性

1. 焊接过程合金元素的氧化与脱氧

CO_2焊过程中，在电弧的高温作用下，气罩内有40%~60%的CO_2进行如下分解：

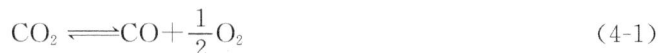

$$CO_2 \rightleftharpoons CO + \frac{1}{2}O_2 \qquad (4-1)$$

温度越高，分解越强烈。CO_2高温分解产生的CO，一般说来在焊接条件下不溶于熔化的液态金属中，也不与金属发生作用。但是CO_2分解的放出的O_2在高温下进一步分解：

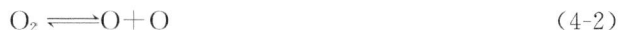

$$O_2 \rightleftharpoons O + O \qquad (4-2)$$

这种分解亦称"解离"。当电弧温度为 5 000K 时，O_2 的解离度高达 96.5%。因此，在有电弧时，气罩内不是单一的 CO_2 气体，而是 CO_2，CO，O_2 和 O 的混合物，越靠近电弧，温度越高，分解产物 O_2，O，CO 的浓度越高；而越远离电弧中心，越靠近气罩的边缘，则 CO_2 的成分越高。可见 CO_2 气体在电弧高温下有强烈的氧化性。

在低于金属(钢材)熔点温度(1 500℃)时，CO_2 气体本身对 Fe 及合金元素 Si，Mn 等进行氧化，如：

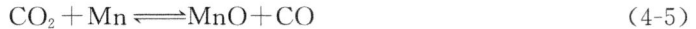

$$CO_2 + Fe \Longrightarrow FeO + CO \tag{4-3}$$

$$2CO_2 + Si \Longrightarrow SiO_2 + 2CO \tag{4-4}$$

$$CO_2 + Mn \Longrightarrow MnO + CO \tag{4-5}$$

这种氧化在熔池金属周围未熔化区域或凝固的焊缝表面上发生，属于表面氧化，进行的激烈程度较低，对电弧、熔池和焊缝没有大的影响。

在高温电弧区内，焊丝末端、熔滴和熔池的金属与氧原子或氧气分子发生氧化反应：

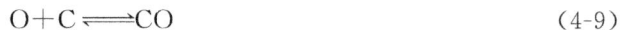

$$O + Fe \Longrightarrow FeO \tag{4-6}$$

$$2O + Si \Longrightarrow SiO_2 \tag{4-7}$$

$$O + Mn \Longrightarrow MnO \tag{4-8}$$

$$O + C \Longrightarrow CO \tag{4-9}$$

氧化反应的程度则取决于合金元素在焊接区的浓度和它们对氧的亲和力。在 CO_2 电弧中，Ni，Cr，Mo 过渡系数最高，烧损最少，Si，Mn 的过渡系数则较低，烧损较多，而且它们中的相当一部分要耗于熔池中的脱氧。Al、Ti，Nb 等元素的过渡系数更低，烧损比 Si，Mn 还要多。

通过上述反应，使金属中的合金元素 Si，Mn，C 等元素受到氧化烧损，特别是焊缝中的合金元素含量减低，必然对焊缝机械性能构成影响。

反应生成物 SiO_2 和 MnO 将以复合物 MnO·SiO_2(一种硅酸盐，熔点 1 270℃，密度 3.6g/cm³)的形式，积成大块漂浮出熔池，薄薄地盖在焊缝表面，成为熔渣。生成的 CO 气体，因具有表面性质(这时 C 的氧化反应是在液体金属的表面进行的)而逸出到气箱中，不会引起焊缝气孔，只是使 C 元素烧损。生成的 FeO 一小部分成杂质浮于熔池表面；另一部分熔入液态金属中，进一步与液态金属内部的合金成分发生反应使其氧化。比如与液态金属内部的 C 元素产生如下反应：

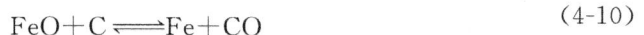

$$FeO + C \Longrightarrow Fe + CO \tag{4-10}$$

反应的生成物 CO 是在液态金属内部形成的，如果不能及时逸出金属表面，就将残留在焊缝中形成气孔。另外，生成的 CO 电弧高温作用下急剧膨胀，使熔滴爆破而引起金属飞溅。

合金元素烧损、CO 气孔、焊接飞溅是 CO_2 焊的三个主要问题。其中的焊接飞溅问题还与其他因素有关，必须采取相应解决措施。

2. 脱氧措施及焊缝金属的合金化

在采用 CO_2 气体保护焊时，为了防止大量生成 FeO 和合金元素的烧损，避免焊缝金属产生气孔和降低机械性能，通常要在 CO_2 焊过程中加入足够数量的脱氧元素。由于脱氧元素和氧的亲和力大于 Fe，在焊接过程中可阻止 Fe 被大量氧化，也能使 FeO 中的 Fe 还原，从而可以消除或削弱上述有害影响。

现在，焊丝中含有足够量的 Mn 及 Si 元素，由于 Mn，Si 与 O 的亲和力大于 C 与 O 的亲和力，液态金属中的 FeO 将首先与 Mn，Si 以如下的形式进行脱氧反应，可以阻止 CO 的产生，进而防止焊接区气孔的产生：

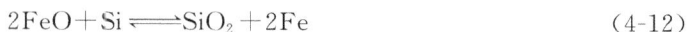

$$Mn + FeO \Longleftrightarrow MnO + Fe \tag{4-11}$$

$$2FeO + Si \Longleftrightarrow SiO_2 + 2Fe \tag{4-12}$$

FeO 被还原成 Fe 留在熔池中，而 MnO 和 SiO_2 生成渣（复合物硅酸盐 MnO·SiO_2）被排除。另一方面，参与还原反应没消耗完的 Si 和 Mn 使焊缝金属被烧损的 Si 和 Mn 得以补偿，使焊缝的机械性能不会降低。由此可见，通过锰、硅的联合脱氧作用能够去除 CO_2 气体所具有的强氧化性弊端。目前国内外广泛应用的 H08Mn2SiA 焊丝，就是采用 Si，Mn 联合脱氧的。

此外，Al 和 Ti 也是常用的脱氧元素。其中 Al 是能力最强的脱氧剂，在 2 273K 以下温度，Al 对 O 的亲和力比 C 还大，所以能有效抑制 CO 气孔的生成，但是 Al 会降低焊缝金属的抗热裂纹能力，因而焊丝中 Al 的含量不宜过多。Ti 也是强脱氧剂之一，除脱氧作用之外，Ti 还可以对金属起到细化晶粒的作用；此外 Ti 能与氮反应生成 TiN，且不溶于钢中，可以防止钢的时效。

为了防止气孔和减少飞溅以及降低焊缝产生裂纹的倾向，CO_2 焊焊丝中的 C 含量一般都限制在 0.15% 以下。由于碳是保证钢的机械强度的不可缺少的元素，焊丝中的碳被限制在 0.15% 以下，加上在电弧中受到的烧损和蒸发，这就往往使焊缝的含碳量比母材的含碳量低，降低了焊缝的强度。CO_2 焊焊接低碳钢和一些低合金钢时，要依靠脱氧后残留在焊缝中的 Si，Mn 等合金元素弥补 C 的损失，使焊缝强度得以保证，所以焊丝中需要有较高含量的 Si，Mn。根据试验，焊接低碳钢和低合金钢用的焊丝 Si 的质量分数在 1% 左右，经过在电弧中的烧损、蒸发和在熔池中的脱氧后，还可在焊缝金属中剩下 0.4%～0.5%，而 Mn 在焊丝中的含量一般为 1%～2%。但在焊接 30CrMnSiA 这类高强度钢时，母材含碳量高达 0.3%，和焊丝中的含碳量相差悬殊。为了弥补焊缝中 C 的不足，焊丝中除需要有足够的 Si，Mn 元素外，还要再适当添加 Cr，Ni，Mo，V 等强化元素。

3. CO_2 焊接气孔

焊缝金属产生气孔的根本原因，是熔池金属中的气体在液态金属凝固过程中来不及逸出。CO_2 气体保护焊时，熔池表面没有熔渣覆盖，CO_2 气流对焊缝能起一定的冷却作用，熔池金属凝固较快，增加了产生气孔的可能性。

CO_2 焊过程中可能产生的气孔主要有三种：即一氧化碳气孔、氢气孔和氮气孔。焊缝金属中的气孔可能由下述三种情况造成。

(1) 焊丝中脱氧元素含量不足

当焊丝金属中含脱氧元素不足时，焊接过程中就会有较多的 FeO 溶于熔池金属中。随后在熔池凝固时 FeO 与 C 就会发生反应生成 CO。如果生成的 CO 气体来不及完全从熔池中逸出，就会留在焊缝中成为 CO 气孔。

由此可见，为了防止生成 CO 气孔，对于焊丝的化学成分，就要求含碳量低和有足够数量的脱氧元素以避免焊接过程中 Fe 被大量氧化，以及 FeO 和 C 在熔池中产生化学反应。在 CO_2 焊中，只要焊丝选择适当，完全可以避免 CO 气孔。

（2）气体保护作用不良

CO_2 焊过程中，如果因工艺参数选择不当等原因而使保护作用变坏，或者 CO_2 气体纯度不高，在电弧高温下空气中的氮会溶入到熔池金属中。随着温度的降低，氮在液体金属中的溶解度降低，尤其是在结晶过程中，溶解度将急剧下降。如果析出的氮来不及逸出，常会在焊缝表面出现蜂窝状气孔，或者以弥散形式的微气孔分布于焊缝金属中。

试验结果表明，在 CO_2 气体中加入 $3\%\sim4\%$ 的 N_2，焊接后未发现焊缝中有氮气孔。而焊接使用的 CO_2 中的 N_2 含量很少，最多不超过 1%。这就说明由于 CO_2 气体不纯而引起氮气孔的可能性很小，产生氮气孔的主要原因是由于焊接保护不良，大量空气侵入焊接区所致。比如保护气流量小、喷嘴被飞溅物阻塞、喷嘴与工件间的距离过大、焊接场地有侧向风等。

（3）焊缝金属溶解了过量的氢

CO_2 气体保护焊时，如果焊丝及焊件表面有铁锈、油污、水分，或者 CO_2 气体中含有水分，则在电弧高温作用下这些物质会分解并产生 H^+。H^+ 溶入金属中。在熔池冷却过程中，H^+ 的溶解度降低，析出并聚集成 H_2 气团。如不能逸出到熔池外部，就造成 H_2 气孔。因此，为了防止氢气孔，在焊前应对焊件及焊丝进行清理，去除它们表面上的铁锈、油污、水分等。另外，还可对 CO_2 气体进行提纯与干燥。不过，由于 CO_2 气体的氧化性，使电弧空间的 H^+ 存在量减少，H_2 气孔产生的可能性降低。CO_2 焊方法本身对铁锈、水分没有埋弧焊或氩弧焊那么敏感，通常被称作低氢型或超低氢型焊接方法。

4.3.3 CO_2 焊的焊接材料

1. CO_2 气体

CO_2 气体是一种常态下无色、无味、无毒、不燃烧稳定的气体。CO_2 易溶于水，溶于水后稍有酸味。CO_2 的密度为 $1.976g/cm^3$，是空气密度（$1.293g/cm^3$）的 1.5 倍，因此具有较好的保护性能，它可以排挤走空气，可靠地保护焊接区域。CO_2 的电离电位为 1.43V，电弧稳定电压为 $26\sim28V$，与焊接电弧最稳定的 Ar 电弧接近，所以，CO_2 电弧燃烧的稳定性良好。CO_2 在 5 000K 高温下几乎全部分解（解离度为 99%），气体解离是吸热反应，因此，CO_2 对焊接有很强的冷却作用，使得 CO_2 电弧能量集中，熔深大，热影响区小，为 CO_2 焊的节能、高效创造了条件。但是，CO_2 的高温分解产物有很强的氧化性，对焊接是不利的，必须采取措施，予以克服和控制。

CO_2 有三种状态：固态、液态和气态。气态 CO_2 只有受到压缩才能变成液态。当不加压力冷却时，CO_2 气体将直接变成固态（干冰）。固态 CO_2 在温度升高时能直接升华，变成气体。固态 CO_2 不适于在焊接中使用，因为空气里的水分不可避免地会冷凝在干冰的表面，使 CO_2 气体中含有大量的水分。液态 CO_2 是无色液体，其密度随温度变化而变化。当温度低于 $-11\,℃$ 时比水重，而当温度高于 $-11\,℃$ 时则比水轻。CO_2 液态变为气态的沸点很低，为 $-78\,℃$，工业用 CO_2 都是使用液态的，常温下它自己就汽化。

（1）气体纯度对焊缝质量的影响

CO_2 气体的纯度对焊缝金属的致密性和塑性有较大的影响。焊接过程中，CO_2 气体中的主要有害杂质是水分和氮气。氮气一般含量较小，危害大的还是水分。含水量越大，焊缝塑性越差，而且容易出现气孔。在焊缝质量要求较高的情况下，必须注意，有时 CO_2 气体中水分的含量尽管没有亮达使焊缝中出现气孔，但由于焊缝金属中含有相当多的氢，其塑性也显著下降。

对焊接用 CO_2 气体纯度的要求，目前我国尚无国家标准。一般规定，焊接用 CO_2 的纯度不应低于 99.5%；对于更高标准，要求 CO_2 的纯度 >99.8%，露点低于 −40℃。

(2)CO_2 气体的提纯

目前国内还没有生产焊接专用的 CO_2 气体。市场上出售的 CO_2 含水分较高而且不稳定。为了获得优质焊缝，应对这种瓶装 CO_2 气体作一定的处理，以减少其中的水分和空气。由于在温度高于 −11℃ 时，液态 CO_2 比水轻，所以可把灌气后的气瓶倒立静置 1~2 h，以使瓶内处于自由状态的水分能充分地沉到倒置的气瓶瓶嘴部分；然后，打开瓶嘴气阀，水便喷出，放水 2~3 次即可，每次放水间隔时间 30 min 左右。经过倒立放水的气瓶，在使用前先放 CO_2 气体 2~3 min，放出气瓶上部含有较多水分和空气的气体。CO_2 焊机的供气气路里，设置高压干燥器和低压干燥器，进行两级干燥处理（使用硅胶或脱水硫酸铜做干燥剂），以进一步减少 CO_2 气体中的水分。

当 CO_2 气瓶的压力降到 0.98MPa 时，不应再继续使用。因为瓶内 CO_2 气体的含水量与 CO_2 气的压力有关。气压越低，水汽的挥发量越多，则 CO_2 的含水量就越高。当瓶内气体压力降到 0.98MPa 以下时，在 CO_2 气体中所含的水分将增加到 3 倍左右。如再继续使用，焊缝中将产生气孔。

2. 焊丝

在进行低碳钢和低合金钢焊接时，为了防止气孔，减少飞溅和保证焊缝具有较高的机械性能，必须采用含有 Si，Mn 等脱氧元素的焊丝。其中 H08Mn2SiA 焊丝是目前 CO_2 焊中应用最广泛的一种焊丝。它较好的工艺性能、机械性能以及抗热裂纹能力，适用于焊接低碳钢和抗拉强度小于 500MPa 的低合金钢，以及焊后热处理强度小于 1 200MPa 的低合金高强度钢。

近年来，低含碳量焊丝发展迅速，降低含碳量可减少飞溅。在低碳焊丝中添加钛、铝、锆等合金元素，不仅可减少飞溅，还有利于提高抗气孔能力及焊缝机械性能。除焊丝化学成分对焊接的工艺性能（如金属飞溅、电弧稳定性、焊缝成型等）有影响外，焊丝拔丝工艺对焊接工艺性能也有影响。

我国 CO_2 焊钢丝的标准中，除对 CO_2 焊丝的种类、化学成分、熔敷金属的机械性能等有明确规定外，在焊丝表面质量、焊丝镀铜层附着力、焊丝挺直度，以及打盘与包装等方面也作了较为详细的规定。CO_2 焊采用的焊丝分为实芯焊丝和药芯焊丝两大类。

焊丝的型号标志着焊丝的化学成分和熔敷金属机械性能的具体指标，有的还附加一些诸如保护气体的种类、电弧极性的接法、熔滴过渡的形式和焊接空间位置、使用和适用的要求等内容，是对焊丝性能、特征、用途和用法的一种表示。

(1)碳钢 CO_2 实芯焊丝标准型号

我国现行的 CO_2 实芯焊丝的型号有按焊丝化学成分和按熔敷金属力学性能两种分类编制命名方法。

按焊丝化学成分分类的 CO_2 实芯焊丝型号编制的依据是 GB/T14957 和 GB/T14958。其型号形式为 H×× □A。其中字母 H 表示焊接用实芯焊丝；H 字母后面是一位或两位数字，表示焊丝的含碳量(%)；□表示一个元素或两个元素的化学符号。化学元素后面的数字表示该元素含量的百分数，当合金元素含量小于 1% 时，其后面的数字省略；型号的末尾字母 A 或 E，A 表示该产品为优质品，说明焊丝含的 S，P 杂质比普通焊丝低；E 表示高级优质品，其 S，P 杂质含量更低；不是优质品不标字母。如常用的 CO_2 实芯焊丝 H08Mn2SiA 的型号含义为：H 表示 CO_2 实芯焊丝；08 表示含碳量为 0.8%；Mn2Si 表示焊丝含 Mn 约为 2%、含 Si 不大于 1%；A 表示优质产品。

按熔敷金属力学性能分类的 CO_2 实芯焊丝型号编制的依据是 GB/T 8110-1995，其型号形式为 ER ×× - □。字母 ER 表示是焊丝，亦可作为填充焊丝用。若只能作焊丝时，就只用一个字母 E 表示；ER 后面的两位数字，表示该焊丝焊后熔敷金属的抗拉强度最低值的前二位数(MPa)；短线-及其后面的数字或字母，表示焊丝化学成分分类代号；当使用一个短线及其后附的化学成分分类代号，仍不能充分表达含义时，亦可在其后再加一个短线及后附。如 ER 55-B2-Mn 中，ER 表示实芯焊丝，亦可作为填充焊丝，55 表示熔敷金属的抗拉强度最低值为 550MPa，B2 表示化学成分分类代号，Mn 表示此焊丝中含有 Mn 元素。

(2)碳钢 CO_2 药芯焊丝的标准型号

按焊丝化学成分分类的 CO_2 实芯焊丝型号编制的依据是 GB/T10045-2001，其型号形式为 E×××T-□△。字母 E 表示是焊丝；ER 后面的两位数字，表示该焊丝焊后熔敷金属的抗拉强度最低值的前二位数(MPa)；第三位数字表示推荐的焊接位置，平焊、横焊记为 0，全位置焊接记为 1；字母 T 表示药芯焊丝；短线-及其后面的数字表示焊丝类别特点；药芯焊丝按焊接位置、保护气种类、电弧极性和焊丝的适用范围，划分 15 个类别。通过字母 M 的标志与否，表示使用焊丝时应配用的保护气种类。标有 M 时，表示保护气体为混合气体(75%~80%Ar+CO_2)，无 M 表示保护气为纯 CO_2 或自保护；最后一位字母 L 表示焊丝熔敷金属的冲击性能为在-40℃时 V 形缺口冲击功不小于 27J。如不标有 L，表示对焊丝熔敷金属冲击性能为一般要求。

4.3.4 CO_2 气体保护焊的熔滴过渡形式及规范参数的选择

CO_2 焊的熔滴过渡很复杂，根据焊丝直径、焊接电流、电弧电压及电源特点等焊接条件的不同，可以出现多种复杂的过渡形式，如滴状过渡、大滴状排斥过渡、短路过渡、颗粒状过渡、潜弧喷射过渡等。

1. 短路过渡

短路过渡主要适合于直径 $d=0.8\sim1.2mm$ 的焊丝，因为这样的焊丝焊接过程稳定，规范区间较大。短路过渡过程已在本书 4.2 节详细叙述，这里主要针对短路过渡的影响因素加以讨论。

短路过渡时，过渡熔滴越小，短路频率越高，焊缝波纹越细密，焊接过程越稳定。在稳定的短路过渡情况下，要求尽可能高的短路频率。短路频率常常作为衡量短路过渡过程稳定性的标志。

短路过渡时，电弧电压(电弧长度)数值对短路过渡过程有明显的影响。对于直径 $d=0.8mm$，1.0mm，1.2mm，1.6mm 焊丝，为获得最高短路频率，最佳的电弧电压数值大约在 20V，这时短路周期比较均匀。

如果电弧电压高于最佳值范围，短路过渡频率降低。在电弧电压高于一定数值后，熔滴过渡频率继续降低，并且转变为自由过渡。当电弧电压在 $22\sim28V$ 时，因电弧电压比正常短路的电弧电压值高，电弧长，熔滴体积得以长大，将出现部分排斥过渡。对于直径 1.2mm 的焊丝，在电弧电压大于 30V 以后，基本没有短路的发生。

若电弧电压低于最佳值，弧长短，熔滴与熔池短路后容易保持液柱连接状态而不易过渡。如果电压过低，可能熔滴尚未脱离焊丝时，焊丝未熔化部分就插入熔池，造成焊丝固体短路。随后被增大了的短路电流所烧断，并形成爆破性飞溅，焊接过程无法进行下去。

电源动特性对 CO_2 焊熔滴过渡有重要影响。电源动特性是由回路电感决定的。如果回路电感过小，由于短路电流上升速率过大和短路峰值电流过大，可能会使液柱在未形成颈缩就从内部爆断，引起大量飞溅。当回路电感过大时，短路电流上升速度过慢，所能达到的短路峰值电流较小，短路液柱上的颈缩不能及时形成，熔滴不能顺利过渡到熔池中，严重的情况也会造成固体短路。此外，从焊接线能量和焊缝成型方面也要求焊接电源有合适的回路电感，使焊接有合适的燃弧时间和短路时间相配合。

焊接时焊丝送丝速度影响着电弧长度。送丝速度快，电弧长度就缩短。但送丝速度过快会造成焊丝固体短路。送丝速度慢，使电弧变长，会使短路过渡变成滴状过渡。因此，焊丝送丝速度有一个最佳的范围。对于直径 $d=1.0mm$ 焊丝，$U=22V$ 时，最佳送丝速度为 380cm/min 左右。

2. 颗粒状过渡

CO_2 电弧焊，对于一定直径的焊丝，在电流增大到一定数值并配以适当的电弧电压，熔滴以较小的尺寸自由飞落进入熔池，把这种现象称作 CO_2 焊颗粒状过渡。颗粒状过渡的特点是电流大，而电弧电压要根据焊丝直径选择。这样可以把颗粒状过渡分为中丝细颗粒过渡和粗丝潜弧喷射过渡两种形式。

（1）细颗粒过渡

细颗粒过渡是中等直径焊丝 CO_2 熔滴的主要过渡形式。这是因为中丝的短路过渡区间很窄，难以实现稳定的短路过渡焊接。另外，使用中丝可以在较大的电流下实现稳定的熔滴过渡，能够用大电流在平焊位置焊接较厚工件，熔敷系数大，熔深大，是一种高生产率的焊接方法。

CO_2 保护气在电弧空间吸热分解对有电弧强烈地冷却作用，使电弧电场强度提高，电弧收缩，弧根面积减小，增加了斑点压力而阻碍熔滴过渡，并形成大滴状排斥过渡。

但是，随着电弧电压的降低，上述情况开始发生变化。由于电流较大，电弧有较大的静压力，并且作用集中，阴极斑点全部集中在熔池上，对熔池产生很强的挖掘作用，排开部分熔池金属，电弧部分地潜入熔池的凹坑中称作"半潜"状态。这时弧根面积有所扩展，熔滴过渡一部分为自由过渡；另一部分为短路过渡，即混合过渡，熔滴尺寸比排斥过渡小，但仍然较大。

这时如果增加电流，电弧潜入熔池深度增加，当达到焊丝端头与溶池表面平齐时（称作临界潜弧状态），熔滴尺寸进一步减小，过渡以自由过渡为主，即是 CO_2 焊的"颗粒过渡"。

如果再增加焊接电流，电弧对熔池金属的挖掘作用继续增强，焊丝端头将几乎全部潜入熔池凹坑中，这时熔滴尺寸减小到接近焊丝直径，其过渡形式与射滴过渡接近，称作 CO_2 焊的"细颗粒过渡"。

要实现 CO_2 焊中等直径焊丝的"颗粒过渡"或"细颗粒过渡"，必须对焊丝直径与电弧电压、焊接电流进行合理选择。

CO_2 焊中细颗粒过渡时由于电流很大，电流密度也很高，所以焊丝的熔化系数大，而且焊丝直径越小，焊丝的熔化系数越大。此时熔敷速度也很高，所以这种方法适合于中厚板的填充焊缝和角焊缝。但是由于细颗粒过渡时焊接电流较大，所以焊缝的熔深、熔宽都较大。熔池体积很大，因此不宜用于全位置焊接。

（2）潜弧喷射过渡

潜弧喷射过渡是粗丝 CO_2 焊中出现并被采用的一种熔滴过渡形式。这时发现熔池下凹，电弧部分甚至全部下潜到熔池中去。

有研究认为，电弧潜入熔池凹坑中以后，熔池金属向电弧喷出大量的金属蒸气，改变了电弧气氛，使电弧容易扩张，甚至产生"跳弧现象"，使熔滴细化，产生喷射过渡。粗丝潜弧焊接与中丝潜弧颗粒过渡的差别，在于粗丝潜弧焊需要有较高的焊接速度。

粗丝大电流高速焊，焊丝的前端紧挨着熔池前部表面壁熔化，并呈尖形，以一种熔滴流的形式脱落，即以喷射过渡的形式到达熔池，几乎不产生飞溅。在焊接速度较小时，虽然焊丝端头潜入熔池凹坑中，但仍有排斥过渡的特征。

3. 规范参数的选择

CO_2 气体保护焊在生产中应用较普遍，对其焊接工艺的一般要求和熔化极氩弧焊相似，故这里只着重讨论规范参数的选择问题。

CO_2 气体保护焊的焊接规范参数主要有：焊丝直径、焊接电源极性、焊接电流、电弧电压、焊接速度、焊丝干伸长、直流回路电感值以及 CO_2 气体流量等。目前，CO_2 焊以细丝短路过渡焊接或中等规范焊接及中丝颗粒过渡焊接为主。

（1）短路过渡焊接规范参数选择

短路过渡焊接主要采用细焊丝，一般直径是 0.6～1.4mm。随着焊丝直径增大，飞溅也增大。实际应用中，焊丝直径最大用到 1.6mm。直径大于 1.6mm 的焊丝，如再采用短路过渡焊接，飞溅相当严重，所以生产上很少应用。短路过渡焊接时，主要的规范参数有：电弧电压、焊接电流、焊接回路电感、焊接速度、气体流量以及焊丝干伸长等。

电弧电压是焊接规范中关键的一个参数。实现短路过渡的条件之一是保持较短的电弧长度。所以就焊接规范而言，短路过渡的一个重要特征是低电压，并且要求与焊接电流有较好的配合。表 4-4 给出三种直径焊丝典型的短路过渡焊接规范。采用这种规范焊接时飞溅最小。

表 4-4　不同直径焊丝的短路过渡焊接规范

焊丝直径/mm	0.8	1.2	1.6
电弧电压/V	18	19	20
焊接电流/A	100～110	120～135	104～180

　　然而在实际焊接生产中选择焊接规范时，除了考虑飞溅大小，还要考虑生产率等其他因素。所以实际使用的焊接电流远比典型规范大得多，这时的电弧电压也要相应提高，即中等规范焊接。采用中等规范焊接时的熔滴过渡既有正常短路过渡，也有瞬时短路过渡和自由过渡，但焊接过程和焊接质量相对也比较稳定，可以满足焊接生产要求。

　　短路过渡焊接在回路中串联电感，主要有两方面作用：一是限制与调节短路电流上升速率。短路电流的上升速度过大或过小对熔滴过渡的稳定性和飞溅量的大小都是不利的。短路电流上升速率要与焊丝的最佳短路过渡频率相适应。细焊丝熔化速度快，需要较大的短路电流的上升速度；粗焊丝熔化速度慢，熔滴过渡的周期长，则要求较小的短路电流的上升速度。

　　回路电感的第二个作用是调节电弧燃烧时间，控制母材熔深。在熔滴短路期间，虽然在工作区也有回路电流产生的电阻热，但由于工作区电压低，所产生的热量对工件的作用很小。只有在电弧燃烧期间，电弧的大部分热量输入工件，并形成一定的熔深。一般说来，短路频率高的电弧，其燃烧时间很短，因此熔深小。适当增大电感，虽然频率降低，但电弧燃烧时间增加，从而增大了母材熔深。

　　焊接速度对焊缝成型、接头的机械性能以及气孔等缺陷的产生都有影响。随着焊接速度增大，焊缝熔宽降低，熔深及余高也有一定减少。只是 CO_2 焊中，电弧在熔池表面的收缩程度更大，提高焊接速度更容易形成焊缝咬边；焊接速度过慢则容易产生烧穿和焊缝组织粗大等缺陷。

　　短路过渡焊接所使用的焊丝都很细，焊丝干伸长而产生的电阻热成为焊接规范中不可忽视的因素。在其他规范参数不变时，焊丝干伸长增加，焊接电流减小，熔深也减小。直径越细，电阻率越大的焊丝这种影响越大。

　　此外，随着焊丝干伸长的增加，焊丝上的电阻热增大，焊丝熔化加快，对提高焊接生产率是有利的。但是干伸长增大后，喷嘴与工件间的距离亦增大，气保护效果变差。当焊丝干伸长过大时，焊丝容易发生过热而成段熔断，飞溅严重，焊接过程不稳定。

　　CO_2 焊一般都采用直流反极性。因为反极性时飞溅小，电弧稳定，成型较好。而且反极性时焊缝金属含氢量低，并且焊缝熔深大。但在堆焊及焊补铸件时，则采用正极性较为合适。因为阴极发热量较阳极大，正极性时焊丝为阴极，熔化系数大，约为反极性的 1.6 倍，金属熔敷效率高，可以提高生产率。工件为正极，热量较小，熔深浅，对保证堆焊金属的性能有利。

　　（2）颗粒过渡焊接规范参数选择

　　CO_2 焊熔滴颗粒过渡并没有严格的划分区间，主要是通过焊接电流与电弧电压的搭配，使焊接能有一个比较稳定的过程。

　　为得到良好的焊接结果，需要有合适的电弧长度，而这个电弧长度是由电弧电压决定的。电弧电压低时，电弧长度变短，熔深增加，焊缝宽度变窄。相反，当电弧电压较高时，熔深变浅，而熔宽加大，形成扁平焊缝。随着焊接电流的增大，焊接熔深、焊缝宽度及焊缝余高也随之增大。在一定的电流、电压下，随焊接速度的增加，焊缝熔深、余高、焊缝宽度减小。当速度进一步提高后容易产生咬边。为防止咬边的发生，可以增加焊接电流，缩短弧长。随着焊接电流增大，电弧电压必须相应提高，否则电弧对熔池金属有冲刷作用，使焊缝成型恶化。适当提高电弧电压可克服这种现象。然而，电弧电压太高会明显增大飞溅。还要指出，在同样的电流下，随着焊丝直径增大，电弧电压须相应降低。细颗粒过渡焊接仍采用直流反极性。回路电感对抑制飞溅已不起作用，因而焊接回路中可以不加电抗器。颗粒过渡焊接的优点是生产率高，成本低。只要规范参数选择适当，焊缝成型和焊缝机械性能是可以满意的，也可以防止气孔。

4.3.5　减少 CO_2 气体保护焊飞溅的措施

在 CO_2 焊中，大部分焊丝熔化金属可过渡到熔池，有一部分焊丝熔化金属飞向熔池之外，飞到熔池之外的金属称为飞溅。特别是粗焊丝 CO_2 焊大参数焊接时，飞溅更为严重，飞溅率可达 20% 以上，这时就不可能进行正常焊接工作了。较为正常的情况是 3%～5%，控制较好的可以降低到 2%～3%。近年来，国内外对 CO_2 电弧焊的熔滴过渡和飞溅进行了细致的研究，比如采取波形控制和送丝控制，以及采用药芯焊丝等，焊接飞溅得到进一步降低，某些措施已经可以达到 1% 左右的飞溅量或实现了无飞溅焊接。

用飞溅率(ψ)表示焊接飞溅量的大小，定义为飞溅损失的金属与熔化焊丝质量的比值，它与焊接规范参数、工艺参数及熔滴过渡形式有密切的关系。由于焊接参数的不同，CO_2 焊具有不同的熔滴过渡形式，从而导致不同性质的飞溅。其中，可分为熔滴自由过渡时的飞溅和短路过渡时的飞溅。

普通 CO_2 焊，产生焊接飞溅有材料方面、工艺和规范方面、电源特性方面三项主要原因。应分别针对上述原因予以解决。

1. 减少飞溅的措施

（1）焊接材料方面

材料方面原因产生焊接飞溅，是由于焊丝材料含有 C 元素，CO_2 保护气具有氧化性，Fe 原子被氧化形成 FeO 后，与熔滴内部的 C 元素发生作用，生成 CO 气体，CO 不溶于液态金属而逐步聚集成气泡，当气泡聚集到足够大尺寸时，在熔滴内部受高温作用体积急剧膨胀，使熔滴爆裂，从而产生飞溅。

针对上述问题所能采取的措施是正确选择焊丝，限制焊丝含 C 量，选择有较多脱氧元素成分的焊丝进行焊接；也可采用以 Cs_2CO_3，K_2CO_3 等物质活化处理过的焊丝，进行正极性焊接，或者采用药芯焊丝。活化处理焊丝能细化金属熔滴，减少飞溅，药芯焊丝的金属飞溅率约为实芯焊丝的 1/3。另外还可以采用混合气体保护进行焊接，可以降低电弧气氛的氧化性，减少 FeO 的产生数量。

（2）工艺和规范方面

在熔滴自由过渡范围内，如果焊接规范参数的选择使熔滴呈现大滴过渡或排斥过渡，将形成较多的飞溅。在中等规范的混合过渡区，自由过渡和非正常短路过渡也会增加飞溅量。正确选择焊接电流，匹配合适的电压，尽可能避免排斥过渡形式。通常在小电流短路规范区的飞溅量小，大电流细颗粒过渡规范区的飞溅量也较小，细丝中等规范区产生的飞溅量较大；焊枪垂直时飞溅量最少，倾斜角度越大，飞溅越多。焊枪前倾或后倾角度最好不超过 20°；焊丝干伸长应尽可能缩短。

采用混合气保护(CO_2＋Ar)从工艺角度也可以降低焊接飞溅。Ar 的加入能够使电弧形态相对扩展，电弧对熔滴的排斥作用减弱，对减少大颗粒飞溅有利，但氩气混入量需要达到 30% 以上才有明显效果。这种措施在中等直径焊丝的混合过渡或细颗粒过渡中应用效果良好，在细焊丝短路过渡焊接中很少采用，原因是焊丝短路过渡焊接的飞溅并不严重，反而降低了焊接熔深，并使焊接成本增加。

（3）电源方面

稳定的短路过渡过程中，短路小桥应形成在焊丝端头与液柱之间，如果形成在液柱与熔池之间则需要有一个转变时间。如果短路电流上升过快，以及所达到的短路峰值电流过大，都会使液柱在没有形成合适位置的颈缩小桥或者没有明显产生颈缩时就出现爆断，爆断处的飞溅量明显增加。

通过回路电感使短路过渡焊接中的电流上升速率和短路电流峰值有一个合适的数值，是 CO_2 电弧焊短路过渡焊接减少飞溅的一项重要措施。

此外，电流切换法和电流波形控制法是减少 CO_2 焊短路过渡飞溅的有效方法。

2. 表面张力过渡控制

表面张力过渡技术（Surface Tension Transfer，STT）是 20 世纪 90 年代初期由美国林肯电气公司开发的一种 MIG/MAG 焊熔滴过渡控制技术。与传统的焊接工艺相比，它热输入减少，可以减少根部焊缝的焊接变形以及热影响区的面积。飞溅减少了 90%，烟尘减少了 50%，焊缝以及周围非常干净。

STT 是一种类似于短路过渡或短弧过渡的新的过渡方式，与标准的气体保护焊设备不同，STT 的焊接电源在整个焊接周期内精确地控制着流过焊丝的电流，其响应时间非常快。STT 一个重要特点是其焊接电流与送丝速度无关，由此可以更好地控制热输入而得到合适的熔深，并可以消除传统工艺可能产生的冷搭接现象。

图 4-4 给出 STT 的电流电压波形。一般认为，短路过渡时，防止小桥中能量的积累就能防止飞溅的产生。STT 理论从电弧中熔滴过渡物理过程出发，在整个熔滴过渡过程中，电流波形根据电弧瞬时热量的变化进行实时变化。熔滴的每个过渡周期被分为 5 个阶段。

燃弧阶段 $T_0 \sim T_1$：该阶段电流熔化焊丝，在焊丝末端形成一个球状熔滴并控制熔滴直径，以防止熔滴直径太小时电弧不稳定，太大时产生飞溅，同时电流维持电弧继续燃烧。

过渡阶段 $T_1 \sim T_2$：随着熔滴的长大和焊丝的推进，熔滴接触到熔池，开始了过渡阶段。这时电源使焊接电流在一个很短的时间内下降到一个较低值，熔滴靠重力和表面张力的吸引从焊丝向熔池过渡，形成液体小桥。

压缩阶段 $T_2 \sim T_3$：形成小桥后，熔滴开始向熔池铺展。这时，电源使电流按一定斜率上升到较大值，该大电流产生一个向内的轴向压力加在小桥上，使小桥产生缩颈。

断裂阶段 $T_3 \sim T_4$：颈缩减小了电流流过的截面，增大了小桥电阻，电源随时检测反映电阻变化的电压变化率。小桥断裂时存在一个临界变化率，一旦电源检测到这一变化率，它将在数微秒内将电流拉至一个较小值。表面张力吸引断裂后的熔滴进入熔池，实现无飞溅过渡。这时，焊丝从熔池中脱离出来。

再燃弧阶段 $t_4 \sim t_5$：焊丝脱离熔池后，电流上升到一个较大值以实现快速可靠再引弧。同时，这个大电流产生的等离子流力一方面推动刚脱离焊丝端部的熔滴快速进入熔池，并压迫熔池下凹，以获得必要的弧长和必要的燃弧时间，从而保证焊丝端部得到要求的熔滴尺寸；另一方面，保证必要的熔深和良好的熔合。然后，电流逐渐下降到基值电流，进入下一个燃弧周期。由于在整个过渡周期的每个环节中，电流严格按照电弧瞬时热量要求的变化而变化，防止了过剩热量的积累，因此也减少了飞溅。

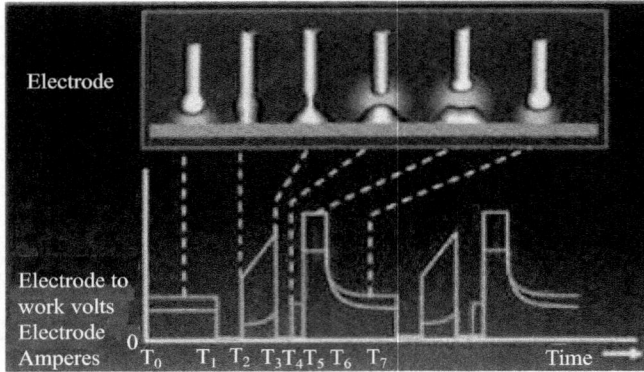

图 4-4　表面张力过渡的理论电流电压波形

在 STT 的设备方面，美国林肯电气公司相继开发了一系列用于 MIG/MAG 焊的 STT 焊接电源。STT 焊接电源可以用于 MIG/MAG 焊接，它既不是恒流源，也不是恒压源，其送丝速度和焊接电流是独立控制的。

4.4　熔化极气体保护焊的其他方法

4.4.1　脉冲熔化极气体保护焊

通常情况下的 MIG 焊是以溶滴喷射过渡为主要焊接形式，因此焊接电流必须大于喷射过渡临界电流值，才能实现稳定的焊接。如果焊接电流小于喷射过渡临界电流值，出现大滴过渡或短路过渡。稳定性差，不能进行仰焊、立焊等空间位置焊缝的焊接；而短路过渡也有规范区间窄等问题，应用的较少。为了对薄板、空间位置焊缝及热敏感性材料进行有效的焊接，发展了熔化极脉冲氩弧焊，简称"脉冲 MIG 焊"，利用周期性变化的脉冲电流进行焊接，其主要目的是控制熔滴过渡和焊接热输入。

1. 脉冲 MIG 焊的工艺特点

由于熔化极脉冲氩弧焊的峰值电流以及熔滴过渡是间歇而又可控的，因此，与连续电流氩弧焊比较有如下特点。

1）具有较宽的电流调节范围。对于一定直径的焊丝，普通 MIG 焊接，无论是采用喷射过渡，还是采用短路过渡，所采用的焊接电流范围都是有限的。采用脉冲电流后，可以用较小的平均电流值而获得喷射过渡，只要保证脉冲电流高于临界脉冲电流即可。这样既可以焊接厚板，也可以焊接薄板，而且生产率高和焊接变形小。

更有意义的是可以用较粗的焊丝来焊接薄板。这给焊接工艺带来很大方便。使用粗丝时，送丝相对更为容易，对软质焊丝（铝、铜等）最为有利。其次，粗丝的挺直性好，焊丝指向不易偏摆，容易对中。此外，粗丝的售价比细丝低，可降低焊接成本，并且比表面积小，可使产生气孔的倾向性降低。

2)有利于实现全位置焊接。由于采用较小的平均电流进行焊接，因此，熔池体积较小，容易控制熔池，不易发生流淌现象。在峰值电流的作用下，熔滴的轴向性比较好，无论是仰焊还是垂直焊，都能迫使金属熔滴沿电弧轴向向熔池过渡，焊缝成型好，飞溅损失小，有利于全位置焊接。

3)可以有效地控制输入热量，改善接头性能。对于热敏感性较大的材料，通过平均电流调节对母材的热输入或焊接线能量，使焊缝金属和热影响区的过热现象降低，从而使接头具有良好的韧性，裂纹倾向性降低。此外，脉冲作用方式可以防止熔池出现单向性结晶，也能够提高焊缝性能。

2. 熔化极脉冲氩弧焊的熔滴过渡

根据脉冲电流各参数数值的不同，熔滴过渡将产生三种过渡形式：一个脉冲过渡一滴、一个脉冲过渡多滴和多个脉冲过渡一滴。三种过渡方式中，一个脉冲过渡一滴的工艺性能最好，多个脉冲过渡一滴的工艺性能最差。然而，一个脉冲过渡一滴的工艺范围很窄，焊接过程中难以保证。目前，主要采用一个脉冲过渡一滴和一个脉冲过渡多滴的混合方式。脉冲射流过渡是射流过渡的一个变种，在焊接平均电流低于喷射过渡临界电流，即在较小的焊接电流（平均电流）下实现熔滴射流过渡。

3. 熔化极脉冲氩弧焊的工艺参数

熔化极脉冲氩弧焊的脉冲参数有基值电流 I_j、脉冲电流 I_m、脉冲频率 f_m 及脉宽比 K_m 等。合理地选择和组合这些参数，可以在控制焊缝成型以及限制热输入等方面获得良好的效果。

（1）基值电流 I_j

基值电流的作用是在脉冲电弧停歇期间，维持电弧稳定燃烧，同时预热焊丝和母材，使焊丝端部有一定的熔化量，为脉冲电弧期间的熔滴过渡做准备。此外也是调节平均电流和焊接热输入的重要参数。但是基值参数不宜过大，否则脉冲焊的特点就不明显，甚至在基值期间就出现熔滴过渡，将使过渡过程紊乱。

（2）脉冲电流 I_m

脉冲电流是决定脉冲能量的一个重要因素。为了使熔滴呈喷射过渡，脉冲电流值必须大于临界脉冲电流值。脉冲电流除了影响熔滴的过渡形式外，也影响着焊缝的熔深。在平均电流和送丝速度不变的情况下，脉冲电流增大，熔深增加，电流减小，熔深减小。由此，可根据工艺需要，通过调节脉冲电流幅值来调节熔深的大小。

（3）脉冲频率 f_m 和脉宽比 K_m

脉冲频率的大小，主要根据焊接电流来确定。若焊接电流（或送丝速度）较大，需要选择较高的脉冲频率。焊接电流较小，脉冲频率则应选低一些。但脉冲频率的调节范围有一定限制。脉冲频率过高，将失去脉冲焊接的特点；脉冲频率过低，焊接过程不稳定，由于脉冲之间相隔时间较长，还可能产生焊缝两侧熔合不良等缺陷。

脉宽比是脉冲时间与脉冲间歇时间的比值，当脉宽比较大时，脉冲焊接特点不显著。一般在 50% 附近选取。

4.4.2 窄间隙混合气体保护焊

窄间隙焊接是对厚板 I 型对接坡口（坡口间隔 10mm 左右）进行多层焊接。其目的是提高焊接生产率，节约焊接材料，减少焊接热输入，得到高质量接头，并减少焊接变形。窄间隙焊接已被开发出许多种方法，可以应用于平焊、垂直焊、横向焊以及全位置焊接。在材料上，可以焊接黑色金属，也可以焊接有色金属。按照热输入量的大小，可将窄间隙焊接大致分为两类：一类是采用小直径焊丝，小规范，因而热输入量低，主要用于焊接高强度钢以及热敏感性较高的材料；另一类为粗丝，采用较大的焊接规范，热输入量较大，主要用于焊接普通碳钢，着重点是为了提高生产率。

1. 细丝窄间隙焊接

细丝窄间隙焊接采用的焊丝直径一般为 0.9～1.2mm，焊丝柔软，挺直度低。所以，焊丝的导入必须采用特制的，能深入到窄间隙里面去的细长刚性水冷导电嘴，同时，采用能将保护气体输送到窄间隙深部的喷嘴装置。细丝窄间隙焊接热输入量低，每根焊丝的焊接线能量都在 $6kJ/cm^2$ 以下。为提高生产率，通常用双丝或三丝，每根焊丝中单独的焊丝送进系统、控制系统和焊接电源。

细丝窄间隙焊目前主要用富氩保护气，如 $Ar+20\% CO_2$，若 CO_2 含量过多，会增大金属飞溅。焊接时应合理地选定焊接规范参数并保持合适的匹配关系，以保证获得稳定的喷射过渡。另外，还要求送丝稳定和导向性好，以防止产生咬边和侧壁未熔合等缺陷。

细丝窄间隙焊接在焊接大厚度高强度钢方面所以受到普遍重视，是因为它具有显著优点。窄间隙焊接大大缩小了焊缝体积，因而减小了残余应力和工件的变形；热输入低可防止焊接裂纹及焊后消除应力热处理过程中在热影响区产生再热裂纹；多道焊过程中，后道焊缝对前道焊缝有充分的回火作用，前道焊缝的余热又对后道焊缝有一定的预热作用，所以焊缝金属晶粒细小，韧性好。在用普通电弧焊的焊缝中，母材金属的稀释量从焊缝边缘到焊缝中心会有很大的差别。而在细丝窄间隙焊缝中，焊缝金属的成分则比较均匀。

细丝窄间隙焊接，板厚大于 50mm 时，其生产率等经济指标可超过埋弧焊。而板厚在 50mm 以下时，主要是为了获得优良的焊缝性能和实现全位置自动焊。

2. 粗丝窄间隙焊接

采用大直径焊丝，大焊接电流可以进一步提高窄间隙焊接的生产率。但当间隙宽度窄，焊接电流大时，会形成"梨形"熔深，在焊缝中间容易产生裂纹。为了解决裂纹问题，可以采用直流正极性焊接法及脉冲电流焊接法。

粗丝窄间隙焊接由于焊丝干伸长较长(通常大于焊件的厚度)，为了保证焊丝的对中，必须采用能够精细校正焊丝挺直度的校直机构，并应保持焊丝干伸长不变。粗丝窄间隙焊接也是采用富氩混合气体作保护气。

电弧摆动技术一直是窄间隙焊接发展过程中的重要内容。使电弧摆动，既有助于消除"梨形"熔深，也可改善坡口侧壁的熔透。下面是几种有代表性的摆动方式。

1)导电管在坡口内作横向摆动，当焊丝处于窄间隙的中心，不足以熔化两边的母材时，应启动摆动机构，做左右方向的水平摆动，如图 4-5(a)所示。

2)偏心旋转送丝法。偏心旋转送丝的导电嘴是特制的，该导电嘴的焊丝从入口中心进入，中间导丝孔道渐渐偏离几何中心，从导电嘴出口端的偏心处输出。从偏心孔输出的焊丝，自然会偏向坡口的一边，焊丝产生电弧，可使该边靠近电弧，可充分熔透；偏心导电嘴工作时，有旋转机构带动产生自转，这样，就产生一个绕几何中心的旋转电弧。旋转电弧会不断地与两边母材靠近，使两侧均匀熔化，如图 4-5(b)所示。

3)焊丝呈波浪形送进。焊丝在进入导电管之前，先被制成波浪形，送出导电管后仍保持此形，波纹状焊丝产生电弧之后，便在熔池两边和周围不断摆动，使母材两侧均匀熔化，如图 4-5(c)所示。

4)采用绞合焊丝。绞合焊丝是由两根焊丝相互缠绕而成，焊丝熔化时电弧沿焊丝缠绕反方向旋转。由于电弧的旋转运动，对避免裂缝、改善侧壁熔透起到有利作用，如图 4-5(d)所示。

5)双丝并列焊法。在窄间隙内，同时并列相互绝缘的两个导电嘴输送两根焊丝，一前一后，一个偏左，一个偏右，保证母材两侧能充分熔化。两根焊丝产生两个电弧，形成两道部分重叠的焊缝，如图 4-5(e)所示。其实质是双弧多层双道堆焊法，为保证两电弧不互相干扰，应使用两个电源。

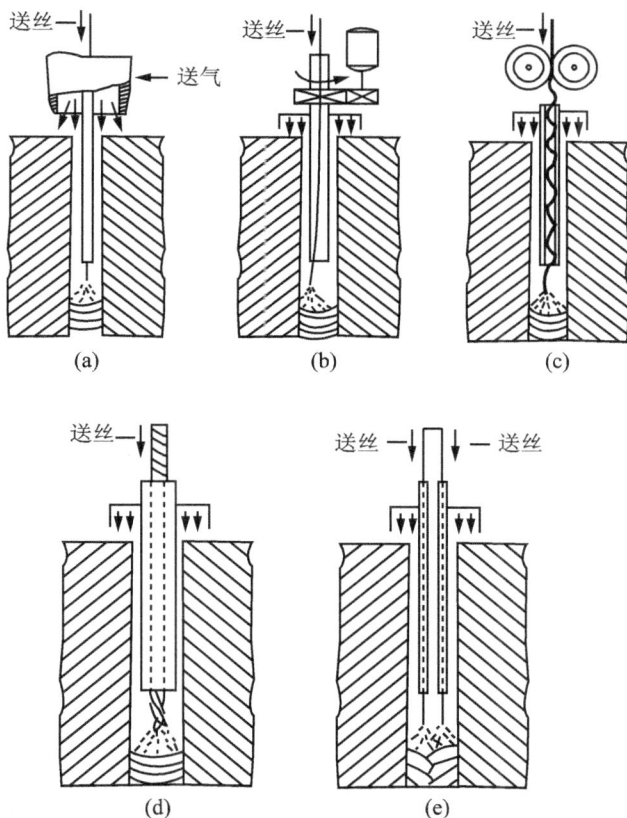

图 4-5　窄间隙焊接的送丝方式示意图

4.5　应用实例

4.5.1　铝制罐车的 MIG 焊

GC-L-60 型铝制罐车，是运输浓硝酸、液体冰醋酸的专用罐车。载重 60t，有效容积 40m³；罐体直径 23m，长 10.4m。全部采用耐腐蚀性能良好的工业纯铝制造。铝具有高的导热性和热容量，因此，罐体焊缝采用热量比较集中的 MIG 焊焊接。

1. 焊前准备

对中厚度铝板的焊接，宜开钝边较大的 V 形坡口，自动焊一次焊成、成型美观。坡口的清理可采用化学法和机械法。采用机械法，先用丙酮将坡口区 20mm 内的油垢、污物擦净，然后再用不锈钢丝轮打磨，去掉氧化皮，使之露出金属光泽。打磨宽度为坡口两侧各 60～80mm。纵向焊缝应设置引弧板，板厚与材质均应与焊件相同，尺寸为 80～100mm。

保护气体选用工业纯氩，纯度应不小于 99.99%。焊丝应选用 L1，L2 或 HS301。焊丝使用前要进行化学清洗，清洗后的焊丝应存放在 80～100℃的专用焊丝箱中备用。焊丝存放时间一般不超过 8h。

2. 焊接工艺

铝在液态时无颜色变化，这给焊工掌握焊接温度带来了不便，因此，要求由专业培训合格的焊工焊接铝罐。焊接打底焊道时，为防止焊缝塌陷，需背面加垫板（紫铜板）。

焊完打底焊道后，用风铲在背面清根，并铲出圆弧槽，按上述方法清理后再焊接封底焊道。为避免弧坑裂纹，纵缝应设置引弧板，环绕的收弧应重叠在引弧点上。弧坑要填满，焊后用风铲修平。焊接参数见表 4-5 所示。

表 4-5　自动 MIG 焊工艺参数

焊层	坡口形式	焊接电流/A	电弧电压/V	氩气流量/(L/min)	焊丝直径/mm	喷嘴直径/mm	焊接速度/(cm/min)
打底层	Y	360～410	28～32	≥35	4	22～26	240～280
封底层	清跟	400～430	28～32	35～40	4	22～26	250～300

3. 焊后检验

1）外观检查，焊缝宽 18～22mm，余高 1.5～2mm。

2）经 100%X 射线探伤，符合 JBl580 Ⅱ级。

3）力学性能，抗拉强度(σ_b)为 79～82MPa，冷弯角 90°。

4）用工业纯铝焊接接头快速硝酸腐蚀试验法检验，母材平均腐蚀速度 135.37g/($m^2 \cdot h$)，焊缝平均腐蚀速度 139.489g/($m^2 \cdot h$)，相对腐蚀速度 3.04%。

4.5.2　42CrMo 链轮的富氩气体保护焊

链轮是生产煤机设备的重要部件之一，链轮与滚筒通过焊接成为一体，在转动过程中，链轮要承受足够的扭矩，焊缝要求有较高的强度和韧性，焊接质量要求较高。在链轮生产和焊接修复中，用气体保护焊代替焊条电弧焊，可大大提高生产效率，降低劳动强度。

1. 焊接性分析

链轮采用 42CrMo 中碳调质钢制造，该钢的碳当量较高，属高淬硬倾向合金结构钢，焊接冷裂倾向比较严重。由于链轮需要在调质状态下焊接，容易造成焊接接头综合力学性能降低。如何正确选择焊接材料及焊接工艺，防止焊接裂纹，确保焊接接头具有优良的综合力学性能，是焊接的主要技术关键。

2. 焊接工艺

（1）焊丝及保护气体

采用直径 1.6mm 的 HS-70 焊丝焊接 42CrMo 钢链轮。该焊丝焊接工艺性能优良，熔敷金属具有优良的综合力学性能。采用 20%Ar＋80%CO_2 混合气体保护焊。

（2）坡口加工及清理

采用 X 形坡口，坡口角度 60°，钝边 2mm。坡口采用机械方法加工。焊前在坡口表面及两侧 5mm 范围内进行清理，不得有氧化皮、油污及水锈等杂质。

（3）焊前预热

为防止焊接冷裂纹的产生，预热温度不应低于 250℃。预热采用整体预热的措施。合适的层间温度是防止焊接冷裂纹及获得优良焊接接头的必要条件之一，结合实际生产情况，选择层间温度为 200～250℃。

（4）焊接工艺参数

42CrMo 链轮焊接时采用多层多道焊，在焊接过程中，注意保证填满弧坑。链轮焊接所采用的工艺参数见表 4-6。焊后工件要及时进行回火处理，回火温度为 470～500℃，保温 2.5～3h 后出炉，在空气中自然冷却至室温。

表 4-6　42CrMo 链轮焊接工艺参数

焊层	焊接电流/A	电弧电压/V	气体流量/(L/min)	焊丝直径/mm	焊丝干伸长/mm
打底层	250～280	25～28	15～20	1.6	14～18
其他层	290～310	28～30	15～20	1.6	14～18

3. 焊接接头综合力学性能

采用 HS-70 焊丝，按照上述工艺焊接 42CrMo 钢链轮，焊接接头的各项力学性能均能满足链轮焊接的技术要求，并且焊接过程稳定，飞溅小，烟尘少，焊缝成型美观；与手工电弧焊相比，提高效率近 5 倍，焊工劳动条件得到显著改善。

4.5.3　CO_2 气体保护焊在汽车焊接中的应用

除了 CO_2 气体保护焊自身的优点外，CO_2 气体保护焊在汽车焊接中还可以减少对设备、场地、工装夹具的多次投入，减少成本，提高生产效率。焊接前对焊件处理可从简，其焊接成本只有埋弧焊和焊条电弧焊的 40%～50%，而且易实现机械化和自动化。汽车车身的材料为低碳钢系列，属于薄板件焊接。

1. 焊前准备

焊丝型号为 ER49-1。对低碳钢薄板的焊接，不需要坡口。焊丝和焊接区周围 10～20mm 范围内必须保持清洁，可采用化学法和机械法清理，去除氧化皮、油污、水、锈等杂质，使之露出金属光泽。

焊接用的 CO_2 的纯度应＞99.5%，露点低于 －40℃。对 CO_2 气体进行倒置提纯，经倒置放水后的气瓶，在使用前仍须先放气 2～3min，放掉气瓶上面部分的气体。检查 CO_2 气瓶中气体压力大小（压力不低于 980kPa）。CO_2 气体气压降低到 980kPa 以下时，

CO_2 气体含水量将增加到 3 倍左右。如再继续使用，焊缝中将产生气孔。

2. 焊接工艺

为了获得稳定的焊接过程，车身采用短路过渡焊接。补焊时采用断续焊，每段选择焊缝长度不大于 10mm，焊缝间距为 50mm。车身焊接所采用的工艺参数如表 4-7 所示。

表 4-7　低碳钢车身 CO_2 气体保护焊工艺参数

板厚/mm	焊丝直径/mm	焊接电流/A	电弧电压/V	气体流量/(L/min)	焊接速度/(m/h)	干伸长/mm	焊接位置
0.8~1.0	0.7~0.8	70~110	17~19.5	6	30~50	8~10	平焊、立焊、仰焊
1.2~2.0	0.8~1.2	110~140	18.5~20.5	6~7	30~50	8~12	
2.0~3.0	1.0~1.4	150~210	19.5~23	6~8	25~45	8~15	
4.0~6.0	1.0~1.4	170~350	21~32	7~10	23~45	10~15	平焊

4.5.4　CO_2 气体保护焊在 4 000m³ 球罐中的应用

某甲醇厂的一座 4 000m³ 甲醛储罐，规格为 D8 250mm×9 823mm×5mm，材质为 0Cr18Ni9。常压，介质为甲醛，危险程度较高。由于该储罐直径大、壁薄，再加上不锈钢热导率小，热膨胀系数大，电阻率高等物理性质，决定了它的焊接变形量与碳钢相比要大得多。选择了不锈钢药芯焊丝气体保护焊。药芯焊丝与实芯焊丝相比，熔敷效率高，飞溅少，力学性能好，抗风能力强，可用于野外施工。近年来，随着国内不锈钢药芯焊丝焊接性能的提高，已完全可以满足生产需要。

1. 焊接工艺

焊前用丙酮或酒精清洗坡口及两侧范围内油污、飞溅等杂物，并涂一层白垩粉以利于焊接飞溅物的清理，坡口两侧应充分干燥后再施焊。

罐底采用带垫板的 V 形坡口对接。组对时要求垫板与底板贴紧，其间隙不得大于 1mm，底板与垫板搭接后点焊牢固，按排板图要求由中间向两侧铺设。定位焊时只点焊横向短焊缝，纵向焊缝不予点焊，以保证焊缝能在拘束度小的状态下自由收缩。每道短焊缝由中心向两侧点焊，定位焊长度为 100mm 左右，间隔 200mm。罐底焊接最难控制的是底板产生波浪变形，因此需采取合理的焊接顺序和预留焊缝收缩量来控制变形。焊接时由 2 名焊工按罐底中心线对称施焊，先焊纵向短焊缝，后焊横向长焊缝。长焊缝的焊接由中心向外分段退焊，每道长焊缝两端到罐壁暂留不予焊接。焊接参数如表 4-8 所示。

表 4-8　不锈钢球罐 CO_2 气体保护焊工艺参数

板厚/mm	坡口形式	焊接层数	焊丝型号及规格	焊接电流/A	电弧电压/V	焊接速度/(cm/min)	气体流量/(L/min)
5	V	2	E308LT0-1, φ1.2	140~160	22~26	10~12	20~25

2. 焊接工艺措施

焊接过程中要严格控制层间温度不超过 100℃，为加快焊缝冷却速度，可采用焊后直接水冷的工艺，以避免焊缝在 450~850℃敏化温度区间停留时间过长而影响焊缝的耐晶间腐蚀性能。为避免焊接过程中出现气孔，气体在使用前应将气瓶倒置后放水提纯，并在出口处加干燥器；选择合适的气体流量，气体流量太大太小都会使焊缝产生气孔；焊丝开包后应尽快用完，并在干燥、通风的环境中存放。

3. 焊接接头检验

整个储罐焊接完毕经检查，罐体几何尺寸符合图纸要求，罐底局部变形量小于 20mm，罐壁、罐顶焊缝无明显的棱角。焊缝成型良好，无表面气孔、咬边等缺陷，经 X 射线检测，焊接一次合格率达到了 98%，罐体水压试验无渗漏现象，各项指标均达到了设计要求。

>>> **习 题**

1. 熔化极气体保护焊包括哪几种常用焊接方法？各自有何特点？

2. MIG 焊时的熔滴过渡形式有哪几种？各自应用在哪些场合？

3. 混合气体保护焊时，混合气体对焊接过程有何影响？惰性混合气体和活性混合气体分别应用在哪些方面？

4. 熔化极氩弧焊时如何选择合适的工艺参数？工艺参数对焊接过程有何影响？

5. CO_2 气体保护焊的冶金特性有哪些？

6. CO_2 气体保护焊熔滴过渡有哪几种形式？各自特点、应用范围是什么？

7. CO_2 气体保护焊飞溅产生原因是什么？如何减少飞溅？

第 5 章 钨极惰性气体保护焊

▶ 5.1 概述

气体保护焊是利用外加气体作为保护介质的一种电弧焊方法。根据保护气体的活性程度，气体保护焊可以分为惰性气体保护焊和活性气体保护焊，比较常见的是惰性气体保护焊。而根据焊接过程中电极熔化与否，气体保护焊又可分为熔化极气体保护焊和非熔化极气体保护焊。熔化极气体保护焊在上一章中已经介绍过，本章主要介绍非熔化极惰性气体保护焊的一种——钨极惰性气体保护焊（Tungsten Inert Gas Welding，TIG）。钨极惰性气体保护焊问世于 20 世纪 40 年代，是为适应铝、镁合金和合金钢焊接需要而出现的一种焊接方法。保护气体可采用氩气、氦气或氩氦混合气体，对有特殊要求的焊接场合还可以添加少量氢气。用氩气做保护气体的称为钨极氩弧焊，用氦气做保护气体的称为钨极氦弧焊。由于氦气价格昂贵，工业上多所采用氩气做保护气体。所以本章主要以钨极氩弧焊为例进行介绍。

5.1.1 钨极氩弧焊的基本原理

钨极氩弧焊是一种不熔化极气体保护焊，其方法构成如图 5-1 所示。利用钨极和工件之间的电弧使金属熔化而形成焊缝。在焊接过程中钨极不熔化，只起电极的作用；同时由焊炬的喷嘴连续喷出氩气，在电弧周围形成气体保护层隔绝空气，以防止其对钨极、熔池以及邻近热影响区的有害影响，从而获得优质的焊缝。在焊接过程中还可以根据需要另外添加填充金属（焊丝）。

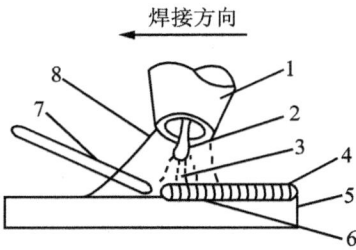

图 5-1 钨极氩弧焊示意图

1—喷嘴；2—钨极；3—电弧；4—焊缝；5—工件；
6—熔池；7—填充焊丝；8—惰性气体

5.1.2 钨极氩弧焊的分类和特点

1. 钨极氩弧焊的分类

钨极氩弧焊的分类方法有多种。

1）按照操作方式分为：手工钨极氩弧焊（焊枪移动是手工操作，填充焊丝送进可以是机械也可以是手工操作）和自动钨极氩弧焊（焊枪安装在焊接小车上，小车的行走和焊丝的送进均由机械完成）。

2）按照所使用的电流波形分为：直流氩弧焊、交流氩弧焊（正弦波、方波）和脉冲氩弧焊（低频、中频、高频）。

3）按照填充焊丝的状态分为：冷丝焊、热丝焊和双丝焊。

2. 钨极氩弧焊的特点

（1）优点

1）氩气具有极好的保护作用，氩气为惰性气体，可以很好地隔绝空气，另外氩气不与金属起化学反应，也不溶于金属，使得焊接过程中熔池的冶金反应简单易控制，可以获得高质量的焊缝。

2)钨极电弧非常稳定，即使在很小的电流情况下仍可稳定燃烧，特别适合于薄板材料焊接。

3)热源和填充焊丝可分别控制，因而热输入容易调整，所以这种焊接方法可进行全位置焊接。

4)在焊接过程中，焊丝不通电流，故不会产生飞溅，因而焊缝成型美观。

5)交流氩弧焊在焊接过程中能够自动清除工件表面的氧化膜，可以焊接化学性质比较活泼的金属，如铝、镁及其合金等。

（2）缺点

1)钨极的载流能力有限，过大焊接电流会导致钨极熔化和蒸发，其微粒有可能进入熔池而引起夹钨。

2)熔深浅，熔敷速度小，焊接生产率较低。

3)焊接时需要采取防风措施。

4)氩气价格昂贵，而且氩弧焊机比较复杂，生产成本较高。

5.1.3　钨极氩弧焊的应用

1. 适合焊接的材料

钨极氩弧焊几乎可用于所有的钢材，有色金属及其合金的焊接，特别是化学活性较高的金属及其合金。通常用来焊接铝、镁、钛等有色金属，以及不锈钢、耐热钢等。对于低熔点、易蒸发的金属如铅、锡、锌等因焊接操作困难，一般不采取钨极氩弧焊。对表面已经镀有铅、锡、锌等金属镀层的钢件，在焊接前必须去除镀层，以防止镀层金属熔入焊缝中形成中间合金而降低焊接接头的性能。

2. 适合焊接的接头和位置

钨极氩弧焊可以实现全位置焊接，可用于对接、搭接、T 形接和角接等接头形式。

3. 适焊的板厚和产品结构

钨极氩弧焊容易控制焊缝成型，容易实现单面双面成型，主要用于薄件焊接（脉冲钨极氩弧焊尤其适合）或厚件的打底焊。但是，由于钨极的载流能力有限，电弧功率受到限制，这样就导致焊缝熔深浅，焊接速度低。因此，钨极氩弧焊一般只适合焊接厚度在 6mm 以下的工件。

薄壁产品如箱盒、箱格、隔膜、壳体、蒙皮、发动机叶片、电子元器件的封装等都可以采用钨极氩弧焊生产。

手工钨极氩弧焊适用于结构、形状较复杂的焊件和难以接近的部位或间断的短焊缝的焊接；自动钨极氩弧焊适于焊接长焊缝，包括纵缝、环缝和曲缝焊接。

▶ 5.2　钨极氩弧焊的电流种类和极性

钨极氩弧焊的电流种类对及其极性对焊接工艺有显著影响。在焊接金属材料时，要根据材料的特性进行合理的选择。

5.2.1　直流钨极氩弧焊

直流钨极氩弧焊采用直流电源，在焊接过程中电流极性没有变化，电弧连续而稳定。按电源极性的不同，可分为直流正极性法（直流正接）和直流反极性法（直流反接）两种连接方法，如图 5-2 所示。

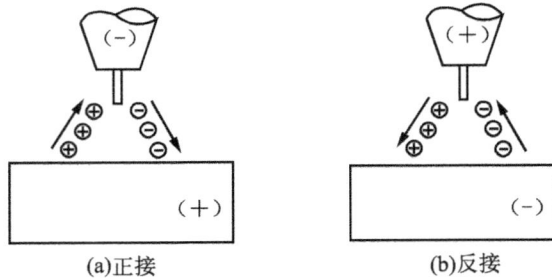

图 5-2　直流钨极氩弧焊电极极性及带电质点运动方向

1. 直流正极性法

采用直流正极性法连接时，焊接工件与电源正极相连，钨极与电源负极相连。电弧燃烧时，电弧中的负离子流向工件而正离子流向钨极［图 5-2（a）］。由于钨极熔点高，热发射能力强，因此在焊接过程中以热发射形式产生大量电子，这些电子撞击焊件并释放出全部能量（动能和逸出功），产生热能使焊件加热从而形成焊缝。

直流正极性法具有如下特点：

1）工件为阳极，接收电子轰击放出的全部动能和逸出功，电弧集中，阳极加热面积比较小，因而获得窄而深的焊缝。焊接生产率高，焊接收缩应力和变形小；

2）由于钨极上接受正离子冲击时放出的能量较小，而且钨极在发射电子时需要付出大量的逸出功，因而钨极不易过热，烧损小，使用寿命长；

3）钨极的热电子发射能力强，因此电弧引燃容易，燃烧稳定。

2. 直流反极性法

采用直流反极法连接时，焊接工件与电源负极相连，钨极与电源正极相连。与正接时相反，电弧中的正离子流向工件而负离子流向钨极［图 5-2（b）］。当工件为负极时，表面生成的氧化膜逸出功小，易发射电子，所以阴极斑总是优先在氧化膜处形成。工件为冷阴极材料（如钢、铝、铜等）时，阴极区有很高的电压降，因此阴极斑点的能量密度相当高，远远高于阳极区。当离子流撞向工件时，工件表面的氧化膜会自动地破碎，分解而被清理掉，接着阴极斑点又在邻近的氧化膜上发射电子，继而又被清理。这样阴极斑点始终在氧化膜上游动，被清理的氧化膜范围不断扩大。这就是所谓的阴极清洗现象。阴极清洗现象对于焊接工件表面有难熔氧化物的金属有特殊的意义，如铝是易氧化的金属，它表面有一层致密的氧化铝附着层，它的熔点是 2 050℃，比铝的熔点（667℃）高很多，用一般方法很难除去铝表面的氧化膜，使焊接过程难以顺利进行。若用直流反接法钨极氩弧焊会达到很好的去除氧化膜的效果，使焊缝表面光滑美观，成型良好。

但钨极受到电子流的冲击，把电子流所携带的能量以凝固热形式吸收进来，使得钨极具有很高的温度而过热，导致熔化。所以直流反接时，钨极能承受的电流很小。冷阴极材料电子发射主要为场发射所致，场发射时对阴极材料没有冷却作用，所以工件处的温度很高，但由于有氧化膜的存在，阴极斑点在氧化膜上来回游动，电弧不集中，加热区域大，因此电弧不集中，熔池较浅且宽。和直流正极性法相比，直流反极性法生产效率低，除了用于焊接铝、镁及其合金薄件焊接外很少使用。

5.2.2   交流钨极氩弧焊

交流钨极氩弧焊时，使用的电源为交流电源，电流极性每半个周期交换一次，因而兼备了直流正接法和直流反接法两者的优点。在交流负极性半周里，焊件金属表面氧化膜会因"阴极清洗"作用而被清除；在交流正极性半周里，钨极又可以得到一定程度的冷却，可减轻钨极烧损，且此时发射电子容易，有利于电弧的稳定燃烧。交流钨极氩弧焊时，焊缝形状也介于直流正接法与直流反接法之间。实践证明，用交流钨极氩弧焊焊接铝、镁及其合金能获得满意的焊接质量。

1. 直流分量

在交流钨极氩弧焊焊接过程中，当电流波形不对称时，在焊接电路上将出现直流分量现象，又称为整流现象。凡是电极和母材的电、热物理性能以及几何尺寸等方面存在差异都会导致这种现象产生。这是由于交流电弧两端的电压在正、负半周期中对电流流动的阻力不同等而引起的。在焊接铝、镁及其合金情况下，当正半波时，钨极为阴极，电子热发射强，引弧电压低，引燃容易，电流大，导电时间长；负半波时则相反，焊件为阴极，散热快，其电子热发射强，引弧困难，需高的电压，电流小而导电时间短。由于正、负波形不对称，在交流焊接回路中存在一个由工件流向钨极的直流分量(图 5-3)。焊接工件的热导率越高，这种现象越严重。出现直流分量会削弱阴极清洗作用，而且这种波形不对称，也使弧焊变压器的工作条件变坏，电弧燃烧不稳定。故用交流电焊焊接铝、镁及其合金等热导率高的金属时，必须设法消除直流分量的不利影响。可以在焊接回路中串接蓄电池、整流器和电阻、电容器等方法来消除或减少直流分量。具体的参数可参阅相关的焊接手册。

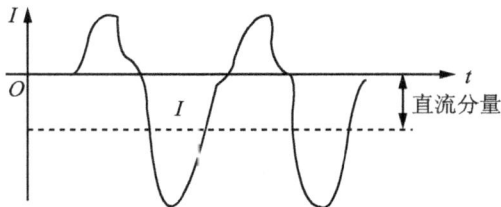

图 5-3   钨极氩弧焊交流的直流分量

2. 交流矩形波钨极氩弧焊

采用交流正弦波时，由于交流氩弧的电压和电流随着时间不断变化，每秒钟有 100 次过零，因此电弧的能量也是不断地在变化，电弧空间温度也随之而改变。电流过零时，电弧熄灭，下半周期必须重新引燃，重新引燃所需的电压值与电弧空间气体残余电离度、电极发射电子能力及反向电源电压上升速度有关。因此，交流钨极氩弧焊的稳定性容易受到干扰。交流矩形波钨极氩弧焊是一种新型的交流钨极氩弧焊，它通过调整焊接过程中负半波时间和负电流，能很好地改善交流电弧的稳定性，能合理地分配钨极和工件之间的热量，在满足阴极清洗的条件下，最大限度地减少钨极烧损，保证大的熔池深度。这种焊接方法包括两种电流波形，如图 5-4 所示。占空比 β 对易活泼金属的焊接质量有重要的影响。β 可用下面的式子来表示：

$$\beta = \frac{t_n}{t_n + t_p} \times 100\%$$

其中 t_n 为负半波时间；t_p 为正半波时间。

当 β 增大时，阴极清洗作用加强，但母材得到的热量减少，熔深浅而宽，钨极烧损加大；反之，阴极清洗作用减弱，熔深增加，且钨极烧损大为下降。因此，在满足阴极清洗要求的条件下，应该尽量减少 β 值。

有实验证实，在工件为负半波时，其电流数值对阴极清洗作用的影响比 β 值更大。如果增加负半波的电流值[图 5-4(b)]，可进一步减少 β 值，满足阴极清洗的要求，而使电弧的稳定性大大提高，减少钨极烧损的程度。这种焊接电流波形被称为变极性交流矩形钨极氩弧焊。

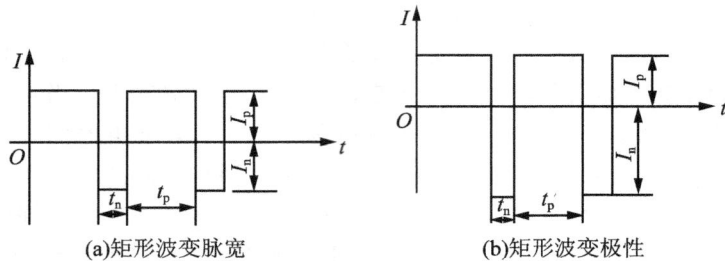

图 5-4　交流矩形波钨极氩弧焊

交流矩形波钨极氩弧焊的优点：

1) 由于矩形波过零点后，电流增长快，再引燃容易，和一般正旋波相比，电弧更加稳定；

2) 可根据焊件条件选择最小而且必要的 β 值，使其既能满足阴极清洗的要求又能获得最大的熔深和最小的钨极烧损。

表 5-1 列出了各种直流和交流钨极氩弧焊的特点。

表 5-1　直流和交流钨极氩弧焊的特点

电流种类	直流		交流	
	正接	反接	正旋波	矩形波
两极热量比例（近似）	工件 70% 钨极 30%	工件 30% 钨极 70%	工件 50% 钨极 50%	通过占空比可调
熔深特点	深、窄	浅、宽	中等	较深
钨极许用电流	最大	小	较大	大
阴极清洗作用	无	有	有	有
电弧稳定性	很稳	不稳	很不稳	有
直流分量	无	无	有	无
适用材料	除铝、镁合金、铝青铜外其余金属	一般不采用	铝、镁合金、铝青铜	铝、镁合金、铝青铜

5.2.3　脉冲钨极氩弧焊

脉冲钨极氩弧焊的原理是以一个较小基值电流来维持一个电弧，在此基础上，周期性地加一个高峰脉冲电流产生脉冲电弧，以熔化金属并控制熔滴过渡。当每一次脉冲电流通过时，工件被加热熔化形成一个点状熔池，基值电流通过时使熔池冷凝结晶，同时维持电弧燃烧。脉冲钨极氩弧焊可以通过调节脉冲电流幅值、基值电流大小、脉冲电流持续时间和基值电流持续时间，控制热输入量，从而控制焊缝及热影响区的尺寸和质量。

钨极脉冲氩弧焊的优点及适用范围：

1）可以精确控制对焊件的热输入和熔池尺寸，提高焊缝抗烧穿和熔池的保持能力，容易获得均匀的焊缝厚度，特别适用于薄板（厚度最小可为 0.1mm）全位置焊接和单面焊双面成型；

2）每个焊点的加热和冷却迅速，所以适用于焊接导热性能和厚度差别大的焊件；

3）脉冲电弧可以用较低的热输入获得较大的焊缝厚度，故同样条件下能减少焊接热影响区和焊件变形，这对薄板、超薄板焊接更为重要；

4）焊接过程中熔池金属冷凝快，高温停留时间短，可减少热敏感材料如镍铬合金、钛合金等焊接时产生裂纹的倾向。

▶ 5.3　钨极氩弧焊工艺

5.3.1　接头及坡口形式

前面提到过钨极氩弧焊的接头形式有对接、搭接、角接、T 形接和端接五种基本类型，如图 5-5 所示。其中端接接头仅在薄板焊接时采用。

焊前须根据工件的材料、厚度和工作要求预先制作出适当形状的坡口。实际操作中可查阅相关的技术标准和焊接手册。对于碳钢和低合金钢的焊接接头的坡口形式和尺寸可按 GB/T 985-1988《气焊、手工电弧焊及气体保护焊焊缝坡口的基本形式与尺寸》执行。对于铝及铝合金手工钨极氩弧焊焊接接头坡口形状与尺寸可按国标 GB 50236-1998《现场设备、工业管道焊接施工及验收规范》执行。

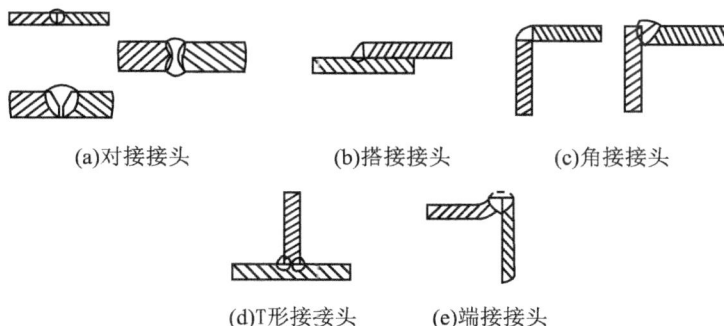

(a)对接接头　　　(b)搭接接头　　　(c)角接接头

(d)T形接接头　　　(e)端接接头

图 5-5　五种基本接头形式

5.3.2 焊前准备

1. 清洗

钨极氩弧焊对焊件和填充金属表面的污染非常敏感，因此焊前必须除去表面上的油脂、油漆、涂层、加工用的润滑剂以及氧化膜等。焊前清理有化学清理和机械清理两类。

（1）化学清理

用于脱脂去油及清除氧化膜的化学方法随材质不同而异。常见的脱脂处理溶液配方及工艺规范如表 5-2 所示。

表 5-2　常见的脱脂处理溶液配方及工艺规范

配方	温度/℃	清洗时间/min	清水冲洗		干燥
			热水/℃	冷水	
Na_3PO_4　50g Na_2CO_3　50g Na_2SiO_3　30g H_2O　100g	60	5~8	30	室温	用布擦干

（2）机械清理

常见的机械清理方法有打磨、刮削和喷砂等。用机械清理的方法可以清理金属表面的氧化膜。当剪切有氧化膜的金属时，氧化膜可能嵌入切口边缘，用化学清洗的方法难以去除，这时需要用机械方法来清除。经机械清理后的部位及邻近区域还要用丙酮或酒精擦拭，以除去表面残留的脏物或油污。

2. 装配

在焊接过程中，工件各部位受热不均匀，容易产生热应力，而导致变形。钨极氩弧焊一般用于焊接薄壁件，对焊接变形尤为敏感。为了确保接缝对准和防止焊接过程中变形，应采用夹具或紧固装置进行装配。在焊接结构复杂或单件生产等特殊情况而不适合采用夹具装配时，宜采用点固焊装配。

薄板钨极氩弧焊时，为了防止熔化金属泄漏和空气从背面浸入，一般在接头背面都有衬垫支托。衬垫要用无磁性材料，最常用的是铜。

5.3.3 钨极氩弧焊焊枪

1. 作用与要求

焊枪的作用是夹持钨极、传导焊接电流和输送并喷出保护气体。它应满足如下要求：

1）喷出的保护气体具有良好的流动状态和一定的挺度，以获得可靠的保护；

2）有良好的导电性、气密性和水密性（用水冷时）；

3）充分冷却，以保证能持久工作；

4）喷嘴与钨极之间绝缘良好，以免喷嘴和工件接触发生短路，打弧；

5）质量轻，结构紧凑，可达性好，装拆维修方便。

2. 类型与结构

焊枪分气冷式与水冷式两种。前者用于小电流焊接。其冷却作用主要由保护气体的流动来完成，其质量轻，尺寸小，结构紧凑，价格便宜。后者用于大电流焊接，其冷却作用主要由流过焊枪内导电部分和焊接电缆的循环水来实现，结构比较复杂，比气冷式重且价格昂贵。

焊枪的各种规格是按它所能采用的最大电流来划分的，它们将适应不同规格的电极和不同类型与尺寸的喷嘴。焊枪头部的倾斜角度，即电极与手柄之间的夹角在 $0°\sim 90°$ 之间。

3. 喷嘴

喷嘴的形状和尺寸对气流的保护性能影响很大，为了取得良好保护效果，通常使出口处获得较厚的层流层，在喷嘴下部为圆柱形通道，通道越长保护效果越好，通道直径越大，保护范围越宽。通常圆柱通道内径 D_n、长度 l_0 和钨极直径 d_w 之间的关系大致为（单位为 mm）

$$D_n = (2.5 \sim 3.5)d_w$$
$$l_0 = (1.4 \sim 1.6)D_n + (7 \sim 9)$$

有时在气流通道中加设多层铜丝网或多孔隔板以限制气体横向运动，有利于形成层流。喷嘴内表面应保持清洁。有些金属如钛等在高温下对空气污染很敏感，焊接时应使用带拖罩的喷嘴。

当前生产中使用的喷嘴形式有三种，喷嘴截面为收敛形、等截面形和扩散形，如图 5-6 所示。其中等截面形喷嘴喷出气流有效保护区域最大，应用最广泛，收敛形喷嘴电弧可见度较好，又便于操作，应用也很普遍，扩散形喷嘴多用于熔化极气体保护焊，很少应用于钨极氩弧焊。

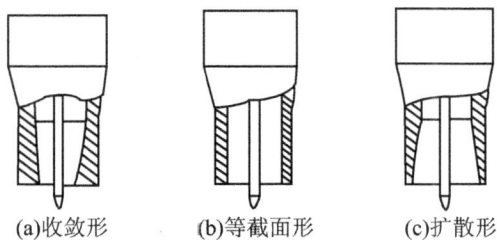

| (a)收敛形 | (b)等截面形 | (c)扩散形 |

图 5-6 常见喷嘴的截面形式

常用的喷嘴材料有陶瓷、纯铜和石英三种。高温陶瓷喷嘴既绝缘又耐热，应用广泛，但焊接电流不能太高（<350A）。而纯铜喷嘴可使用电流可达 500A，但需要用绝缘套将喷嘴和导电部分隔离。石英喷嘴透明，焊接可见度好，但价格较贵。

5.3.4 工艺参数的选择

钨极氩弧焊的工艺参数主要有焊接电流种类及极性、焊接电流、钨极直径及端部形状、保护气体流量等，对于自动钨极氩弧焊还包括焊接速度和送丝速度。

1. 钨极氩弧焊工艺参数

（1）焊接电流种类及大小

一般根据工件材料选择电流种类，焊接电流大小是决定焊缝熔深的最主要参数，它主要根据工件材料、厚度、接头形式、焊接位置，有时还考虑焊工技术水平等因素选择。

（2）钨极直径及端部形状

钨极直径根据焊接电流大小、电流种类选择，具体可参考表5-3。

钨极端部形状是一个重要工艺参数，应根据所选用焊接电流种类，选用不同的端部形状，如图5-7所示。钨极尖端角度 α 的大小会影响钨极的许用电流，引弧及稳弧性能。表5-4列出了钨极不同尖端尺寸推荐的电流范围。小电流焊接时，选用小直径钨极和小的锥角，可使电弧容易引燃和稳定；在大电流焊接时，增大锥角可避免尖端过热熔化，减少损耗，并防止电弧往上扩散而影响阴极斑点的稳定性。

表5-3 不同直径钨极的许用电流

电极直径/mm	直流/A				交流/A	
	正接（电极—）		反接（电极＋）			
	纯钨	钍钨、铈钨	纯钨	钍钨、铈钨	纯钨	钍钨、铈钨
0.5	2～20	2～20	—	—	2～15	2～15
1.0	10～75	10～75	—	—	15～55	15～70
1.6	40～130	50～150	10～20	10～20	45～90	60～120
2.0	75～180	100～200	15～25	15～25	65～125	85～160
2.5	130～230	160～250	17～30	17～30	80～140	120～210
3.2	160～310	225～330	20～35	20～35	150～190	150～250
4.0	275～450	350～480	35～50	35～50	180～260	240～350
5.0	400～625	500～675	50～70	50～70	240～350	330～460
6.3	550～675	650～950	65～100	65～100	300～450	430～460
8.0	—	—	—	—	—	650～830

表5-4 钨极尖端形状和电流范围

钨极直径/mm	尖端直径/mm	尖端角度/°	电流/A	
			恒定电流	脉冲电流
1.0	0.125	12	2～15	2～25
1.0	0.25	20	5～30	5～60
1.6	0.5	25	8～50	8～100
1.6	0.8	30	10～70	10～140
2.4	0.8	35	12～90	12～180
2.4	1.1	45	15～150	15～250
3.2	1.1	60	20～200	20～300
3.2	1.5	90	25～250	25～350

钨极尖端角度对焊缝熔深和熔宽也有一定影响。减小锥角，焊缝熔深减小，熔宽增大；反之，则熔深增加，熔宽减小。

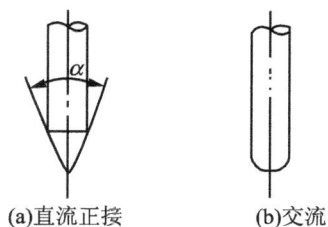

(a)直流正接　　　(b)交流

图 5-7　钨极端部的形状

（3）气体流量和喷嘴直径

在一定条件下，气体流量和喷嘴直径有一个最佳范围，此时，气体保护效果最佳，有效保护区最大。如气体流量过低，气流挺度差，排除周围空气的能力弱，保护效果不佳；流量太大，容易变成紊流，使空气卷入，也会降低保护效果。同样，在流量一定时，喷嘴直径过小，保护范围小，且会因为气流流速过高而形成紊流；喷嘴直径过大，不仅妨碍焊工观察，而且气流流速过低，挺度小，保护效果也不好。所以，气体流量和喷嘴直径要有一定配合。一般手工氩弧焊喷嘴直径和保护气流量的选用如表 5-5 所示。

表 5-5　喷嘴直径与保护气流量选用范围

焊接电流/A	直流正接		交流	
	喷嘴直径/mm	流量/L·min^{-1}	喷嘴直径/mm	流量/L·min^{-1}
10～100	4～9.5	4～5	8～9.5	6～8
101～150	4～9.5	4～7	11～13	7～10
151～200	6～13	6～8	13～16	7～10
201～300	8～13	8～9	13～16	8～15
301～500	13～16	9～12	16～19	8～15

（4）焊接速度

焊接速度的选择主要根据工件厚度决定并和焊接电流、预热温度等配合以保证获得所需的熔深和熔宽。在高速自动焊中，还要考虑焊接速度对气体保护效果的影响。焊接速度过大，保护气流严重偏后，可能使钨极端部、弧柱、熔池暴露在空气中。因此，必须采取相应措施，如加大保护气体流量或将焊炬前倾一定角度，以保持良好的保护作用。

（5）喷嘴与工件的距离

距离越大，气体保护效果越差，但距离太近会影响焊工的视线，且容易使钨极与熔池接触而短路，产生夹钨。喷嘴端部与工件之间比较合适的距离为 8～14mm。

（6）电极伸出长度

电极伸出长度是指钨极从喷嘴伸出的距离。通常电极伸出长度主要取决于焊接接头的外形。常规的电极伸出长度一般在 1～2 倍的钨极直径。内角焊缝要求电极伸出长度最长，这样电极才能达到该接头根部，并能看到较多焊接熔池。卷边焊缝只需要很短的电极伸出长度，甚至可以不伸出。

2. 操作技术

（1）焊前检查

焊前主要检查设备的水、气、电路是否正常，焊接装配质量及焊前清理是否达到要求，钨极是否修理，焊接工艺参数是否调试合适等。

（2）焊接

焊接时，焊枪、焊丝和工件之间必须保持正确的相对位置（图5-8）。焊直缝时通常采用左向焊法，焊丝与工件之间的角度不宜过大，否则会扰乱电弧和气流的稳定。焊条电弧焊时，送丝可采用断续送进和连续送进两种方法。要绝对防止焊丝与高温的钨极接触，以免钨极被污染、烧损、电弧稳定性被破坏。断续送丝时要防止焊丝端部移出气体保护区而被氧化。环缝自动钨极氩弧焊时，焊枪应逆旋转方向偏离工件中心线一定距离，以便于送丝和保证焊缝的良好成型。

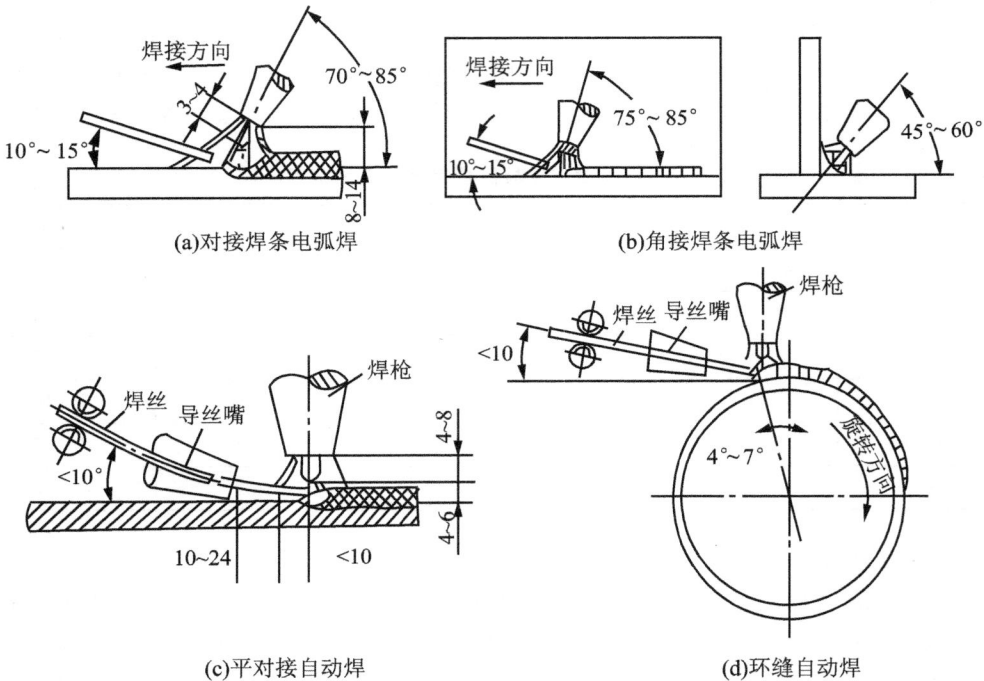

图 5-8　焊枪、焊丝和工件之间的相对位置

（3）操作技巧及注意事项

填充焊丝应在焊件上形成熔池后才缓慢送至熔池前沿，不应直接送至熔池中心，细丝可连续送进，粗丝应间歇送进。间歇送进必须有焊丝后退动作，但不能离开氩气保护区，否则高温焊丝头被空气氧化。焊丝不能与钨极相碰，也不能扰乱氩气流。使用过粗的焊丝或送丝速度过快，会形成大熔滴进入熔池，使熔池温度骤降，液体金属黏度增加，对焊透和成型不利。

单面焊背面成型操作时，可以观察焊接熔池状态来判断是否焊透。正常状态的熔池金属会发生旋转，若气体保护效果不良或焊接电流过小，就不发生旋转。当填充金属的熔滴加入熔池时，熔池表面位置将升高，随着电弧热量向熔池下方传递，母材被熔化。当熔透时，重力使熔池下沉，熔池的表面下降且面积有所扩张，若不下沉，说明尚未熔透。若下沉过多，出现凹陷，则说明背面已焊漏。

凡是焊条电弧焊所需的防护措施同样适用于钨极氩弧焊。由于钨极氩弧焊过程有其自身特点，因此操作者还应注意如下安全问题。

1）采用高频引弧时，产生高频电磁场，其强度为 $60\sim110V/m$，超过参考卫生标准（$20V/m$）数倍。若高频引弧后就立即关掉，属短时间作用，对人体影响不大。如果频繁引弧或者把高频振荡器作为稳弧装置在焊接过程中连续使用，则这种高频磁场对人体有不利影响。所以，尽量不用高频振荡器做引弧装置。

2）钨极氩弧焊时，弧柱温度高，紫外线辐射强度远大于一般电弧焊，因此在焊接过程中会导致周围空气出现臭氧和氧氮化合物，当臭氧的体积分数超过 $0.1\times10^{-4}\%$ 时，对人体产生有害作用。所以焊接区必须有良好的通风设备。

3）用钨极氩弧焊焊接黄铜时，锌大量蒸发将会导致焊工锌中毒，其他铜合金中含有砷、锑、铅、碲、铍等都是有毒有害元素，焊接时应加强焊接区的通风，在不能进行通风的密闭空间施焊，焊工应戴上能供给新鲜空气的面罩或防毒面具才能操作。

4）装有高频振荡引弧装置的焊机，要注意焊枪的绝缘可靠。虽然小功率的高频高压电不会电击操作者，但绝缘不良时，高频电会灼伤操作者手的表皮，很难治愈。

5.3.5　钨极氩弧焊加强保护效果的措施

对氧化、氮化非常敏感的金属和合金（如钛及其合金）或散热慢，高温停留时间长的材料（如不锈钢），要求具有更强的保护作用。下面是加强气体保护作用的具体措施。

1）在焊枪后面附加通有氩气的拖罩，使在 $400℃$ 以上的焊缝和热影响区仍处于保护之中（图 5-9 和图 5-10）。

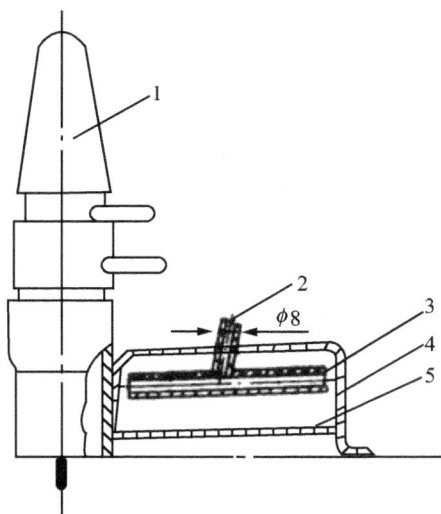

图 5-9　对接平焊用的拖罩

1—焊枪；2—进气管；3—气体分布；
4—拖罩外壳；5—铜丝网

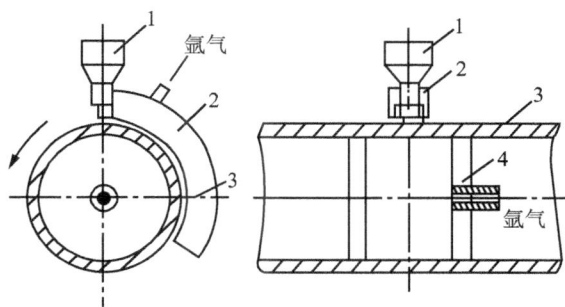

图 5-10　管子对接环缝焊接用拖罩及反面保护

1—焊枪；2—环形拖罩；3—管子；4—金属或纸质挡板

2)在焊缝背面采用可通氩气保护的垫板(图 5-11)、反面保护罩(图 5-12)或在被焊管子内部局部密闭气腔内充满氩气(图 5-10),以加强反面的保护。图 5-11 和图 5-12 中焊缝两侧和背面设置的纯铜冷却板、铜垫板、铜压块(水冷或空冷)都有加速焊缝和热影响区冷却,缩短高温停留时间的作用。

保护效果可通过焊接区正反面的表面颜色大致评定。表 5-6 和表 5-7 分别表示不锈钢和钛合金焊接时焊缝颜色与保护效果之间的关系。对于铝及铝合金钨极氩弧焊来说,焊缝两侧阴极清理区的宽度反映了有效保护范围的大小,可作为衡量保护效果的一个依据。

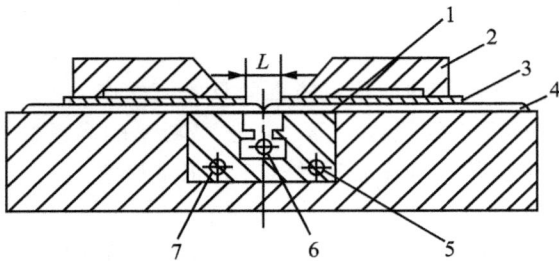

图 5-11 对接焊背面通氩气保护用垫板
1—铜垫板;2—压板;3—纯铜冷却板;4—工件;
5—出水管;6—进气管;7—进水管;L—压板间距离

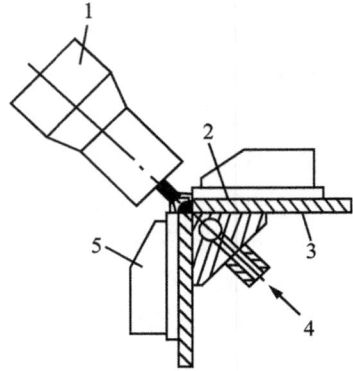

图 5-12 角接焊背面保护罩和加强冷却的装置
1—焊枪;2—背面保护气垫板;3—工件;
4—保护气;5—铜压块

表 5-6 不锈钢焊接区颜色和保护效果的关系

焊接区颜色	银白、金黄	蓝	红灰	灰色	黑
保护效果	最好	良好	较好	不良	最坏

表 5-7 钛合金焊接区颜色和保护效果的关系

焊接区颜色	亮银白色	橙黄色	蓝紫色	青灰色	白色氧化钛粉末
保护效果	最好	良好	较好	不良	最坏

5.4 钨极氩弧焊的其他方法

5.4.1 钨极氩弧点焊

1. 特点

钨极氩弧点焊的原理如图 5-13 所示,焊枪端部的喷嘴将被焊的两块母材压紧,保证连接面密合,然后靠钨极和母材之间的电弧使钨极下方金属局部熔化形成焊点。钨极氩弧点焊适用于焊接各种薄板结构以及薄板与较厚材料的连接,所焊材料目前主要为不锈钢、低合金钢等。

和电阻点焊相比,钨极氩弧点焊具有如下优点:

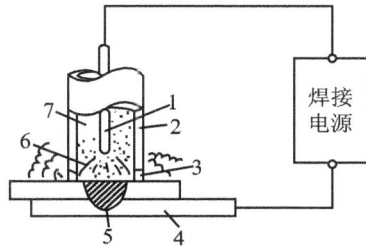

图 5-13　钨极氩弧点焊示意图

1—钨极；2—喷嘴；3—出气孔；4—母材；5—焊点；6—电弧；7—氩气

1）可从一面进行点焊，方便灵活，对于那些无法从两面操作的构件，更有特别的意义；

2）更易于点焊厚度相差悬殊的工件，且可将多层板材点焊；

3）焊点尺寸容易控制，焊点强度可在很大范围内调节；

4）须施加的压力小，无需加压装置；

5）设备费用低，耗电量小。

但焊接速度不如电阻点焊快，焊接费用（包括人工费、氩气消耗等）较高。

2. 焊接工艺

焊前清理的要求和一般的钨极氩弧焊一样。

焊接可采用直流正接，也可用交流电源辅加稳弧装置，通常都用直流正接，这样可以获得更大的熔深。可以采用较小的焊接电流（或者较短的时间），从而减少热变形和其他的热影响。

焊点质量取决于焊接电流、电弧持续时间和电弧长度等因素。

通过调节电流值和电流持续时间控制焊点尺寸。增大电流和电流持续时间都会增加熔深和焊点直径，减少这些焊接参数则产生相反的效果。所以除了焊接电流外，焊接持续时间也必须采用精确的定时控制。

电弧过长，熔池会过热并可能产生咬边；电弧太短，母材膨胀后会接触钨极，造成污染。

为了防止焊点表面过度凹陷和产生弧坑裂纹，点焊结束前使电流自动衰减或者进行二次脉冲电流加热。当焊点要求高时，可往熔池输送适量的填充焊丝。表 5-8 列出了不锈钢钨极氩弧点焊的焊接条件。

表 5-8　1Cr18Ni9Ti 钢钨极氩弧点焊焊接条件举例（直流正接）

材料厚度/mm	焊接电流/A	焊接时间/s	二次脉冲电流/A	二次脉冲时间/s	保护气体流量/L·min⁻¹	焊点直径/mm
0.5＋0.5	80	1.03	80	0.57	7.5	4.5
0.5＋0.5	100	1.03	100	0.57	7.5	5.5
2＋2	160	9	300	0.47	7.5	8
2＋2	190	7.5	180	0.57	7.5	9

材料厚度/mm	焊接电流/A	焊接时间/s	二次脉冲电流/A	二次脉冲时间/s	保护气体流量/L·min^{-1}	焊点直径/mm
3＋3	180	18	280	0.69	7.5	10
3＋3	160	18	280	0.69	7.5	11

5.4.2 热丝钨极氩弧焊

热丝钨极氩弧焊原理如图 5-14 所示。填充焊丝在进入熔池之前约 10cm 处开始，由加热电源通过导电块对其通电，依靠电阻热将焊丝加热至预定温度，与钨极成 40°～60°角，从电弧后面送入熔池，这样熔敷速度可比通常所用的冷丝提高 2 倍。热丝和冷丝熔敷速度的比较如图 5-15 所示。

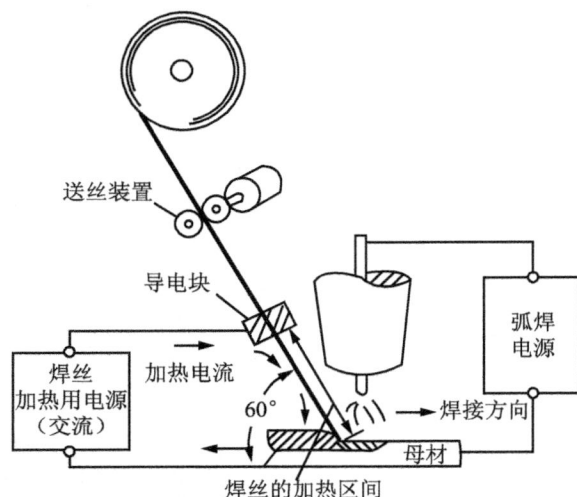

图 5-14　热丝钨极氩弧焊示意图

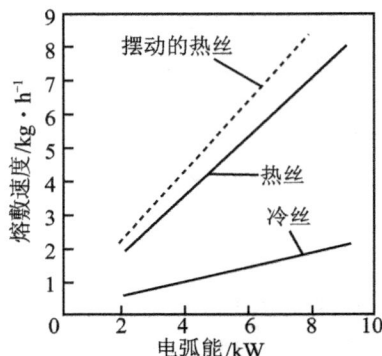

图 5-15　钢钨极氩弧焊时冷丝和热丝可允许的熔敷速度

热丝钨极电弧焊时，由于流过焊丝的电流所产生磁场的影响，电弧产生磁偏吹而沿焊缝作纵向偏摆。可以采用交流电源加热填充焊丝，以减少磁偏吹。可以通过控制电丝加热电流大小来控制电弧摆动的幅度。当加热电流不超过焊接电流的 60% 时，电弧摆动的幅度被控制在 30°左右。为了使焊丝加热电流不超过焊接电流的 60%，通常焊丝最大直径为 1.2mm。如果焊丝过粗，由于电阻小，须增加加热电流，这对防止磁偏吹是不利的。

热丝钨极氩弧焊机由直流氩弧焊电源，预热焊丝的附加电源（通常交流电源居多），送进焊丝的送丝机构以及控制、协调这三部分之间的控制电路这 4 部分组成。为了获得稳定的焊接过程，主电源还可以采用低频脉冲电源。在基值电流期间，填充焊丝通入预热电源，脉冲电流期间焊丝熔化，如图 5-16 所示。这种方法可以减少磁偏吹。

热丝钨极氩弧焊已经成功用于碳钢、低合金钢、不锈钢、镍和钛等材料的焊接。对于铝和铜，由于电阻率小，要求很大的加热电流，从而造成过大的电弧磁偏吹和熔化不均匀，所以不推荐使用热丝焊接。

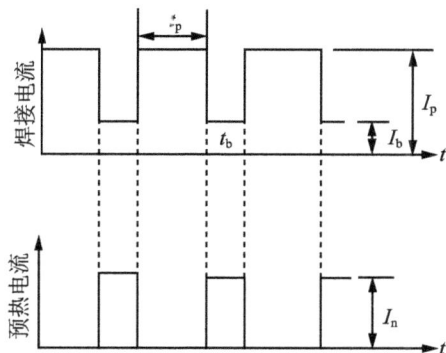

图 5-16　热丝钨极脉冲氩弧焊电流波形

▶ 5.5　工艺缺陷、产生原因及防止措施

钨极氩弧焊产生的工艺缺陷如咬边、烧穿、未焊透、表面成形不好等同一般电弧焊方法相似，产生的原因也大体相同。而特有的工艺缺陷及其产生的原因和防止措施见表 5-9 所示。

表 5-9　钨极氩弧焊特有的工艺缺陷及防止措施

缺陷	产生原因	防止措施
夹钨	(1)接触引弧 (2)钨电极熔化	(1)采用高频振荡器或高压脉冲发生器引弧 (2)减少焊接电流或加大钨电极直径，旋紧钨电极夹头和减小钨电极伸出长度 (3)调换有裂纹或撕裂的钨电极
气体保护效果差	氢、氮、空气、水汽等有害气体污染	(1)采用纯度为 99.99%(体积分数)的氩气 (2)有足够的提前送气和滞后停气时间 (3)正确连接气管和水管，不可混淆 (4)做好焊前清理工作 (5)正确选择保护气流量、喷嘴尺寸、电极伸出长度
电弧不稳	(1)焊件上有油污 (2)接头坡口太窄 (3)钨电极污染 (4)钨电极直径过大 (5)弧长过长	(1)做好焊前清理工作 (2)加宽坡口，缩短弧长 (3)去除污染部分 (4)使用正确尺寸的钨电极及夹头 (5)压低喷嘴距离
钨极损耗过高	(1)气体保护不好，钨极氧化 (2)反极性连接 (3)夹头过热 (4)钨电极直径过小 (5)停焊时钨极被氧化	(1)清理喷嘴，缩短喷嘴距离，适当增加氩气流量 (2)增大钨极直径或改为正接法 (3)调换夹头 (4)增大直径 (5)增加滞后停气时间

▶ 5.6 应用实例

5.6.1 固定管全位置钨极氩弧焊

在锅炉、石油化工、电力、原子能等工业部门的管道制造与安装过程中，许多情况下管道不能转动，它们的对接环焊缝必须进行包括平焊、立焊、仰焊在内的全位置单面熔透的焊接。技术的关键是保证环缝根部全部熔透且反面成型良好而均匀。钨极氩弧焊具有热输入调节方便，熔深易于控制和熔池易保持，是全位置单面焊反面成型的最理想的焊接方法，如果采用脉冲钨极氩弧焊并采取焊接工艺参数程序控制，就可以获得全熔透且均匀成型的环焊缝。现在已经有固定管子全位置自动钨极氩弧焊专用机，焊接机头可绕管子旋转，根据需要有填丝和不填丝的两种。

通常管壁厚度≤3mm的不锈钢管子、全部环缝都采用钨极氩弧焊。碳钢、低合金钢和耐热钢的厚管子环缝从经济考虑通常打底焊道用钨极氩弧焊，其余用焊条电弧焊。

1. 坡口形式

根据管子壁厚和生产条件，对接环缝的坡口可以采用多种形式，如表 5-10 所示。

表 5-10　不锈钢管子对接焊坡口形式　　　　　　　　　　　单位：mm

坡口形式	焊接方法	坡口尺寸				坡口图
		δ	b	α	p	
I形	加填充丝钨极氩弧焊	≤1.5	≤0.1	—	—	
扩口形	无填充丝钨极氩弧焊	≤2	≤0.1	60°±10°		
V形	钨极氩弧焊或钨极氩弧焊封底加焊条电弧焊	2~10	C≤0.1	80°	0.1~1.0	
	衬熔化垫圈钨极氩弧焊	≥2	<0.2	50°	0.1~1.0	

续表

坡口形式	焊接方法	坡口尺寸				坡口图
		δ	b	α	p	
U 形	钨极氩弧焊或钨极氩弧焊封底加焊条电弧焊	12	≤0.1	15°	0.1~1.0	
		20	≤0.1	13°	0.1~1.0	

2. 焊接工艺

不锈钢管子钨极氩弧焊对接焊时，管内需通入氩气，以对焊缝反面进行保护（图 5-17），待管内空气排净，充满氩气后才能施焊。表 5-11 给出了不同材料管子全位置自动钨极氩弧焊工艺参数。

表 5-11　1Cr18Ni9Ti 不锈钢管子对接全位置自动钨极氩弧焊焊接工艺参数举例

管子尺寸/mm	坡口形式	层数	钨极直径/mm	焊丝直径/mm	焊接电流/A	电弧电压/V	焊接速度(s/周)	氩气流量/L·min⁻¹	
								喷嘴	管内
$\phi18\times1.5$	管子扩口	1	$\phi2$	—	60~62	9~10	12.5~13.6	8~10	1~3
$\phi32\times1.5$		1	$\phi2$	—	54~59	8~9	18.5~22.0	10~13	1~3
$\phi32\times3$	V 形	1	$\phi2$~3		110~120	10~12	24~28	8~10	4~6
		2~3	$\phi2$~3	0.08	110~120	12~14	24~28	8~10	4~6

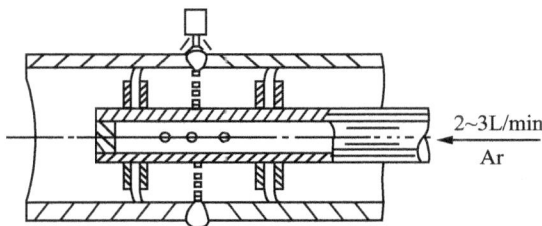

图 5-17　焊管时气体保护装置

厚壁管子对接环缝通常打底焊道用钨极氩弧焊，其余用焊条电弧焊，表 5-12 给出了钨极氩弧焊打底焊道的焊接工艺参数。

表 5-12　钨极氩弧焊打底焊道的焊接工艺参数

焊丝直径/mm	钨极直径/mm	极性	焊接电流/A	电弧电压/V	焊接速度/cm·min⁻¹	运条方法	保护气体		
							种类	流量/L·min⁻¹	管内保护
1.6～2.4	1.6～2.4	直流正接	50～130	9～16	4～12	半横向摆动	Ar	8～15	焊不锈钢管时，必须有保护

5.6.2　管与管板焊接

1. 接头形式

石油、化工、电站等设备中使用的管壳式热交换器，在制造中的管子和管板之间的连接有胀接、胀接加焊接和焊接等方式。如果采用焊接，则有端面焊接和内孔焊接两种结构类型，如图 5-18 所示。端面焊接有焊接方便、外观检查与维修容易等优点，应用最广泛。但管子与管板之间有缝隙，在使用过程中易积存介质和污垢，容易产生腐蚀。内孔焊接的接头形式制造工艺复杂，管板加工、装配、焊接和维修都较困难，成本较高，但可以克服端面焊接接头的缺点，接头全熔透，没有缝隙，接头应力集中小，抗应力腐蚀和抗疲劳强度高。故在高温高压、强腐蚀性介质及核反应堆等特殊工作条件下的热交换器中采用。

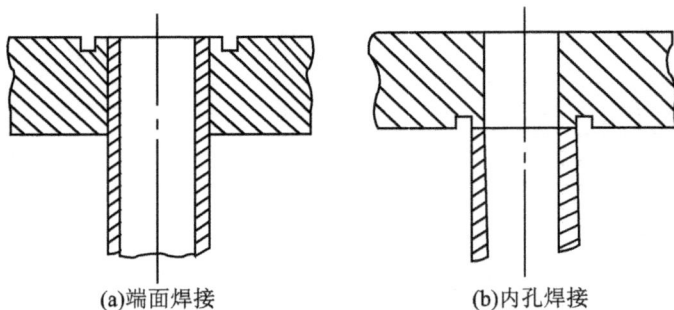

(a)端面焊接　　　　(b)内孔焊接

图 5-18　管与管板焊接的接头形式

2. 焊接工艺

(1)端面焊接

尽可能处在平焊位置施焊管板的端面焊缝。这样操作工艺简单，焊缝内外质量均匀良好，外形美观。可用手工钨极氩弧焊，也可以用自动钨极氩弧焊。如果处在立(横)焊位置(管板呈立面)宜采用脉冲钨极氩弧焊。专用管板钨极氩弧焊机通常配备四种焊枪，分别进行水平端面焊，水平端面填丝焊，立面端面焊和内孔焊。

(2)内孔焊

采用内孔焊需要使用专门设计的内孔焊枪。图 5-19 为使用这种焊枪焊接内孔焊缝的局部示意图。

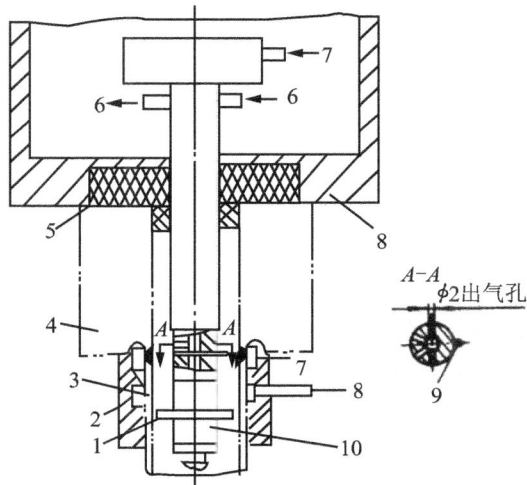

图 5-19　管-管板内孔焊接示意图

1—氩气挡板；2—外部保护套；3—管；4—管板；5—定位块；
6—水；7—氩；8—定位套；9—钨极($\phi 3$)；10—石英绝缘

>>> 习 题

1. 钨极氩弧焊的基本原理、分类、特点和使用范围是什么？

2. 钨极氩弧焊直流反接时为什么会产生阴极清洗作用？

3. 钨极氩弧焊接头和坡口的常见形式有哪些？

第6章　等离子弧焊接

等离子体是由负的电子、正的离子或部分原子和分子构成的非凝聚体系，类似于气体，并服从气体的规律。等离子弧是利用等离子枪将阴极（如钨极）和阳极之间的自由电弧压缩成高温、高电离度、高能量密度及高焰流速度的电弧。等离子弧可用于焊接、喷涂、堆焊及切割。等离子弧焊是在钨极氩弧焊的基础上发展起来的。

▶ 6.1　概述

6.1.1　等离子弧的形式和类型

目前广泛采用压缩电弧的方法是将产生钨极氩弧的钨极缩入到等离子弧枪的喷嘴内部，并在喷嘴中通入等离子气（通常采用氩气），强制电弧从喷嘴的孔道通过。等离子弧枪的主要组成部分及术语如图 6-1 所示，按用途可将其分为焊枪及割枪。因此，通过机械压缩效应、热压缩效应和电磁压缩效应的作用获得高温、高电离密度和高能量密度的等离子弧。

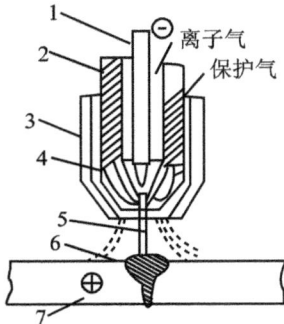

图 6-1　等离子弧枪的术语
1—钨极；2—压缩喷嘴；3—保护气罩；4—冷却水；
5—等离子弧；6—焊缝；7—工件

机械压缩效应是指电弧在燃烧时，由于喷嘴孔径的作用使弧柱截面积受到限制，使其不能自由扩大，即电弧受到压缩。热压缩效应是指在焊接过程中，气体介质和喷嘴内水的作用使得靠近喷嘴内壁的气体受到较强烈的冷却，弧柱周围的温度和电离度迅速下降，在弧柱周围靠近喷嘴孔内壁产生一层电离度趋近于零的冷气膜，迫使电流集中到弧柱中心的高温、高电离区域，从而使弧柱有效截面积进一步减小。电磁压缩效应是指把电弧导电看作是一束平行且同向的电流线通过弧柱，产生相互间的电磁吸引力。电流密度越大，电磁压缩效应越明显。

等离子弧具有的电弧力、能量密度及电弧挺度等与加工中有关的物理性能有关，通常取决于下列五个参数：

1）电流；
2）喷嘴孔径的几何尺寸；
3）离子气种类；
4）离子气流量；
5）保护气种类。

调整以上五个参数可使等离子弧适应不同的加工工艺。如在切割工艺中，应选择大电流、小喷嘴孔径、大离子气量及导热好的离子气，以便使等离子弧具有高度集中的热量及高的焰流速度。而在焊接工艺中，为防止焊穿工件则应选择小的离子气量及较大的喷嘴孔径。

等离子弧按电源的供电方式分为非转移型弧、转移型弧及联合型弧三种形式，其中非转移弧及转移弧是基本的等离子弧形式。

(1)非转移型等离子弧

电弧建立在电极与喷嘴之间，离子气体强迫等离子弧从喷嘴孔径喷出，也称等离子焰，如图 6-2(a)所示。非转移型等离子弧的特点是能量密度较低，热的有效利用率较低，主要用于引弧和非金属材料的焊接与切割。

(2)转移型等离子弧

电弧建立在电极与工件之间，见图 6-2(b)所示。一般要先引燃非转移弧，然后再将电弧转移至电极与工件之间。这时工件成为另一个电极，所以转移弧能把较多的能量传递给工件。转移型等离子弧的特点是能量密度高，热的有效利用率高，适用于各种金属材料的焊接及切割。

(3)联合型等离子弧

非转移弧和转移弧同时存在的等离子弧，如图 6-2(c)所示。联合弧需用两个独立电源供电，主要用于电流小于 30A 以下的微束等离子弧焊接。

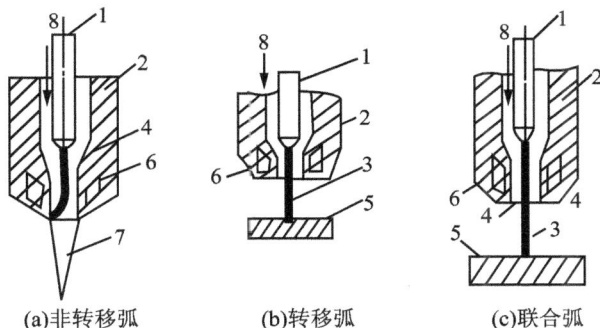

图 6-2　等离子弧的结构形式

1—钨极；2—喷嘴；3—转移弧；4—非转移弧；5—工件；6—冷却水；7—弧焰；8—离子气

此外，等离子弧焊接时，还有可能形成双弧现象，即对于某一个喷嘴，如果离子气流量过小，电流过大或喷嘴与工件接触，喷嘴内壁表面的冷气膜易被击穿形成串联双弧，一个电弧产生在电极与喷嘴之间；另一个电弧产生在喷嘴与工件之间。双弧现象使焊接和切割过程不正常，严重时还会烧毁喷嘴。

6.1.2　等离子弧特性

1. 静态特性

等离子弧的静态特性呈 U 形，其特点如下：

1)由于水冷喷嘴的拘束作用使弧柱横截面积受限，弧柱的电场强度增大，电弧电压显著增大，U 形电弧的平直区较自由电弧明显缩小；

2)拘束孔道区的尺寸和形状对静态特性的影响较大，喷嘴孔径越小，U 形特性平直区域就越小，上升区域斜率增大，即弧柱电场强度增大；

3)离子气种类和流量对弧柱电场强度的影响较大，所以应该按照等离子气种类来设定等离子弧供电电源的空载电压；

4）如果采用联合型等离子弧，由于非转移弧为转移弧提供了导电通路使得转移弧U形特性下降区的斜率显著减小。因此为了提高稳定性，小电流微束等离子弧常采用联合型弧。

2．热源特性

（1）温度和能量密度

普通的钨极氩弧焊的最高温度为 10 000～24 000K，能量密度小于 $10^4\,W/cm^2$。等离子弧的温度最高可达 24 000～50 000K，能量密度可达 $10^5\sim10^6\,W/cm^2$。

由于机械压缩效应、热压缩效应和电磁压缩效应的作用使得等离子弧的温度和能量密度显著提高，从而改善了等离子弧的稳定性和挺直度。自由电弧的扩散角约为45°，而等离子弧约为5°，这是由于压缩后从喷嘴口喷射出的等离子弧带电质点运动速度明显提高，最高可达 300m/s。

（2）热源成分

普通钨极氩弧焊中，加热焊件的热量主要来源于阳极斑点热，弧柱辐射和热传导仅起辅助作用。在等离子弧焊接中，弧柱高速等离子体的热传导和辐射换热作用明显，甚至可能成为主要的热量来源，而阳极热则成为次要热源。

6.1.3　等离子弧的电流极性

1．切割

等离子弧切割工件时，电流极性采用直流正接，即工件接电源的正极。切割电流范围：30～1000A。

2．焊接

（1）直流正接

绝大多数等离子弧焊接时，电流极性采用直流正接，如焊接合金钢、不锈钢、钛合金及镍基合金等。电流范围：0.1～500A。

（2）直流反接

焊接铝合金时，采用电极接电源正极的直流反接。主要是因为直流反接时，钨极烧损严重且熔深浅，仅限于焊接薄件。电流不超过100A。

（3）正弦交流

正弦交流利用正接极性电流获得较大的熔深，利用反接极性电流清理工件表面的氧化膜，主要用来焊接铝镁合金。电流范围：10～100A。为了防止反接极性电弧熄灭，焊接设备需有稳弧装置。由于存在焊缝深宽比小及钨极烧损等问题，这种方法趋于被方波交流电流取代。

（4）变极性方波交流

变极性方波交流电流是正反接极性电流及正、负半周时间均可调的交流方波电流。采用这种方法焊接铝镁合金可获得较大的焊缝深度比及较少的钨极烧损。

▶ 6.2　等离子弧焊的分类

等离子弧焊接（Plasma Arc Welding，缩写为PAW）是采用拘束态的高能量压缩电弧进行焊接的。

按焊缝成型原理，等离子弧有两种基本焊接类型：小孔型等离子弧焊和熔入型等离子弧焊。按焊接电流大小，等离子弧焊可分为大电流、中电流和小电流三种类型。一般情况下，大电流等离子弧焊的焊接电流大于 100A，通常采用小孔型等离子弧焊；中电流等离子弧焊的焊接电流介于 15～100A，通常采用熔入型的焊接规范；小电流等离子弧焊的焊接电流介于 0.1～15A，通常称为微束等离子弧焊。按照焊接工艺分类，可分为等离子弧点焊、熔化极等离子弧焊、等离子粉末堆焊等。按照焊接电源和输出波形分类，可分为直流、交流、脉冲和变极性等离子弧焊等。

6.2.1　小孔型等离子弧焊

利用小孔效应实现等离子弧焊的方法称小孔型等离子弧焊，亦称穿透性焊接法。

1. 小孔效应

在对一定厚度范围内的工件进行等离子弧焊焊接时，由于等离子弧具有高能量、高射流速度、强电弧力等特性，如果适当地配合电流、离子气流及焊接速度三个工艺参数，等离子弧将会穿透整个工件厚度，形成一个贯穿工件的小孔，如图 6-3 所示。小孔周围的熔融金属在电弧吹力、液态金属重力与表面张力作用下保持平衡。随着焊枪沿着焊接方向前进时，在小孔前沿的熔化金属沿着等离子弧柱流到熔池后面，并逐渐凝固成焊缝，小孔也跟着等离子弧句前移动。

2. 焊接特点

只要具有足够的能量密度，才可出现小孔效应。对于厚度为 1.6～9mm 的中等厚度的工件，在不填丝、不开坡口、不需要背面强制成型保护的条件下，采用小孔型等离子弧焊可以实现单面一次焊双面成型，而且焊缝的成型性良好，孔隙率低，焊件变形小，焊接接头内部的缺陷率低，从而使得生产率大幅度提高，尤其适用于密闭容器、小直径管焊缝等背面难以施焊的结构件。此外，小孔型等离子弧焊产生较为对称的焊缝，焊接横向变形小；由于电弧穿透能力强，对厚板可实现单道焊接；对于某些种类的材料，采取必要的工艺措施，用小孔法可实现全位置焊接。

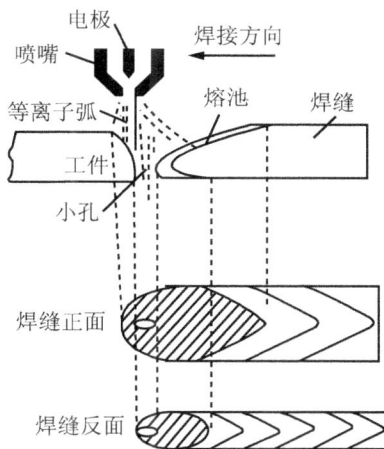

图 6-3　小孔型等离子弧焊示意图

小孔型等离子弧焊的焊接缺点如下：

1）焊接可变参数多，而获得良好焊缝质量的合理规范参数区间窄，工艺裕度小；

2）厚板焊接时，对操作者的技术水平要求较高，并且小孔法仅限于自动焊接；

3）焊枪的加工质量和相关参数的设定对焊接过程的稳定性和焊接质量影响大，喷嘴寿命短；

4）除铝合金外，大多数小孔焊工艺仍限于平焊位置；

5）在大电流强压缩条件下易出现双弧现象；

6）对接焊时，对工件的对接间隙和焊枪的对中精度有较高的要求。

6.2.2　熔入型等离子弧焊

当等离子弧受压缩程度较弱时，在焊接过程中，等离子弧只熔化工件，但不产生小孔效应的等离子弧焊方法称为熔入型焊接法，其焊缝成型原理与氩弧焊类似。主要用于薄板焊接及厚板多层焊和盖面焊。与 TIG 焊相比，熔入型等离子弧焊具有以下优点：

1) 电弧能量集中，因此焊接工艺具有焊接速度快，焊缝深宽比大，截面积小；薄板焊接变形小，厚板焊接缩孔倾向小及热影响区窄等优点；

2) 等离子弧稳定性好，挺直性好，弧长变化对工件的加热面积和电流密度影响较小，因此等离子弧焊接过程中，弧长的变化对焊缝成型的影响不大；

3) 由于等离子弧焊的钨极内缩在喷嘴之内，电极不可能与工件相接触，因而避免了焊缝夹钨的问题。

与 TIG 焊相比，熔入型等离子弧焊的缺点是：

1) 由于电弧直径小，要求焊枪喷嘴轴线更精确地对中焊缝；

2) 焊枪结构复杂，加工精度高。焊枪喷嘴对焊接质量有着直接影响，必须定期检查、维修，及时更换。

6.2.3 微束等离子弧焊

微束等离子弧焊属于熔入型等离子弧焊方法。由于微束等离子弧焊接通常采用联合型弧，所以电流小至 0.1A 时电弧仍具有较好的稳定性使其稳定燃烧，并保持良好的挺直度和方向性。因此微束等离子弧焊接可焊接金属细丝、箔片等超薄件，如厚度 0.1mm 不锈钢片。

▶ 6.3 等离子弧焊的焊接材料

6.3.1 母材

只要是氩弧焊可以焊接的材料都可以采用等离子弧焊接，如碳钢、不锈钢、高强钢、耐热钢、镍基合金、钛合金、铜合金、铝合金及镁合金等。铝及其合金和镁及其合金均采用交流、直流反接法或变极性等离子弧焊接，而其余材料均采用直流正接法焊接。

6.3.2 填充材料

与氩弧焊一样，等离子弧焊工艺可以使用填充金属。填充金属一般制成光焊丝或光焊条。自动焊时采用光焊丝作为填充材料；而手工焊时采用光焊条作为填充材料。填充材料的主要成分与被焊母材相同。

6.3.3 气体

等离子弧焊接时，主要使用两种气体：一是从焊枪喷嘴出口喷射出的离子气，其作用是形成等离子弧；二是从焊枪保护罩喷射出的保护气，其作用是保护焊接区域。有时为了增强保护作用，还需使用保护拖罩及背面充气的保护垫板来扩大保护范围。为了避免钨极烧损过快，离子气对于钨极是惰性的；同样保护气体对母材一般也是惰性的，但是如果活性气体不降低焊缝的性能，一般也允许在保护气体中添加适当的活性气体。等离子弧焊所选用的气体一般取决于所焊工件的材质，见表 6-1 和表 6-2 所示。

1. 氩气

纯氩气适用于所有等离子弧焊可以焊接的材料。它既可以作为离子气，也可以作为保护气。通常采用纯氩气作为离子气，而根据被焊材料来选择保护气。例如，等离子弧焊接碳钢和钛、钽、锆及其合金时，如果在所采用的气体中含有极少的氢气，那么焊缝中会产生气孔、裂纹等焊接缺陷，降低焊缝金属的力学性能。

2. 氦气

采用纯氦气作为离子气时，由于弧柱温度较高，会降低喷嘴的使用寿命和承载电流的能力，而且氦气的密度较小，在合理的离子气流量下难以形成小孔。所以，通常采用氦气作为保护气体而不是离子气。

3. 氩氢混合气

在氩气中添加氢气可提高电弧温度和电弧的电场强度，能够更有效地将电弧热量传递给工件，在给定的电流条件下可以提高焊接速度，而且氢气具有还原性，适用氩氢混合气可以使焊缝外观更光亮。但是，氢气的含量过多，焊缝易出现气孔、裂纹等缺陷，所以氢气的含量一般控制在 7.5% 以下。然而，在小孔型等离子弧焊接工艺中，由于气体可以充分逸出，氢气含量的范围（5%～15%）较宽，而且焊件的厚度越小，允许添加的氢气越多，例如小孔型焊接 6.4mm 的不锈钢时，氢气含量为 5%；而焊接 3.8mm 厚的不锈钢管道时，可允许的氢气含量高达 15%。此外，使用氩氢混合气作为离子气时，由于电弧温度较高，一般应降低喷嘴孔径的额定电流。

4. 氩氦混合气

如果被焊金属材料不允许使用氩氢混合气，则可考虑使用氩氦混合气。在氩氦混合气中，只有氦气的含量超过 40% 以上，等离子弧的热量才有明显的变化；当其含量超过 70% 时，则混合气的性能与纯氦气相同。通常焊接钛、铜及其合金时，采用 25% 氩气和 75% 氦气的混合气体。

表 6-1 大电流等离子弧焊用气体选择

金属	厚度/mm	焊接技术	
		小孔法	熔入法
碳钢（铅镇静）	<3.2	Ar	Ar
	>3.2		He75%＋Ar25%
低合金钢	<3.2	Ar	Ar
	>3.2		He75%＋Ar25%
不锈钢	<3.2	Ar，Ar92.5%＋$H_2$7.5%	Ar
	>3.2	Ar，Ar95%＋$H_2$5%	He75%＋Ar25%
铜	<2.4	Ar	He75%＋Ar25%，He
	>2.4	不推荐[①]	He
镍合金	<3.2	Ar，Ar92.5%＋$H_2$7.5%	Ar
	>3.2	Ar，Ar95%＋$H_2$5%	He75%＋Ar25%

金属	厚度/mm	焊接技术	
		小孔法	熔入法
活性金属	<6.4	Ar	Ar
	>6.4	Ar+He(50%~75%)	He75%+Ar25%

注：1. 气体选择是指等离子气体和保护气体两种。

　　2. 表中各种气体的含量均为体积分数。

①由于底部焊道成型不良，这种技术只能用于铜锌合金焊接。

表 6-2　小电流等离子弧焊接用保护气体选择

金属	厚度/mm	焊接技术	
		小孔法	熔入法
铝	<1.6	不推荐	Ar，He
	>1.6	He	He
碳钢（铝镇静）	<1.6	不推荐	Ar，He75%+Ar25%
	>1.6	Ar，Ar75%+He25%	Ar，He75%+Ar25%
低合金钢	<1.6	不推荐	Ar，He， Ar+H$_2$(1%~15%)
	>1.6	He75%+Ar25%， Ar+H$_2$(1%~15%)	Ar，He， Ar+H$_2$(1%~15%)
不锈钢	所有厚度	Ar+H$_2$(1%~15%)	Ar，He， Ar+H$_2$(1%~15%)
		Ar，He75%+Ar25%	
铜	<1.6	不推荐	He25%+Ar75%， He75%+Ar25%
	>1.6	Ar25%+He75%，He	He
镍合金	所有厚度	Ar，He75%+Ar25%	Ar，He， Ar+H$_2$(1%~15%)
		Ar+H$_2$(1%~15%)	
活性金属	<1.6	Ar，He75%+Ar25%，He	Ar
	>1.6	Ar，He75%+Ar25%，He	Ar，He75%+Ar25%

注：1. 气体选择仅指保护气体，在所有情况下等离子气均为氩气。

　　2. 表中各种气体的百分含量均为体积分数。

▶ 6.4　等离子弧焊的工艺

6.4.1　接头形式

等离子弧焊的通用接头是对接接头，I形坡口、单面 V 形坡口和 U 形坡口及双面 V 形坡口和 U 形坡口都可以用于对接接头的单道焊或多道焊，其中 I 形坡口适用于厚度小于 8mm 的工件。此外，等离子弧焊也适用于角接头和 T 形接头，并具有良好的熔透性。

当工件厚度在 0.05~1.6mm 之间时，通常采用熔入型等离子弧焊，其接头形式见

图 6-4 所示。而厚度在 0.05~0.25mm 的工件一般需要卷边接头。

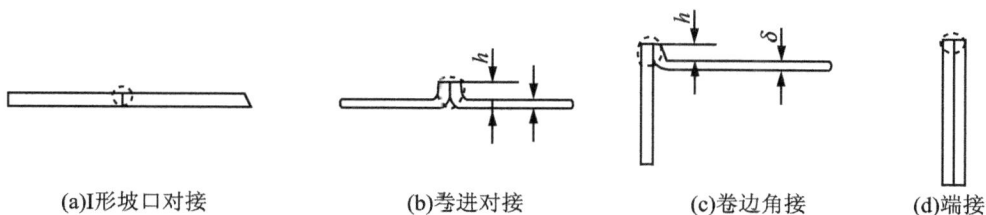

(a)I形坡口对接　　　(b)卷进对接　　　(c)卷边角接　　　(d)端接

图 6-4　薄板(厚度小于 1.6mm)等离子弧焊接头

厚度大于 1.6mm 但小于表 6-3 所列厚度值的工件，可不开坡口，采用小孔法单面一次焊成。

表 6-3　一次焊透的厚度　　　　　(单位：mm)

材料	不锈钢	钛及其合金	镍及其合金	低合金钢	低碳钢
焊接厚度范围	≤8	≤12	≤6	≤8	≤8

对于厚度较大的工件，需要开坡口对接焊时，与钨极氩弧焊相比，可采用较大的钝边和较小的坡口角度。第一道焊缝采用小孔法焊接，填充焊道则采用熔入法完成。

6.4.2　装配与夹紧

小电流等离子弧焊接薄板时，接头的装配要求与钨极氩弧焊相同。引弧处坡口边缘必须紧密接触，且间隙不应超过金属厚度的 10%。如果间隙超过上述公差时，则必须添加填充金属。焊接厚度小于 0.8mm 的薄板工件时，其 I 形坡口对接和卷边对接装配与夹紧要求见表 6-4 和图 6-5，其端面接头要求见图 6-6 所示。端面接头的允许偏差比对接接头的大得多，所以较方便的箔片焊接的对接接头是端面接头。

表 6-4　厚度小于 0.8mm 薄板对接接头装配要求

焊缝形式	间隙 A(最大)	错边 B(最大)	压板间距 C		垫板凹槽宽 D	
			最小	最大	最小	最大
I形坡口焊缝	0.2t	0.4t	10t	20t	4t	16t
卷边焊缝	0.6t	1t	15t	30t	4t	16t

注：①背面用氩气或氦气保护。

②板厚小于 0.25mm 的对接接头推荐采用卷边焊缝。

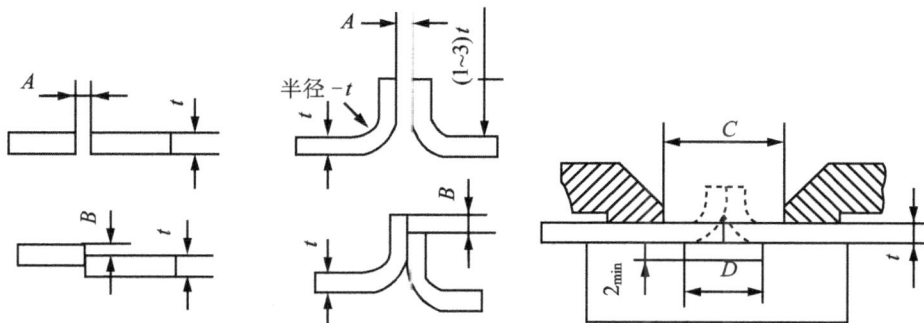

图 6-5　厚度小于 0.8mm 薄板对接接头装配要求

图 6-6　厚度小于 0.8mm 薄板端面接头装配要求

熔入型等离子弧焊接时，采用与氩弧焊相同的垫板，即开口凹槽的垫板支撑金属熔池。小孔型等离子弧焊接时，表面张力支撑金属熔池，即液态金属不与垫板凹槽接触，其采用的典型垫板如图 6-7 所示。垫板凹槽宽 15mm，深 19mm。一般将对焊缝背面起保护作用的气体通入凹槽内，使得底层熔融金属不受大气污染，而且也为等离子体射流提供一个排除空间。

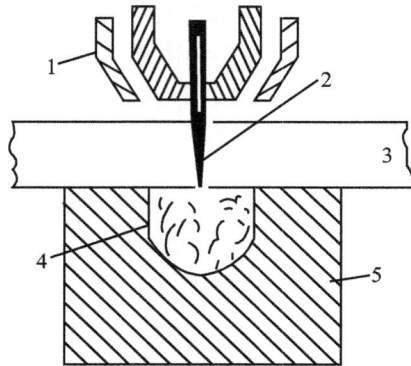

图 6-7　小孔型等离子弧焊接用的典型垫板
1—焊枪；2—等离子射流；3—工件；4—背面保护气体；5—垫板

6.4.3　工艺参数

1. 小孔型等离子弧焊

小孔型等离子弧焊只能采用自动焊方式。为了提高焊缝的成型性，在焊接过程中需要精确控制起弧、收弧、焊接电流、焊接速度和离子气流量等工艺参数。

对于厚度小于 3mm 的工件，可以直接在其上起弧和收弧。对于厚度大于 3mm 的工件焊接时，如果是纵缝焊接，则采用引弧板和收弧板使小孔的起始区和收尾区均在焊缝之外，即出现在引弧板和收弧板上；如果是环缝焊接，则采用焊接电流和离子气流量递增的方式获得合适的小孔形成区，并且采用焊接电流和离子气流量递减的方式获得小孔收尾区。

（1）焊接电流

与其他电弧焊方法一样，等离子弧焊的焊接电流也是根据板厚或熔深要求来选择。如果其他工艺条件不变，焊接电流越大，等离子弧的穿透能力越大。电流过小，不足以形成小孔或形成的小孔直径过小；电流过大，小孔直径过大导致熔融金属漏液，还有可能引起双弧现象。因此，喷嘴的结构尺寸确定后，焊接电流与离子气流量有一合适的范围才可实现稳定的小孔焊接。图 6-8 为工件厚度（8mm 厚不锈钢板）、喷嘴结构尺寸、焊接速度等条件给定的情况下，小孔型等离子弧焊的焊接电流与离子气流量的匹配关系。

（2）离子气流量

在喷嘴结构尺寸、焊接速度等焊接参数一定的条件下，随着离子气流量的增加，等离子弧的穿透能力增大。离子气流量过小，不足以形成小孔；离子气流量过大，则会形成较大直径的小孔，降低焊缝的成型性。喷嘴结构尺寸确定后，离子气流量与焊接电流和焊接速度相关，三者之间有一定的匹配关系。

（3）焊接速度

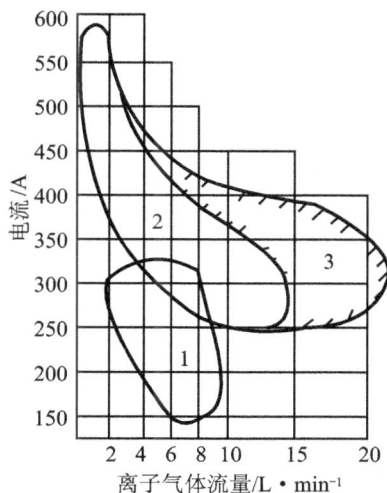

图 6-8　焊接电流与离子气流量的匹配
1—圆柱形喷嘴；2—三孔型收敛扩散喷嘴；
3—加填充金属可消除咬边的区域

焊接速度是影响焊缝热输入的一个重要参数。其他工艺参数一定时，焊接速度过低使得母材过热，可能会引起背面焊缝出现下陷、焊漏等缺陷；焊接速度增加，焊缝热输入量减少，小孔直径也随之减小甚至消失。焊接速度取决于离子气流量和焊接电流，即这三个工艺参数的适当匹配决定了小孔等离子弧焊过程的稳定性，如图 6-9 所示。随着焊接速度的提高，必须同时提高离子气流量和焊接电流。如果焊接速度一定，那么增加离子气流量，应相应地减小焊接电流。

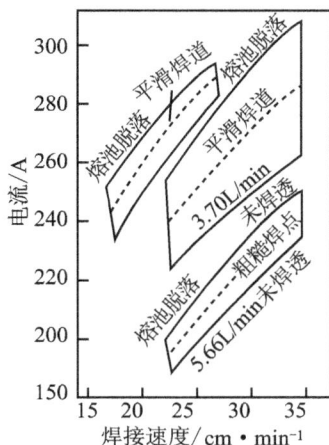

图 6-9　焊接速度、焊接电流与离子气流量的匹配

（4）喷嘴距离

喷嘴距离是指喷嘴出口端面与被焊工件之间的距离。喷嘴距离过大，电弧的熔透能力降低，易产生未焊透等缺陷；喷嘴距离过小，喷嘴易受到工件的金属蒸气和飞溅物的污染，还易产生双弧现象。所以喷嘴距离一般取 3～8mm。

（5）保护气体流量

保护气体流量应与离子气流量有一个适当的比例，离子气流量不大而保护气体流量太大时会造成气流的紊乱，影响等离子弧的稳定性和焊缝熔池的保护效果。保护气体流量一般在 15～30L/min 范围内。

常用金属的小孔型等离子弧焊的工艺参考值见表 6-5 所示。

表 6-5　常用金属的小孔型等离子弧焊的工艺参考值

材料	厚度/mm	接头形式及坡口形式	电流(直流正接)/A	电弧电压/V	焊接速度/cm·min⁻¹	气体成分	气体流量/L·min⁻¹ 离子气	保护气体	备注①
碳钢和低合金钢	3.2(1010)	I形对接	185	28	30	Ar	6.1	28	小孔技术
	4.2(4130)	I形对接	200	29	25	Ar	5.7	28	小孔技术
	6.4(D6ac)	I形对接	275	33	36	Ar	7.1	28	小孔技术②
不锈钢③	2.4	I形对接	115	30	61	Ar95%H₂5%	2.8	17	小孔技术
	3.2	I形对接	145	32	76	Ar95%H₂5%	4.7	17	小孔技术
	4.8	I形对接	165	36	41	Ar95%H₂5%	6.1	21	小孔技术
	6.4	I形对接	240	38	36	Ar95%H₂5%	8.5	24	小孔技术
	9.5 根部焊道 填充焊道	V形坡口④	230 / 220	36 / 40	23 / 18	Ar95%H₂5%	5.7 / 11.8	21 / 83	小孔技术 / 填充丝⑤
钛合金⑥	3.2	I形对接	185	21	51	Ar	3.8	28	小孔技术
	4.8	I形对接	175	25	33	Ar	8.5	28	小孔技术
	9.9	I形对接	225	38	25	He75%+Ar25%	15.1	28	小孔技术
	12.7	I形对接	270	36	25	He50%+Ar50%	12.7	28	小孔技术
	15.1	V形坡口⑦	250	39	18	He50%+Ar50%	14.2	28	小孔技术
铜和黄铜	2.4	I形对接	180	28	25	Ar	4.7	28	小孔技术
	3.2	I形对接	300	33	25	He	3.8	5	一般熔化技术⑧
	6.4	I形对接	670	46	51	He	2.4	28	一般熔化技术
	2.0(Cu70-Zn30)	I形对接	140	25	51	Ar	3.8	28	小孔技术
	3.0(Cu70-Zn30)	I形对接	200	27	41	Ar	4.7	28	小孔技术

注：①碳钢和低合金钢焊接时喷嘴高度为 1.2mm；焊接其他金属时为 4.8mm；多采用多孔喷嘴。

②预热到 316℃；焊后加热至 399℃；保温 1h。

③焊缝背面须用保护气体保护。

④60°V 形坡口、钝边高温 4.8mm。

⑤直径 1.1mm 的填充金属丝，送丝速度 152cm/min。

⑥要求采用保护焊缝背面的气体保护装置和带后拖的气体保护装置。

⑦30°V 形坡口、钝边高温 9.5mm。

⑧采用一般常用的熔化技术和石墨衬垫。

2. 熔入型等离子弧焊

中、小电流(微束)等离子弧焊一般采用熔入型等离子弧焊技术，主要有手工和自动两种形式。手工等离子弧焊的最佳电流范围是 0.1～50A，适合焊接需要反复引燃主弧，而又无法精确控制弧长的焊接工艺，如焊接丝网。自动熔入焊适合焊接小型精密元件，如光学仪器元件、医疗设备元件、波纹管等。

熔入型等离子弧焊的工艺参数项目与小孔型等离子弧焊相同，其在焊接过程中无需形成穿透小孔，只保证一定的熔深和熔宽。熔入型等离子弧焊采用联合型弧，即维弧(非转移弧)和主弧(转移弧)同时存在，且电流可以分别调节。维弧采用高频或小功率高压脉冲引弧器引燃，其作用是引燃和稳定主弧，使主弧在很小的焊接电流时可以稳定燃烧。小电流等离子弧焊接不锈钢、高温合金钢时，焊接速度越快，保护效果越好。

熔入型等离子弧焊和自动微束等离子弧焊的工艺参数见表 6-6 和表 6-7 所示。

表 6-6　熔入型等离子弧焊的工艺参数

材料	板厚/mm	焊接电流/A	电弧电压/V	焊接速度/cm·min⁻¹	离子气 Ar 流量/L·min⁻¹	保护气流量/L·min⁻¹	喷嘴孔径/mm	备注
不锈钢	0.025	0.3	—	12.7	0.2	8(Ar+$H_2$1%)	0.75	卷边焊
	0.075	1.6	—	15.2	0.2	8(Ar+$H_2$1%)	0.75	
	0.125	1.6		37.5	0.28	7(Ar+$H_2$0.5%)	0.75	
	0.175	3.2		77.5	0.28	9.5(Ar+$H_2$4%)	0.75	
	0.25	5	30	32.0	0.5	7Ar	0.6	
	0.2	4.3	25	—	0.4	5Ar	0.8	对接焊(背后有铜垫)
	0.2	4	26	—	0.4	6Ar	0.8	
	0.1	3.3	24	37.0	0.15	4Ar	0.6	
	0.25	6.5	24	27.0	0.6	6Ar	0.8	
	1.0	2.7	25	27.5	0.6	11Ar	1.2	
	0.25	6	—	20.0	0.28	9.5(Ar+$H_2$1%)	0.75	
	0.75	10	—	12.5	0.28	9.5(Ar+$H_2$1%)	0.75	
	1.2	13		15.0	0.42	7(Ar+$H_2$8%)	0.8	
	1.6	46	—	25.4	0.47	12(Ar+$H_2$5%)	1.3	手工对接
	2.4	90		20.0	0.7	12(Ar+$H_2$5%)	2.2	
	3.2	100	—	25.4	0.7	12(Ar+$H_2$5%)	2.2	

续表

材料	板厚/mm	焊接电流/A	电弧电压/V	焊接速度/cm·min⁻¹	离子气Ar流量/L·min⁻¹	保护气流量/L·min⁻¹	喷嘴孔径/mm	备注
镍合金	0.15	5	22	30.0	0.4	7(Ar+H₂8%)	0.6	对接焊
	0.56	4~6	—	15.0~20.0	0.28	7(Ar+H₂8%)	0.8	
	0.71	5~7	—	15.0~20.0	0.28	7(Ar+H₂8%)	0.8	
	0.91	6~8	—	12.5~17.5	0.33	7(Ar+H₂8%)	0.8	
	1.2	10~12	—	12.5~15.0	0.38	7(Ar+H₂8%)	0.8	
钛	0.75	3	—	15.0	0.2	8Ar	0.75	手工对接
	0.2	5	—	15.0	0.2	8Ar	0.75	
	0.37	8	—	12.5	0.2	8Ar	0.75	
	0.55	12	—	25.0	0.2	8(He+Ar25%)	0.75	
哈斯特洛伊合金	0.125	4.8	—	25.0	0.28	8Ar	0.75	对接焊
	0.25	5.8	—	20.0	0.28	8Ar	0.75	
	0.5	10	—	25.0	0.28	8Ar	0.75	
	0.4	13	—	50.0	0.66	4.2Ar	0.9	
不锈钢丝	Φ0.75	1.7	—	—	0.28	7(Ar+H₂15%)	0.75	搭接时间1s，焊接时间0.6s
	Φ0.75	0.9	—	—	0.28	7(Ar+H₂15%)	0.75	
镍丝	Φ0.12	0.1	—	—	0.28	7Ar	0.75	搭接热电偶
	Φ0.37	1.1	—	—	0.28	7Ar	0.75	
	Φ0.37	1.0	—	—	0.28	7(Ar+H₂2%)	0.75	
钽丝与镍丝（Φ0.5）		2.5	—	焊一点为0.2s	0.2	9.5Ar	0.75	点焊
纯铜	0.025	0.3	—	12.5	0.28	9.5(Ar+H₂0.5%)	0.75	卷边对接
	0.075	10	—	15.0	0.28	9.5(Ar+He75%)	0.75	

表 6-7 自动微束等离子弧焊的工艺参数

材料	厚度/mm	接头形式	焊接电流/A	焊接速度/mm·min⁻¹	焊接电压/V	离子气Ar流量/L·h⁻¹	保护气流量/L·h⁻¹	喷嘴孔径/mm
碳钢	0.3	对接	8	200	22	25	0	1.0
	0.8	对接	25	250	20	25	100	1.5
	1.0	对接	30	210	20	25	100	1.5

续表

材料	厚度/mm	接头形式	焊接电流/A	焊接速度 /mm·min^{-1}	焊接电压/V	离子气 Ar 流量 /L·h^{-1}	保护气流量 /L·h^{-1}	喷嘴孔径/mm
不锈钢	0.025	卷边	0.3	127	—	14.2	566(Ar99%+H$_2$1%)	0.8
	0.08	卷边	1.6	152	—	14.2	566(Ar99%+H$_2$1%)	0.8
	0.13	端接	1.6	381	—	14.2	566(Ar99%+H$_2$1%)	0.8
	0.25	对接	6.5	270	24	36	360(Ar)	0.8
	0.50	对接	18	300	24	36	660(Ar)	1.0
	0.75	对接	10	127	25	14.2	330(Ar99%+H$_2$1%)	0.8
	1.0	对接	27	275	25	36	660(Ar)	1.2
钛	0.08	卷边	3	152	—	14.2	566(Ar50%+H$_2$50%)	0.8
	0.2	对接	5	127	26	14.2	566(Ar50%+H$_2$50%)	0.8
	0.3	端接	15~20	240	—	16	150(Ar)	1.0
	0.55	对接	10	178	—	14.2	566(Ar50%+H$_2$50%)	0.8
镍铜	0.15	对接	5	300	22	24	300(Ar)	0.6
	0.08	卷边	10	152	—	14.2	566(He75%+Ar25%)	0.8

3. 脉冲等离子弧焊

小孔型、熔入型等离子弧焊均可采用脉冲焊接方法，其焊接过程与脉冲 TIG 焊相似，每一次脉冲电流在焊件上形成一个焊点，每个焊点相互重叠一部分并连成焊缝。一般采用方波或梯形直流脉冲焊接电源。

脉冲等离子弧焊的工艺参数见表 6-8 所示。

表 6-8 脉冲等离子弧焊的工艺参数

母材	厚度/mm	基值电流/A	脉冲电压/V	脉冲频率/Hz	焊接速度 /mm·min^{-1}	离子气流量 /L·min^{-1}	喷嘴孔道比 l_0/d_0
不锈钢	3	70	100	2.4	400	5.5	3.2/3.8
	4	50	120	1.4	250	6.0	3.2/3.8
钛板	6	90	170	2.9	202	6.5	4/3
	3	40	90	3	400	6.0	3.2/3.8
不锈钢波纹管膜片	0.05+0.05 内圆	0.12	0.5	10	45	0.6	3.2/3.8
	0.05+0.05 内圆	0.12	1.2	10	45	0.6	1.5/0.6
	0.05+0.05 内圆	0.12	0.55	10	35	0.6	1.5/0.6

6.4.4 等离子弧焊的缺陷及防止措施

等离子弧焊缝的缺陷有表面缺陷和内部缺陷。表面缺陷包括余高过大、未填满、咬边、未焊透、表面裂纹；内部缺陷包括气孔、未熔合、内部裂纹。其中最常见的缺陷是咬边、气孔、裂纹等。

1. 咬边

不加填充丝时最易出现咬边，可分为两侧咬边和单侧咬边，产生的原因有：

1）离子气流量过大，焊接电流过大，焊接速度过高；

2）装配质量不高，有装配错边或坡口两侧边缘高低不平，高的一侧易出现咬边；

3）操作不当，焊枪向一侧倾斜；

4）电极与压缩喷嘴不同心；

5）采用多孔喷嘴时，两侧辅助孔位置偏斜；

6）焊接磁性材料时，电缆连接位置不当，导致磁偏吹，造成单边咬边。

防止措施是调整焊接参数，电极对准焊缝，修整装配错位、正确连接电缆等。

2. 气孔

气孔常见于焊缝的根部，引起气孔的原因有：

1）焊件清理不彻底；

2）焊接速度过快。小孔型焊接时还可能产生贯穿焊缝方向的长气孔；

3）弧压过高，弧长过长；

4）填充焊丝的送进速度过快；

5）起弧和收弧处工艺参数配合不当。

防止措施是调整焊接参数，焊枪适当后倾。

3. 裂纹

产生裂纹的原因有材质成分、冶金物理性能及不合适的拘束力、气保护等。

防止措施是降低夹具对焊件的拘束力，调整输入线能量，进行预热和保温，改善气保护条件等。

>>> 习 题

1. 等离子弧的特性及用途是什么？

2. 等离子弧焊接有什么焊接类型？其焊接原理和焊接特点是什么？

3. 等离子弧焊接时采用什么气体？

4. 等离子弧焊有哪些工艺参数？它们是如何影响焊接质量的？

第7章　电阻焊

电阻焊(resistance welding)是将工件组合后通过电极施加压力,利用电流通过接头的接触面及邻近区域产生的电阻热进行焊接的方法,属压焊。

电阻焊过程的物理本质,是利用焊接区本身的电阻热和大量的塑性变形能量,使两个分离表面的金属原子之间接近到晶格距离形成金属键,在结合面上产生足够量的共同晶粒而得到焊点、焊缝或对接头。

根据焊接接头形式的不同,电阻焊可分为点焊、缝焊和对焊三种。

电阻焊的优点主要体现在以下几个方面:

1)熔核形成时,始终被塑性环包围,熔化金属与空气隔绝,冶金过程简单;

2)焊接电流大,加热(通电)时间短,热量集中,故热影响区小,工件变形小,表面平整而光洁,通常在焊后不必安排校正和热处理工序;

3)不需要焊丝、焊条等填充金属,以及氧、乙炔、氢等焊接材料,焊接成本低;

4)生产率极高,操作简单,易于实现机械化和自动化,且无噪声及有害气体,劳动条件好。但闪光对焊因有火花喷溅,需要隔离。

电阻焊用于焊接厚度小于3mm的薄板组件,如铝、镁等有色金属及其合金,各种钢材,不锈钢等均可利用点焊和缝焊进行焊接。

但电阻焊设备复杂,耗电量大(可达1 000kW),接头形式与可焊工件厚度受到限制。

▶ 7.1　点焊

将被焊工件搭接后,在电极压力下通以强电流,此时产生电阻热,使被焊部位金属达到或接近熔点温度。断电后电极加压及通冷却水使熔化的金属在压力下凝结形成焊点。根据使用要求,采用一定数量的焊点将两部分金属连接起来。

7.1.1　概述

1. 点焊的基本特点

1)点焊过程是在热—机械(力)作用下形成焊点的过程。热作用使焊件贴合面母材熔化,机械(力)作用使焊接区产生必要的塑性变形,二者适当配合和共同作用是获得优质点焊接头的基本条件。

2)焊件依靠尺寸不大的熔核及塑性环进行连接,熔核均匀、对称地分布在两焊件的贴合面上。

3)具有大电流,短时间,压力状态下进行焊接的工艺特点。

2. 点焊的分类

按对焊件供电的方向可分为双面焊接、单面焊接和间接点焊等。点焊方法很多。

按照焊件的供电方向，可将其分为双面焊接、单面焊接和间接点焊。按照一次形成的焊点数，可将其分为单点焊、双电焊和多点焊。按照所用焊接电流波形，可将其分为工频点焊、电容储能点焊、直流冲击波点焊、三相低频点焊和次级整流点焊。

3. 点焊的应用

点焊适用于焊接 4mm 以下的薄板（搭接）和钢筋，广泛用于电子、仪表、家用电器、日常生活用品的组合件装配一连接上，同时也大量应用于建筑工程、交通运输及航空、航天工业中的冲压件、金属构件和钢筋网的连接。

7.1.2 点焊基本原理

1. 点焊焊接循环

点焊焊接循环（welding cycle）是指电阻焊中，完成一个焊点（缝）所包括的全部程序。

图 7-1 是一个较完整的复杂点焊热循环，由加压到休止等 10 个程序段组成，I，F，t 中各参数均可独立调节，它可满足常用金属材料（含焊接性较差的金属材料）的点焊工艺要求。当将 I，F，t 中某些参数设为零时，该焊接循环将会被简化以适应某些特定材料的点焊要求。

当其中预热电流 I_1、缓冷或回火电流 I_3、预压压力 F_{pr}、锻压力 F_{f0}，t_2，t_3，t_4，t_5，t_6，t_7，t_8 均为零时，就得到由四个程序段组成的基本点焊焊接循环，该循环是目前应用最广的点焊循环，即所谓"加压—焊接—维持—休止"的四程序段点焊或电极压力不变的单脉冲点焊。

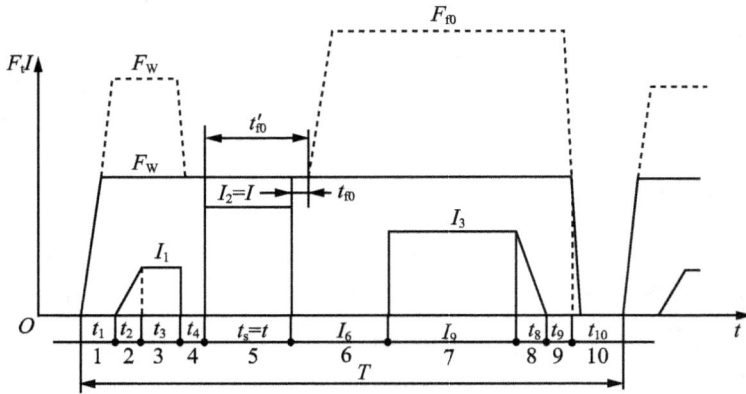

图 7-1 复杂点焊焊接循环示意图

1—加压程序；2—热量递增程序；3—加热 1 程序；4—冷却 1 程序；5—加热 1 程序；
6—冷却 2 程序；7—加热 3 程序；8—热量递增程序；9—维持程序；10—休止程序
F_{pr}—预压压力　F_{f0}—锻压力　t_{f0}—施加锻压力时刻（从断电时刻算起）
F_w—电极压力　T—点焊周期　t'_{f0}—施加锻压力时刻（从通电时刻算起）

在点焊焊接循环中，使用预压压力 F_{pr}（$F_{pr}=1.5F_w\sim2.5F_w$）能很好地克服焊接刚性，获得低而均匀的接触电阻，充分利用设备电功率，适合厚钢板和高强铝合金等金属材料的点焊；较大的锻压力（$F_{f0}=2F_w\sim3F_w$）对厚板在 3mm 以上的所用金属材料都有积极意义，这是因为厚板点焊时，在熔核内部易形成缩松、缩孔、裂纹等缺陷，对凝固过程的熔核以较大压力进行锻压可有效消除这些凝固组织缺陷。对于容易产生裂纹缺陷的 LF6，LY12CZ 等铝合金，从 1mm＋1mm 厚度开始，就应该使用锻压力。同时，应严格控制施加锻压力的起始时间，锻压力施加延迟（熔核已结晶结束），则不能消除凝固过程产生的组织缺陷；锻压力施加过早（通电过程中），则会引起熔核尺寸下降，甚至产生未熔核缺陷。一般认为，在用硬规范焊接薄件时（储能点焊）$t_{f0}=0.02\sim0.005s$；在工频交流、直流冲击波、三相低频及次级整流点焊时 $t_{f0}=0.02\sim0.18s$。

预热电流（$I_1=0.25I\sim0.5I$）有与提高预压压力相似的效果。同时，预热亦可降低焊接开始时焊接区金属中的温度提高，避免金属在瞬间过热和产生喷溅。

热处理电流（缓冷电流或回火电流 $I_3=0.5I\sim0.7I$，$t_r=1.2t\sim3.0t$）可避免钢产生淬硬组织和裂纹，提高接头的综合力学性能。

2. 点焊接头的形成过程

点焊接头的形成如图 7-2 所示。将焊件 3 压紧在两电极 2 之间，施加电极压力后，阻焊变压器 1 向焊接区通过强大的焊接电流，在焊件接触面上形成真实的物理接触点，并随着通电加热的进行不断扩大。塑性能与热能使接触点的原子不断激活，通过扩散消失了接触面，继续加热形成熔化核心 4，简称熔核。熔核中的液态金属在电磁力作用下发生强烈搅拌，熔核内的金属成分均匀化，结合界面迅速消失。加热停止后，核心金属以自由能最低的熔核边界半熔化晶粒表面为晶核开始结晶，然后沿与散热方向不断以枝晶形式向中间延伸。通常熔核以柱状晶形式生长，将合金浓度较高的成分排至晶叉及枝晶前端，直至生长的枝晶相互抵住，获得牢固的金属结合，结合面消失了，得到了柱状晶生长较为充分的焊点，如图 7-3 所示。或因合金冷却条件不同，核心中心区同时形成等轴晶粒，得到柱状晶与等轴晶两种凝固组织并存的焊点，如图 7-4 所示。同时，液态熔核周围的高温固态金属，在电极压力作用下产生塑性变形和强烈再结晶而形成塑性环（塑性环是指熔核周围具有一定厚度的塑性金属区域，它与熔核及其周围母材金属的一部分构成了点焊接头），该环先于熔核形成且始终伴随着熔核一起长大，它的存在可防止周围气体侵入和保护熔核液态金属不至于沿板缝向外喷溅。

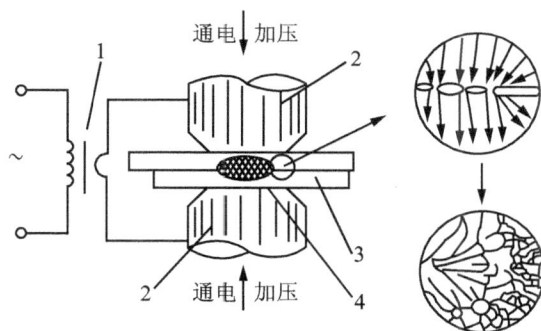

图 7-2　点焊接头的形成

1—阻焊变压器；2—电极；3—焊件；4—熔核

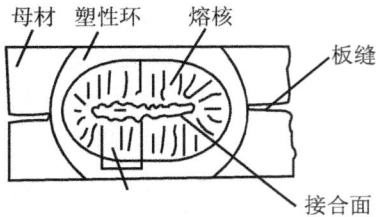

图 7-3　熔核区的柱状晶示意图

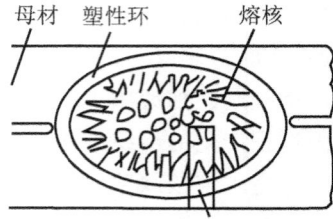

图 7-4　熔核区的"柱状＋等轴"晶示意图

3. 熔核的结晶组织

由于材质和焊接规范的不同，熔核的凝固组织可有三种：柱状晶组织、等轴晶组织、"柱状＋等轴"晶组织。其中熔核凝固组织完全为等轴晶组织的情况极为罕见，这里不作介绍。

（1）柱状晶组织的形成过程

图 7-5 是熔核凝固为柱状晶组织的形成过程示意图。

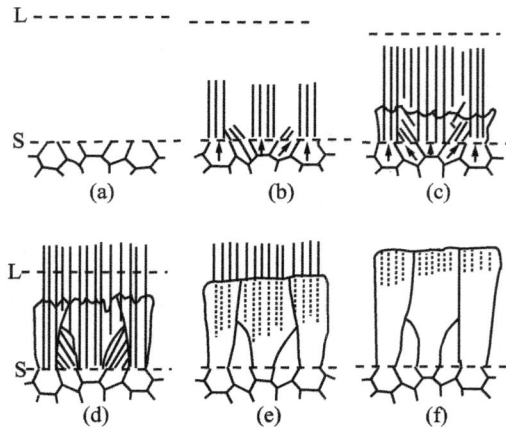

图 7-5　柱状组织形成过程模型

L—液态金属表面（1/2 熔核高度）；S—母材固相表面（熔核线处）；↑—晶体生长方向〈001〉

　　凝固前，熔合线上（固-液相界面）的许多晶粒处于半熔化状态，显然熔核中的液态金属能很好地润湿取向不同的半熔化晶粒表面，为异质形核结晶提供了有利条件，如图 7-5（a）所示。当液态熔核的温度降低时，由于成分过冷较大，以半熔化晶粒作底面沿〈001〉（以 65Mn 为例）向长出枝晶束，如图 7-5（b）所示。同时，在电极与母材的急冷作用下，凝固界面前形成较大的温度梯度，因而使枝晶主干伸向液体中远处，枝晶生长很快（一次枝晶轴间距与冷却速度的平方根的倒数成正比）。由于薄件脉冲点焊熔核尺寸小，电极与母材的急冷作用强，液体金属冷速度快，因此枝晶轴的间距甚小。枝晶继续生长，液/固界面向前推进，液体向枝晶间不断充填，如图 7-5（c）所示。随着枝晶间的液体逐渐向枝晶上凝固，枝晶变大变粗，靠近母材处由于温度低，枝晶凝固快，以至形成连续的凝固层。在熔核内部，温度梯度减小，枝晶凝固速度降低，向前推进的液/固界面层起伏更大。与此同时，横向或倾斜生长的枝晶（二次晶）束被与最大温度梯度方向一致的纵向枝晶束（一次晶）所阻碍而停止生长。当一次枝晶晶轴间距过大时，则从二次枝晶轴上可以长出三次晶，这个三次晶很快生长甚至赶上一次晶而成为其中的一个。

液体金属凝固时产生的体积收缩和毛吸现象，均引起熔核内液态金属向正在凝固的枝晶间充填。凝固即将结束时，剩余液体金属不足以完全充填枝晶间隙，未被液体充满的枝晶暴露在凝固前沿，如图 7-5(d) 和图 7-5(e) 所示。凝固结束后，枝晶间留下间隙，形成缩松，如图 7-5(f) 所示。

(2)"柱状＋等轴"晶组织的形成过程

图 7-6 是熔核凝固"柱状＋等轴"晶组织的形成过程示意图。

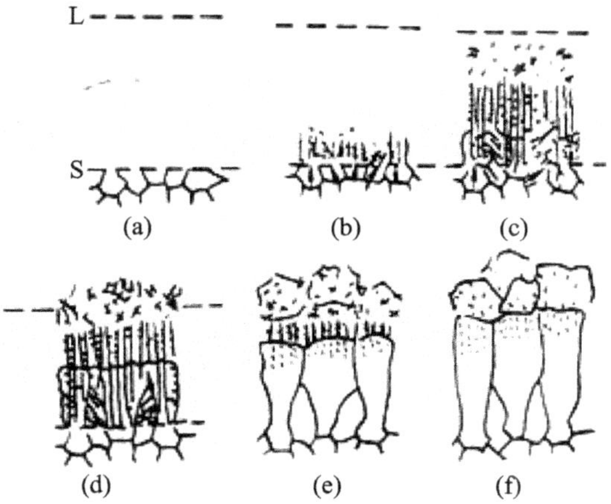

图 7-6　"柱状＋等轴"晶组织形成过程模型

L—液态金属表面(1/2 熔核高度)　S—母材固相表面(熔核线处)　↑—晶体生长方向　〈001〉

凝固前，熔合线上的许多晶粒处于半熔化状态，这些取向不同的半熔化晶粒表面为异质形核结晶提供了有利条件，如图 7-6(a) 所示。液态熔核开始降温时，熔合线处液态金属首先处于过冷状态，并以半熔化晶粒作底面沿〈001〉(以 2Al2-T4 为例)向长出枝晶束，如图 7-6(b) 所示。某些枝晶发生二次晶轴的熔断、游离并被排挤到熔核心部。枝晶继续生长，液/固界面向前推进，液体向枝晶间不断充填，随着枝晶间的液体逐渐向枝晶上凝固，枝晶粗化，如图 7-6(c) 所示。

与此同时，与热流方向垂直或倾斜的枝晶束生长受阻。更多的二次枝晶发生熔断、游离并被排挤到熔核心部。由于枝晶前沿液体金属的温度梯度之间变小和溶质浓度的不断提高，使等轴晶核在熔核心部增殖，个别晶核以树枝晶形态生长。

随着凝固的进行，液态金属的成分过冷度越来越大，大量的等轴晶核以树枝晶形态迅速生长，彼此相遇，以及与柱状晶束相遇后呈现相互阻碍。

凝固即将结束时，当剩余液体金属不足以完全充填枝晶间隙，未被液体充满的枝晶暴露在凝固前沿，如图 7-6(d) 和图 7-6(e) 所示。凝固结束后，枝晶间留下间隙，这些间隙成为缩松如图 7-6(f) 所示。

通常情况下，纯金属(如镍、钼等)和结晶温度区间窄的合金(碳钢、合金钢、钛合金等)的熔核为柱状晶组织，结晶温度区间宽的合金(如铝合金等)的熔核为"柱状＋等轴"晶组织。

7.1.3 点焊工艺

1. 点焊接头设计

(1)点焊接头主要尺寸的确定

点焊通常采用搭接接头或折边接头。接头可以由两个或两个以上等厚度或不等厚度、相同材料或不同材料的零件组成，焊点数量可为单点或多点。在电极可达性良好的条件下，接头主要尺寸设计可参见表7-1、表7-2和表7-3所示。

表 7-1　点焊接头尺寸的大致确定　　　　　单位：mm

序号	经验公式	简图	备注
1	$d = 2\delta + 3$ 或 $d = 5\sqrt{\delta}$		d. 熔核直径
2	$A = 30 \sim 70$		A. 焊透率
3	$c' \leqslant 0.2\delta$		c'. 压痕深度
4	$e > 8\delta$		e. 点距
5	$e < 6\delta$		s. 边距 δ. 薄件厚度 n. 焊点数 。. 点焊缝符号 $d \circ n \times (e)$. 点焊缝标准

表 7-2　接头的最小搭接量　　　　　单位：mm

最薄板件厚度	单排焊点的最小搭接量			双排焊点的最小搭接量		
	结构钢	不锈钢及高温合金	轻合金	结构钢	不锈钢及高温合金	轻合金
0.5	8	6	12	16	14	22
0.8	9	7	12	18	16	22
1.0	10	8	14	20	18	24
1.2	11	9	14	22	20	26
1.5	12	10	16	24	22	30
2.0	14	12	20	28	26	34
2.5	16	14	24	32	30	40
3.0	18	16	26	36	30	46
3.5	20	18	28	40	38	48
4.0	22	20	30	42	40	50

表 7-3　焊点的最小点距　　　　　　　　　　单位：mm

最薄板件厚度	最小点距		
	结构钢	不锈钢及高温合金	轻合金
0.5	10	8	15
0.8	12	10	15
1.0	12	10	15
1.2	14	12	15
1.5	14	12	20
2.0	16	14	25
2.5	18	16	25
3.0	20	18	30
3.5	22	20	35
4.0	24	22	35

（2）焊点布置的合理性

点焊焊接结构通常由多点连接而成，其排列形式多为单排，有时也可为多排。在单排点焊接头中焊点除承受切应力外，还承受由偏心力引起的拉应力，在多排点焊的接头中，拉应力较小。研究表明，单排的点焊接头达不到接头与母材等强度，但 3 排以上的点焊接头也是不合理的，因为 3 排以上点焊接头的承载能力并不随焊点数目的增加而增加，只有采用 3 排布置焊点，才可以改善偏心力矩的影响，降低应力集中系数，如果采用 3 排交错的排法，情况将会更好，理论上讲，可以得到与母材等强度的点焊接头。

应当注意，点焊接头的疲劳强度很低，即使增加焊点数量，效果也不明显。

（3）点焊结构的影响

电极能否较方便地达到焊接位置，对焊接质量和生产效率影响很大。因此，根据电极可达性将点焊结构分为敞开式（上、下均方便可达）、半敞开式（仅上或下方便可达）、封闭式（上、下均受到阻碍），这时须采用特殊电极和专用电极握杆。

2. 焊前工件表面清理

点焊、凸焊和缝焊前，均须对焊件表面进行清理，以除掉表面脏物与氧化膜，获得小而均匀一致的接触电阻，这是避免电极黏结、喷溅、保证点焊质量和提高生产率的主要前提。对于重要焊接结构和铝合金焊件等，尚须每批抽测施加一定电极压力下的两电极间总电阻 R，以评定清理效果，一般可由清理工艺保证。清理方法包括机械清理和化学清理两大类，其中机械清理主要有喷砂、刷光、抛光及磨光等方法。化学清理用溶液参见表 7-4 所示，也可查阅相关熔焊资料。

表 7-4　化学腐蚀用的溶液成分

金属	腐蚀用溶液	中和用溶液	R 允许值/ $\mu\Omega$
低碳钢	(1)每升水中 H_2SO_4 200g，NaCl 10g，缓冲剂六次甲基四胺 1g，温度 50～60℃ (2)每升水中 HCl 200g，六次甲基四胺 1g，温度 30～40℃	每升水中 NaOH 或 KOH 50～70g，温度 20～25℃	600
结构钢、低合金钢	(1)每升水中 H_2SO_4 100g，HCl 50g，六次甲基四胺 10g，温度 50～60℃ (2)每 0.8L 水中 H_3PO_4 65～98g，Na_3PO_4 35～50g，乳化剂 OP 25g，硫脲 5g	每升水中 NaOH 或 KOH 50～70g，温度 20～25℃ 每升水中 $NaNO_3$ 5g，温度 50～60℃	800
不锈钢、高温合金	每 0.75L 水中 H_2SO_4 110g，HCl 130g，HNO_3 10g，温度 50～70℃	质量分数为 10% 的苏打溶液，温度 20～25℃	1 000
钛合金	每 0.6L 水中 HCl 16g，HNO_3 70g，HF 50g	—	1 500
铜合金	(1)每升水中 HNO_3 280g，HCl 1.5g，炭黑 1～2g，温度 15～25℃ (2)每升水中 HNO_3 100g，H_2SO_4 180g，HCl 1g，温度 15～25℃		300
铝合金	每升水中 H_3PO_4 110～155g，$K_2Cr_2O_7$ 或 $Na_2Cr_2O_7$ 1.5～0.8g，温度 30～50℃	每升水中 HNO_3 15～25g，温度 20～25℃	80～120
镁合金	每 0.3～0.5L 水中 NaOH 300～600g，$NaNO_3$ 40～70g，$NaNO_2$ 150～250g，温度 70～100℃	—	120～180

3. 点焊焊接参数及其相互关系

合适的工艺参数是实现优质焊接接头的重要条件。点焊规范参数的选择主要取决于金属材料的性质、板厚、结构形式及所用设备的特点(能提供的焊接电流波形和压力曲线)。

(1)点焊工艺参数

点焊主要规范参数有：焊接电流、焊接时间、电极压力和电极头断面尺寸。

1)焊接电流(weld current)I。焊接时流经焊接回路的电流称为焊接电流。一般在数万安培(A)以内。焊接电流是最主要的点焊参数。调节焊接电流对接头力学性能的影响如图 7-7 所示。AB 段时曲线陡峭，由于焊接电流小使热源强度不足而不能形成熔核或熔核尺寸很小，因此焊点所能承受的最大剪切载荷(也称抗剪载荷)较低且很不稳定。BC 段时曲线平稳上升，随着焊接电流的增加，内部热源发热量急剧增大($Q\propto I^2$)，熔核尺寸稳定增大，因而焊点抗剪载荷不断提高；接近 C 点区域，由于板间翘离限制了熔核直径的扩大和温度场进入准稳态，因而焊点抗剪载荷变化不大。CD 段，由于电流过大使加热过于强烈，引起金属过热、飞溅、压痕过深等缺陷，接头性能反而降低。图 7-8 还说明，焊件越厚 BC 段越陡峭，即焊接电流的变化对焊点抗剪载荷的影响越敏感。

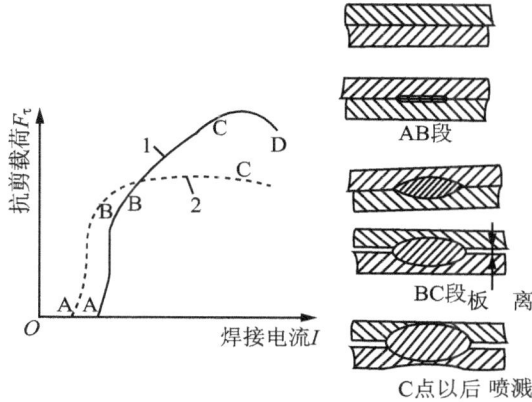

图 7-7　焊接电流对接头抗剪载荷的影响

1—板厚 1.6mm 以上；2—板厚 1.6mm 以下

2）焊接时间（weld time）t。自焊接电流接通至停止的持续时间，称焊接通电时间，简称焊接时间。点焊时 t 一般在数十周波以内。焊接时间对接头力学性能的影响与焊接电流相似（图 7-8）。但应注意两点：① C 点以后曲线并不立即下降，这是因为尽管熔核尺寸已达到饱和，但塑性环还可有一定扩大，再加之热源速率较和缓，因而一般不会产生飞溅。② 焊接时间对接头塑性指标影响较大，尤其对承受动载荷或有脆性倾向的材料（可淬硬钢、铝合金等），较长的焊接时间将产生较大的不良影响。

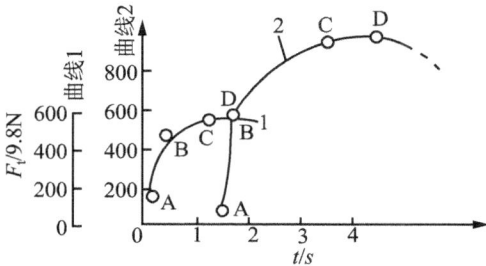

图 7-8　接头抗剪载荷与焊接时间的关系

1—板厚 1mm；2—板厚 5mm

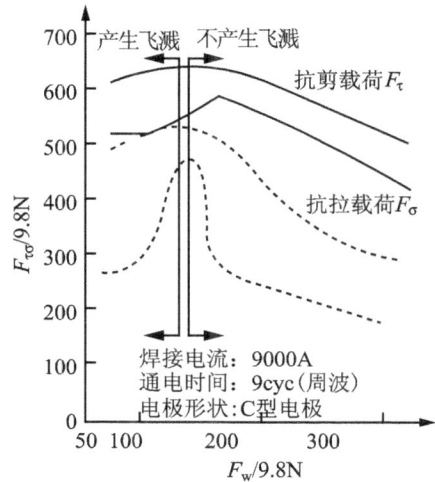

图 7-9　接头抗剪载荷和抗拉载荷与电极压力的关系

（低碳钢，$\delta=1$mm　F_w—电极压力

F_τ—抗剪载荷；F_σ—抗拉载荷）

3）电极压力（electrode force）F_w。点焊时通过电极施加在焊件上的压力一般要数千

牛(N)。图 7-9 表明，电极压力过大或过小都会使焊点承载能力降低和分散性变大，尤其对拉伸载荷影响更大。当电极压力过小时，由于焊接区金属的塑性变形范围及变形程度不足，造成因电流密度过大而引起加热速度增大而塑性环来不及扩展，从而产生严重飞溅。这不仅使熔核形状和尺寸变化，而且污染环境和不安全，这是绝对不允许的。电极压力过大时将使焊接区接触面积增大，总电阻和电流密度均减小，焊接散热增加，因此熔核尺寸下降，严重时会出现未焊透缺陷。一般认为，在增大电极压力的同时，适当加大焊接电流或焊接时间，以维持焊接区加热程度不变。同时，由于压力增大，可消除焊件装配间隙、刚性不均匀等因素引起的焊接区所受压力波动对焊点强度的不良影响。此外不仅使焊点强度维持不变，稳定性也可大为提高。

4)电极头端部尺寸(electrode tip dimensions)D 或 R。电极头是指点焊时与焊件表面相接触时的电极断头部分。其中 D 为锥台形电极头端面直径，R 为球形电极头球面半径，h 为端面与水冷端距离(图 7-10)。电极头端面尺寸增大时，由于接触面积增大，电流密度减小，散热效果增强，均使焊接区加热程度减弱，因而熔核尺寸减小，使焊点承载能力降低(图 7-11)。一般情况下电极头直径 $D=(1.1\sim1.2)d$，d 为熔核直径。

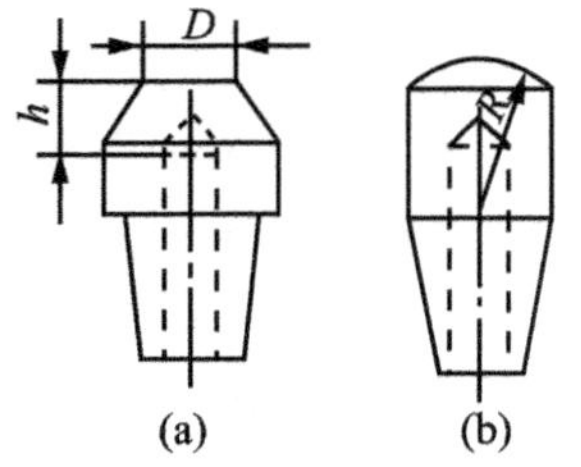

图 7-10　常用电极结构

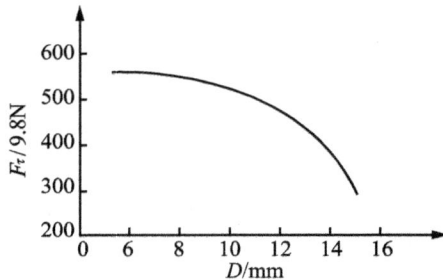

图 7-11　接头抗剪载荷与电极头端面直径的关系
(低碳钢 $\delta=1mm$)

应该指出，在点焊过程中，由于电极工作条件恶劣，电极头产生压溃变形、粘着撕裂和磨擦损伤是不可避免的，因此要规定：锥台形电极头断面尺寸的增大 $\Delta D < 15\%D$，同时对由于不断锉修电极头而带来的与水冷端距离 h 的减小也要给予控制。低碳钢点焊 $h\geqslant3mm$，铝合金点焊 $h\geqslant4mm$。

(2)焊接参数间相互关系及选择

点焊时，各焊接参数的影响是相互制约的。当电极材料、端面形状和尺寸选定以后，焊接参数的选择主要是考虑焊接电流、焊接时间及电极压力，这是形成点焊接头的三大因素，其相互配合可有两种方式。

1)焊接电流和焊接时间的适当配合。这种配合是以反映焊接区加热速度快慢为主要特征。当采用大焊接电流、短焊接时间参数时，称硬规范；而采用小焊接电流、适当长焊接时间参数时，称软规范。

软规范的特点：加热平稳，焊接质量对焊接参数波动的敏感性低，焊点强度稳定；温度场分布平缓，塑性区宽，在压力作用下易变形，可减少熔核内喷溅、缩孔和裂纹倾向；对有淬硬倾向的材料，软规范可减少接头冷裂倾向；所用设备装机容量小，控制精度不高，因而较便宜。但是，软规范易造成焊点压痕深，接头变形大，表面质量差，电极磨损快，生产效率低，能量损耗较大。

硬规范的特点与软规范基本相反，在一般情况下，硬规范适合于铝合金、奥氏体不锈钢、低碳钢及不等厚度材料的焊接；而软规范较适用于低合金钢、可淬硬钢、耐热合金、钛合金等。

应当注意，调节 I，t 使之配合成不同的硬、软规范时，必须相应改变电极压力 F_w，以适应不同加热速度及满足不同塑性变形能力的要求。硬规范焊接时所用电极压力显著大于软规范焊接时的电极压力。

2) 焊接电流和电极压力的适当配合。这种配合是以焊接过程中不产生喷溅为主要原则。根据这一原则制定的 I-F_w 关系曲线，称喷溅临界曲线(图 7-12)。曲线左半区为无喷溅区，但焊接压力选择过大会造成固相焊接(塑性环)范围过宽，导致焊接质量不稳定。曲线右半区为喷溅区，因为电极压力不足、加热速度过快而引起喷溅，使接头质量严重

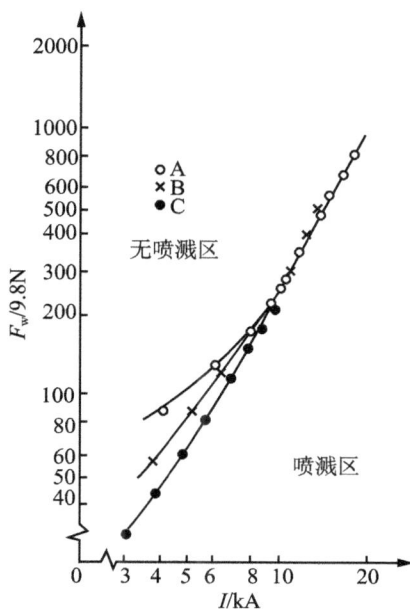

图 7-12   焊接电流与电极压力的关系
(A，B，C 为 RWMA 焊接规范中的三类)

下降，不能安全生产。当将规范选在喷溅临界曲线附近(无飞溅区内)时，可获得最大熔核和最高拉伸载荷。

4. 特殊情况的点焊工艺

(1)不同厚度和不同材料的点焊

通常情况下，不同厚度和不同材料点焊时，熔核不以贴合面为对称，而向厚板或导电性差的焊件中偏移，其结果使其在贴合面上的尺寸小于该熔核直径。同时，也使其在薄件或导电性好的焊件中焊透率小于规定数值，这均使焊点承受能力降低。

熔核偏移的根本原因是焊接区在加热过程中两焊件吸热和散热均不相等所致。偏移方向自然向吸热多、散热缓慢的一方移动。

不同厚度点焊时，厚件电阻大吸热多，而其吸热中心由于远离电极而散热缓慢；薄件情况正好相反。这就造成焊接温度场及熔核向厚板偏移，如图 7-13(a)所示。

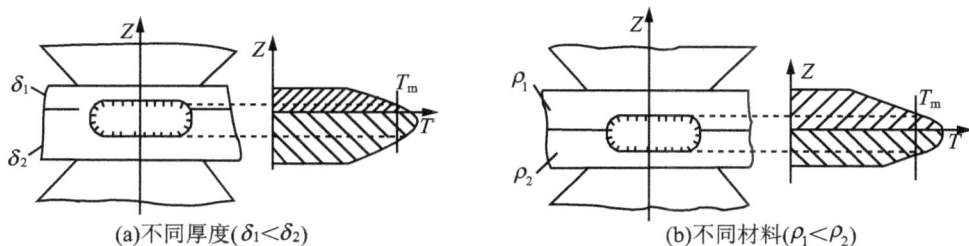

(a)不同厚度($\delta_1 < \delta_2$)   (b)不同材料($\rho_1 < \rho_2$)

图 7-13   焊接区温度分布

不同材料点接时，导电性差的工件电阻大吸热多，同时该材料导热性差散热缓慢，导电性好的工件情况正相反，这同样要造成焊接温度场向导电性差的工件偏移，如图 7-13(b)。温度场的偏移则带来熔核的相应偏移。

克服熔核偏移的措施如下。

1)采用硬规范。硬规范时电流场的分布能更好地反映边缘效应对贴合面集中加热的效果，并且由于焊接时间短使热损失下降，散热的影响相对较小，均对纠正熔核偏移现象有利。例如，可用电容储能焊机点焊厚度差很大的精密零件。

2)采用不同的电极。

①采用不同直径的电极。薄件(或导电、导热性好的焊件)那面采用小直径电极，以增大电流密度减少热损失；而厚件(或导电、导热性差的焊件)那面采用大直径电极。上、下电极直径的不同使不同温度场分布趋于合理，减少了熔核的偏移。但在厚度差比较大的不锈钢或耐热合金零件的点焊中与上述原则相反，只有小直径电极安置在厚件那面方能有效，俗称为"反焊"。②采用不同材料的电极。由于上、下电极材料不同，散热程度不同，导热性好的材料放于厚件(或导电、导热性差的焊件)那面使其热损失加大，也可调节温度场分布，减少了熔核的偏移。例如，点焊 5A02-3A21 板材($\lambda_{5A02}>\lambda_{3A21}$，$\delta_{5A02}=2mm$，$\delta_{3A21}=3mm$)，可在 5A02 那面采用导热性差的 CrCdCu 合金电极，而在 3A21 那面采用导热性好的 T2 纯铜电极。结果表明，薄件的焊透率达 20%～25%，满足质量要求。③使用特殊电极。在电极头部加不锈钢环、黄铜套式采用尖锥状电极头均可使焊接电流向中间集中，从而使薄件(或导电、导热性好的焊件)析热强度增加，使温度场分布趋于合理。

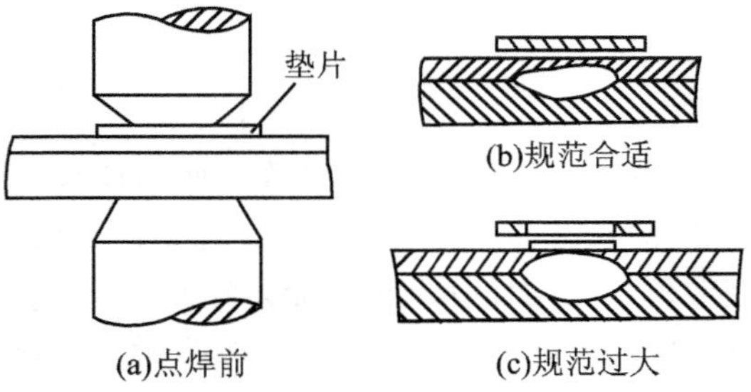

图 7-14　附加工艺垫片的点焊

(a)点焊前　(b)规范合适　(c)规范过大

3)在薄件(或导电、导热性好的焊件)上附加工艺垫片(图 7-14)，工艺垫片由导热性差的材料制作，厚度为 0.2～0.3mm，有降低薄件(或导电、导热性好的焊件)散热、增加电流密度的作用。例如，不锈钢箔片可作为铜、铝合金的点焊工艺垫片；低碳钢箔片可作为黄铜的点焊工艺垫片；钼箔片可作为金丝与金箔的点焊工艺垫片等。在使用工艺垫片时应注意规范不要过大，以避免垫片与零件表面产生黏结，焊后应很容易将其揭掉。

4)焊前在薄件或厚件上预先加工凸点或凸缘，进行凸焊或环焊是克服熔核偏移现象的一条很有效的措施。

(2)单面点焊

单面点焊是指在点焊中，焊接电流从焊件的一面导入，并在同一面导向焊接变压器构成一个回路，以进行焊接。常用以下几种形式。

1)单面单点焊。单面单点焊[图 7-15(a)]，辅助极端面直径一定要显著大于焊接极，以使其流经焊件的电流密度降低到不足以形成熔核。

2)单面双点焊。

①单面双点悬空焊。当两焊件厚度比大于 3 时，由于上板(薄件)分路阻抗大于焊

接阻抗，并且厚板已具备足够刚性，这时而采用悬空焊[图 7-15(b)]。②附加导电垫板的单面双点焊。当两焊件厚度比较小时，可在厚板下附加铜合金垫板[图 7-15(c)]，既增加下板刚性又降低了焊接阻抗(下板与铜垫板相当于并联电路)，不仅减小分流使焊接过程稳定，同时也提高了电极使用寿命。③安装辅助电极的单面双点焊。在铜垫板上安装辅助电极[图 7-15(d)]，有助于焊接区电流密度的集中，当薄件位于下面时尤为显著。由于使用中仅需修整，更换辅助电极，因而耗铜少，操作方便。

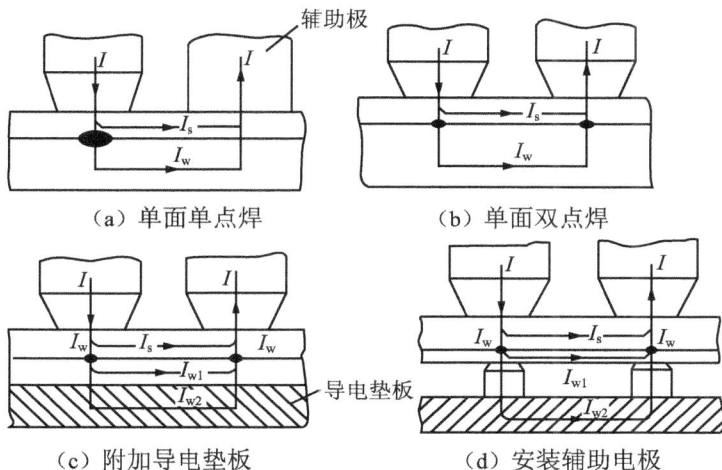

（a）单面单点焊　　（b）单面双点焊

（c）附加导电垫板　　（d）安装辅助电极

图 7-15　单面点焊

3)单面多点焊。用多个焊接变压器供电，一次可同时点焊多点，具有效率高，节能，三相电网负载均匀及焊件变形小等优点。单面多点用于钢、镍合金、钛合金组合件上，电极这面焊件厚度一般为 0.1～3mm，另一面焊件厚度在 8mm 以下。由于生产率高(大约与同时能焊点数成正比)并能焊接只能从一面接近焊接区的结构，因此在汽车、机车、飞机及微电子器件中获得了广泛应用。

（3）微型件的点焊

微型件是指几何尺寸较小的仪表零件、真空电子器件和半导体器件等制造中经常遇到厚度或直径小于 0.1mm 的箔材或丝材。

1)微型件点焊的温度场特征。由于微型件几何尺寸较小，在加热过程中，析热少而散热强烈，因此，焊接区温度场分布为沿焊件厚度方向温度梯度很小，贴合面与焊件表面温度趋于一致，在贴合面上难以形成集中加热的效果，尤其是导热性好的金属材料更为严重。因此要求焊接电流波形应脉冲幅度值大而通电时间短，控制精度很高，如采用半波点焊、中频逆变式点焊、电容放电点焊等。

2)微型件点焊的连接形式。从形成接头时焊接区金属所处的相态，可将点焊接头分为两大类：熔化连接和固相连接。这是两类本质不同的连接形式。在通常板厚件的点焊时，优质接头必须是熔化连接，即要形成一定尺寸的熔核。但微型件优质点焊接头的连接形式除熔化连接外，有时也允许固相连接，即贴合面并不熔化，仅发生较充分的再结晶和扩散(具有一定的体积深度)。

一般情况下，同种金属材料的微型件点焊接头应选择熔化连接，以下情况可考虑

149

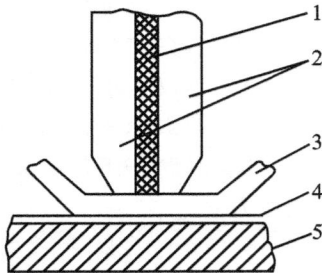

图 7-16 平行间隙焊示意图
1—绝缘板；2—两电极；3—引线；
4—电极金属化层；5—衬底

选择固相连接：①易再结晶热脆的金属，如钼及其合金；②固相结合温度低且导热性良好的金属，如铝-镍、钼-铜、钼-钨的连接；③热导率极高，熔化连接困难而固相结合温度较低的材料，如银等。

3）平行间隙焊。微型件点焊可采用三种基本形式：单面点焊、双面点焊和平行间隙焊。其中平行间隙焊（图 7-16）是通过一对靠得很近的电极，让电流通过引线形成回路，使引线本身由于电阻加热达到焊接所需温度。平行间隙焊是一种专用于点焊电子元器件引线（直径小于 0.15mm）和衬底的组装技术，在太阳能电池中也有应用，其电源可采用电容式或逆变式精密点焊设备。

微型件点焊中电极头的选择也很重要，应充分利用电极头对热平衡的调节作用和尽量减轻或避免电极与焊件表面发生黏结。这就要求精心设计电极头的形状、尺寸和耐心选择电极头的金属材料。

7.1.4 常用金属材料的点焊

1. 低碳钢的点焊

含碳量 $W_c \leq 0.25\%$ 的低碳钢和碳当量 $C_E \leq 0.3\%$ 的低合金钢，其点焊焊接性良好，采用普通工频交流点焊机，简单焊接循环，无需特别的工艺措施，即可获得满意的焊接质量。

点焊技术要求如下。

1）焊前冷轧板表面可不必清理，热轧板应去除氧化皮、锈锈斑。

2）建议采用硬规范点焊，C_E 大者会产生一定的淬硬现象，但一般不影响使用。

3）焊厚板（$\delta > 3$mm）时建议选用带锻压力的压力曲线，带预热电流脉冲或断续通电的多脉冲点焊方式，选用三相低频焊机焊接等。

4）低碳钢属于磁性材料，当焊件尺寸大时应考虑分段调整焊接参数，以弥补因焊件伸入焊接回路过多而引起的焊接电流减弱。

5）焊接参数见表 7-5 所示。

表 7-5 低碳钢板的点焊焊接参数

板厚/mm	电极头端面直径/mm	A			B			C		
		焊接电流/A	焊接时间/s	电极压力/N	焊接电流/A	焊接时间/s	电极压力/N	焊接电流/A	焊接时间/s	电极压力/N
0.4	3.2	5 200	0.08	1 150	4 500	0.16	750	3 500	0.34	400
0.5	4.8	6 000	0.10	1 350	5 000	0.18	9 000	4 000	0.40	450
0.6	4.8	6 600	0.12	1 500	5 500	0.22	1 000	4 300	0.44	500
0.8	4.8	7 800	0.14	1 900	6 500	0.26	1 250	5 000	0.50	600
1.0	6.4	8 800	0.16	2 250	7 200	0.34	1 500	5 600	0.60	750
1.2	6.4	9 800	0.20	2 700	7 700	0.38	1 750	6 100	0.66	850

板厚/mm	电极头端面直径/mm	A			B			C		
		焊接电流/A	焊接时间/s	电极压力/N	焊接电流/A	焊接时间/s	电极压力/N	焊接电流/A	焊接时间/s	电极压力/N
1.6	6.4	11 500	0.26	9 100	9 100	0.50	2 400	7 000	0.86	1 150
1.8	8.0	12 500	0.28	4 100	9 700	0.54	2 750	7 500	0.96	1 300
2.0	8.0	13 300	0.34	4 700	10 300	0.60	3 000	8 000	1.06	1 500
2.3	8.0	15 000	0.40	5 800	11 300	0.74	3 700	8 600	1.28	1 800
3.2	9.5	17 400	0.54	8 200	12 900	1.0	5 000	10 000	1.74	2 600

注：A. 硬规范；B. 软规范；C. 一般规范。

2. 可淬硬碳钢的点焊

可淬硬碳钢如 45，30CrMnSiA，1Cr13，65Mn 等，其点焊焊接性差，点焊接头极易产生缩松、缩孔、脆性组织、过烧组织和裂纹等缺陷。缩松和缩孔曲线均产生于熔核凝固过程的后期，分布在贴合面附近，使点焊接头力学性能变坏；脆性马氏体产生在熔核凝固后的接头继续冷却过程中，当随后回火热处理不当时，在接头高应力区的焊缝附近仍可存在并发冷裂纹；由于点焊接头的搭接结构特点和当前电焊技术质量控制技术水平有限，高应力区（残留）淬硬很难完全避免；过烧组织产生在熔核与工件表面之间，是多脉冲回火热处理点焊工艺必须重视的一种缺陷，它不仅使接头疲劳性能显著下降，而且使接头的耐蚀性下降；熔核内热裂纹严重时可贯穿贴合面与板缝相通，它与热影响区产生的冷裂纹一样均是最危险的缺陷，但由于往往是由缩松或缩孔所引发，因而较易解决。

点焊技术要求如下。

1）电极压力和焊接电流的选择。在保证熔核直径的情况下，焊接电流脉冲值应选择偏小，以使熔核焊透率接近设计值下限（50%～60%为宜），电极压力值应选择较大，为相同板厚低碳钢点焊的 1.5～1.7 倍。

2）双脉冲点焊工艺。这种点焊工艺为焊接电流脉冲加一个回火热处理脉冲，适当配合会得到高强度的点焊接头，撕破试验时接头呈韧性断裂，可撕出圆孔。

3）多脉冲回火热处理工艺。这种点焊工艺为焊接电流脉冲加多个回火热处理脉冲，可以有效而稳定地对接头显微组织和分布予以控制，得到韧性断口，使接头的力学性能尤其是疲劳性能显著提高。同时，由于增加了回火参数的调整裕度，降低了对点焊控制设备精度的要求。

目前，多脉冲回火点焊工艺正在进一步试验和推广中。

3. 铝合金的点焊

铝合金分为冷作强化型 3A21(LF21)，5A02(LF2)，5A06(LF6) 等和热处理强化型 2A12(LY12CZ)，7A04-T6(LC4CS) 等。焊接性均很差。

点焊技术要求如下。

1）焊前仔细对表面进行化学清洗，并规定焊前存放时间。

2）电极一般选用 CdCu 合金，端面推荐用球面形，并注意经常清洗，电极应冷却良好。

3）选用大功率的点焊机，采用硬规范，焊接电流为相同板厚低碳钢的 4～5 倍。

4）波形选择，除板厚小于 1.2mm 的冷作强化型铝合金可以用工频交流波形点焊外，板厚较大的冷作强化型铝合金及所有热处理强化型铝合金一律推荐用直流冲击波、三相低频和直流点焊机焊接。

5）焊接循环，采用缓慢升温、降温的焊接电流，可起到预热和缓冷作用；具有阶梯形或马鞍形压力曲线可提供较高的锻压力；高精度的控制器可保证各程序的准确性，尤其是锻压力的施加时间。

4. 不锈钢的点焊

按照不锈钢的组织，可将其分为奥氏体型、铁素体型、奥氏体—铁素体型、马氏体型和沉淀硬化型等，其中马氏体不锈钢由于可淬硬、有磁性，其点焊焊接性与前述可淬硬钢相近，考虑到该型钢具有较大的晶粒长大倾向，焊接时间可选择小些。

奥氏体不锈钢、奥氏体—铁素体不锈钢点焊焊接性良好，无需特殊的工艺措施，采用普通交流点焊机，简单焊接循环即可获得满意的焊接质量。

点焊技术要求如下。

1）用酸洗、砂布打磨或毡轮抛光等方法进行焊前表面清理。

2）采用硬规范、强烈的内部与外部水冷，可显著提高生产率和焊接质量。

3）由于高温强度大，塑性变形困难，应选用较高的电极压力，以避免产生喷溅和缩孔、裂纹等缺陷。

4）板厚大于 3mm 时，常采用多脉冲焊接电源来改善电极工作状况，其脉冲较点焊等厚低碳钢板时要短要稀。这种多脉冲措施亦可用于后热处理。

5. 钛合金的点焊

钛及钛合金是一种优良的金属材料，点焊结构中主要用 α 型钛合金（TA7 等）和 α＋β 型钛合金（TC4 等），由于其物理性能（电阻率高，导热率低）与奥氏体钢相似，故焊接性能良好，点焊时也不需要保护气体。

点焊技术要求如下。

1）焊前一般可不进行表面清理，当表面氧化膜较厚时可进行化学清理：45％硝酸、20％氢氟酸、32％水的混合液，或 30％硫酸、20％氢氟酸、50％水的混合液中浸泡 2～3min，然后用流动水冲洗干净。

2）采用硬规范并配以较低的电极压力，以免产生凸肩、深压痕等外部缺陷。

3）电极应选用 CrZnCu，BeCoCu，NiSiCrCu 合金，球面形端面，内部水冷（必要时附加外部水冷）。

4）为了提高韧性，α 型钛合金采用焊后热处理工艺，α＋β 型钛合金可采用带回火双脉冲点焊工艺。

6. 铜合金的点焊

铜及铜合金可分为纯铜、黄铜、青铜和白铜等，其中纯铜、无氧铜、磷脱氧铜的点焊焊接性很差（不推荐），黄铜一般，青铜较好，白铜较优良。

点焊技术要求如下。

1）铜和高导电率的铜合金点焊时，必须防止大量散热的电极，一般推荐用钨、钼镶嵌型或铜钨烧结型电极，有时也采用在电极与工件表面加工艺垫片的措施；相对导电率小于铜30％的铜合金点焊时，可采用 CdCu 合金电极。

2）应采用直流冲击波和电容放电型电焊电源进行焊接。

3）注意减少分流（如加大点距和搭边宽度等）、喷溅和防止电极表面黏结并及时修整。

▶ 7.2 缝焊（Seam Welding）

缝焊又称滚焊，将焊件装配成搭接或对接接头并置于两滚轮电极之间，滚轮电极加压焊件并转动，连续或断续送电，形成一条连续焊缝的电阻焊方法，如图 7-17 所示。缝焊是从点焊演变而来，其过程与点焊相似，只是以旋转的圆盘状滚轮电极代替柱状电极，也是热—机械（力）联合作用的焊接过程。

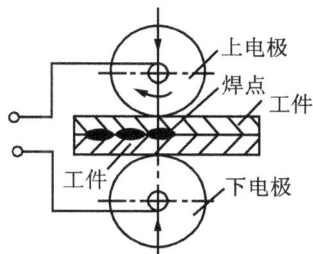

图 7-17 缝焊示意图

缝焊广泛应用于连接要求密封性（焊点间重叠30％以上）的容器，如油箱、气瓶、喷气发动机的火焰筒，以及壳体和安装边等，有时也用来连接普通非密封性的钣金件，缝焊主要用于直线、环状或圆形焊缝的焊接，被焊板厚的厚度通常在 0.1～2.5mm。缝焊速度 0.5～3m/min。

与点焊相比，缝焊有如下基本特点。

1）通常缝焊接头是在动态过程中（即滚轮电极旋转）形成的，往往表现出压力作用不充分（焊接速度越快表现越明显），表面温度较高，滚轮电极表面黏附严重而使焊缝表面质量变坏。

2）由于缝焊焊点间部分重叠，焊接时分流严重，这给导电率高的铝合金及镁合金的厚板焊接带来困难。

3）由于缝焊焊缝的截面积通常是母材截面积的 2 倍以上（板越薄这个越大），接头破坏必然发生在母材热影响区，因此接头的强度较低。

7.2.1 缝焊的基本类型

根据滚轮电极旋转（焊件移动）与焊接电流通过（通电）的机—电配合方式，将缝焊方法分类为表 7-6 所示。各类焊接循环如图 7-18 所示。

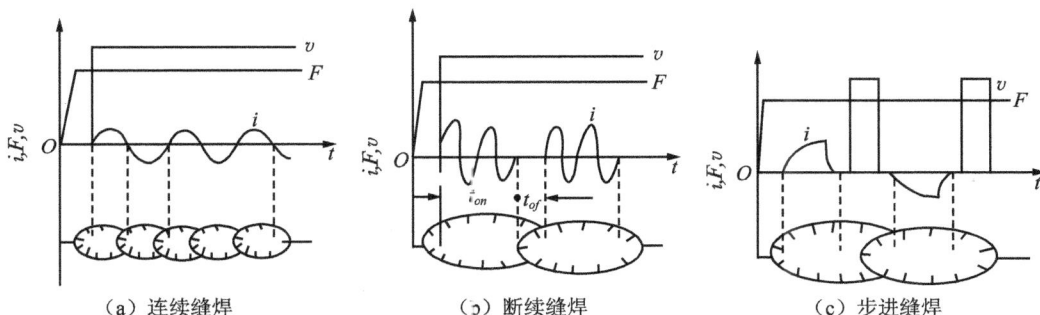

（a）连续缝焊   （b）断续缝焊   （c）步进缝焊

图 7-18 各类缝焊焊接循环示意图

表 7-6　缝焊方法及特点

缝焊类型	机-电特点	应用
连续缝焊	滚轮电极连续旋转，焊件等速移动，焊接电流连续通过，每半周形成一个焊点。焊速可达 10～20m/min	由于焊缝表面质量较差，实际应用有限
断续缝焊	滚轮电极连续旋转，焊件等速移动，焊接电流断续通过，每"断-通"一次形成一个焊点。根据板厚焊速可达 0.5～4.3m/min	应用广泛，主要生产黑色金属的水、气、油等密封焊缝
步进缝焊	滚轮电极断续旋转，焊件断续移动，焊接电流在焊件停止时通过，每"通-移"一次形成一个焊点，并可施加锻压力。接头形成与点焊极为近似。焊速较低，一般仅达 0.2～0.6m/min	仅应用于制造铝合金及镁合金等高密封焊缝

　　若按接头形式，缝焊可分为搭接缝焊、压平缝焊、圆周缝焊、垫箔对接缝焊、铜线缝焊等。搭接缝焊的应用最广，除常用的双面双缝缝焊外，还有单面单缝缝焊、单面双缝缝焊、小直径圆周缝焊等，如图 7-19 所示。

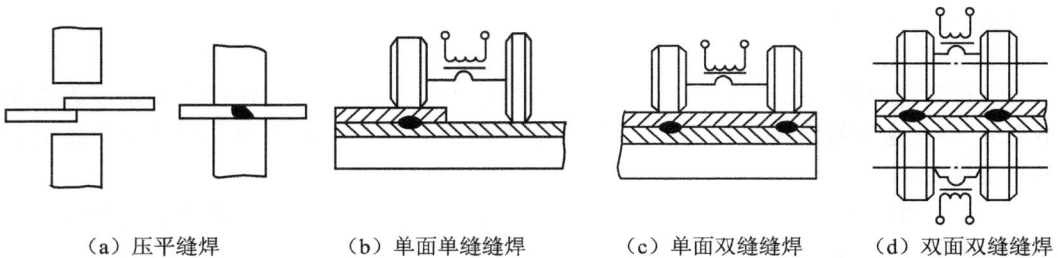

（a）压平缝焊　　　　（b）单面单缝缝焊　　　　（c）单面双缝缝焊　　　　（d）双面双缝缝焊

图 7-19　各种缝焊方法

7.2.2　缝焊接头形成过程

　　点焊时，每一焊点同样要经过预压、通电加热和冷却结晶三个阶段。但由于缝焊时滚轮电极与焊件间相对位置的变化，使此三阶段不像点焊时那样明显。可以认为，缝焊过程都可分为以下三个阶段。

　　1）在滚轮电极直接压紧下，正被通电加热的金属，处于"通电加热阶段"。

　　2）即将进入滚轮电极下面的邻近金属，受到一定的预热和滚轮电极部分压力作用，处于"预压阶段"。

　　3）刚从滚轮电极下面出来的邻近金属，一方面开始冷却，同时还受到滚轮电极部分压力作用，处于"冷却结晶阶段"。

7.2.3　缝焊工艺

1. 缝焊接头设计

　　为保证缝焊接头质量，推荐缝焊接头尺寸如表 7-7 所示。但在压平缝焊时搭接量要小得多，为板厚的 1～1.5 倍，焊后接头厚度为板厚的 1.2～1.5 倍。

表 7-7　缝焊接头尺寸　　　　　　　　　单位：mm

薄板厚度 δ	焊缝宽度 c	最小搭边宽度 b		备注
		轻合金	钢、钛合金	
0.3	2.0	8	6	
0.5	2.5	10	8	
0.8	3.0	10	10	
1.0	3.5	12	12	
1.2	4.5	14	13	
1.5	5.5	16	14	
2.0	6.5	18	16	
2.5	7.5	20	18	
3.0	8.0	24	20	

2. 焊前准备

如前所述，由于通常缝焊接头是在动态过程中形成的，往往表现出压力作用不充分和表面温度比点焊高及滚轮电极表面黏损严重等。因此，应注意以下几点。

1)焊前焊件表面必须全部或局部(沿焊缝宽约 20mm)清理，滚轮电极必须经常修整，在某些镀层板密封焊缝的焊接中，应适应专用修整刀。

2)缝焊前必须采用点焊定位，定位点间距为 75～150mm，并注意点固焊的位置和表面质量；环形焊件点固后的间隙应沿圆周均匀分布并不能太大。

3)不等厚度和不同材料缝焊时，可采用与点焊类似的工艺措施，改善熔核偏移。

4)有磁性的长缝焊件在工频交流焊机上施焊时，要注意分段调节焊接参数和焊接次序(例如从中间向两端施焊)。

3. 缝焊焊接参数选择

工频交流断续缝焊在缝焊中应用最广，其主要焊接参数有：焊接电流、电流脉冲时间和脉冲间隔时间、电极压力、焊接速度及滚轮电极端面尺。

(1)焊接电流 I

考虑缝焊时的分流，焊接电流 I 应比点焊时增加 20%～60%，具体数值视材料的导电性、厚度和重叠量(或点距)而定。

图 7-20 表明，随着焊接电流的增大，焊透率及重叠量增加。应该注意，当 I 值满足接头强度要求后，继续增大 I 虽可以获得更大的焊透率和重叠量，但却不能提高接头强度(因为接头强度受板厚限制)，因而是不经济的。同时，由于 I 过大，可能产生过深的压痕或烧穿，使接头质量反而降低。

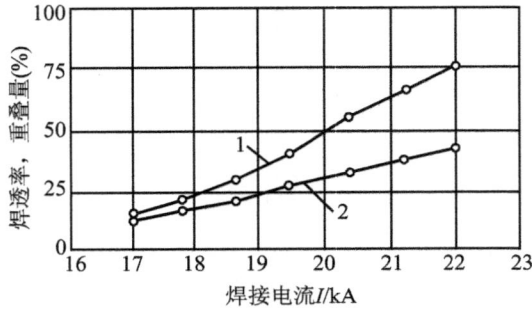

图 7-20　焊接电流对焊透率和重叠量的影响

1—焊透率；2—重叠量(10 钢，$\delta=2mm$，
$T=6cyc$，$t_0=5cyc$，$F_w=6672N$，$v=1.4m/min$)

(2)电流脉冲时间 t 和脉冲间隔时间 t_0。

缝焊时，可通过调整电流脉冲时间 t 和脉冲间隔时间 t_0 的比例，控制熔核的尺寸和熔核的重叠量。一般来说，在较低焊速缝焊时，$t/t_0=1.25\sim2$ 可获得良好效果；在较高焊速缝焊时，$t/t_0\approx3$ 或更高，才能保证焊缝的密封性，因为随着焊接速度，将引起点距增大、重叠量降低。

随着脉冲间隔时间的增加，焊透率，重叠量均下降(图 7-21)。

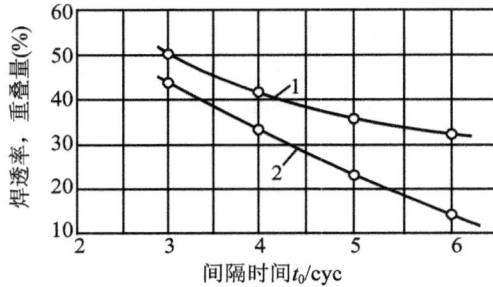

图 7-21　脉冲间隔时间对焊透率和重叠量的影响

1—焊透率；2—重叠量(10 钢，$\delta=2mm$，$I=18\,950A$，$t=6cyc$，
$F_w=6672N$，$v=1.4m/min$)

(3)电极压力 F_w

考虑缝焊时压力作用不充分，电极压力 F_w 应比点焊增加 $20\%\sim50\%$，具体数据视材料的高温塑性而定。

图 7-22 表明，在焊接电流较小时(曲线 1)，随着电极压力的增大，熔核的宽度显著增加，熔核的重叠量下降，破坏了焊缝的密封性；在焊接电流较大时(曲线 2)，电极压力在较宽的范围内变化时，熔核的宽度和焊透率变化较小，并能符合要求；当焊接电流更大时(曲线 3)，尽管电极压力发生很大变化，但熔核的宽度和焊透率的变化均很小。采用过大的电流不仅不能提高接头强度，反而使接头质量降低，生产中应避免使用。

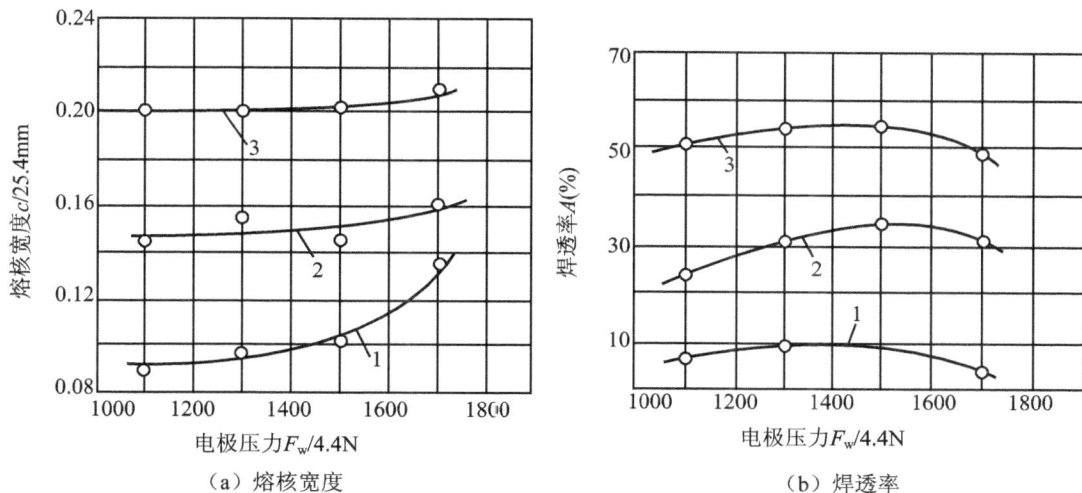

（a）熔核宽度　　　　　　　　　　（b）焊透率

图 7-22　电极压力对焊透率和熔核宽度的影响

1—16 100A；2—18 950A；3—22 050A(10 钢，$\delta=2$mm，

$I=18\ 950$A，$t=6$cyc，$F_w=6\ 672$N，$v=1.4$m/min)

（4）焊接速度 v

焊接速度是影响缝焊质量的重要参数。低碳钢缝焊时，随着焊接速度的增大，接头强度降低，在焊接电流较小时，下降的趋势更加显著(图 7-23)。同时，为了使焊接区获得足够热量而试图增大焊接电流时，必将导致焊件表面发生过烧和电极黏结现象，即使增大水冷也很难改善。因此在缝焊时，通过增大焊接电流来提高焊接速度和生产率的工艺是很困难的。研究表明，随着板厚的增加，缝焊速度必须减慢。

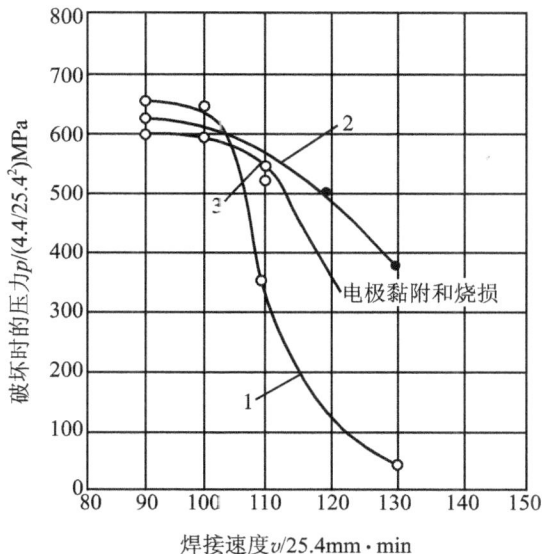

图 7-23　焊接速度对缝焊接头强度的影响

1—23 750A；2—2 520A；3—2 680A(10 钢，$\delta=2$mm，$t_0=2$cyc，$F_w=6672$N)

(5)滚轮电极端面尺寸 H 或 R

滚轮电极端面是缝焊时与焊件表面相接触的部分。常见滚轮电极方式如图 7-24 所示，其中 F 为扁平形、单倒三角、双倒三角滚轮电极的工作端面的宽度，R 为球面形滚轮电极的球面半径。

通常，滚轮电极的直径 $D=180\sim250\text{mm}$，端面尺寸 $R=25\sim200\text{mm}$。为了提高滚轮电极的散热效果，减少电极的黏结倾向，在焊件结构尺寸允许的条件下，滚轮电极直径应尽可能大。经验指出，上滚轮电极最好大于 250mm，使用后不小于 150mm。

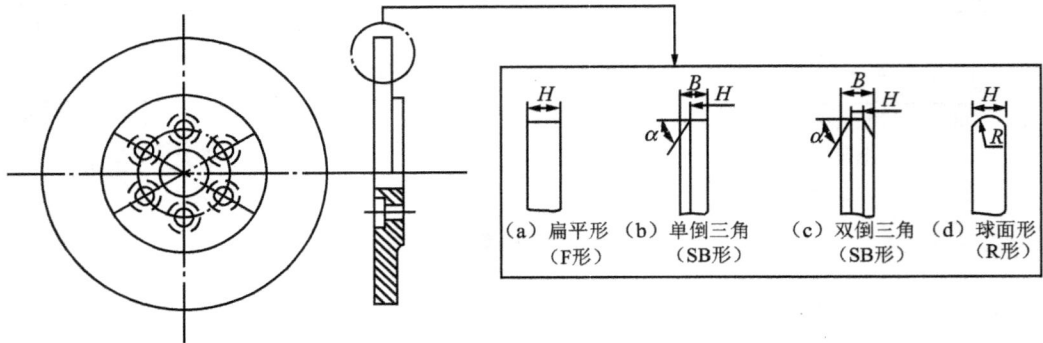

图 7-24　常用滚轮电极方式

由于缝焊的加热特点，滚轮电极断面尺寸的变化对其接头质量的影响比点焊时更加严重。因此，对其断面尺寸变化的限制比点焊时更为严格，实际生产中规定，$\Delta H<10\%H$，$\Delta R<10\%R$，修整最好用专用工具或在车床上进行。

由于对缝焊接头的质量要求主要体现在具有良好的密封性和耐蚀性方面，因此在对上述各参数的讨论时强调它们对焊透率和重叠量的影响，而未涉及它们对接头的强度、韧性等力学性能指标的影响。也未考虑参数之间是交互作用。所以，要获得优质的缝焊接头，对这些参数必须予以适当配合和调整。

▶ 7.3　对焊

对焊(Butt Resistance Welding)，是将焊件端部相对放置，利用焊接电流加热，然后加压使整个接触面焊合的电阻焊方法。根据焊接工艺过程不同，对焊可分为电阻对焊和闪光对焊两种。

7.3.1　闪光对焊

1. 闪光对焊接头的形成

闪光对焊(Flash Butt Welding)原理和接头形成如图 7-25 所示。将两工件 1 端面稍加清整夹在夹钳电极 2 的钳口中，接通阻焊变压器 3，移动动夹钳并使两焊件端面轻微接触；由于工件表面不平，首先只是某些点接触，强电流通过时这些点迅速被所产生的电阻热加热熔化和蒸发；在蒸气压力、表面张力和电磁收缩力的作用下，液体金属（称作过梁）发生爆破，以火花形式从对口间隙间飞出，形成闪光；在此过程中，继续推进动夹钳，进一步使工件接触，保持一定闪光时间；待焊件端部全部被加热熔化或焊件端部在一定深度范围内达到预定温度时，动夹钳突然加速，对工件施加足够的顶锻压力，对口间隙迅速减小，过梁爆破停止，随即切断电源；这样，工件端面的液态金属及氧化物夹杂被挤出，使洁净的塑性金属紧密接触，并使接头区产生一定的塑性变形，以促进再结晶的进行，形成共同晶粒，获得牢固的接头。

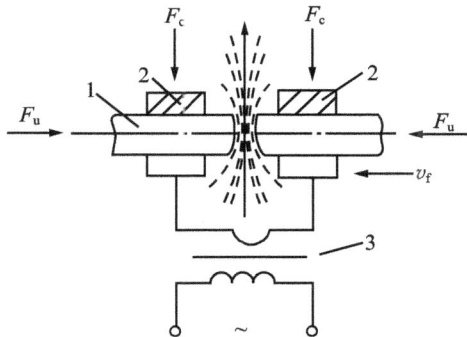

图 7-25 闪光对焊原理
1—工件；2—夹钳电极；3—阻焊变压器
F_c—夹紧力 F_u—顶锻力 v_f—闪光速度

闪光对焊时，在加热过程中虽有熔化金属，但实质上是塑性状态下的固相焊接。

2. 闪光对焊的特点及其应用范围

闪光对焊过程中，工件端面的氧化物及杂质一部分随闪光火花带出，一部分在最后加压时随液态金属挤出，因此接头中夹渣较少，质量好，强度高（与母材相当）。闪光对焊的缺点是金属耗损较大、闪光火花玷污其他设备或环境、接头处，在焊后需要加工清理。

因此，闪光对焊常用于重要焊件的焊接；可焊同种金属，也可焊异种金属；被焊工件可以使直径小于 0.01mm 的金属丝，也可以是端面大到 2 000mm^2 的金属棒和金属型材（如板、管子、钢轨等）。

3. 闪光对焊的焊接工艺

（1）焊接循环

闪光对焊可分为连续闪光对焊和预热闪光对焊。连续闪光对焊焊接循环由闪光、顶锻、保持、休止等程序组成[见图 7-26（a）]，其中闪光、顶锻两个连续阶段组成连续闪光对焊接头形成过程，而保持、休止等程序也是对焊操作中所必需的。预热闪光对焊，是在连续闪光对焊焊接循环增设有预热程序（或预热阶段）。预热方法有两种：电阻预热和闪光预热。图 7-26（b）是电阻预热的闪光对焊焊接循环。

1）预热阶段。预热是在闪光阶段之前以断续的电流脉冲加热工件，利用短接时的快速加热和间隙时的匀热过程使工件端面较均匀地加热到预定温度的过程。其目的是：①提高工件端面温度，以便在较高的起始速度或较低的设备功率下顺利的开始闪光，并减少闪光留量，节约材料；②使纵深温度分布较缓慢，加热区增宽，工件冷却速度减慢，以使顶锻时产生足够的塑性变形并使液态金属及其面上的氧化物易于排除；③减弱焊件的淬硬倾向。

2）闪光阶段。闪光石闪光对焊时从工件对口间飞溅出高温金属微滴的现象。闪光阶段是闪光对焊的核心，通过闪光阶段的发热和散热，不但使工件端面温度均匀上升，

（a）连续闪光对焊

（b）预热闪光对焊（电阻预热）

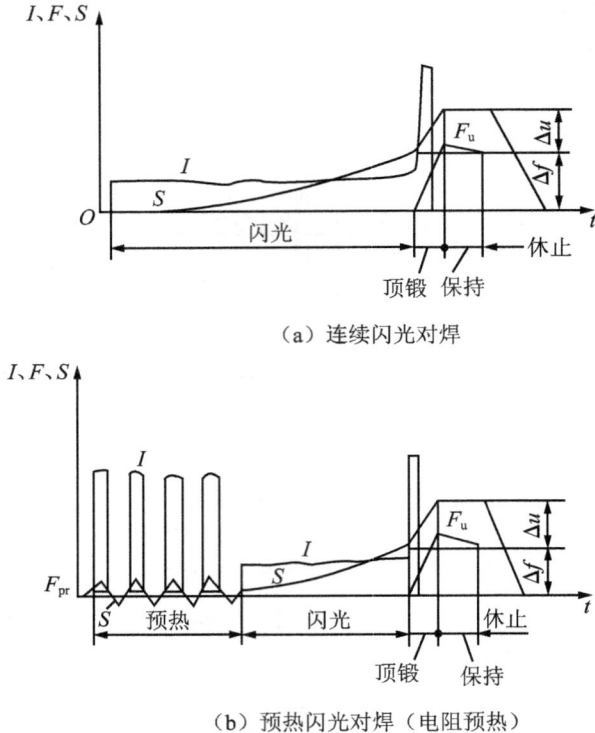

图 7-26 闪光对焊焊接循环

I—电流；F—压力；S—行程（位移）；F_{pr}—预压力；F_u—顶锻力

而且使工件沿长度方向加热至合适且稳定的温度分布状态。

闪光的作用是：①加热工件；②烧掉工件断面上的脏物，因此降低了对工件端面的清理要求；③液体过梁爆破时产生的金属蒸气及气体（CO，CO_2等）减少了空气对对口间隙的侵入，形成自保护；④闪光后期在断面上形成的液态金属层，为顶锻时排除氧化物和过热金属提供了有利条件。

3）顶锻阶段。顶锻闪光对焊后期，对工件施加顶锻压力，使熔融端面紧密接触，并使其实现优质结合的必要操作。

顶锻开始时，动夹具突然加速移动，使对口间隙迅速缩小，过梁端面增大而不再爆破，闪光骤然停止。对口及近邻区域开始承受越来越大的挤压力。

顶锻是一个快速的锻击过程，其作用是：①封闭对口间隙，挤出因过梁爆破而留下的火口；②彻底排除工件断面上的液态金属层，使焊缝中不残留铸态组织；③排除过热金属及氧化物夹杂，造成洁净金属的紧密贴合；④使对口和邻近区域获得适当的塑性变形，促进焊缝再结晶过程。

（2）闪光对焊的焊接参数及选择

闪光对焊焊接参数选择适当时，可以获得几乎与母材等性能的优质接头。主要焊接参数有：闪光阶段的调伸张度、闪光流量、闪光速度、闪光电流密度；顶锻阶段的顶锻留量、顶锻速度、顶锻压力、夹紧力；预热阶段的预热温度、预热时间等。

1）调伸长度 l。焊件从静夹具或活动夹具中伸出的长度，又称调置长度。它的作用是保证必要的留量(焊件缩短量)和调节加热时的温度场，可根据焊件端面和材料性质选择。

2)闪光流量 Δf。闪光对焊时，考虑焊件因闪光而减短的预留长度，又称烧化流量。它是一重要加热参数，可使沿焊件长度获得合适的温度分布，应根据材料性质、焊件截面尺寸和是否采取预热等因素来选择。

(3)闪光速度 v_f。在稳定闪光条件下，零件的瞬时接近速度，亦即动夹具的瞬时进给速度，又称烧化速度。它是一加热参数，只要按事先给定的动夹具位移曲线 S 变化，即可获得最佳的加热效果。

4)闪光电流密度 j_f 或次级空载电压 U_{20}。j_f 或 U_{20} 对加热有重大影响，在实际生产中是通过调节 U_{20} 来实现的，U_{20} 一般在 $1.5 \sim 14V$ 之间。其选择原则，应是在保证稳定闪光条件下尽量选用较低的 U_{20}。同时，也应考虑 j_f 的选择又与焊接方法、材料性质和焊件截面尺寸等有关。

5)顶锻留量 Δu。闪光对焊时，考虑两焊件因顶锻缩短而预留的长度称顶锻留量。它影响液态金属、氧化物的排出及塑性变形程度，通常 Δu 略大些有利，可根据材料性质、焊件截面尺寸等因素来选择。

6)顶锻速度 v_u。闪光对焊时，顶锻阶段动夹具的移动速度称顶锻速度，它是获得优质接头的重要参数。通常 Δu 略大些有利，因为足够高的 Δu 能迅速封闭对口端面间隙、减少金属氧化，在高速状态下可较容易地排除液态金属和氧化夹杂，使纯净的端面金属紧密贴合，促进交互结晶。如果 Δu 较小，不仅使闭合间隙和塑性变形所需时间增长，而且由于对口金属温度早已降低，导致去除和破坏氧化膜变得困难。

7)顶锻压力 F_u。闪光对焊时，顶锻阶段施加给焊件端面上的力，常用单位面积上压力 P_u 来表示。它主要影响对口塑性变形程度，且为一从属参数，但其过大或过小均会使接头冲击韧性明显降低。

8)夹紧力 F_c。F_c 是为防止焊件在夹钳电极中打滑而施加的力。它与顶锻力及焊机结构有关。

9)预热温度 T_{pr}。T_{pr} 与材料性质、焊件端面尺寸等因素有关。T_{pr} 过高，会使接头韧性、塑性降低；T_{pr} 过低，会使闪光困难、加热区变窄而不利于顶锻塑性变形。

10)预热时间 t_{pr}。t_{pr} 与材料性质、焊件截面尺寸、焊机功率等因素有关，其取值大小所带来的影响与预热温度 t_{pr} 相似。

综上所述，闪光对焊焊接参数的选择应从技术条件出发，结合焊件材料性质、截面形状及尺寸、设备条件和生产规模等因素综合考虑。一般可先确定工艺方法，然后参照推荐的有关数据及试验资料初步选定焊接参数，最后由工艺试验并结合接头性能分析予以确定。

(3)焊件准备

闪光对焊的焊件准备包括：端面几何形状、焊件端头的加工和表面清理。闪光对焊时，两焊件对接面的几何形状和尺寸应基本一致(见图 7-27)，圆形焊件直径差不超过 10%。焊件端面大时，可将其中一个焊件端部倒角，使电流密度增大，易于激发闪光，使之可不用预热或不必提高闪光初期二次电压的工艺要求。图 7-28 是推荐的棒、管、板材的倒角尺寸，端面加工可用机加工或切割。

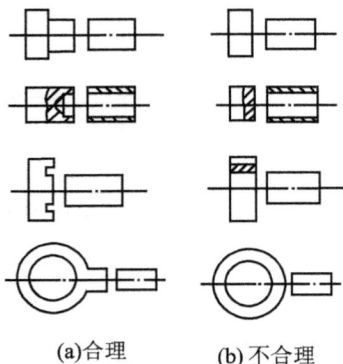

图 7-27　闪光对焊的接头形式

(a)合理　　(b)不合理

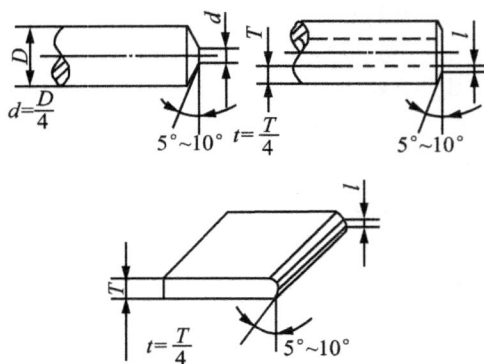

图 7-28　大截面工件的倒角尺寸

闪光对焊对焊件端面的清理要求不高，但与夹钳电极接触表面应严格清理，清理方法可用砂轮、钢丝刷等机械方法，也可用酸洗。

焊前对焊夹钳电极的正确选用和焊接过程中维护修理，也是一个重要条件，可参阅相关书籍。

(4)常用金属材料的闪光对焊焊接性

材料的闪光对焊焊接性是指材料在一定的工艺条件下进行闪光对焊时，获得优质接头的难易程度。

影响金属材料闪光对焊焊接性的主要因素有：①材料的导电和导热性。导电率小而热导率大的材料，其焊接时焊接区析热小，散热快，其焊接性较差。②材料的高温屈服强度。高温屈服强度高的材料，其高温塑性变形抗力大，其焊接性较差。③材料的结晶温度区间。结晶温度区间宽的金属，其焊接性较差，因为结晶温度宽的使半熔化区增大，即液体金属层下固体相表面不平度大，需要采用较大的顶锻留量和顶锻压力才能将半熔化状态的金属完全挤出，否则在对口中容易残留凝固组织，产生缩疏松、裂纹等缺陷。④材料的氧化性。如果对口端面金属氧化后生成高熔点的氧化物，尤其是生成熔点高于母材氧化物(例如 Cr，Al 的氧化物)，其焊接性较差，因为高熔点氧化物的流动性较差，顶锻时必须采用较大的顶锻力才能挤出这些氧化物，否则接头中会产生氧化物夹杂。

当然，评定某一金属材料闪光对焊焊接性时，应综合考虑以上诸因素。

1)低碳钢的闪光对焊。低碳钢闪光对焊焊接性良好。对焊接头中存在不同程度的过热，产生的过热组织(魏氏体)将使接头塑性有所降低，但在一般使用条件下是允许的；严重过热时可通过退火处理消除。焊接参数不当会在接头中产生过烧，这是低碳钢对焊时应予避免的缺陷，因为它使接头塑性急剧降低，而且无法通过焊后热处理来改善。低碳钢板材对焊接头中有时会有片状或棒状的氧化物夹杂。低碳钢板材对焊接头中有时会有片状或棒状的氧化物夹杂，低碳钢管材对焊接头中有时会有大面积层状氧化物夹杂。氧化物夹杂虽然对接头的强度无显著影响，但却使接头的塑性指标显著下降。通过调整焊接参数可以减少甚至消除氧化物夹杂。

2)易淬硬钢的闪光对焊。中碳钢、高碳钢以及合金钢均具有一定的易淬硬倾向，统称为易淬硬钢。总体来说，这类钢的闪光对焊焊接性较差。①中碳钢和高碳钢。相比合金钢，这类可淬硬钢闪光对焊焊接性稍好，因为氧化物 FeO 的熔点低于母材的熔点，顶锻时易被排挤出。但在对焊接头中会出现白带（贫碳层）而使对口软化，在采用长时间热处理后可改善或消除脱碳区。②合金钢。这类易淬硬钢闪光对焊焊接性较差，且随着合金元素的增加，难溶氧化夹杂增加，淬硬倾向增大；另外，合金钢的高温强度大，结晶温度区间宽，致使材料难以发生塑性变形，易于形成疏松等。

合金钢常采用预热闪光对焊，并应提高闪光速度和顶锻速度，焊后进行局部或整体热处理。

3）铝合金的闪光对焊。铝及其合金的导电、导热性好，易氧化且氧化物的熔点高，因此，闪光对焊焊接性较差。在焊接参数不当时，接头中易形成氧化物夹杂、残留铸态组织、疏松和层状撕裂等缺陷，使接头塑性急剧下降。相比而言，冷作硬化型铝合金和退火态热处理强化型铝合金的闪光对焊焊接性稍好，而淬火态热处理强化型铝合金的闪光对焊焊接性较差，必须采用较高的闪光速度和强制成形的顶锻模式，并且焊后要进行固溶时效处理。铝合金推荐选用矩形波电源闪光对焊。

7.3.2　电阻对焊

电阻对焊（Upset Butt Welding）是指将焊件装配成对接接头，使其端面紧密接触，利用电阻热加热至塑性状态，然后迅速施加顶锻力完成焊接的方法。

1. 接头的形成

将两个工件加在对焊机的电极钳口中，先施加预压力（10～15MPa）使其端面压紧，然后通电，当电流通过工件和接触面时产生电阻热，使工件接触处被迅速加热至塑性状态；再对工件施加大的顶锻压力（30～50MPa）并断电，使高温端面产生一定塑性变形而焊接起来，如图 7-29 所示。

从过程看，电阻对焊和电阻电焊一样分预压、通电加热和顶锻三个阶段。从加热程度看，与点焊有明显的区别，电阻对焊在接合面处并不需要加热至熔化，而仅仅加热至塑性变形状态（即低于被焊金属的熔点），使其在顶锻时容易产生塑性变形。因为这种高温下的塑性变形能使接合面之间的原子距离接近，以致发生相互扩散，生成共同晶粒（再结晶）而形成牢固的接头。

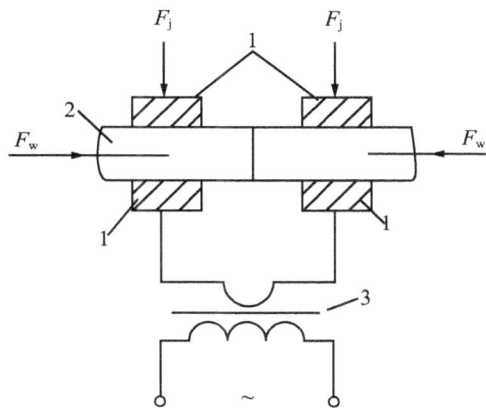

图 7-29　电阻对焊原理

1—夹钳电极；2—工件；3—阻焊变压器

F_j—夹紧力　F_w—顶锻力

要获得优质的电阻焊接头，应该具有以下条件。①整个焊件接合面加热要均匀，温度适当，且沿焊件轴线方向有合适的温度分布。②一般最高加热温度为工件材料熔点的 0.8～0.9 倍。若温度过高，则产生过热，晶粒粗大，降低接头性能；若温度过低，金属不易产生塑性变形，使焊接困难。③为了保证加热而均匀，接合面应尽量平整对齐，否则会产生局部未焊合。④接合面上不应有阻碍相互扩散和再结晶的氧化物或其他夹杂物，这些夹杂物往往是造成接头质量下降的主要原因。因此，焊前必须将焊件彻底清理干净，并尽量减少或防止在高温时接合面受到空气侵蚀而氧化。对于重要焊件，可以采用惰性气体保护措施。⑤被焊材料应具有良好的高温塑性。

2. 特点和应用范围

电阻对焊具有接头光滑，毛刺小，焊接过程简单的特点，但其接头的力学性能较低，而且焊件端面的清理要求较高，因此仅用于截面尺寸小（250mm² 以下）、形状简单和强度要求不太高的金属型材的对接，例如直径为 20mm 以下的棒材或管子。可焊的金属材料有碳钢、不锈钢、铜合金和铝合金等。电阻对焊与闪光对焊比较如表 7-8 所示。

表 7-8　电阻对焊和闪光对焊比较

对焊方法	电阻对焊	闪光对焊
接头形式	对接	对接
电源通电时刻	焊件端面压紧后，接通电源	接通电源后，焊件端面局部接触
加热最高温度	低于材料熔点	高于材料熔点
加热区宽度	宽	窄
顶锻前端面状态	高温塑性状态	熔化状态，形成一层较厚的液态金属
接头形成过程	预压、加热（无闪光）、预锻	闪光、预锻（连续闪光焊）；预热、闪光、顶锻（预热闪光焊）
接头形成实质	高温塑性状态下的固相连接	高温塑性状态下的固相连接（顶锻时液态金属全部被挤出）
优缺点	接头光滑、毛刺少、焊接过程简单；力学性能低，对工件清理要求高	焊接质量高，焊前工件端面准备要求低，毛刺较大、有时需用专用的刀具切除
应用范围	小断面金属型材焊接（丝材、棒材、板材和厚壁管的焊接）	应用广，主要用于中大断面焊件焊接（各种环形件、刀具、钢轨等）

3. 焊接循环与工艺参数

（1）焊接循环

电阻对焊的焊接循环有两种：等压式焊接循环和变压式焊接循环，如图 7-30 所示。等压式焊接循环的对焊机的加压机构简单，易于实现；变压式焊接循环也称加大压力式焊接循环，它是在加热后期加大顶锻压力，有利于提高焊接质量，但焊机的加压机构比较复杂。

（2）焊接工艺参数

电阻对焊主要的工艺参数有：焊件调伸长度 l_0、焊接电流 I_w（或焊接电流密度）、焊接通电时间 t、焊接压力 F_w、顶锻压力 F_u，有时也给出焊件顶锻留量 Δu（焊件收缩量）等。

1）调伸长度。调伸长度是指焊件伸出夹钳电极端面的长度。它对焊件轴线上温度分布有较大影响。选择调伸长度时，必须考虑两个因素：两焊件的热平衡和顶锻时的稳定性。随着调伸长度的增大，温度场缓降，塑性温度区变宽。若调伸长度过大，则接头金属在高温区停留时间较长，接头易过热，顶锻时易失稳而弯曲；若调伸过短，由于钳口的散热增强，工件冷却强烈，温度场陡降，塑性温度区变窄，塑性变形变得困难。

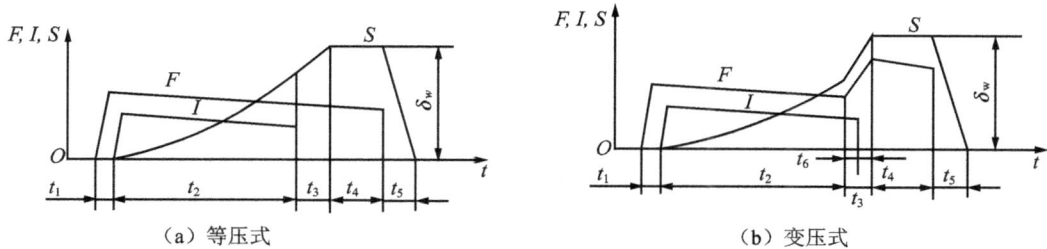

图 7-30　电阻对焊的焊接循环

t_1—预压时间；t_2—加热时间；t_3—预锻时间；t_4—维持时间；t_5—夹钳复位时间；
t_6—有电顶锻时间；F—压力；I—电流；S—动夹钳位移；δ_w—焊接留量；t—时间

碳素钢电阻对焊的调伸长度一般取 $l_0 = (0.5 \sim 1)d$，d 为圆料的直径或方料的边长。铝和黄铜的调伸长度一般取 $l_0 = (1 \sim 2)d$。相同材料和相同截面形状与尺寸的两焊件，其调伸长度应相等；若截面大小不同，则截面大的焊件调伸长度应适当加长。如果焊接异种金属，则采用不等量的调伸长度，对于导电性、导热性、熔点较高的金属，其伸出的长度可适当加长，以调节接合面两侧的温度分布。

2)焊接电流和通电时间。在电阻对焊中，焊接电流常以电流密度来表示。焊接电流和通电时间是决定工件析热的两个主要参数，二者在一定范围内可以互相匹配。既可以采用强焊接条件(大电流密度＋短时间)进行焊接，也可采用弱焊接条件(小电流密度＋长时间)进行焊接。若焊接条件过强，则焊件温度不易均匀或加热区窄，塑性变形困难，容易产生未焊透缺陷；若焊接条件过弱，则会造成接合面严重氧化，接头区晶粒粗大，接头的力学性能降低。

碳钢电阻对焊时，一般取电流密度 j 为 $9\,000 \sim 70\,000 \text{A/cm}^2$（或比功率为 $10 \sim 50 \text{kV} \cdot \text{A/cm}^2$），当工件截面较小时取上限值。碳钢的电阻对焊时间 t_w 为 $0.02 \sim 0.03 \text{s}$。

3)焊接压力和顶锻压力。电阻对焊时，在加热阶段的压力称焊接压力，在顶锻阶段的压力称顶锻压力。前者影响接触面的析热强度，后者影响接头的塑性变形量。从焊接循环(见图 7-30)可以看出，等压式的顶锻压力等于焊接压力，一般多用于低碳钢的焊接；而变压式的焊接压力一般较小，以充分利用焊件间接触电阻集中析热，顶锻时用较大的压力，使接头产生较大的塑性变形，多用于合金钢、有色金属及其合金的焊接。

采用等压式焊接循环时，钢材的焊接压力取 $20 \sim 40 \text{MPa}$，有色金属的焊接压力取 $10 \sim 20 \text{MPa}$；采用变压式焊接循环时，钢材的焊接压力在 $10 \sim 15 \text{MPa}$ 之间，有色金属的焊接压力在 $1 \sim 8 \text{MPa}$ 之间，顶锻压力一般是焊接压力的十几倍至几十倍以上。例如，焊接合金钢时，顶锻压力 $100 \sim 500 \text{MPa}$，焊铜时为 $300 \sim 500 \text{MPa}$。

4)焊接留量。在电阻对焊时，通常利用加热过程中焊件的缩短量（又称加热留量）控制加热温度。线材对焊时，低碳钢的加热留量为 $\Delta u = (0.5 \sim 1)d$，d 为线材直径；铝和黄铜的加热留量为 $\Delta u = (1 \sim 2)d$；纯铜的 $\Delta u = (1.5 \sim 2)d$。顶锻时的顶锻留量一般为加热留量的 $30\% \sim 40\%$。截面较大的低碳钢电阻对焊时，加热留量和顶锻留量大体相等。随着截面积增大，加热留量也相应增加。淬火钢焊接的加热留量应增加 $15\%\sim20\%$。截面积大于 $300mm^2$ 的焊件，一般应在保护气氛中焊接。

>>> 习 题

1. 电阻焊的实质是什么？具有哪些优缺点？

2. 简述点焊接头的形成过程。

3. 何谓点焊焊接循环？点焊焊接循环中涉及的主要参数有哪些？各有何作用？

4. 分析低碳钢的点焊焊接性。要获得优质的点焊接头性能，在工艺上应采取哪些措施？

5. 说明点焊时产生熔核偏移的主要原因。如何防止熔核偏移？

6. 表面清理的功用何在？常用的表面清理方法有哪些？

7. 分别叙述点焊、缝焊、闪光对焊和电阻对焊的焊缝形成过程。

8. 点焊与缝焊有何相同点和不同点？

9. 闪光对焊和电阻对焊有何不同？其应用范围如何？

第 8 章　钎　焊

　　钎焊是指利用熔点比工件(也称母材)熔点低的金属作钎料,将钎料与工件一起加热到钎料熔化(工件不熔化)状态,借助毛细管作用将其吸入到固态间隙中,使液态钎料与固体工件表面发生原子间的相互扩散、溶解和化合而连接成整体的焊件方法。

▶ 8.1　钎焊的原理及特点

8.1.1　钎焊的原理

1. 液体钎料对固体母材的润湿与填缝

(1)液态钎料的润湿性

　　钎焊接头是通过熔化的钎料填入母材间隙并与母材相互作用而形成的,因此熔化的钎料与固态母材接触并铺展是实现钎焊的必要条件。从物理化学可知,一滴液体置于固体表面,是否能铺展开来,取决于液体和固体的表面张力以及液体与固体之间的界面张力的大小。图 8-1 是某液体在固体表面上铺展的状态。图中 θ 称为润湿角,σ_{SG}、σ_{LG}、σ_{LS} 分别表示固-气、液-气、液-固界面间的界面张力。铺展终了时,润湿角 θ 与固体表面张力 σ_{SG}、液体表面张力 σ_{LG} 以及液-固界面张力 σ_{LS} 存在以下关系,即

$$\sigma_{SG} = \sigma_{LS} + \sigma_{LG} \cos \theta \tag{8-1}$$

$$\cos \theta = \frac{\sigma_{SG} - \sigma_{LS}}{\sigma_{LG}} \tag{8-2}$$

　　θ 角表示了液滴对固体的润湿程度,$0 < \theta < 90°$ 表明液滴能润湿固体,$90° < \theta < 180°$ 表明液滴不能润湿固体,$\theta = 0°$ 表明液-固完全润湿,$\theta = 180°$ 表明液-固完全不润湿。钎焊时希望钎料的润湿角小于 $20°$。从式(8-2)中还看出,若 σ_{SG} 和 σ_{LG} 为定值,则 σ_{LS} 与 θ 有一定的正比关系,即 σ_{LS} 越小,θ 也越小,也就是说液-固间的界面张力越小,它们也越易润湿,这是很重要的润湿条件。

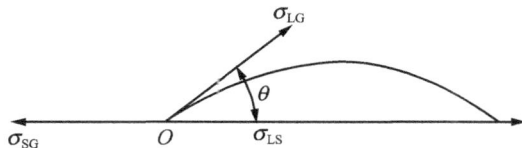

图 8-1　液滴在固体表面的铺展

(2)钎料的毛细填缝

　　实际上钎焊时,液态钎料并不是沿固态母材表面自由流动而铺展的,而是依靠它在母材间隙中的毛细作用力来填满钎缝的,因此液态钎料能否填满钎缝取决于它在母材间隙中毛细作用下的流动性。

液体在固体间隙中的毛细流动特性表现为如下现象：当把间隙很小的两平行板插入液体时，液体在平行板的间隙内会自动上升到高于液面的一定高度，但也可能下降到低于液面，如图 8-2 所示。

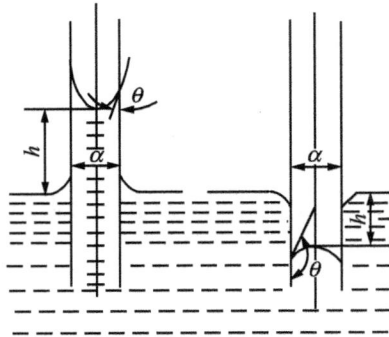

图 8-2　在两平行板的液体毛细作用

液体在平行板的间隙中上升或下降的高度可由下式确定

$$h = \frac{2\sigma_{LG}\cos\theta}{a\rho g} = \frac{2(\sigma_{SG} - \sigma_{LS})}{a\rho g} \tag{8-3}$$

式中，a——平行板的间隙，钎焊时即钎缝间隙；

　　　ρ——液体的密度；

　　　g——重力加速度。

当 h 为正值时，表示液体在间隙中上升；当 h 为负值时，表示液体在间隙中下降。

（3）影响钎料毛细填缝的因素

在实际钎焊生产中发现，影响液态钎料的毛细填缝受许多因素的影响，主要因素有如下几个。

1）钎料和母材的成分。若钎料与母材在液态和固态下均不发生物理、化学作用，则它们之间的润湿作用就很差；若钎料与母材相互溶解或形成化合物，则液态钎料就能很好地润湿母材。例如，Ag 与 Fe、Pb 与 Cu、Pb 与 Fe、Cu 与 Mo 相互不发生作用，它们之间的润湿作用很差；相反，由于 Ag 对 Cu、Sn 与 Cu 相互作用强，它们之间的润湿作用很好。对于互不发生作用的钎料与母材，可在钎料中加入能与母材形成固溶体或化合物的第三物质来改善其润湿作用。例如，Pb 与 Cu 及钢都互不发生作用，所以 Pb 在固体 Cu 及钢上的润湿作用很差，但若在 Pb 中加入能与 Cu 及钢形成固溶体或化合物的 Sn 后，钎料的润湿作用大为改善。又如，Ag 对 Fe 的润湿作用很差，但含 Cu 和 Zn 的银基钎料对钢的润湿作用都很好。利用这一特点，可大致估计钎料润湿作用的好坏，也能评价毛细填缝作用的好坏。

2）钎焊温度。随着加热温度的升高，液态钎料与气体的界面张力减小，液态钎料与母材的界面张力也降低，这两者均有利于提高钎料的润湿能力。但是过高的钎焊温度容易造成溶蚀、钎料流失和母材晶粒长大等不良现象。

3）母材表面氧化物。与无氧化物的洁净表面相比，覆盖有氧化物的母材表面与气体之间的界面张力要小得多，导致润湿角增大。因此，在有氧化物的母材表面上，液态钎料往往凝聚成球状，不利于发生填缝。所以，必须充分清理钎料和母材表面的氧

168

化物，以保证发生良好的润湿作用。

4）母材表面的粗糙度。母材表面的粗糙程度对钎料的润湿能力有不同程度的影响。当钎料与母材作用较弱时，母材表面上的纵横交错的细沟槽对液态钎料起到特殊的毛细作用，从而促进了钎料沿母材表面的铺展。但对于与母材作用较强的钎料，由于母材表面上的细沟槽迅速被液态钎料溶解而丧失特有的毛细作用，致使粗糙表面的促进作用不明显。

5）钎剂。钎焊时使用钎剂既能清楚钎料和母材表面的氧化物，又能降低液态钎料的界面张力，改善钎料对母材的润湿作用。因此，选用适当的钎剂对提高钎料对增强毛细填缝作用是非常重要的。

6）间隙。间隙是直接影响钎焊毛细填缝作用的重要因素。毛细填缝的长度（或高度）与间隙大小成反比，随着间隙减小，填缝长度（或高度）增加；反之，减小。因此毛细钎焊时间隙一般都较小。

7）钎料与母材的相互作用。钎焊过程中，只要钎料能润湿母材，液态钎料与母材或多或少地发生溶解及扩散作用，致使液态钎料的成分、密度和熔化温度区间等发生变化，这些变化都将在钎焊过程中影响液态钎料的润湿及毛细填缝作用。

2. 液体钎料与固体母材的相互作用

在钎焊的加热过程中，当液态钎料流入间隙后与工件进行着复杂的物理、化学作用，如固体母材向液态钎料中的溶解，液态钎料的组分向固体母材中的扩散，钎料和母材的组分发生化合或共晶反应，从而使两者之间形成过渡的中间合金组织。可见，液体钎料与固体母材的相互作用对钎焊接头的组织和性能影响很大。

（1）固体母材向液态钎料的溶解

钎焊时，一般都发生母材向液态钎料中的溶解过程，即在液态钎料与固体金属接触时，固态金属晶格内原子结合键不断发生断裂，进而与液态钎料中的原子形成新的结合键。

固体母材向液态钎料中的适当溶解可改变钎料的成分。如果成分改变的结果有利于最终形成的焊缝组织，则钎焊接头的强度和韧性提高；如果成分改变的结果在钎缝中形成脆性化合物相，则钎缝的强度和韧性降低。固体母材的过度溶解使钎缝中液态钎料的熔化温度升高，黏度增大，流动性变差，最终不能填满接头间隙。有时，过量的溶解还会造成母材溶蚀缺陷，甚至出现溶穿现象。

母材在液态钎料中的溶解量 G 可表示为

$$G = \rho_y C_y \frac{V_y}{S} (1 - e^{-\frac{\alpha S t}{V_y}}) \tag{8-4}$$

式中，G ——单位面积母材的溶解量；

　　　ρ_y ——液体钎料的密度；

　　　C_y ——母材在液态钎料中的极限溶解度；

　　　V_y ——液体钎料的体积；

　　　S ——液、固相的接触面积；

　　　α ——母材的原子在液态钎料中的溶解系数；

　　　t ——接触面积时间。

由上式可以看出，母材向钎料中的溶解量与母材在钎料中的极限溶解度、液态钎料的数量、钎焊工艺参数（温度、保温时间）等有关。

（2）钎焊组分向母材的扩散

钎焊过程中，钎料的组分也会向固体母材中扩散，其扩散量与钎焊温度、扩散组分的浓度梯度和扩散系数、扩散面积和扩散时间等有关。钎料组分的扩散量由下式确定：

$$D_m = - DS \frac{D_c}{D_x} dt \qquad (8-5)$$

式中，D_m——钎料组分的扩散量；

S——液、固相的接触面积；

D——扩散系数；

$\frac{D_c}{D_x}$——在扩散方向上扩散组分的浓度梯度；

dt——扩散时间。

可以看出，母材向钎料中的溶解量随温度、浓度梯度、扩散系数、扩散面积和扩散时间的增大而增大。

钎焊组分向母材的扩散有两种机制：一种是体积扩散，即钎料组元向整个母材晶粒内部扩散；另一种是晶间扩散，即钎料组元向母材的晶粒边界扩散。体积扩散的结果是在钎料与母材交界处毗邻母材一侧形成固溶体，它对钎焊接头不会产生不良影响。晶间扩散常使晶界变脆，对薄件的影响尤为明显。因此，在实际钎焊时，应降低钎焊温度或缩短保温时间，减少脆性相的产生，使晶间扩散降低到最低程度。

（3）钎焊接头的显微组织

钎焊过程中，由于母材与钎料间的溶解与扩散，改变了钎缝和界面母材的成分，进而在接头部位形成新的组织，这些组织与钎料和母材本身往往有很大的区别。钎料与母材相互作用后可以形成以下组织。

1）固溶体。当母材与钎料具有同一类型的结晶点阵和相近的原子半径时，则母材溶于钎料并在钎缝凝固结晶后，就会形成固溶体；当母材与钎料属于同一基体时，也往往形成固溶体。例如，采用铜钎料钎焊镍，就属于前者的情况，采用铜基钎料钎焊铜及其合金、铝基钎料钎焊铝及其合金，就属于后者的情况。尽管钎料本身不是固溶体组织，但在钎缝中以及近邻钎缝界面常常出现固溶体组织。

固溶体组织具有良好的强度和塑性，钎缝合界面区出现这种组织对于钎焊接头的性能是有利的。

2）化合物。如果母材与钎料的基本组元具有形成化合物的状态图时，则母材与钎料相互作用后可能是接头中形成金属间化合物。例如，250℃以 Sn 钎焊 Cu，由于 Cu 向 Sn 中溶解，冷却时在界面区形成 Cu_6Sn_5 化合物相。母材在钎料溶解后，在钎缝一侧界面上也可能形成多种化合物。例如以 Sn 钎焊 Cu，当钎焊温度超过 350℃，则除形成 Cu_6Sn_5 外，还在 Cu_6Sn_5 相与母材 Cu 之间出现了 ε 相。当接头中出现金属间化合物相，特别是在界面区形成连续化合物时，钎焊接头的性能将显著降低。

3）共晶体。钎缝中的共晶体组织可以在以下两种情况下出现：一是采用含共晶体组织的钎料钎焊，如铜磷、银铜、铝硅、锡铅等钎料，这些钎料均含有大量共晶体组织；二是母材与钎料在钎焊过程中，由于溶解和扩散而形成共晶体，如用银钎料焊铜时，钎缝中会形成大量的共晶体。

8.1.2　钎焊的特点

较之熔焊，钎焊时母材不熔化，仅钎料熔化；较之压焊，钎焊时不对焊件施加压力。钎焊具有以下特点。

1)工件加热温度低，组织和性能不受焊接过程的影响较小。焊接变形也较小，尤其采用均匀加热(如炉中钎焊)的钎焊方法，焊件的变形可减小到最低程度，容易保证焊件的尺寸精度。

2)连接方便，不同材质(包括金属与陶瓷)、不同厚度、不同大小的工件均可连接。

3)钎焊接头平整光滑，外形美观，多数钎焊件焊后就可达到组合件的技术要求，无须加工。

4)某些钎焊方法一次可焊成几十条或成百条钎焊缝，生产率高。

5)钎焊设备简单，生产投资费用小。

钎焊的不足是接头强度较低，尤其动载荷强度低；耐热性、耐蚀性比较差；焊前对工件的清理以及装配间隙要求较高，且钎料价格较贵。

钎焊是一种古老的具有上千年历史的焊接方法，近几十年来得到较快的发展。目前，钎焊可以用于焊接碳钢、不锈钢、高温合金、铝、铜、钛等金属材料，也可以连接异种金属、金属与非金属。尤其适合于制造精密仪表、电器零部件以及某些复杂薄板结构，如夹层构件、蜂窝结构，也常用于钎焊各类导线与硬质合金刀具等。

8.2　钎焊材料

8.2.1　钎料

钎焊时用做填充金属的材料称为钎料。对钎料的基本要求：①低于工件金属的熔点；②有足够的浸润性(钎料流入间隙的性能)；③有与工件金属适当的溶解和扩散能力；④焊接接头应具有一定的机械性能和物理、化学性能。工程中通常将钎料按其熔点高低分为两类，即：软钎料和硬钎料。

1. 软钎料

钎料熔点低于450℃的钎料称为软钎料。软钎料主要用于焊接受力不大和工作温度较低的工件，如各种电器导线的连接及仪器、仪表元件的钎焊(主要用于电子线路的焊接)。软钎料主要有锡基钎料、铅基钎料、镉基钎料和锌基钎料。

(1)锡基钎料

应用最广泛的软钎焊是含少量(小于0.5%)的锡铅合金。这类钎料熔点低(一般低于230℃)，钎料渗入接头间隙的能力强，所以具有较好的焊接工艺性能，锡铅钎料还有良好的导电性。锡基钎料是在纯锡中加入铅等元素而成。从Sn-Pb状态图8-3看出，当锡的质量分数达到61.9%时，形成熔点为183℃的共晶。图8-4是锡铅合金的力学性能和物理性能。纯锡强度为23.5MPa，加入铅后强度提高，在共晶成分附近抗拉强度达51.97MPa，抗剪强度为39.22MPa，硬度也达到最高值，电导率则随含铅量的增加而降级。可根据不同要求，选择不同的钎料成分。

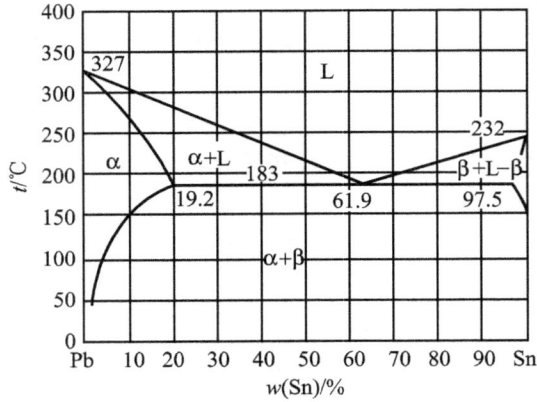

图 8-3　Sn-Pb 状态图

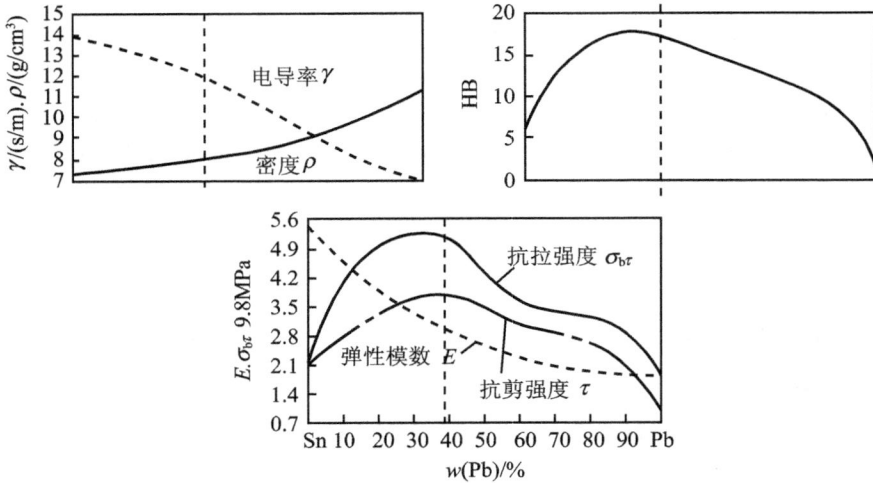

图 8-4　锡铅合金的力学性能和物理性能

（2）铅基钎料

纯铅钎料因为不能很好地润湿铜、铁、镍等常用金属，所以不宜单独作为钎料。但在铅中添加银、锡、镉、锌等合金元素，如铅中加入 $w(Ag)=3\%$，达到共晶成分，在钎焊时能润湿铜及其合金，并降低了铅的熔化温度。一般用于钎焊铜及铜合金，可以在 150℃ 以下工作温度使用。但这种钎料对铜的润湿性和填缝能力仍较差，可进一步在铅银钎料中加入锡，以改善其润湿性。

（3）锌基钎料

锌基钎料主要用于钎焊铝及其合金。锌的熔点为 419℃，在锌中加入锡和镉能明显降低其熔点，加入银、铜、铝等元素可提高润湿性和接头的抗腐蚀性。

（4）镉基钎料

镉基钎料是软钎料中耐热性最好的一种，主要用于钎焊铜及铜合金，工作温度可达 250℃，钎缝可电镀。常用的有 HL506 和 HL503。

2. 硬钎料

硬钎料，即熔点高于 450℃ 的钎料。硬钎料主要用于焊接受力较大、工作温度较高的工件，如：自行车架、硬质合金刀具、钻探钻头等（主要用于机械零、部件的焊接）。硬钎焊的钎料种类繁多，以铝、银、铜、锰和镍为基的钎料应用最广。

（1）铜基钎料

铜基钎料主要有纯铜钎料、铜-锌系钎料、铜-银-磷系钎料及铜基高温钎料。Cu-Zn 系钎料中应用最广泛的是 H62，可用来钎焊受力大、需要接头有一定塑性的铜、镍、钢制零件。为防止 Zn 的挥发，可在 H62 中加入少量 Si；加入少量的锡可提高钎料的铺展性。CuP 钎料是一种应用广泛的空气自钎剂钎料。常用于铜及铜合金的钎焊。当磷的质量分数达到 8.38% 时，Cu 与 P 形成熔点为 714℃ 的共晶。但 Cu_3P 脆性较大，故 CuP 钎料加工性不好。铜基钎料常用于铜、铁零件的钎焊。

（2）银基钎料

银基钎料是应用最广的一类硬钎料，熔点不高，能润湿多数金属，并具有良好的强度、塑性、导电性、导热性和耐各种介质的性能，广泛应用于钎焊低碳钢、结构钢、不锈钢、高温合金、铜及铜合金等。主要有银-铜系、银-铜-锌系和银-铜-锌-镉系合金。

（3）铝基钎料

铝基钎料常用于铝制品钎焊。铝基钎料主要以铝和其他金属的共晶为基础，其牌号主要有 HL400、HL401、HL402 和 HL403 等。

（4）镍基钎料

镍基钎料以镍为基体，并添加 Cr，B，Si，P，Fe 等能降低其熔点的金属元素。镍基钎料具有优良的抗腐蚀性和耐热性，主要用于钎焊高温工作的零件。

（5）锰基钎料

锰基钎料以镍-锰合金为基体，加入 Cr，Co，Cu，Fe，B 等元素降低钎料的熔化温度，并改善润湿性和抗腐蚀性。常用锰基钎料有 BMn70NiCr，BMn40NiFeCo，BMn50NiCuCrCo，BMn45NiCu 等。锰基和镍基钎料多用于焊接在高温下工作的不锈钢、耐热钢和高温合金等零件。

选用钎料时要考虑母材的特点和对接头性能的要求。

（6）贵金属钎料

贵金属钎料主要有金基钎料和含钯钎料，它们具有良好的润湿性和耐腐蚀性，但价格昂贵。焊接铍、钛、锆等难熔金属、石墨和陶瓷等材料则常用钯基、锆基和钛基等钎料。

8.2.2　钎剂

钎剂是指钎焊过程中除母材和钎料外，泛指第三种用来降低母材和钎料界面张力的所有物质，包括熔盐、有机物、活性气体、金属蒸气等。

钎焊过程中，一般都需要钎剂。钎剂在钎焊中起以下作用：

1）清除被焊工件接合处和钎料表面的氧化物，降低焊料熔点和表面张力；

2）隔绝空气中氧对钎焊区的有害作用；

3）增强液态钎料对工件表面的润湿能力和流动性，以迅速填满钎缝。

钎剂的熔点应该低于钎料熔点 10～30℃，特殊情况下也可使钎剂的熔点高于钎料。

钎剂的熔点若过低于钎料,则过早熔化,使钎剂成分由于蒸发、与母材作用等原因使钎料熔化时钎剂已经失去活性。钎剂种类很多。450℃以下钎焊用的钎剂称为软钎焊钎剂,450℃以上钎焊用的钎剂称为硬钎焊钎剂。

硬钎焊钎剂通常由碱金属和重金属的氯化物和氟化物,或硼砂、硼酸、氟硼酸盐等组成,可制成粉状、糊状和液状。在有些钎料中还加入锂、硼和磷,以增强其去除氧化膜和润湿的能力。焊后钎剂残渣用温水、柠檬酸或草酸清洗干净。

软钎焊钎剂大体上分为两种:一种是水溶性的,通常以盐酸盐和磷酸盐的水溶液为主,这种焊剂的活性高,腐蚀性强,焊后需要清洗;另一种是不溶于水的有机物钎剂,通常以松香或人工树脂为基,加入有机酸、有机胺或其 HCL 或 HBr 的盐,以提高去除氧化膜能力和活性。

钎剂的选择还应考虑工件和钎料表面氧化膜的性质。偏碱性的氧化物(如 Fe,Ni,Cu 等的氧化物),常使用酸性钎剂[含硼酸酐($B2O_3$)等];对于偏酸性的氧化膜(例如铸铁中的 SiO_2),常使用碱性钎剂(含 Na_2CO_3),使得生成易熔的 Na_2SiO_3 而进入熔渣。

电子工业中多用松香作为钎剂,这种钎剂焊后的残渣对工件无腐蚀作用,称为无腐蚀性钎剂。焊接铜、铁等材料时用的钎剂由氯化锌、氯化铵和凡士林等组成,焊铝时需要用氟化物和氟硼酸盐作为钎剂,还有用盐酸加氯化锌等作为钎剂的,这些钎剂焊后的残渣有腐蚀作用,称为腐蚀性钎剂,焊后必须清洗干净。

一些氟化物的气体也常用作钎剂,它们反应均匀,焊后不留残渣。BF_3 常和 N_2 混合使用在高温下钎焊不锈钢。

▶ 8.3 钎焊的分类及应用

根据焊接温度的不同,钎焊可以分为软钎焊和硬钎焊两种。温度低于 450℃ 的钎焊称为软钎焊。软钎焊的接头强度较低,通常不超过 70MPa,所以只适用于受力不大、工作温度较低的工件。多数软钎焊适合的焊接温度在 200~400℃。软钎焊广泛用于焊接受力不大的室温工作的仪表、电子元件和气密、水密容器等。温度高于 450℃ 的钎焊称为硬钎焊。硬钎焊的接头强度高,可达 500MPa,使用钎焊受力较大、工作温度较高的工件。

按热源区分则有红外、电子束、激光、等离子、辉光放电钎焊等;按工作过程分有接触反应钎焊和扩散钎焊等,接触反应钎焊是利用钎料与母材反应生成液相填充接头间隙,扩散钎焊是增加保温扩散时间,使焊缝与母材充分均匀化,从而获得与母材性能相同的接头。

按加热方式或加工设备,可将钎焊分为烙铁钎焊、波峰钎焊、火焰钎焊、电阻钎焊、感应钎焊、炉内钎焊和盐浴钎焊等。

烙铁钎焊操作便利,加热温度低,广泛用于电子行业中,适用于细小简单或很薄零件的软钎焊。

波峰钎焊用于大批量印刷电路板和电子元件的组装焊接。施焊时,250℃ 左右的熔融焊锡在泵的压力下通过窄缝形成波峰,工件经过波峰实现焊接。这种方法生产率高,可在流水线上实现自动化生产。

火焰钎焊是用可燃气体与氧气或压缩空气混合燃烧的火焰作为热源进行焊接,设备简单，通用性强，操作方便，工艺过程较简单。这种方法可用于铝基钎料钎焊铝合金或 Cu，Ag 基钎料钎焊碳钢、铜合金小型工件的焊接，但加热温度难以控制、热应力较大。

电阻钎焊加热迅速，易于实现自动化，加热集中，对周围母材影响小，但对钎焊接头的形状和尺寸要求严格，因此应用受到局限。

感应钎焊是利用高频、中频或工频感应电流作为热源的焊接方法。高频加热适合于焊接薄壁管件。采用同轴电缆和分合式感应圈可在远离电源的现场进行钎焊，特别适用于某些大型构件，如火箭上需要拆卸的管道接头的焊接。感应钎焊热效率高，广泛用于钢、高温合金等具有对称形状的焊件，但难以准确控制钎焊温度，对壁厚不均或非对称的焊件，加热不易均匀。

盐浴钎焊将工件部分或整体浸入覆盖有钎剂的钎料浴槽或只有熔盐的盐浴槽中加热焊接。这种方法加热均匀、迅速、温度控制较为准确，生产效率高，适合于大批量生产和大型构件的焊接。盐浴槽中的盐多由钎剂组成。焊后工件上常残存大量的钎剂，清洗工作量大。不适于钎焊有深孔、盲孔和封闭型的焊件，单件小批量生产成本较高。

炉中钎焊是将装配好钎料的工件放在炉中进行加热焊接，常需要加钎剂，也可用还原性气体或惰性气体保护。炉中钎焊加热比较均匀，焊件不易变形。大批量生产时可采用连续式炉，生产效率高。但空气炉中钎焊焊件氧化严重。

真空钎焊时，工件加热在真空室内进行，主要用于要求质量高的产品和易氧化材料的焊接。真空炉中钎焊成本高，且不能使用含 P，Cd，Na，Zn，Mg，Li 等蒸气压高的元素。

钎焊常用的工艺方法很多，可根据钎料种类、工件形状与尺寸、质量要求与生产批量等综合考虑加以选择。

▶ 8.4 钎焊工艺

钎焊工艺合理与否将直接影响钎焊接头的质量，制定一个钎焊工艺包括钎焊接头设计、焊件表面处理、焊件装配和固定、钎料和钎剂的选择、钎焊工艺参数确定、钎焊后清洗和质量检验等步骤。不同钎焊产品有不同的技术要求和质量标准。

8.4.1 钎焊接头的设计

由于钎焊技术的自身特点，要普遍保证接头与母材具有等强度尚有一定难度。但是，通过合理设计接头形式，可以有效提高钎焊接头的性能，满足焊件的使用要求。

1. 钎焊接头形式

钎焊接头形式有多种，归纳起来有三种基本形式：对接接头(端面-端面钎缝)、搭接接头(表面-表面钎缝)和 T 形接头(端面-表面钎缝)。对接接头和 T 形接头的承载能力较差，往往不能满足要求，一般不推荐采用。

搭接接头可依靠增大搭接面积达到接头与焊件具有相等的强度。另外，它的装配要求也较简单，因此搭接形式是钎焊连接的基本形式。在工程实际中，钎焊接头的形式是各式各样的。图 8-5 列出了各种钎焊接头的装配形式，可供具体设计时参考。

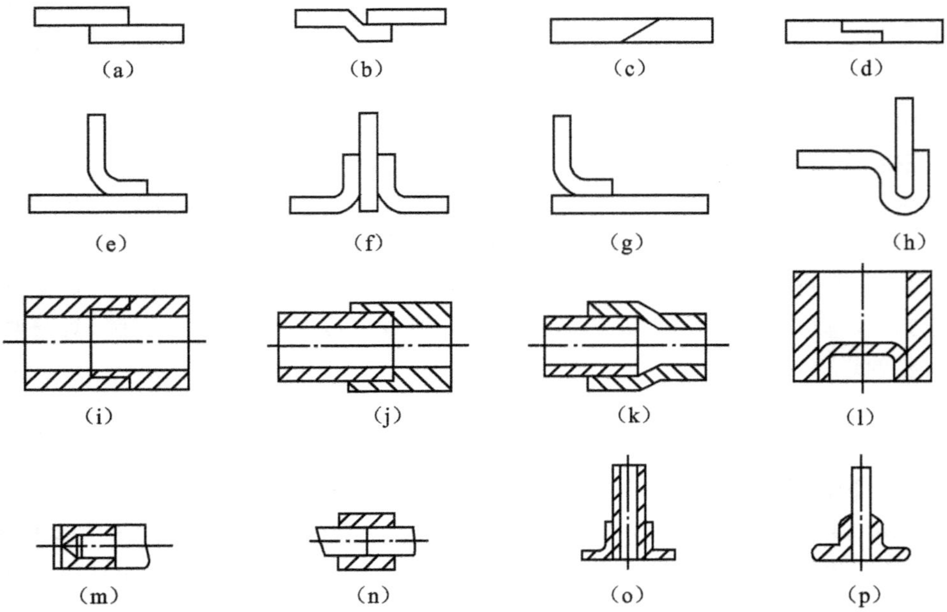

图 8-5　各种钎焊接头的装配形式

(a)(b)普通搭接接头　(c)(d)对接接头局部搭接化　(e)(f)(g)(h)T形接头和角接接头的局部搭接化
(i)(j)(k)管件搭接接头　(l)管与底板接头　(m)(n)杆件连接接头　(o)(p)管或杆与凸缘接头

2. 钎焊接头搭接长度

较大的搭接长度具有较大的承载能力。但是，较大的搭接长度会使毛细管能力减弱，液态钎料填缝困难，往往产生大量缺陷，同时对钎料的需求增大，也增大了结构质量。因此，搭接面积的大小是有一定限度的。另外需要指出的是，搭接接头主要依靠钎缝的外缘承受剪切力，中心部分不承受大的力，而随搭接长度的增加，钎缝的中心部分受力增加，因此，过大的搭接长度已失去意义。而且，搭接接头的截面积不是圆滑过渡，会导致应力集中，选用时也应予以考虑。

根据接头与焊件承载能力相等原则，对于几种典型结构件，可按以下搭接长度公式计算。

板—板搭接长度：

$$L = \frac{\sigma_b}{\tau_j}H \tag{8-6}$$

管—管搭接长度：

$$L = \frac{F\sigma_b}{2\pi r\tau_j}H \tag{8-7}$$

圆杆—圆杆搭接长度（图 8-6）：

$$L_j = \frac{\pi}{2}\frac{\sigma_b}{\tau_j}D_0 \tag{8-8}$$

圆杆—板件搭接长度（图 8-7）：

$$L_j = \frac{\pi}{4}\frac{\sigma_b}{\tau_j}D_0 \tag{8-9}$$

式中，σ_b——焊件材料的抗拉强度；

   τ_j——钎焊接头的抗剪强度；

   H——焊件厚度；

   F——管件横截面积；

   r——管件半径；

   D_0——圆杆直径。

图 8-6 圆杆件搭接

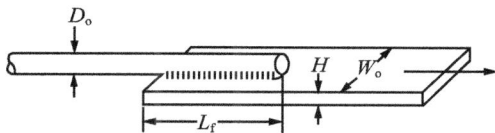

图 8-7 圆杆与板件搭接接头

  在实际生产中，大多根据经验确定焊件的钎焊搭接长度。例如，对于板件取搭接长度等于组成此接头零件中薄件厚度的 2～5 倍。对于银基、铜基、镍基等高强度钎料的接头，搭接长度通常不超过薄件厚度的 3 倍。对使用锡铅等低强度钎料的接头，可取为薄件厚度的 5 倍，除非特殊需要，一般搭接长度值不大于 15mm。

  设计钎焊接头搭接长度时，对有导电要求的钎焊接头必须考虑可能因电阻大而引起接头过度发热的问题。为此，设计的接头应保证钎缝的电阻值与所在电路的同样长度的铜导体的电阻值相等。根据这一原则，搭接长度的计算公式与相应的承载接头具有相似的形式。

  板—板搭接长度：

$$L_j = \frac{\rho_f}{\rho_c} H \tag{8-10}$$

  圆杆—圆杆搭接长度：

$$L_j = \frac{\pi}{2} \cdot \frac{\rho_f}{\rho_c} D_0 \tag{8-11}$$

  圆杆—板搭接长度：

$$L_j = \frac{\pi}{4} \frac{\rho_f}{\rho_c} D_0 \tag{8-12}$$

式中，ρ_f——钎料的电阻率；

   ρ_c——导体的电阻率。

3. 钎焊接头装配间隙

  钎焊接头装配间隙的大小直接影响液态钎料的毛细填缝过程、钎料残渣及气体的排出过程、母材与钎料的扩散过程以及母材对钎缝合金层受力时塑性流动的机械约束程度等。因此，钎焊接头设计必须考虑钎缝间隙值这一参数。

  通常钎焊接头存在某一最佳间隙值范围，具有此间隙值范围内的接头强度等于甚至高于原始钎料的强度，超出此间隙区间的接头强度均随之降低（见图 8-8）。这是因为过大的间隙会使毛细作用减弱，钎料难以填满间隙。同时，母材对填缝中心区钎料的合金化作用减弱，使钎缝结晶生成柱状组织和枝晶偏析。在受力时母材对钎缝合金层的支撑作用也将减弱。相反，过小的间隙却会使钎料填缝变得困难，间隙内的焊剂残渣和气体也不易排尽而造成钎缝内未焊透和气孔或夹杂的形成。一般来说，钎料对母材的润湿性好，间隙值应小一些；钎料对母材相互作用强烈，间隙应增大，这可减弱母材对钎缝的过多溶入，不致使钎料熔点升高，流动性降低；对于熔点固定的纯金属钎料、共晶成分钎料以及具有自钎剂作用的钎料，应取较小的间隙值；有些需要钎料的某些组元向母材扩散来改善钎缝组织和性能的钎焊接头，就要选取小间隙，如镍基钎料钎焊不锈钢时，小间隙有助于防止或减少脆性相出现；采用钎剂去膜应比气体介质去膜、真空钎焊的间隙稍大一些，因前者须排渣，后者只是排气。因此，钎缝间隙的最佳值由多方面因素综合而定。

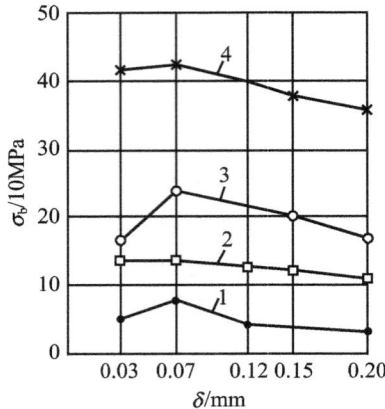

图 8-8 钎焊接头强度与钎缝间隙值的关系(Cu-30Zn 钎料钎焊钢，炉中 1 000 硼砂钎剂)
1—疲劳；2—抗剪；3—抗拉；4—抗弯

8.4.2 焊件的表面处理

焊件在焊接前的加工和存放过程中，不可避免地受到污染，为了确保钎料、钎剂的填充间隙，钎焊前对工件必须进行细致加工和严格清洗，除去油污和过厚的氧化膜，有时根据需要进行预镀覆。

1．表面脱脂处理

焊件表面去除油污的方法包括有机溶剂(乙醇、丙酮、三聚乙烯等)清洗、碱液(苛性钠、碳酸钠、磷酸钠等)清洗、电化学脱脂、超声波清洗等。

2．表面氧化物清除

清除焊件表面氧化物(膜)有如下的方法。

1)机械清除(锉、刮砂、磨、喷丸等)。

2)酸洗和碱洗，如质量分数为 10% 的 H_2SO_4 或 HCl 水溶液清洗低碳钢和低合金钢；10% H_3NO_3(质量分数)＋6% H_2SO_4(质量分数)＋50g/L HF 的水溶液清洗不锈钢；质量分数为 5%～10% 的 H_2SO_4 清洗铜基铜合金；100g/L NaOH 水溶液清洗铝及铝合金等。在 20～100℃化学侵蚀施加效果更好。化学侵蚀过的金属须用清水漂洗干净并干燥。

3)电化学侵蚀。

4)超声波清洗。

3. 表面预镀覆

表面预镀覆包括工艺镀层、阻挡镀层、钎料镀层等。镀覆层既可以起到表面防氧化、增加润湿性的作用，也可以镀覆钎料层，直接用做钎料填缝。在许多精密钎焊的场合质量完全能得到保证。

8.4.3　焊件的装配和固定

对焊件进行合理的装配和固定不仅能使钎焊顺利进行，也是保证焊件尺寸精度和焊件接口间隙的需要。钎缝间隙一般要求在 0.01～0.1mm 之间。

钎焊时零件的固定方法较多（见图 8-9）。对于简单的焊件，根据结构可采用紧配合、突起部、定固焊、铆钉、螺钉、定位销、弹簧夹等方法来固定；有时在装配面加工出滚花、压纹利于定位；扩管、卷边、墩粗也是可行的办法。对于结构复杂、装配精度高的焊件尤其对多钎缝钎焊件，要采用夹具工装。

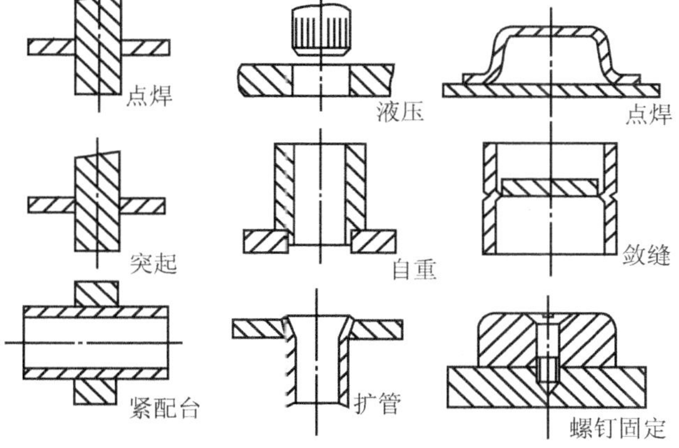

图 8-9　钎焊时零件的固定方法

夹具的选材要结合钎焊的特点，如感应钎焊用夹具选用非磁性材料制作，盐浴钎焊用夹具应考虑耐蚀性要求，炉中钎焊用夹具应选用耐热性和抗氧化性好的材料。另外，夹具材料与焊件的热膨胀系数要相近，且不被钎料所润湿。

8.4.4　钎料的放置

手工钎焊时，钎料通过人工添加，但是在自动焊时或钎缝表面要求高的场合，钎料需要预置。钎料预置有两种方法：一种是明预置，即将钎料放置于钎料间隙外缘；另一种是暗预置，即将钎料置于钎料间隙内特制的钎料槽中。钎料安放要尽可能稳靠、方便。

明预置的钎料通常置于焊件的台阶、沟槽等部位（见图 8-10），通过液态钎料的重力和毛细管力将钎料填入缝隙，此时应可能使钎料紧贴钎缝，以免液态钎料向四周流失。暗预置的钎料大多放置于特制的钎料槽内，钎料槽一般位于焊件的厚大部位，如图 8-10(i)、(j)所示，应使钎料的填缝路径最短。

使用箔状或垫片状钎料时，往往将其置于钎料间隙内，不必开设钎料槽，如图 8-10 所示，只是在钎料凝固前施加一定压力，以保证钎缝填满且致密。

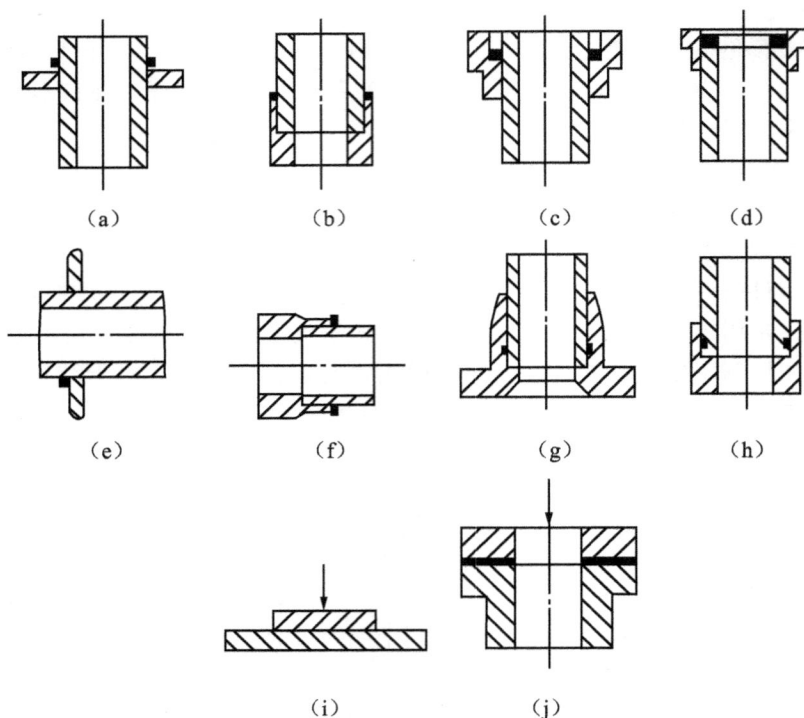

图 8-10　钎料的放置位置

8.4.5　钎料工艺参数确定

钎焊过程的主要工艺参数包括钎焊温度、保温时间和冷却速度。这些工艺参数对钎焊过程和接头质量具有重要影响。

1. 钎焊温度

钎焊是在高于钎料熔化温度低于母材熔化温度的加热温度下进行的。提高钎焊温度有利于减小液态钎料的表面张力，改善润湿和填缝，并使钎料与母料相互充分作用，但温度过高，会引起钎料中低沸点组元的蒸发、母材晶粒的长大，也使钎料与母材相互作用过度而出现溶蚀、晶间渗入、脆性化合物层增厚等问题。一般钎料温度控制在钎料熔点以上 25～60℃。

有些情况下的钎焊温度可根据具体情况制定，例如，使用某些结晶温度间隔宽的钎料焊接时，由于在固相线温度以上已经有液相存在，具有一定的流动性，这时钎焊温度可以等于或低于钎料液相线温度。又例如，用纯银钎焊焊铜，钎焊温度选用 800℃（远低于银的熔点），因为纯银钎料与母料铜在 800℃形成低熔点的 Ag-Cu 二元系液态共晶层，填满钎缝后凝固形成完整接头，此时钎焊温度可依照钎缝中形成新合金的熔点温度来确定。

钎焊升温速率需要考虑工件的尺寸和热导率。对于钎焊塑性差、热导率低和尺寸大的工件，升温速率不宜过快，以防止变形甚至开裂。当然，过慢的升温速度会引起母材晶粒长大、钎料中低熔点组元的蒸发以及氧化严重等问题。

2. 保温时间

由于钎焊过程中钎料与母材的相互作用，适当的保温时间有利于改善钎缝的组织和性能。但过长的保温时间由于钎料与母材产生强烈溶解，往往会生成脆性相、晶间渗入等问题。相反，如果能通过二者的相互作用能消除钎缝中的脆性相或低熔组织时，则应适当延长保温时间。一般来说，钎焊增大，保温时间相应延长；钎缝间隙增大，保温时间延长，以使钎料与母料发生充分的相互作用；钎料和母料间有金属间化合物产生时，应适当缩短保温时间，控制钎料中与母材形成化合物的组元向母材晶粒或晶界扩散，防止或较少脆性相的形成。

3. 冷却速度

一般说来，快速冷却有利于细化钎缝组织，提高钎缝的各种力学性能。因此，对于薄壁、热导率高、韧性好的工件可适当提高冷却速度。但是，对厚壁、热导率低、脆性大的工件，过快的冷却速度会造成工件产生较大的变形甚至开裂，也会在钎缝内产生气孔。另外，较快的冷却速度不利于钎缝成分的均匀化，这种情况在钎料与母材生成固熔体时比较明显。例如 Cu-P 钎料钎焊铜时，较慢的冷却速度使得钎缝中含有更多的固溶体而较少 Cu_3P 化合物共晶。

8.4.6　钎焊的后处理

焊件在钎焊后往往还需要进行焊后的热处理和清洗处理。

焊后处理包括对工件进行扩散热处理（消除成分偏析，改善接头组织和性能）、低温退火热处理（消除钎焊热应力，防止变形）、清除接头钎剂（提高耐腐蚀性、镀覆性）等。

若钎焊中使用的钎剂是有机软钎剂、汽油、酒精等种类，采用 ZnCl2，NH4Cl，10%NaOH 清洗后，再用热水和冷水洗净。若钎焊中使用氟化钙、硼砂和硼酸钎剂，采用机械划擦或沸水中长时间浸煮。若钎焊中以氯化物为钎剂，先在 $50\sim60℃$ 的水中仔细清洗，后在 $60\sim80℃$ 的 2% 铬酐溶液中作表面钝化处理。

▶ 8.5　应用实例

金刚石的高硬度和优良物理机械性能使得金刚石工具成为加工各种坚硬材料不可缺少的有效工具。由于金刚石与一般金属和合金之间具有很高的界面能，致使金刚石颗粒不能为一般低熔点合金所浸润，黏结性极差，在传统的制造技术中，金刚石颗粒仅靠胎体冷缩后产生的机械夹持力镶嵌于胎体金属基中，而没有形成牢固的化学键结合或冶金结合，导致金刚石颗粒在工作中易与胎体金属基分离，大大降低了金刚石工具的寿命及性能水平。下面介绍两种金刚石与钢体钎焊的方法。

1. 采用真空炉（真空度为 0.2Pa）内高温钎焊的方法

以 NiCr13P9 合金为钎料，配以少量 Cr 粉，在高温（950℃）加压（4.9MPa）的条件下进行钎焊，从而实现了金刚石与钢基体间的牢固结合。钎料均匀分布于砂轮表面，金刚石已被牢固钎焊，触摸砂轮表面感觉相当锐利粗糙。钎料在金刚石磨粒间分布均匀，金刚石出刃高度高。其耐用度较电镀砂轮有了明显提高，工作后仅有少量金刚石脱落。

2. 利用高频感应钎焊的方法

用 Ag-Cu 合金和 Cr 粉共同作中间层材料，在空气中感应钎焊 35s，钎焊温度 780℃，实现了金刚石与钢基体间的牢固结合。姚正军等利用在 Ar 气保护炉中感应钎焊的方法，用 Ni-Cr 合金粉末做钎料，真空感应钎焊 30s，钎焊温度 1 050℃，实现了金刚石与钢基体的牢固连接，发现在钎焊过程中 Cr 元素金刚石界面形成富 Cr 层并与金刚石表面的 C 元素反应生成 Cr_3C_2 和 Cr_7C_3，这是实现合金层与金刚石有较高结合强度的主要因素。磨削实验采用大切深、缓进给、重负荷进行，从砂轮磨削后的表面形貌来看，没有金刚石整颗脱落，金刚石磨粒属正常磨损，说明金刚石有较高的把持强度，适合于高效磨削加工。

>>> 习 题

1. 钎焊的实质是什么？具有哪些优缺点？
2. 叙述钎焊钎缝的形成过程。
3. 根据液态钎料与固体母材的相互作用原理，说明钎焊接头显微组织的形成以及对接头性能的影响。
4. 什么是硬钎焊？它具有哪些特点？
5. 制定一个钎焊工艺包括哪些步骤？
6. 硬钎料有哪几种？并说明其特点和用途。

第 9 章　其他焊接方法

▶ 9.1　电子束焊接

9.1.1　概述

电子束焊(Electronic Beam Welding)是随着现代科学技术发展而出现的一种高能密度的熔化焊方法。它利用空间定向高速度运动的电子束，撞击工件表面后，将部分动能转化为热能，使被焊金属融化，冷却结晶后形成焊缝，电子束撞击工作时，其动能的 96% 可转化为焊接所需的热能，能源密度高达 $10^3 \sim 10^5 \, kg/cm^2$，而焦点的最高温度达 5 930℃ 左右。

德国的 K. H. Steigerwald 和法国的 J. A. Stohr 将电子束首先应用到工业生产中。电子束焊技术首先用于原子能及宇航工业，继而扩大到航空、汽车、电子、电器、电机、工程机械、医疗、重型机械、石油化工、造船、能源等几乎所有的工业部门。几十年来，电子束焊创造了巨大的社会及经济效应。

电子束焊接工作原理如图 9-1 所示，电子的产生、加速和会聚成束是由电子枪完成的。图中阴极又称发射极，是灯丝，被加热后以热发射和场致发射方式逸出电子，在电场作用下电子将沿着电场强度的反方向运动。通常在阴极与阳极之间加上几十到几百千伏的高电压(即加速电压)，电子在离开阴极后被加速(到 $0.3 \sim 0.7$ 倍光速)飞向阳极，具有一定的动能，经电子枪中静电透镜和电磁透镜的作用，电子会聚成功率密度很高的电子束，穿过阳极中心小孔后借助惯性到达工件，途经空间因空间电荷效应而导致电子束流发散。为此利用电磁透镜(即磁聚焦线圈)把发射后的电子束重新会聚，并增长了电子束的焦距，为了防止高压击穿和减小电子束流的散射及能量损失，电子枪内的真空度必须保持在 0.1Pa 以上。

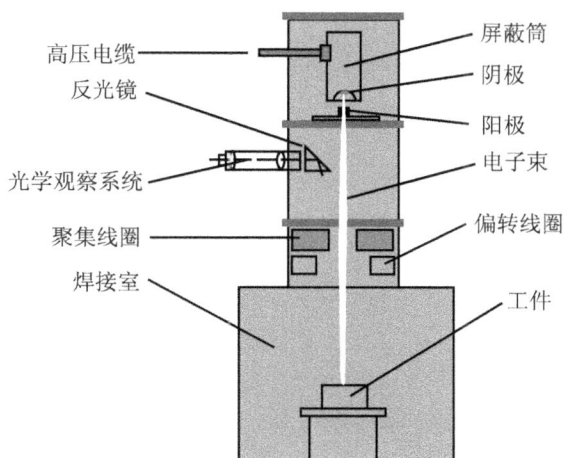

图 9-1　电子束焊接工作原理

当高速电子束撞到工件表面，电子的动能就转变为热能，使金属迅速熔化和蒸发。在高压金属蒸气的作用下熔化的金属被排开，电子束就能继续撞击深处的固态金属，很快在被焊工件上"钻"出一个深熔的小孔，如图 9-2 所示，小孔的周围被液体金属包围，随着电子束与工件相对运动，液体金属沿小孔周围流向熔池后部逐渐冷却，凝固形成了深宽比很大的焊缝。当电子束的能量密度不高时，金属的熔化过程和电弧焊相似，焊缝熔深也较浅，提高电子束的功率密度可以增加穿透深度。

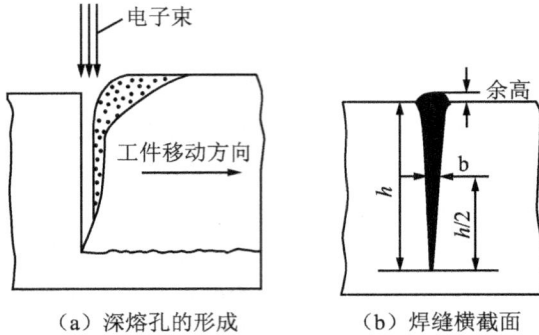

（a）深熔孔的形成　　（b）焊缝横截面

图 9-2　电子束焊缝形成过程

电子束传送到焊接接头的热量和其熔化金属的效果与束流强度、加速电压、焊接速度、电子束斑点质量以及被焊材料的性能等因素有密切的关系。

电子束焊是一种高能密度的电子束，轰击焊件使其局部加热和熔化的焊接方法。电子束焊按被焊工件所处环境的真空度可分为三类：高真空电子束焊、低真空电子束焊和非真空电子束焊。

1. 高真空电子束焊

焊接是在高真空($10^{-4} \sim 10^{-1}$Pa)工作室的压强下进行。工作室和电子枪可用一套真空机组抽真空，也可用两套真空机组分别抽真空。为了防止扩散泵油污染工作室，工作室和电子枪室通道口处设有隔离阀。良好的高真空环境，可以保证对熔池的"保护"，防止金属元素的氧化和烧损，适用于活泼性金属、难熔金属和质量要求高的金属材料焊接。

特点及应用范围：有效地防止熔化金属氧化燃烧，适用于活泼性金属、高要求大厚度工件的焊接。

2. 低真空电子束焊

焊接是在低真空($10^{-1} \sim 10$Pa)工作室内进行，但电子枪仍在高真空(10^{-3}Pa)条件下工作。电子束通过隔离阀和气阻通道进入工作室，电子枪和工作室各用一套独立的真空机组单独抽真空。低真空电子束焊也具有束流密度和功率密度高的特点。由于只需要抽到低真空，明显地缩短了抽真空的时间，提高了生产效率，适用于批量大的零件的焊接和生产线上使用。

特点及应用范围：与高真空的电子束焊相比，生产率高，适用于批量生产、焊接变速器、组合齿轮，都取得良好的效果。

3. 非真空电子束焊

焊机没有真空工作室。电子束仍是在高真空条件下产生的，然后通过一组光缆、气阻通道和若干级真空小室，引入到处于大气压力下的环境中对工件进行焊接，在大气压下，电子束散射强烈，即使将电子枪的工作距离限制在 20～50mm，焊缝深宽比最大也只能达到 5∶1。非真空电子束焊各真空室采用独立的抽真空系统，以便在电子枪和大气间形成压力依次增大的真空梯度。

特点及应用范围：散射严重，使束流及功率密度显著降低，使焊缝熔深及深宽比明显下降，一次焊透不超过 30mm。

9.1.2　电子束焊的特点及应用

1. 电子束焊的特点

电子束作为焊接的热源具有功率密度高和精确、快速、可控这两个特点。

(1) 功率密度高

电子束焊接时，加速电压范围为 30～150kV，电子束流为 20～1000mA，电子束焦点直径为 0.1～1mm，这样的电子束其功率密度可达 $10^6 W/cm^2$ 以上。

(2) 精度、快速、可控

由于电子具有极小的质量(9.1×10^{-31} kg)和一定的负电荷 1.6×10^{-19} C，其荷质比高达 1.76×10^{11} C/kg，通过电场、磁场对电子束可以作快速而精确的控制。

基于电子束上述特点，利用它在真空条件下的焊接，因而使这种焊接方法具有以下优点。

1) 加热功率密度大。焊接用电子束电流为几十到几百毫安，最大可达 1 000mA 以上，加速电压为几十到几百千伏，故电子束功率从几十千瓦到 100kw 以上。而电子束焦点直径小于 1mm，故电子束焦点处的功率密度可达 $10^3 \sim 10^5$ kw/cm^2，比普通电弧功率密度高 l00～1000 倍。

2) 焊缝深宽比(H/B)大。通常电弧焊的深宽比很难超过 2，电子束焊的深度比在 50 以上。电子束焊比电弧焊可节约大量填充金属和电能，可实现高深宽比的焊接，深宽比达 60∶1，可依次焊透 0.1～300mm 厚度的不锈钢板。

3) 焊接速度快，焊缝热物理性能好。焊接速度快，能量集中、熔化和凝固过程快、热影响区小、焊接变形小。对精加工的工件可用作最后的连接工序，焊后工件仍能保持足够的精度。能避免晶粒长大，使焊接接头性能改善。高温作用时间短，合金元素烧损少，焊缝抗蚀性好。

4) 焊缝纯度高。真空电子束焊的真空度，一般为 5×10^{-4} Pa，这种焊接方式尤其适合焊接钛及钛合金等活性材料。

5) 焊接工艺参数调节范围广，适应性强。电子束焊接的工艺参数可独立地在很宽的范围内调节，控制灵活，适应性强，再现性好，而且电子束焊焊接参数易于实现机械化、自动化控制，提高了产品质量的稳定性。

6) 可焊材料多。不仅能焊金属和异种金属材料的接头，也可焊非金属材料，如陶瓷、石英玻璃等。

但也存在一些缺点。

1) 设备比较复杂、费用比较昂贵。

2) 焊接前对接头加工、装配要求严格，以保证接头位置准确、间隙小而且均匀。

3) 真空电子束焊接时，被焊工件尺寸和形状常常受到工作室的限制。

4）电子束易受杂散电磁场的干扰，影响焊接质量。

5）电子束焊接时产生的 X 射线需要严加防护，以保证操作人员的健康和安全。

电子束也可以用来在焊前对金属进行清理。这项工作是用宽的、不聚焦的电子束扫过表面实现的。把氧化物气化，同时把不干净的杂质和气体生成物清除掉，给控制栅极以脉冲电流就能准确地控制电子束的热量。

2. 电子束焊的应用范围

20 世纪 60 年代初，我国开始跟踪世界电子束焊接技术的发展，并开始其设备及工艺的研究工作。我国开展电子束焊工艺研究及应用的主要领域是航空航天、汽车、电力及电子等工业部门。我国科技人员先后对多种材料，如铝合金、钛合金、不锈钢、超高强钢、高温合金等进行了较系统的研究。在新型飞机、航空发动机、导弹等的试制中都用到了电子束焊技术。目前电子束焊已作为一种先进的制造技术应用于我国航空工业。电子束焊接经过 30 多年的发展，应用范围也越来越广泛，60 年代初，开始应用于原子能工业和宇航工业，60 年代末推广于汽车工业，70 年代应用于机械制造业、电机电器工业、仪器仪表工业和电子工业。今天，我们的应用产品包括导弹尾翼、压力传感器、汽车半轴、汽车宝塔齿轮、汽车变速器齿轮、真空高压触头、汽轮机隔板、压力容器、波导管、热交换器等。阿波罗飞船门的框架构件就用铍合金，采用电子束焊接而成。

电子束焊接可应用于下述材料和场合。

（1）可焊接的材料

在真空室内进行电子束焊时，除含有大量的高蒸气压元素的材料外，一般熔焊能焊的金属，都可以采用电子束焊，如铁、铜、镍、铝、钛及其合金等。此外，还能焊接稀有金属、活性金属、难熔金属和非金属陶瓷等，可以焊接熔点、热导率、溶解度相差很大的异种金属，可以焊接热处理强化或冷作硬化的材料，而不改变接头的力学性能。

（2）可焊接的结构形状和尺寸

可焊接材料的厚度与电子束的加速电压和功率有关，一般可以单道焊接厚度超过 100mm 的碳钢，而不需要坡口和填充金属，或厚度超过 400mm 的铝板。可焊接的厚度小于 2.5mm 和薄至 0.025mm，也可焊厚薄相差悬殊的焊件。

真空电子束焊焊件的形状和尺寸只能在焊接室内容积允许的范围内，非真空电子束焊不受此限制，可以焊接大型焊接结构，但必须保证电子枪底面出口至焊件上表面的距离，一般在 12～50mm 之间。其可焊厚度单面焊时一般很少超过 10mm，虽然可以厚达 25mm 以上，但须降低焊接速度，从而增加制造成本。

（3）可以焊接有特殊要求或特殊结构的焊件

如可以焊接内部需保持真空度的密封件，焊接靠近热敏元件的焊件；焊接形状复杂而精密的零、部件；可以同时施焊具有两层或多层接头的焊件。这种接头层与层之间可以有几十毫米的空间间隔。

电子束焊部分应用实例见表 9-1 所示。

表 9-1　电子束焊部分应用实例

工业部门	应用实例
航空	发动机喷管、定子、叶片、双金属发动机轮、导向翼、翼盒、双螺旋线齿轮、齿轮组、主轴活门、燃料槽、起落架旋翼浆毂、压气转子、涡轮盘等
汽车	双金属齿轮、齿轮组、发动机外壳、发动机启动器用飞轮、汽车大梁、汽车后桥驱动轴、微动减振器、扭转换器、转向立柱吊梁、旋转轴、轴承环等
宇宙	火箭部件、导弹外壳、钼箔蜂窝结构、宇宙站安装（宇航员用手提式电子枪）
原子能	燃料元件、压力容器及管道等
电子器件	集成电路、密封包装、电子计算机的磁芯储存器及行式打印机用的小锤、微型继电器、微型组件、薄膜电阻、电子管、钼加热器等
电工	电动机换向器片、双金属式换向器、汽轮机定子、电站锅炉联箱与接管的焊接等
化工	压力容器、球型油罐、热交换器、环形传动带、管与法兰焊接等
重型机器	厚板焊接、超厚板压力容器的焊接等
修理	各种修补（修复有缺陷的容器，设计修改后要求的返修件）裂纹修补、补强焊、堆焊等
其他	双金属锯条、钼坩埚、波形管、焊接管道精密加工及切割等

9.1.3　金属材料的电子束焊

绝大多数的金属和合金，都能进行电子束焊接。尤其是用普通的熔焊方法难以保证焊缝质量或无法施焊的难熔金属、活性金属及热处理调质钢等，采用真空电子束焊接工艺后，大大改善了他们的可焊性。按照电子束焊接的难易程度，一些金属可排成下列顺序：钽、铌、钛、锆、铂族、镍基合金、钛基合金、铜、钼、钨、铅到镁，接头的有效系数显著下降。

1. 难熔材料的电子束焊接

随着原子能工业和火箭导弹等新技术的发展，难熔金属铌、钽、钨及其合金作为耐高温结构材料使用的要求越来越迫切。这些材料焊接的困难在于熔点高和加热及熔化状态时与氧、氮、氢的亲和力特别大。所以要求焊接热源的功率大，能量密度集中，并且要在良好保护条件下进行。在这些方面，电子束焊接方法具有独特的优点。

钼、钨与铌、钽不同，只是在形态状态的室温下，才具有足够的塑性。钼中加入合金元素钛和碳时，就能形成双相组织。第二相的出现改变了原来晶界的结构，提高了焊缝接头的机械性能，改善了可焊性。合金元素镧对改善钼和钨的可焊性起着特别有利的作用。

为了获得满意的焊缝，从焊接工艺角度看应采取的措施如下。

1）工件对接边缘，用化学方法进行仔细的清洗，以去除氧化膜。

2）用小功率电子束对焊缝进行焊前加热除气（或去除污物）、预热和焊后热处理。

3）工件装卡时，要注意到焊缝冷却时具有收缩的可能性。

从结构设计角度考虑，应尽量避免焊缝金属承受弯曲负载。

部分难熔金属的一些电子束焊接规范参数见表 9-2 所示。

表 9-2　难熔金属电子束焊接规范参数

材料	厚度/mm	接头形式	加速电压/kV	电子束电流/mA	焊接速度/（cm/min）
钨	1.52	对接	23	250	35～40
	1.52	T接	23	250	35
	2.54	对接	150	16	50
钼	0.13	对接	30	260	100
	1.0	对接	21	130	40
钼—0.5钛	0.76	对接	25	57	45
	2	对接	90	45	154
	2.54	对接	135	12	68
	4		90	60	154
铌	2.6		28.2	170	55
钽—0.1钨	3.2	对接	30	250	30

2. 钛及其合金的电子束焊接

钛及其合金，由于密度小，比强高，有较好的热强度、低温韧性和耐腐蚀性能，所以在航空工业、火箭导弹制造工业、化工工业等部门得到越来越广泛的应用。钛有很强的氧化能力，并在 600℃ 以下就开始吸收有害气体氢、氮、氧，这就导致焊接接头的机械性能降低，并产生气孔等焊接缺陷。采用真空电子束焊接，完全避免了有害气体的污染，而且电子束能量密度集中，焊接速度快，焊缝金属中不会出现粗大片状的 α 相，所以焊接接头的有效系数可达到 100%。

表 9-3 列出了钛及钛合金的部分电子束焊接规范参数。

表 9-3　钛及钛合金电子束焊接规范参数

材料	板厚/mm	加速电压/kV	电子束电流/mA	焊接速度/（cm/min）
纯钛	0.13	5.1	18	40
	3.2	18	80	30
6Al 4V 钛合金	6.4	40	180	152
	12.7	45	270	127
	19.1	50	300	127
	25.4	50	330	114

▶ 9.2　激光焊接

9.2.1　概述

激光焊（Laser Welding）是利用高能量密度的激光束作为热源进行焊接一种高效精密的焊接方法。激光焊作为现代高新技术的产物，同时又成为现代工业发展必不可少的手段。随着航空航天、微电子、医疗及核工业等的迅猛发展，产品零件形状越来越复杂，对材料性能要求越来越高，传统的焊接方法难以满足需求，以激光束为代表的高能束流焊接方法，日益得到广泛应用。激光焊具有高能量密度、深穿透、高精度，适应性强等优点，激光焊对于一些特殊材料的焊接具有非常重要的作用，这种焊接方法在航天、电子、汽车制造、核动力等高新技术领域中得到应用，并日益受到工业发达国家的重视。

早期的应用均是采用脉冲固体激光能，进行小型零部件的点焊和由点焊点搭接而成的缝焊。焊接过程属传导型焊接，即激光辐照加热工件表面，工件表面的热量通过热传导向内部扩散，通过控制激光脉冲的脉宽、能量、峰值功率和重复频率等参数，使工件上达到一定熔池深度，而表面又无明显的汽化。焊接所用脉冲激光器的平均功率低，焊接过程中输入工件的热量小，而单位时间所能焊合的面积也小。它已经并正在成功地应用于微电子器件等小型精密部件的焊接。

高功率 CO_2 激光器的出现，开解了激光焊接的新领域。但 CO_2 激光器输出波长长，金属表面对它的反射率高，早期应用较低功率 CO_2 激光于传导型焊接的试验均不很成功，某些专家甚至怀疑 CO_2 激光能否用于焊接，直至 1971 年，采用数千瓦连续 CO_2 激光，人们得到了与电子束焊接类似的基于小孔效应的深熔焊接，消除了金属高反射率造成的壁障，激光深熔焊接技术才得以迅速发展，并在机械工业中得到日益广泛的应用。

近年来，高功率 YAG 激光器有突破性进展，出现了平均功率 1kW 左右的连续或高重复频率输出的 YAG 激光器，也可以实现深熔焊接。而其波长较短，金属对它的吸收率大，焊接过程很少受到光致等离子体的干扰。

激光焊接的原理是，光子轰击金属可防止剩余能量被金属发射掉。如果被焊接金属有良好的导热性能，则会得到较大的熔深。激光光波入射材料时，透射和吸收，本质上是光波的电磁场与材料相互作用的结果。材料中的带电粒子依着光波的电矢量的步调振动，使光子的辐射能变成了电子的动能。物质吸收激光后，首先产生的是某些质点的过量能量，如自由电子的动能，束缚电子的激光能或者还有过量的声子，这些

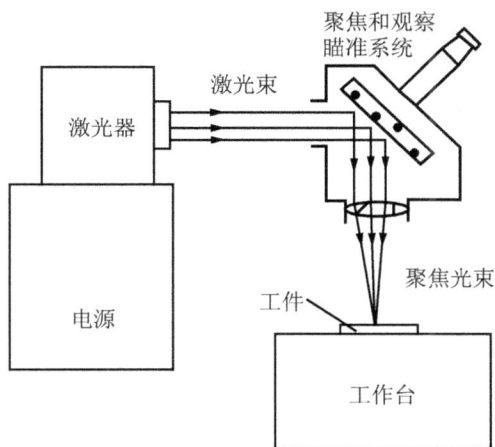

图 9-3　激光焊接示意图

原始激发能经过一定过程再转化为热能。激光焊示意图如图9-3所示。按激光光束的输出方式的不同，可以把激光焊分为脉冲激光焊和连续激光焊；若根据激光焊时焊缝的形成特点，又可以把激光焊分为热导焊和深熔焊。前者的激光功率低，熔池形成时间长，且熔深浅，多用于小型零件的焊接；后者的激光功率密度高，激光辐射区金属熔化速度快，在金属熔化的同时伴随着强烈的气化，能获得熔深较大的焊缝，焊缝的深宽较大，可达12∶1。

1. 热传导焊接

热传导型激光焊接的过程是，焊件结合部位被激光照射，金属表面吸收光能而使温度升高，热量按照固体材料的热传导理论向金属内部传播扩散。激光脉冲宽度、脉冲能量、重复频率等参数不同，使扩散时间、深度也不相同。

被焊工件结合部位的金属因升温达到熔点而熔化成液体，很快凝固后，两部分金属熔接焊在一起。图9-4给出了热传导焊接模式的熔池形态。

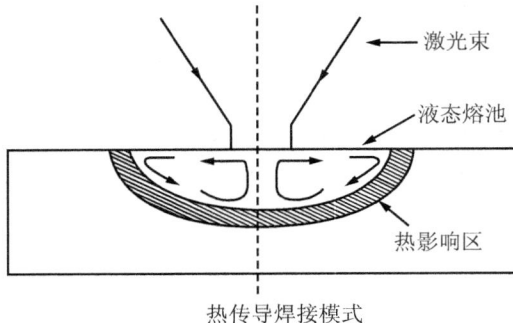

热传导焊接模式

图9-4 热传导焊接模式的熔池形态

激光束作用于金属表面的时间在毫秒量级内，激光与金属之间的相互作用，主要是金属对光的反射、吸收。金属吸收光能之后，局部温度升高，同时通过热传导向金属内部扩散。

热传导型激光焊接，需控制激光功率和功率密度，金属吸收光能后，不产生非线性效应和小孔效应。激光直接穿透深度只在微米量级，金属内部升温靠热传导方式进行。激光功率密度一般在 $10^4 \sim 10^5\,W/cm^2$ 量级，使被焊接金属表面既能熔化，又不会气化，从而使焊件熔接在一起。其特点是，激光光斑的功率密度小，很大一部分被金属表面反射，光的吸收率较低，焊接熔深浅，焊接速度慢。主要用于薄（厚度<1mm）、小工件的焊接加工。

2. 激光深熔焊接

激光光束是由单色的、相位相干的电磁波组成，正因为它的单色性和相干性，激光束的能量才可以汇聚到一个相对较小的点上，使得工件上的功率密度能达到 $10^7\,W/cm^2$ 以上。这个数量级的入射功率密度可以在极短的时间内使加热区的金属气化，从而在液态熔池中形成一个小孔，称之为匙孔。光束可以直接进入匙孔内部，通过匙孔的传热，获得较大的焊接熔深。质量极好的光束甚至可以在 $4 \times 10^6\,W/cm^2$ 的功率密度下就形成匙孔，这主要取决于激光的功率密度分布情况。

　　匙孔现象发生在材料熔化和气化的临界点，气态金属产生的蒸气压力很高，足以克服液态金属的表面张力并把熔融的金属吹向四周，形成匙孔或孔穴。随着金属蒸气的逸出，在工件上方及匙孔内部形成等离子体，较厚的等离子体会对入射激光产生一定的屏蔽作用。由于激光在匙孔内的多重反射，匙孔几乎可以吸收全部的激光能量，再经内壁以热传导的方式通过熔融金属传到周围固态金属中去。当工件相对于激光束移动时，液态金属在小孔后方调动、逐渐凝固，形成焊缝，这种焊接机制成为深熔焊，也称匙孔焊，是激光焊接中最常用的焊接模式。图 9-5 给出了深熔焊接模式的熔池形态。

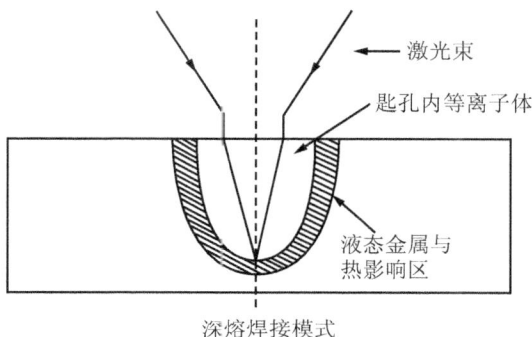

图 9-5　深熔焊接模式的熔池形态

　　与激光热传导焊接相比，激光深熔焊接需要更高的激光功率密度，一般需要连续输出的 CO_2 激光器，激光功率在 $200 \sim 3000 W$ 的范围。激光深熔焊接的机理与电子束焊接的机理相近，功率密度 $10^6 \sim 10^7 W/cm^2$ 的激光束连续照射金属焊缝表面，由于激光功率热密度足够高，使金属材料熔化、蒸发，并在激光束照射点处形成一个匙孔。这个匙孔继续吸收激光束的光能，使匙孔周围形成一个熔融金属的熔池，热能由熔池向周围传播，激光功率越大，熔池越深，当激光束相对于焊件移动时，匙孔的中心也随之移动，并处于相对稳定状态。匙孔的移动就形成了焊缝，这种焊接的原理不同于脉冲激光的热传导焊接。图 9-6 是激光深熔焊接小孔效应的示意图。

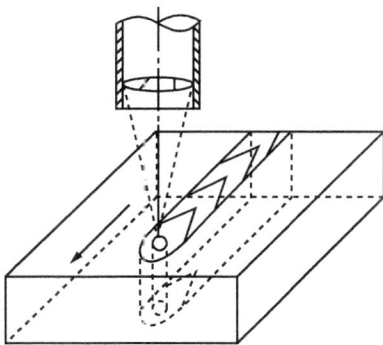

图 9-6　激光深熔焊接小孔效应的示意图

9.2.2 激光焊的特点及应用

1. 激光焊的特点

激光焊是以聚焦的激光束作为能源轰击焊件连接缝所产生的热量进行焊接的方法。和其他焊接方法相比，激光焊接有其显著的特点、优点，也有其局限性。

高功率低阶模激光经聚焦后，其焦点直径很小，功率密度达 $10^6 \sim 10^8 \, W/cm^2$，比电弧焊高出几个数量级。几种主要焊接方法的功率密度对比如表 9-4 所示。

表 9-4　主要焊接方法的功率密度对比

焊接方法	电弧焊	等离子焊	激光焊
功率密度/(W/cm²)	$5 \times 10^2 \sim 10^4$	$5 \times 10^2 \sim 10^6$	$10^6 \sim 10^8$

由于功率密度高，功率大，激光焊接过程中，在金属材料上生成小孔，激光能量通过小孔往工件的深部传输，而较少横向扩散，因而在激光束的一次扫描过程中，材料熔合的深度大，焊接速度快，单位时间焊合的面积大，焊缝深而窄，深宽比大。传统熔焊焊缝呈半圆形，深宽比的典型值只为 0.5 左右。而激光焊缝的深宽比达 2～10，焊合单位表面所需能量（比能）小，热影响区小。各种焊接方法的比能如表 9-5 所示。

表 9-5　各种焊接方法的比能

焊接方法	焊条电弧焊	氩弧焊	埋弧焊	电子束焊	激光焊
比能/(J/mm²)	300～500	500～1200	100～250	30～50	40～70

由表 9-5 可见，激光焊接的比能比电弧焊小很多，这一点足以弥补激光器能量转换效率低的缺点，尽管 CO_2 激光器的总效率只有 10% 左右，从能量利用的角度看，采用激光焊接仍然是经济的。

激光深熔焊接依赖于小孔效应。为形成小孔，被焊件不开坡口，并需尽量密合，因而一般不加填金属，靠被焊件自身熔合。

综上所述，激光焊接有如下主要优点。

1)聚焦后的激光束具有很高的功率密度，加热速度快，可实现深熔焊和高速焊。由于激光加热范围小（<1mm），在同等功率和焊接厚度条件下，焊接速度快，热影响区小，焊接应力和变形小。

2)激光能发射、透射、能在空间传播相当距离而衰减很小，可进行远距离或一些难以接近的部位的焊接。激光可通过光导纤维、棱镜等光学方法弯曲传输、偏转、聚焦，特别适合于微型零件、难以接近的部位或远距离的焊接。

3)一台激光器可供多个工作台进行不同的工作，既可用于焊接，又可用于切割、合金化和热处理，一机多用。

4)激光在大气中损耗不大，可以穿过玻璃等透明物体，适合于在玻璃制成的密封容器里焊接合金等剧毒材料。激光不受电磁场影响，不存在 X 射线防护，也不需要真空保护。

5)焊接系统具有高度的柔性，易于实现自动化。

6)可以焊接一般焊接方法难以焊接的材料，如高熔点金属等，甚至可以用于非金属材料的焊接，如陶瓷、有机玻璃焊后无需热处理，适合于某些对热输入敏感材料的焊接。

目前大功率激光焊接扩大应用有以下主要障碍。

1)激光器特别是高功率连续激光器，价格昂贵。激光器及其焊接系统的成本较高，一次投资较大。

2)对焊件加工、组装、定位要求均很高，要求被焊件有高的装配精度，原始装配精度不能因焊接过程热变形而改变，且光斑应严格沿待焊缝隙扫描，而不能有显著的偏移。激光焊难以焊接反射率较高的金属。

3)激光器的电光转换及整体运行效率都很低，光束能量转换率仅为 $10\%\sim20\%$，采用激光焊时，影响其焊接性的金属性能、热力学、机械、表面条件、冶金和化学性能等。高反射率的表面条件不利于获得良好的激光焊接质量。激光能使不透明的材料气化或熔成孔洞。而且，激光能自由地穿过透明材料而又不会损伤它，这一特点使激光焊能够焊接预先放在电子管内的金属。

2. 激光焊的应用

激光焊作为一种独特的焊接方法日益受到重视。国外 20 世纪 80 年代以来，激光焊接设备每年以 25% 的比例增长。激光加工设备常与机器人结合起来组成柔性加工系统，使其应用范围得到进一步扩大。在电厂的建造及化工行业，有大量的管子、管板接头，用激光焊可得到高质量的单面焊双面成型焊缝。在舰船制造业，用激光焊焊接大厚度板(可加填充金属)，接头性能优于常用的电弧焊。能降低产品成本，提高构件的可靠性，有利于延长舰船的使用寿命。激光焊还应用于电动机定子铁心的焊接，发动机壳体、机翼隔架等飞机零件的生产，航空涡轮叶片的修复等。激光焊接的部分应用实例见表 9-6 所示。

表 9-6　激光焊接的部分应用实例

应用行业	实例
航空	发动机壳体、风扇机匣、燃烧室、流体管道、机翼隔架、电磁阀、膜盒等
航天	火箭壳体、导弹蒙皮与骨架、陀螺等
造船	舰船钢板拼接
石化	滤油装置多层网板
电子仪表	集成电路内引线、显像管电子枪、调速管、仪表游丝、光导纤维等
机械	精密弹簧、针式打印机零件、金属薄壁波纹管、热电偶、电液伺服阀等
钢铁冶金	焊接厚度 0.2～0.8mm、宽度 0.5～1.8mm 的硅钢、高中低碳钢和不锈钢、焊接速度为 1～10m/min
汽车	汽车底盘、传动装置、齿轮、蓄电池阳极板、点火器中轴拨板组合件等
医疗	心脏起搏器以及心脏起搏器所用的锂电池等
食品	食品罐(用激光焊代替传统的锡焊或电阻高频焊，具有无毒、焊接速度快、节省材料以及接头美观、性能优良等特点)
其他	热换器、电池锌筒外壳、核反应堆零件等

9.2.3 激光焊工艺

激光焊可焊接的焊件厚度，能从几微米到几十毫米，其熔深与熔宽之比可达 10:1。按激光器工作方式，分为脉冲激光焊和连续激光焊。

1. 脉冲激光焊工艺

脉冲激光焊一般由固体激光器产生，具有脉冲宽度、脉冲能量可调等特点，因此特别适合于微型件的焊接。主要应用有：薄片和薄片之间的焊接，薄膜的焊接，丝与丝之间的焊接以及电子器件的密封接缝等。脉冲激光焊接的主要工艺参数有功率密度、脉冲频率和脉冲波形等，一般根据金属的性能、需要的熔深和焊接方式来选择和调节上述参数。

脉冲激光焊的连续方式，一般根据焊件类别和接头形式而定。薄片和薄片之间的连接有对接、端接、深穿入熔化焊以及穿孔焊四种形式。丝与丝之间的连接有端接、交叉连接等几种形式。脉冲激光密封接缝，是以单点重叠方式进行的，焊点重叠度与密封要求有关。

2. 连续激光焊工艺

连续激光焊可以使用大功率的钕钇铝石榴石连接固体激光器，但目前用得最多的还是二氧化碳连续激光器。连续激光焊接在激光器输出功率较低时，光的反射损失较大。为减少光能反射损失，通常对被焊材料表面进行适当的处理（如墨化处理）。当激光器输出功率达到千瓦以上时，金属表面焊接处熔化形成孔穴，近似黑体。当功率密度再高时，金属表面急剧蒸发，在焊接熔池上形成蒸气云（或称等离子体），会使材料吸收光能的能力显著下降，必须采取措施去除这种蒸气云。

▶ 9.3 扩散焊接

扩散焊（diffuse welding）是两焊件紧密贴合，在真空或保护气氛中在一定温度和压力下保持一段时间，是接触面之间的原子相互扩散完成焊接的一种压焊方法。

扩散焊接本非一种全新的焊接方法，多少年来，人们一直采用锻焊方法连接熟铁和低碳钢。事实上，锻焊是最早为人所知的连接方法之一，是 19 世纪以前唯一通用的连接工艺。

扩散焊接是一种两个被焊零件的配合表面在高温和加压的条件下引起聚结的固态连接方法。其形成接头的基本原理是固态扩散，通过高温和施加压力，使结合面实现连接。焊接过程中不发生熔化，只发生很小的宏观变形或零件之间的相对移动。在两个配合表面之间可用或不用固态填料（扩散辅助材料）。有时也使用下列各种与扩散焊接同义的名称，包括扩散连接、固态连接、压力连接、等压连接和热压连接。

迄今为止，扩散焊接（DFW）的应用领域大部分是在原子能和航空航天工业部门。为满足工业部门的严格要求，人们不仅要研制新型材料，而且需要研究利用这些材料制成实用工程部件的方法，二者具有同等重要的意义。扩散焊接正是这样一种为符合先进工艺的要求而发展起来的加工制造方法。由于这种方法能以多种方式加以应用，因此他有许多不同的名称。然而，无论这种过程采取哪种形式，其工艺程序和冶金过程的基本细节均相同。

扩散焊接可以连接多种金属组合。

1）相同金属可直接连接而形成固态焊接接头。在这种情况下，所需的压力、温度和时间仅取决于被连接金属的特性及表面制备状况。

2）相同金属可通过夹在期间的异类金属薄层而连接。在这种情况下，该金属薄层就能够促使扩散速度加大，通过进行适当的热处理，可使这种界面的金属扩散入基体金属，直至不再留有夹层。

3）两种不同金属可直接连接，这时由于发生控制扩散现象而形成连接接头。连接机理与 1）类情况相同，但是还应考虑到不同金属产生的影响。

4）异种金属可通过夹在配合面之间的第三种金属而实现连接，通过与上述 2）类情况相似的方式，通过提高扩散速度或者使接触更加充分而促进焊接接头的形成。

另一种有时易于与扩散焊接相混淆的相似工艺方法是扩散钎焊（DFB），它是一种通过加热金属到适当温度并采用钎焊填充金属或利用液相金属结合的链接方法。钎焊填充金属可预置在配合面之间，也可通过毛细作用引入接头。可加压也可不加压。钎焊填充金属与基体金属互相扩散，直到接头接近基体金属的性能。扩散钎焊周期完成后，接头内不存在一个明显的钎焊填充金属层。这正是扩散钎焊有别于钎焊的特征。扩散钎焊有时也称为液相扩散连接、共晶连接或活化扩散连接。

由于扩散焊接和扩散钎焊均可使用填充金属，因而二者之间的区别也并不明显。但是有一点是清楚的，在扩散钎焊的初期阶段，在配合面上实际上发生了融化现象。钎焊填充金属层本身可能熔化，钎焊填充金属和基体金属之间由于合金化作用也可能形成液相共晶合金。随着在高温下持续保温，界面上的扩散继续进行，任何明显的钎焊填充金属层最终均将消失，此时接头性能即接近于基体金属。

如果使用填充材料，而填充金属并不熔化或不与基体金属合金化而形成液相，则这类连接过程即为扩散焊接。使用填料的目的是有助于连接，特别是在扩散焊接的第一阶段更是如此。它有助于消除在两个粗糙表面相配合时于界面上形成的空隙。合理选用填料，使其在焊接温度下软化并在压力下流动，填充界面空间。同时，填充金属与基体金属又可互相扩散，使接头达到能满足使用要求的合格性能。因此，可以认为填料是一种扩散辅助材料，而非钎焊材料。

9.3.1 扩散焊的原理

图 9-7 中所示的三个阶段描述了无扩散辅助材料的常规扩散焊焊接接头的形成过程。这里温度、压力、时间和真空等为实验金属间原子相互扩散与金属键结合创造了条件。在温室下焊接表面无论焊前如何加工处理，贴合时只限于极少数凸出点接触，进入前一阶段，在温度和压力作用下，粗糙表面上首先在微观凸起点接触的部位开始塑性变形，并在变形中挤碎了表面氧化膜，于是导致该接触点的面积增加和被挤平，净面接触处便形成金属件连接，其余未连接部分就形成微孔（空隙）残留在界面上。在如图所示的第一阶段中，粗糙接触面主要是按照屈服和蠕变变形机理发生变化的，在大部分界面上达到紧密接触。在此阶段结束时，接头基本上位于接触面的晶界上，这些接触面之间存在着空隙。第二阶段，原子持续扩散，而使界面上许多微孔消失。在这个阶段中，扩散机理比变形机理更重要，随着源于晶界扩散的继续进行，许多空间消失。与此同时，界面晶界发生迁移，离开接头的初始平面，形成一个平衡的形态，而在一些晶粒内留下许多残余空隙。使残余空隙消失（相当于空位离开空隙表面而扩

散）。第三阶段，继续扩散，界面与微孔最后消失形成新的晶界，达到冶金结合，最后接头的成分趋于均匀。在焊接过程中，表面氧化膜除受到塑性变形的破坏作用外，还受到溶解和球化聚集作用而被除去或减薄，氧化物的溶解是通过间隙原子向金属母材中扩散而发生，而氧化物的球化聚集是借氧化物薄膜过多的表面能造成的扩散面实现的。两者均需要一定温度和时间的扩散过程。在这个阶段，由于原子进行体积扩散并到达这些空隙表面，使残余空隙消失（相对于空位离开空隙表面而扩散）。当然，在实际焊接过程中，这些阶段是互相重叠的，第一阶段所依据的机理也会在其他阶段中起一定程度的作用。

上述扩散焊缝形成三阶段，温度决定第一阶段中接触面积的大小，也决定了控制二三阶段中消除微孔的扩散速度，压力主要在第一阶段起作用，它能使接触面积增大。而形成接头所需的时间，则取决于所加的温度和压力，随温度和压力增减，时间缩短。

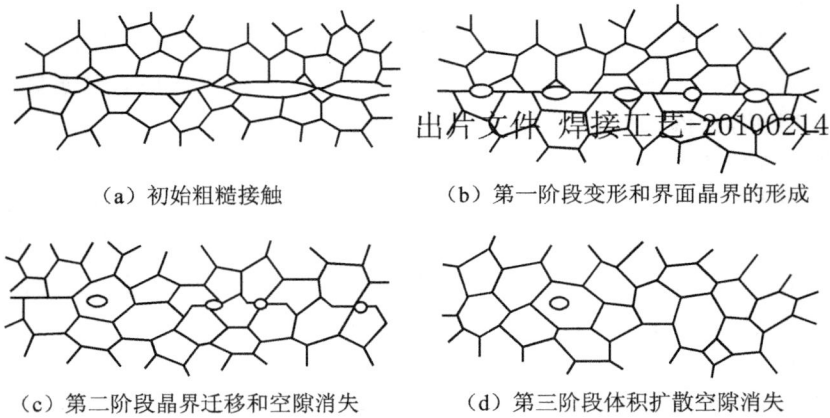

（a）初始粗糙接触　　　　　　（b）第一阶段变形和界面晶界的形成

（c）第二阶段晶界迁移和空隙消失　　　（d）第三阶段体积扩散空隙消失

图 9-7　扩散焊接三阶段机理模式

由此可见，要求对所有的扩散焊接找到一种简单的通用模式是十分困难的。扩散焊接机理涉及一种或任意一种冶金和机械现象的组合，究竟何种表面现象起主导作用取决于焊接的具体条件和焊接要求的效果。

1）温度是一个最有影响的参数，因为是它确定了焊接第一阶段中接触面积的大小和第二阶段与第三阶段中对消除空隙起决定作用的扩散速度。

2）压力仅在焊接第一阶段中是必要条件，加压的目的是使配合面在连接处温度下达到大面积接触。第一阶段完成以后去除压力，不会对接头的形成发生显著影响。但是，在第一阶段完成前过早去除压力将对焊接过程不利。

3）一般来说，粗糙的原始表面会对扩散焊接产生不良影响，它不仅妨碍第一阶段的进行，而且会留下一些大的空隙，这些空隙必须在以后的焊接阶段中予以消除。

4）形成接头所需的时间取决于所采用的温度和压力，时间不是一个独立的工艺参数。

上述这些阶段并不适用于扩散钎焊或压焊方法，后者是分别采用熔融的填充材料和扩大宏观变形而达到紧密接触。

在如上所述逐渐达到紧密接触的同时，各种原已介入的薄膜也必将碎裂与弥散，以便形成冶金结合。在原始配合表面的接触过程(第一阶段)中,薄膜局部碎裂,在两表面因受剪切应力作用而移动到一起的地方,开始发生金属—金属的接触。

扩散焊接工艺的后续几个阶段涉及一些热活化扩散机理,由此可完成薄膜的碎裂和在消除空隙的过程中实现金属的紧密接触(第二阶段和第三阶段)。

屏蔽薄膜大多数为氧化物,采用适宜的清洗方法可使薄膜的其他成分降低到可以忽略的水平。使氧化物趋向于碎裂和弥散的过程有下列两个:其一是氧化物在金属中的溶解;其二是薄膜的球化或者团聚。氧化物薄膜可以溶解于钛、钽、铌、锆和其他能大量溶解间隙元素的金属内。如果氧化物是难溶于金属(如铝)内的,则薄膜的碎裂过程是球化过程。它将沿着焊缝线遗留下少许氧化物质点。但是,如果焊接接头形成过程正常,则这些氧化物质点并不比那些通常存在于大多数金属和合金中的夹杂物更为有害。

上述两种过程均需要扩散作用。溶解是通过间隙原子向金属内部扩散而进行的,球化则是由于薄膜的表面过高并引起扩散而进行的,溶解厚度为 X 的薄膜所需的时间与(X^2/D)成正比,D 为扩散系数。如果扩散焊接的时间是在容许极限之内,则薄膜必然很薄。如果氧化膜薄,则球化发生较快。因此,对清洗后的薄膜厚度的控制和加热至焊接温度过程中,厚度的任何增加都是扩散焊接时的关键因素。

一旦达到真正的金属-金属接触,原子就处于彼此的引力场内,从而可产生高强度的接头。此时,接头就宛如一个晶界,因为位于交界线两边的金属晶格具有不同的方位。但是,这个接头可能与内部的一个晶界稍有不同,它可能含有杂质、夹杂和空隙,如果未发生变形(达到紧密接触的第二阶段进行不完全),这些杂质、夹杂和空隙就会残留在极端粗糙不平之处。随着焊接过程进行到最后,这个晶界就转变为一个更稳定的非平面型结构,任何残留的界面空隙通过空位扩散终将得到消除。

中间层金属(扩散辅助材料)在许多情况下具有显著的实际的重要作用。但采用扩散辅助材料或者焊接异种合金时,必须考虑相互扩散这个附加因素,这样才能完整地理解扩散焊接过程。

9.3.2　扩散焊的特点及应用

1. 扩散焊特点

扩散焊主要有以下几个特点。

1)与熔焊相比,扩散焊时母材并不发生熔化,属固态焊接,又由于焊接过程需加压,故又是一种压焊。

2)焊接时不需填充材料和熔剂,但对于某些难于互溶的材料有时需加中间扩散层。

3)与热压焊(如热轧焊)相比,扩散焊用的压力较小,焊接表面发生的塑性流变量也很小,只限制在微观范围内,而热压焊的压力很大,产生相当大的塑性变形,而且是在很短时间内完成焊接的。

4)与冷压焊相比,扩散焊需要加热,所加压力较小,靠结合面间原子扩散而形成接头。而冷压焊不需要加热。所加压力超过被焊材料的压缩屈服点的压力,使焊接表面产生大量塑性变形,使变形量达 $30\%\sim90\%$,是利用原子间力的作用而形成牢固接头的。

5)与钎焊相比,扩散焊是在完全没有液相或仅有极小量的过渡液相参加下经过扩散而形成接头的，接头成分和组织与基体均匀一致，接头内不残留任何铸态组织，原始界面完全消失。而钎焊焊缝则由液态铅料冷凝而成是铸造组织。

6）为了防止焊接表面被污染，焊前必须对待焊表面彻底清理，焊时还需在真空或保护气体中进行。

总之，扩散焊是一种固态焊接的方法，在工艺上的基本特点是：加热温度不高，所加压力不大，但需在清洁环境下用较长时间使金属之间的原子充分扩散才形成焊接接头。

扩散焊具有以下的优点。

1）扩散焊接时因基体不过热或熔化，因此，几乎可以在不损坏被焊材料性能的情况下焊接一切金属和非金属（如陶瓷、石墨等）。特别适合于焊接一般焊接方法难以焊接或虽可以焊接，但性能和结构在焊接过程中容易遭到严重破坏的材料。例如，塑性差或熔点高的同种材料，或者相互不溶解或熔焊时会产生脆性金属间化合物的那些异种材料，或者是弥散强化的高温合金、纤维强化的硼-铝复合材料等的焊接。

2）扩散焊接接头质量好，其显微组织和性能与母材接近或相同，在焊缝中不存在熔化焊缺陷，也不存在具有过热组织的热影响区。焊接工艺参数（主要是温度、压力、时间、表面状态和气氛等）易于控制，故在批量生产时接头质量较稳定。

3）焊件变形小。因焊接时所加压力较小，工件多是整体加热，随炉冷却，故焊件整体塑性变形很小，焊后的工件一般不再进行加工。

4）可以焊接大断面的接头。因焊接所需压力不大，故大断面焊接所需的设备的吨位不高，易于实现。如果采用气体等静压扩散焊，很容易对两板材作叠合扩散焊。

5）可焊接结构复杂、接头不易接近的以及厚薄相差较大的工件。能对组装件中许多接头同时进行焊接。

6）可以根据需要，使接头的成分、组织与性能完全与基体相同，从而减小由于接头区成分和组织不均匀而引起的局部腐蚀和应力腐蚀裂纹的危险。

扩散焊具有以下的缺点。

1）对焊件待焊表面的制备和装配要求较高。

2）焊接热循环时间长。生产效率低，每次焊接时间快则几分钟，慢则几十小时，对某些金属可能引起晶粒长大。

3）设备投资大，因需在真空或保护气氛的环境下同时加热和加压，需使专用设备。焊件的尺寸受到设备容量的限制。

2. 扩散焊的应用

扩散焊很适于焊接特殊的材料或特殊的结构，这样的材料和结构在宇航、核能、电子工业中很多，因而扩散焊在这些工业部门中应用很广泛。宇航、核能等工程中很多零部件是在极恶劣的环境下工作，如要求耐高温、耐辐射，其结构形状（例蜂窝结构等），他们之间的连接又多是异种材料的组合，扩散焊接方法为制造这些零部件的优先选择。

钛合金具有耐腐蚀，比强度高的特点，因而在飞机、导弹、卫星等飞行器的结构中被大量采用，用扩散焊最容易制造这样的结构。铝及铝合金具有很好的传热与散热性能，可制成高效率燃气轮机的高压燃烧室、发动机叶片、导向叶片和轮盘等。用扩散焊可把有色金属与黑色金属焊在一起，如用 Ti 和 CoCrWNi 耐热合金制成轮机、高导无氧铜和不锈钢制成火箭发动机燃烧室的通道等。

用扩散焊可将陶瓷、石墨、石英、玻璃等非金属与金属材料焊接，例如钠离子导电体玻璃与铝箔或铝丝焊成电子工业元件等。

9.3.3   材料的扩散焊

1. 钢的扩散焊

各种钢材，从低碳钢到高碳钢，从低合金钢到各种合金钢都能顺利进行扩散焊接，并可避免熔焊时可能出现的裂纹、夹杂等缺陷。但由于经济方面的原因，一般钢材制品及结构中不采用扩散焊。

各种钢材的扩散焊工艺参数可供选择的范围很宽。常用范围如下：

焊接温度：1073～1273K

焊接压力：5～30MPa

保温时间：几分钟至几十分钟

真空度：$1.33×10^{-1}～1.33×10^{-3}$Pa

2. 镍基合金的扩散焊接

镍基合金主要用于耐高温、耐腐蚀及高强度的条件下，如喷气或燃气涡轮叶片等，一般都含有较高的 Al，Ti 等能生成稳定氧化物的元素。镍基合金有铸造和变形两大类，这些合金的焊接性较差，熔化焊时不但容易产生裂纹，而且严重破坏氧化物的分布及强化效果，接头强度远低于母材，有时只及 40%～50%。因此，这类材料大都采用扩散焊。用瞬时液相扩散焊接 Ni 基高温合金的关键是选择中间扩散层，其成分要和母材接近，但又含有较多的降低其熔点的元素，如 B，P，Be 等，或者是通过固相与母材的相互扩散可产生液相材料，如 Cr 和 Cu 等。在焊接 udimet700(Ni-15Cr-15Co-5Mo-3.3Ti-0.07C-0.03B)时选用 Ni-15Cr-15Co-5Mo-2.5B 合金作为中间扩散层，焊接温度 1 393～1 423K，焊接压力 $2×10^3$Pa 或自重，真空度 $6.5×10^{-2}$Pa 或高纯氩气，可以获得满意的结果。如果要求接头成分与母材完全均匀化，保温时间约需 24h，一般等温凝固后再保温半小时即可。

Ni 合金也可用固态扩散焊工艺进行焊接，规范如下：焊接温度 1 373～1 473K，焊接压力 20～30MPa，保温扩散时间 10～30min，真空度 $1.33×10^{-2}$Pa。

▶ 9.4   超声波焊接

9.4.1   概述

超声波焊(Ultrasonic Welding)是利用超声频率(超过 16Hz)的机械振动能量和静压力的共同作用下，使焊件接触表面产生强烈的摩擦作用，以清除表面氧化物并加热连接同种或异种金属、半导体、塑料及金属-陶瓷等的一种压焊方法。金属材料超声波焊时，既不向工件输送电流，也不向工件引入高温电源，只是在静压力作用下将弹性振动能量转变为工件间的摩擦功、形变能量及以后有限的升温。接头间的冶金结合是在母材不发生熔化的情况下实现的，因而是一种固态焊接。超声波焊已在电子、电器、航空航天及核能工业得到广泛应用。

超声波焊是一种固态焊接方法。进行超声波焊时，焊接工件在较低的静压力下，靠消耗部分高频振动能而在接合面上形成接合。在形成牢固的冶金结合过程中，母材并不发生熔化，只是在焊缝区产生很薄的塑性变形层。

其原理如图9-8所示，焊件与被夹持在上声极和下声极之间。上声极用来向焊件输入超声波频率的弹性振动能量，而下声极则用来施加静压力。上声极所传输的超声波频率的弹性能量是通过一系列能量转换及传递环节而产生的。其中超声波发生器1是一个变频装置，将1频电流改变为超声波频率（16~18kHz）的振荡电流。换能器2则利用"磁致伸缩效应"转换成图中V方向弹性机械振动能。聚能器4是用来放大振幅并耦合负载，由换能器、聚能器、上声极等共同构成一个整体，称声学系统。该系统中各个组元的自振频率，将按同一个频率设计，当发生器的振荡电流频率与声学系统的自振频率一致时，系统即产生谐振（共振），并向焊件输出弹性动能。焊件就是在静压力及弹性振动能的共同作用下，将弹性机械振动能转变成焊件间的摩擦功、形变能和随之而产生的温升，从而使焊件在固态下实现焊接。

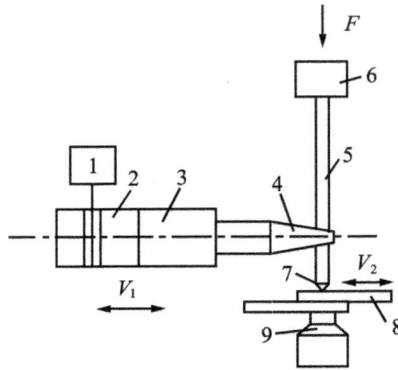

图9-8　超声波焊原理

1—发生器；2—换能器；3—传振杆；4—聚能器；5—耦合杆；6—静载；7—上声极；8—工件；9—下声极
F—静压力　V_1，V_2—振动方向

在整个焊接过程中，没有电流流过焊件，也没有外加高温热源，被焊材料并不发生熔化，也不使用焊剂和填充金属，是一种特殊的固态压焊方法。

目前超声波焊接所用的振动能量由几W到25kW，使用的振动频率为16~18kHz。导入焊件表面的位移振幅值是10~40μm，施加到焊件上的静压力由几百N至5kN。

由于超声波接头区呈现出错综复杂的和多样性的显微组织，因此，对接头的形成机理尚有不同的看法。

1）在金属与非金属之间的焊接中，再结合面上发生犬牙交错的机械嵌合，对接头连接强度起到非常有利的作用。

2）在金属材料之间的焊接过程中，由摩擦造成焊件间发热（温升达被焊材料熔点的35%~50%）和强烈塑性流动，引起了物理冶金反应，在结合面上有公共晶粒发生。有再结晶、扩散、相变或金属化合物析出的现象，是一种冶金结合。

3）在摩擦功作用下，强烈的苏醒流动，为纯净金属表面之间的接触创造条件，当达到原子间距时，即产生金属键合过程。

超声波焊接的接头必须是搭接接头，按接头焊缝的形式分有：点焊、缝焊、环焊和线焊几种类型。

1. 点焊

焊接时工件是在圆柱状的上下声极压紧下完成焊接的，每次焊一个焊点，如图 9-9 所示，按能量传递方式，点焊分单侧式和双侧式两类。当超声波振动能量只通过上声极导入时为单侧式点焊；分别从上下声极导入时为双侧式点焊。双侧式导入的振动方向可以是平行的，也可以是相互垂直的，其频率和功率可以不同。目前应用最广的是单侧导入式点焊。按振动系统，点焊分为采用纵向振动系统和采用弯曲振动系统两种类型。前者如图 9-9 所示，聚能器的纵向振动能量直接通过固定在其端部的上声极传递给焊件。对于后者，由聚能器所传递的纵向振动将被转变为传振杆并通过上声极导至焊件，传振杆同时用来传送静压力。

纵向振动系统主要用于小功率电焊机，弯曲振动系统主要用于大功率电焊机。

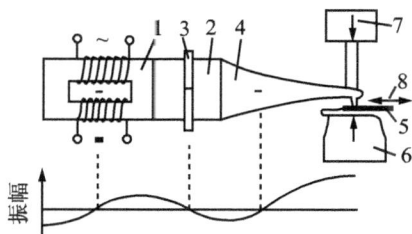

图 9-9　超声波点焊

1—振荡器；2—离合器；3—振动节中排列的固定；4—声波电极；
5—工件；6—底座；7—施加压力；8—振动方向

2. 缝焊

焊接时工件加持在盘状上下声极之间，连续焊接获得密封的连续焊缝，见图 9-10 所示，也和点焊类似，可以从单侧导入和双侧导入振动能量。除了能采用扭转振动系统和弯曲振动系统外，还可以采用纵向振动系统。扭转振动系统中振动方向与焊接方向平行，实际生产中以弯曲振动系统应用最广，因为有较好的工艺及技术性能。

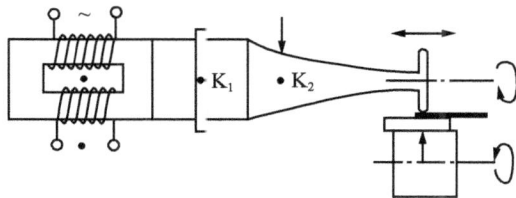

图 9-10　超声波缝焊

声波电极的端部呈盘状，振荡器安装在可转支的波节 K_1 上，力作用在振动波节 K_2 上，焊接速度为 0.4～10mm/min。

3. 环焊

焊件被加持在环形上声极与下声极之间，静压力沿轴向施加到焊件上，一次焊成封闭状的焊缝，如图 9-11 所示。环焊采用的是两个反向同步换能器及聚能器的扭转振动。上声极轴心区振动为零，而边缘振幅最大。所以此焊接方法很适于微电子器件的封装。

环状的声波电极通过位于正切位置的声波供给器被激发实现扭转振动。

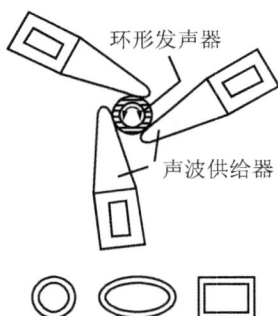

图 9-11 超声波环焊

4. 线焊

线焊是点焊的变形，使用的是线状上声极，现在一次可以焊出 150mm 长度的线状焊缝。最适用于需要线状封口的箔片焊件。

9.4.2 优缺点及其应用

1. 优点

1）能实现同种金属、异种金属、金属与非金属以及塑料之间的焊接。

2）特别适用于金属箔片、细丝以及微型器件的焊接。可焊接厚度只有 0.002mm 的金箔及铝箔。因是固态焊接，不会有高温氧化、污染和损伤微电子器件，所以半导体硅片与金属丝(Au，Ag，Al，Pt，Ta 等)的精密焊接最为适用。

3）可以用于焊接厚薄相差悬殊以及多层箔片等特殊焊件。超声波焊接所需的功率仅由上工件的厚度及物理性能来确定，而对下工件的厚度几乎不受限制，因此，特别适用于厚薄相差较大的接头形式，如热电偶丝焊接、电阻应变片引线及电子管的灯丝的焊接等。多层叠合的铝箔、银箔也可以进行焊接。

4）焊接时对焊接不加热、不通电。因此，对高热导率和高电导率的材料如铝、铜、银等焊接很容易，而用电阻焊则很困难。

5）与电阻点焊比较，耗用电功率小，焊件变形小，接头强度高且稳定性好。以铝板为例，焊接厚度为 1.0～1.5mm 铝板，超声波点焊仅用电功率为 1.5～4kVA，用电阻点焊至少 75kVA，前者仅为后者的 5%，单点焊点的剪切强度平均比电阻电焊高 15%～25%。这主要是由于超声波焊点不存在熔化及受高温的影响。

6）对焊件表面的清洁度要求不高，允许少量氧化膜及油污存在。因为超声波焊接具有对焊件表面氧化膜破碎和清理的作用，焊接表面状态对焊接质量影响较小。甚至可以焊接涂有油漆或塑料薄膜的金属。

2. 缺点

1）由于焊接所需的功率随工件厚度及硬度的提高而呈指数增加，而大功率的超声波电焊机制造困难且成本很高。因此目前仅限于焊接丝、箔、片等细丝薄件。

2）接头形式目前只局限搭接接头。

3）焊点表面容易因高频机械振动而引起边缘的疲劳破坏，对焊接硬而脆的材料不利。

4）目前尚缺乏对焊接质量进行无损检测的方法和设备。故大批量生产困难。

3. 应用领域

基于超声波焊有上述优点，现已广泛应用于电子工业、电器工业、塑料工业及航天航空等许多工业领域。

（1）电子工业

在电子工业中，超声波焊主要用于微电子器件的连接，如将细铝、金引线焊到晶体三极管、二极管和其他半导体元件上，使细丝、薄带与薄片及微型线路相连接，将二极管、集成电路片直接焊到基片上。微型电路及其他电子元件可用超声波环焊有效的密封，如晶体三极管与二极管之类的管壳能牢固的焊缝，且内部高清洁度的零件不会被污染。

可以在集成电路板上焊上一层铝箔或金箔，以提供一个随后焊接导线的表面。

目前在装配线上应用的超声波电焊机的功率为 0.02～2kW，频率 60～80kHz，焊接时间 10～100ms，焊接过程用微机控制及图像识别系统。位置控制精度每级 2.5～50μm，识别容量 200～250 点，识别时间 100～150s，成品率已高达 90%～95%。

在太阳能硅光电池的制造中，超声波焊接将取代精密电阻焊，涂膜硅片为 0.15～0.2mm，铝导线的厚度为 0.2mm。此外，可以将上述光电元件直接与热收集装置中的铜或铝管道焊接起来。

（2）电器工业

超声波焊能有效地用于各种电接头的焊接，因为它能产生可靠的低压接头，而且对零件没有污染，也不产生热变形。单股和多股电线都可以用超声波焊相互连接或焊到端子上，微电机中连接整流子及线圈、超高压变压器屏蔽构件中的地屏焊接以及各种电容器的引出片焊接。

很多异种金属的热电偶接头，可以用超声波焊接。

（3）包装工业

超声波焊广泛应用于封装业务中，从软箔小包装到密封管壳。用超声环焊、缝焊和直线焊能焊成气密性封装结构，如铝制灌及挤压管的密封，食品、药品和医疗设备器械等无污包装，以及精密仪器部件和雷管的包装等。

（4）塑料工业

随着塑料工业的发展，大量的工程塑料被广泛应用于机械电子工业中的仪表框架、面板、接插件、继电器、开关、塑料外壳等设计制造中。这些构件均可采用超声波塑料焊接工艺，此外超声波焊还应用于金属与塑料的连接及聚酯织物的"缝纫"等。

（5）航天航空及核能工业

宇宙飞船的核电转换装置中，用超声波焊接铝与不锈钢的组件、导弹的接地线以及卫星上的铍窗。直升机的检测孔道也是成功应用的例子。在宇宙飞船的核电转换装置中，用来焊接铝与不锈钢的膜合组件。卫星用太阳能电池也使用了超声波焊接技术。

（6）新材料工业

超声波焊可以在玻璃、陶瓷或硅片的热喷涂表面上连接金属箔及丝，这种应用已不只限于微电子器件工业。

超导材料之间以及超导材料与导电材料之间的焊接，在采用超声波焊及超声波浸润钎焊技术后，接头的电阻将明显低于传统的软钎焊及加锡箔电阻焊，并已用于超导磁体的制作。

进入 20 世纪 90 年代，管材工业出现了新的突破，可用于水管、煤气管及电业等的铝塑复合管得到广泛应用。超声波焊作为复合管的主要焊接手段大量被生产所使用。

（7）其他应用

超声波连续焊缝是箔材料制品中用以连接零件或任意长度薄板的既定工艺方法，拼接后经得起退火处理，连续焊缝用于焊接波纹状热交换器，用于过滤筛网的焊接，焊后孔眼不会堵塞等。

9.4.3 塑料的超声波焊接

塑料的超声波焊接采用图 9-12 的形式。机械振动方向垂直于焊件表面，并与静压力方向一致。

塑料的超声波焊接是一个纯热过程，即在接合区的薄层内高频机械振动能被转换为热能，而静压力则促进了软化表面间的紧密结合。

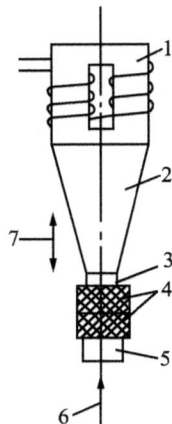

图 9-12 塑料超声波焊接原理
1—换能器；2—聚能器；3—上声极；4—塑料焊；5—下声极；6—静压力；7—振动方向

焊接过程中，由于在接合面塑料对弹性振动能量的吸收远远超过了塑料内部的吸收量，因此只是在界面的局部发热并熔化，使这种焊接方法具有高效率及热影响小的特点。

目前可焊接塑料有：聚氯乙烯、有机玻璃、聚乙烯、氯乙烯、卡普隆、尼龙、聚酰胺、聚苯乙烯、涤纶等。

>>> **习 题**

1. 试述电子束焊的基本原理、特点及其主要应用范围。
2. 试分析激光焊的特点及其基本原理。
3. 什么是激光深熔焊接？
4. 简述扩散焊过程及原理。
5. 扩散焊有哪些特点？
6. 什么是超声波焊？
7. 超声波焊有哪些分类？

第 10 章　金属材料焊接性分析方法

绝大部分作为结构材料的金属都要通过焊接方法进行连接，金属材料在焊接时要经受加热、熔化、冶金反应、结晶、冷却、固态相变等一系列复杂的过程，这些过程又都是在温度、成分及应力极不平衡的条件下发生的，有时可能在焊接区造成缺陷，或者使金属的性能下降而不能满足使用时的要求，因而金属材料的焊接性是一项非常重要的性能指标。为了确保焊接质量，必须研究金属材料的焊接性，采用合理有效的工艺措施，以保证获得优质的焊接接头。实践证明，不同的金属材料获得优质焊接接头的难易程度不同，或者说各种金属对焊接工艺的适应性不同。这种适应性就是通常所说的焊接性。本章简要介绍金属焊接性的基本概念及一些常用的焊接性试验方法。

▶ 10.1　金属的焊接性

10.1.1　金属焊接性

金属材料是一种常用的工程材料，它除了具备良好的强度、韧性之外，往往还具有在高温、低温以及腐蚀介质中工作的能力。但是，在焊接条件下，金属的性能会发生某些变化。

首先，对一些金属材料，可能在焊缝和 HAZ 形成裂纹、气孔、夹渣等一系列的宏观缺陷，破坏了金属材料的连续性和完整性，直接影响到焊接接头的强度和气密性。另外，金属材料经过焊接之后可能使它们的某些使用性能，例如：低温韧度、高温强度、耐腐蚀性能下降。因此，为了能够使用焊接工艺将金属材料制成合格的金属结构，这就要求不仅要了解金属材料本身的性能，而且还要了解金属材料进行焊接加工之后性能的变化，也就是要了解金属的焊接性问题。

金属焊接性根据 GB/T3375-1994《焊接术语》的定义为："金属材料在限定的施工条件下，焊接成规定设计要求的构件，并满足预定服役要求的能力。"即金属材料对焊接加工的适应性和使用的可靠性。根据这两方面内容，优质的焊接接头应具备两个条件：即接头中不允许存在超过质量标准规定的缺陷；同时具有预期的使用性能。因此，焊接性的具体内容可分为工艺焊接性和使用焊接性。

1. 工艺焊接性

工艺焊接性是指在一定焊接工艺条件下，能否获得优质、无缺陷的焊接接头的能力。它不仅取决于金属本身的成分与性能，而且与焊接方法、焊接材料和工艺措施有关。随着焊接工艺条件的变化，某些原来不能焊接或不易焊接的金属材料，可能会变得能够焊接和易于焊接。对于熔焊，一般都要经历传热过程和冶金反应过程，因而又可把工艺焊接性分为"热焊接性"和"冶金焊接性"。热焊接性是指焊接热循环对焊接热影响区组织性能及产生缺陷的影响程度。主要与被焊材质及焊接工艺条件有关。冶金焊接性是指冶金反应对焊缝性能和产生缺陷的影响程度。它包括合金元素的氧化、还原、蒸发，氢、氧、氮的溶解等对形成气孔、夹杂、裂纹等缺陷的影响，用以评定被焊材料对冶金反应产生缺陷的敏感性。

2. 使用焊接性

使用焊接性是指焊接接头或整体结构满足技术条件中所规定的使用性能的程度。使用性能取决于焊接结构的工作条件和设计上提出的技术要求。通常包括常规力学性能、低温韧性、抗脆断性能、高温蠕变、疲劳性能、持久强度、耐蚀性能和耐磨性能等。

10.1.2 影响焊接性的因素

焊接性是金属材料的一种工艺性能。除了受材料本身性质影响外，还受到工艺条件、结构条件和使用条件的影响。

1. 材料因素

材料包括母材和焊接材料。母材本身的理化性能对其焊接性起着决定性的作用。在相同焊接条件下，决定母材焊接性的主要因素是它本身的物理、化学性能。对钢而言，有钢的化学成分、冶炼轧制状态、热处理条件、组织状态和力学性能等。其中化学成分（包括杂质的分布）是主要的影响因素，它能决定热影响区的淬硬倾向、脆化倾向和产生裂纹的敏感性。同时，在焊接过程中，由于母材参与熔池的冶金反应，也要影响到焊缝的化学成分。对焊接性影响较大的元素如 C，S，P，O，H 和 N 等，它们容易引起焊接工艺缺陷和降低焊接接头的使用性能。此外，钢材的冶炼轧制状态、热处理条件、组织状态等因素都会对焊接性产生不同的影响。例如经过精炼提纯的 CF 钢、Z 相钢和由控轧得到的"细晶粒钢"（TMCP 钢），在焊接性方面有很大改善。焊接材料直接参与焊接过程中的一系列化学冶金反应，决定着焊缝金属的成分、组织、性能及缺陷的形成。如果焊接材料选择不当，与母材不匹配，不仅不能获得满足使用要求的接头，还会引起焊接缺陷的产生和组织性能的变化。因此，正确选用焊接材料也是保证获得优质焊接接头的重要冶金条件。

2. 工艺因素

工艺因素包括焊接方法、焊接参数、预热、后热及焊后热处理等。焊接方法、焊接参数对焊接性的影响，诸如焊接热源的特点、功率密度、保护方式和热输入量等因素，它们会直接决定焊接区的温度场和热循环，从而对焊缝及热影响区的范围大小、组织变化和产生缺陷的敏感性等有明显的影响。焊接方法对焊接性的影响很大，它主要体现在如下两方面：即能量密度和保护条件。采用功率密度较大的焊接工艺方法，例如激光焊、电子束焊、等离子弧焊等，可以大大减小 HAZ 的宽度，从而大大减少各种 HAZ 的焊接缺陷，改善金属的焊接性。采用良好的保护方法，更是实现正常焊接过程的必要手段。在氩弧焊发明之前，Al、Ti 等活泼金属的焊接很困难，可是采用保护良好的氩弧焊使它们的焊接容易得多。

工艺措施对焊接性的影响，诸如预热、缓冷、后热及焊后热处理等因素决定了熔池和近缝区的冶金条件，例如，采用焊前预热和焊后缓冷可降低接头的冷却速度，从而降低接头的淬硬倾向和冷裂纹敏感性。选择合理的焊接顺序可以改善结构的约束程度和应力状态。

3. 结构因素

焊接接头的结构设计直接影响到它的刚度、拘束应力的大小和方向，而这些又影响到焊接接头的各种裂纹倾向。尽量减小焊接接头的刚度，减少交叉焊缝，减少各种造成应力集中的因素是改善焊接性的重要措施之一。

结构因素主要有焊接结构和焊接接头的设计形式，如结构形状、尺寸、厚度、接头坡口形式、焊缝布置及其截面形状等因素对焊接性的影响。其影响主要表现在热的传递和力的状态方面。不同板厚、不同接头形式或坡口形状其传热方向和传热速度不一样，从而对熔池结晶方向和晶粒成长发生影响。结构的形状、板厚和焊缝的布置等，决定接头的刚度和拘束度，对接头的应力状态产生影响。不良的结晶形态，严重的应力集中和过大的焊接应力等是形成焊接裂纹的基本条件。设计中减少接头的刚度、减少交叉焊缝，避免焊缝过于密集以及减少造成应力集中的各种因素，都是改善焊接性的重要措施。

4. 使用条件

使用条件因素是指焊接结构的工作温度（高温、低温）、受载类别（静载荷、动载荷、冲击载荷、交变载荷等）和工作环境（焊接结构的服役地点、工作介质有无腐蚀性等）。如在高温下工作时，有可能发生蠕变；在低温或冲击载荷下工作时，会发生脆性破坏；在腐蚀介质中工作时，焊接接头要考虑耐各种腐蚀破坏的可能性。总之，使用条件越苛刻，对焊接接头的质量要求越高，焊接性就越不容易得到保证。

综上所述，金属的焊接性与材料、工艺、结构及使用条件等密切相关，所以不应脱离开这些因素而单纯从材料本身的性能来评价焊接性，因此很难找到一项技术指标可以概括金属材料的焊接性，只能通过多方面的研究对其进行综合评定。

10.1.3　评定金属焊接性的方法

金属焊接性的评定主要是通过各种焊接性试验来进行的。除直接采用焊接试验的方法来确定金属的焊接性之外，通过分析金属的化学成分、物理性能、化学性能、相图特点、连续冷却曲线图（CCT 图）或模拟焊接热影响区的连续冷却曲线图（SHCCT 图）等，均可以在某种程度上评价金属的焊接性。

1. 利用化学成分分析

（1）碳当量法

钢材的化学成分对焊接热影响区的淬硬及冷裂倾向有直接影响，因此可以用化学成分来分析其冷裂敏感性。各种元素中，碳是对冷裂敏感性影响最显著的一个。因而，人们就将各种元素都按相当于若干含碳量折合并叠加起来求得碳当量。所谓"碳当量"就是把钢中包括碳在内的合金元素对淬硬、冷裂及脆化等的影响折合成碳的相当含量。碳当量法是一种粗略评价冷裂敏感性的方法。碳当量值越高，钢的淬硬倾向就越大，钢的冷裂敏感性也就越大，焊接性就越差。目前用于评定钢材焊接性的碳当量计算公式很多，其中以国际焊接学会（IIW）所推荐 CE，日本 JIS 标准所规定的 C_{eq} 应用较为广泛。

$$CE = w(C) + 1/6\,w(Mn) + 1/5\,w(Cr) + 1/5\,w(Mo) + 1/5\,w(V) + 1/15\,w(Cu) + 1/15\,w(Ni) \tag{10-1}$$

式中，$w(X)$ 表示该元素在钢中的质量分数（/％）。计算碳当量时，应取其成分的上限。

式(10-1)主要适用于中高强度的非调质低合金高强度钢($\sigma_b = 500 \sim 900\text{MPa}$)。

$$C_{eq} = w(C) + 1/6\, w(Mn) + 1/24\, w(Si) + 1/40\, w(Ni) + 1/5\, w(Cr) + 1/4\, w(Mo) + 1/14\, w(V) \tag{10-2}$$

式(10-2)主要适用于调质低合金高强度钢($\sigma_b = 500 \sim 1\,000\text{MPa}$)。

式(10-1)、(10-2)主要适用于含碳量偏高的钢种[$w(C) \geqslant 18\%$]。这类钢的化学成分范围如下：

$w(C) \leqslant 0.2\%$；$w(Si) \leqslant 0.55\%$；$w(Mn) \leqslant 1.5\%$；$w(Cu) \leqslant 0.5\%$；$w(Ni) \leqslant 2.5\%$；$w(Cr) \leqslant 1.25\%$；$w(Mo) \leqslant 0.7\%$；$w(V) \leqslant 0.1\%$；$w(B) \leqslant 0.006\%$。

上述两种公式都说明，碳当量值越大，钢的冷裂敏感性也就越大，焊接性就越差。为了防止冷裂纹，可用碳当量公式确定是否预热和采取其他工艺措施。例如板厚小于20mm，CE<0.4%时，钢材的淬硬倾向不大，焊接性良好，不需预热。当CE为0.4%~0.6%时，特别是大于0.5%时，钢材易于淬硬，焊接时必须预热才能防止裂纹。随着板厚及碳当量的增加，预热温度也相应增高，一般可在70~200℃之间。

(2)焊接冷裂纹敏感指数

除碳当量外，焊缝含氢量和接头拘束度都对冷裂纹倾向有很大影响。焊接冷裂纹敏感指数(P_c)不仅包括了母材的化学成分，又考虑了熔敷金属含氢量与拘束条件的作用。

$$P_c = C + \frac{Si}{30} + \frac{Mn}{20} + \frac{Cu}{20} + \frac{Ni}{20} + \frac{Cr}{20} + \frac{Mo}{15} + \frac{V}{10} + 5B + \frac{\delta}{600} + \frac{H}{60}(\%) \tag{10-3}$$

式中，δ——板厚(mm)；

H——焊缝中扩散氢含量(mL/100g)。

式(10-3)适用条件：$w(C)\ 0.07\% \sim 0.22\%$；$w(Si) \leqslant 0.60\%$；$w(Mn)\ 0.40\% \sim 1.4\%$；$w(Cu) \leqslant 0.5\%$；$w(Ni) \leqslant 1.20\%$；$w(Cr) \leqslant 1.20\%$；$w(Mo) \leqslant 0.70\%$；$w(V) \leqslant 0.12\%$；$w(Nb) \leqslant 0.04\%$；$w(Ti) \leqslant 0.05\%$；$w(B) \leqslant 0.005\%$。

$\delta = 19 \sim 50\text{mm}$；$H = 1.0 \sim 5.0\text{mL/100g}$(GB/T3965-1995《熔敷金属中扩散氢测定方法》)

根据P_c值可以通过经验公式求出斜Y形坡口在对接裂纹试验条件下，为了防止冷裂纹所需要的最低预热温度T_0(℃)，即

$$T_0 = 1\,440P_c - 392 \tag{10-4}$$

2. 利用金属材料的物理性能分析

金属的熔点、热导率、线胀系数、比热容以及密度等物理性能，对焊接热循环、化学冶金反应以及凝固相变等过程都有明显的影响，根据金属材料物理性能的特点，可以预计出在焊接过程中出现的问题，并设法加以预防及解决。如焊接热导率大的材料(如铜)，由于其散热快，焊接时容易产生熔透不足的缺陷，在凝固过程中又很容易产生气孔；而有些热导率低的材料(如钛、不锈钢)，则因为焊接时温度梯度大，会产生较大的应力或变形，而且由于高温停留时间延长而导致晶粒粗化等。此外，焊接线胀系数大的材料(如不锈钢)，接头的应力变形必然严重；焊接密度小的材料(如铝及其合金)，则容易在焊缝中形成气孔或夹杂物。

3. 利用金属材料的化学性能分析

化学性能比较活泼的金属(如铝、镁及其合金),在焊接过程中极易被氧化,有些金属甚至对氧、氢、氮等气体都极为敏感。因此这些材料在进行焊接时,需要采用较为可靠的保护方法(如惰性气体保护焊或在真空中焊接),有时焊缝背面也需要采取保护措施,以防止氧、氢、氮等对焊缝及热影响区的污染。

4. 利用合金相图分析

大多数被焊材料都是合金,或至少含有某些杂质元素,因而可以利用其相图分析焊接性问题。例如,对于共晶型相图来说,其固、液相线之间的温度区间大小,会影响结晶时的成分偏析,影响生成低熔点共晶的程度,也影响脆性温度区间的大小,这对分析热裂纹倾向是重要的参考依据。另外,若结晶凝固时形成单相组织,则焊缝晶粒易于粗大,也是形成热裂纹的重要影响因素。

5. 利用 CCT 图或 SHCCT 图分析

对于各类低合金钢,可以利用其各自的连续冷却曲线(CCT 图)或模拟焊接热影响区的连续冷却曲线图(SHCCT 图)分析其焊接性问题。这些曲线可以大体上说明在不同焊接热循环条件下将获得什么样的金相组织和硬度,可以估计有无冷裂的危险,以便确定适当的焊接工艺条件。

以上列出的分析焊接性的几个主要依据,只是作为分析焊接性时的参考,而不能作为准确的评价指标。只有通过焊接性试验才能得到准确的结果。

▶ 10.2　金属焊接性评定与试验

焊接性试验即评定母材焊接性的试验。通过焊接性试验可以评定某种金属材料焊接性的优劣,对不同材料进行焊接性的比较,为选择焊接方法、焊接材料和确定焊接参数提供可靠依据。

10.2.1　焊接性试验的内容

针对材料的不同性能特点和不同使用要求,焊接性试验包括以下内容。

1. 焊缝金属抵抗产生热裂纹的能力

热裂纹是一种较常发生又危害严重的焊接缺陷,是熔池金属结晶过程中,由于存在一些有害元素(易形成低熔点共晶物的元素)并受热应力的作用而在结晶末期发生。热裂纹既和母材有关,又和焊接材料有关。所以测定焊缝金属抵抗热裂纹的能力是焊接性试验的一项重要内容。

2. 焊缝及热影响区金属抵抗产生冷裂纹的能力

焊缝及热影响区金属在焊接热循环作用下,由于组织及性能变化,加之焊接应力和扩散氢的影响,可能发生冷裂纹。冷裂纹在低合金高强度钢焊接中是较为常见的缺陷,而且也是一种危害严重的缺陷,测定抵抗其的能力是焊接性试验中很重要、又最常用到的一项试验内容。

3. 焊接接头抗脆性转变的能力

对于在低温条件下工作的焊接结构和承受冲击载荷的焊接结构,可能经过焊接的冶金反应、结晶、固态相变等一系列过程,焊接接头会发生粗晶脆化、组织脆化、热应变时效脆化等现象。使接头韧性严重下降,即焊接接头发生脆性转变。因此,对这类焊接结构用材料，需要作抗脆断能力(或抗脆性转变能力)的试验。

4. 焊接接头的使用性能

根据焊接结构的使用条件对焊接性提出的性能要求来确定试验内容。使用要求是多方面的，例如在腐蚀介质工作的焊接结构要求抗腐蚀性能，就可以确定做焊接接头的耐晶间腐蚀或耐应力腐蚀能力等试验，厚板结构要求抗层状撕裂性能时，就应做 Z 向拉伸或窗口试验，以测定该钢材抗层状撕裂的能力。此外还有如焊接接头的耐磨性、低温冲击韧度、蠕变强度、疲劳强度以及产品技术条件要求的其他特殊性能。

10.2.2 焊接性试验方法分类

研究与评定金属材料焊接性的试验方法很多，根据试验的内容和特点主要分为工艺焊接性和使用焊接性两大方面的试验，每一方面又分为直接法和间接法两种类型。

1. 直接法试验

直接法有直接模拟试验和使用性能试验两种情况。直接模拟试验是仿照实际焊接的条件，通过焊接过程考查是否发生某种焊接缺陷，或发生缺陷的严重程度，直接去评价焊接性的优劣(即焊接性对比试验)。也可以通过试验确定出所需的焊接条件(即工艺适应性试验)。这种情况多在工艺焊接性试验中使用。使用性能试验是直接在实际产品上进行测定其焊接性能的试验，这种情况主要用于使用焊接性方面的试验。

(1)直接模拟试验

1)焊接冷裂纹试验。常用的有插销试验、斜 Y 形坡口焊接裂纹试验、拉伸拘束裂纹试验(TRC 试验)、刚性拘束裂纹试验(RRC 试验)等。

2)焊接热裂纹试验。常用的有可调拘束裂纹试验、压板对接(FISCO)焊接裂纹试验、窗形拘束对接裂纹试验、刚性固定对接裂纹试验等。

3)再热裂纹试验。有 H 形拘束试验、缺口试棒应力松弛试验、U 形弯曲试验等。

4)层状撕裂试验。常用的有 Z 向拉伸试验、Z 向窗口试验等。

5)应力腐蚀裂纹试验。有 U 形弯曲试验、缺口试验、预制裂纹试验等。

6)脆性断裂试验。除低温冲击试验外，常用的还有落锤试验、裂纹张开位移试验(COD)以及 Wells 宽板拉伸试验等。

(2)使用性能试验

属于这一类试验的方法主要有：焊缝及接头的拉伸、弯曲、冲击等力学性能试验，高温蠕变及持久强度试验、断裂韧度试验、低温脆性试验、耐磨及耐腐蚀试验、疲劳试验等。直接用产品做的试验有水压试验、爆破试验等。

2. 间接法推算

间接法一般不需要焊出焊缝，只需对产品实际使用的材料做化学成分、金相组织或力学性能等的试验分析与测定，然后根据分析与测定的结果，对该材料的焊接性进行推测与评估。属于这一类的方法主要有：碳当量法、焊接裂纹敏感指数法、连续冷却组织转变曲线法、焊接热-应力模拟法、焊接热影响区最高硬度试验方法及焊接区断口金相分析等。

焊接性试验方法的选择原则：

现有的焊接性试验方法很多，随着技术的进步，要求的提高，焊接性试验方法还会不断增加。选择焊接性试验方法时一般应遵循下列原则。

（1）针对性

所选择的试验方法，其试验条件要尽量与实际焊接时的条件相一致，这些条件包括母材、焊接材料、接头形式、接头受力状态和焊接参数等。而且试验条件还应考虑到产品的使用条件，尽量使之接近。只有这样才能使焊接性试验具有良好的针对性，其试验结果才能够较准确地显示出实际生产时可能发生的问题或可能出现的现象。

（2）可比性

只有试验条件完全相同时，两个试验的结果才具有可比性。因此，凡是国家或国际上已经颁布的标准试验方法，应优先选择，并严格按照标准的规定进行试验。尚没有建立标准的，应选择国内外同行业中较为通用或公认的试验方法进行试验。

（3）可靠性

焊接性试验的结果要稳定可靠，具有较好的再现性。试验数据不可过于分散，否则难以找出变化规律和导出正确的结论，为此，试验方法应尽量减少或避免人为因素的影响，多采用自动化、机械化的操作，少用人工操作。试验条件和试验程序要规定得严格，防止随意性。

（4）经济性

在符合上述原则并可获得可靠结果的前提下，力求减少材料消耗，避免复杂昂贵的加工工序，节省试验费用。

10.2.3　常用的焊接性试验方法

焊接性试验方法种类很多，因抗裂性能是衡量金属焊接性的主要标志，所以在生产中还是常用焊接裂纹试验来表征材料的焊接性。这里重点介绍最为常用的斜 Y 形坡口焊接裂纹试验、插销试验和热影响区最高硬度试验，并简要介绍一些其他试验方法。

1. 斜 Y 形坡口焊接裂纹试验方法

这是在工程中广泛应用的一种焊接裂纹试验方法，又称作小铁研式裂纹试验。该试验主要用于评价碳钢和低合金高强度钢焊接热影响区的冷裂纹敏感性。其试验规范应遵循 GB/T 4675.1-1984《焊接性试验——斜 Y 形坡口焊接裂纹试验方法》。

斜 Y 形试件的形状和尺寸如图 10-1 所示，由被焊钢材制成。板厚δ不作规定，常用9～38mm，模拟实际结构的拘束状况和焊接区的焊接热循环，通常采用和实际结构相同的板厚进行试验。

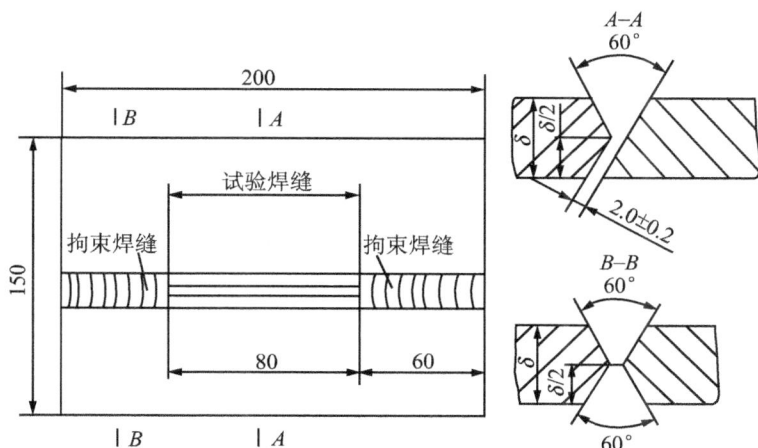

图 10-1　斜 Y 形试件的形状和尺寸

加工：试件坡口采用机械切削加工，每一种试验条件要制备两块以上试件。两侧各在 60mm 范围内施焊拘束焊缝，采用双面焊透。

组装：要保持待焊试验焊缝处有 2mm 装配间隙和不产生角变形。

拘束焊缝焊接：一般采用直径 4mm 或 5mm 的低氢型焊条对称焊接，防止角变形和未焊透。

坡口清理：采用适当的方法去除坡口周围的水分、油污和铁锈。

焊接：试验焊缝所用的焊条原则上与试验钢材相匹配，焊前要严格进行烘干；根据需要可在各种预热温度下焊接；推荐采用下列焊接参数：焊条直径 4mm，焊接电流 (170 ± 10)A，电弧电压 (24 ± 2)V，焊接速度 (150 ± 10)mm/min。

在焊接试验焊缝时，如果采用焊条电弧焊时，按图 10-2 所示进行焊接；如果采用焊条自动送进装置焊接时，按图 10-3 所示施焊。均只焊接一道焊缝且不填满坡口，焊后试件经 48h 后，对试件进行检测和解剖。

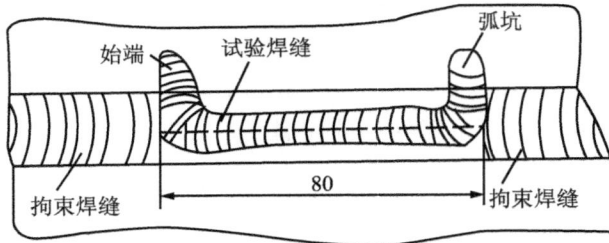

图 10-2　采用焊条电弧焊时试验焊缝位置

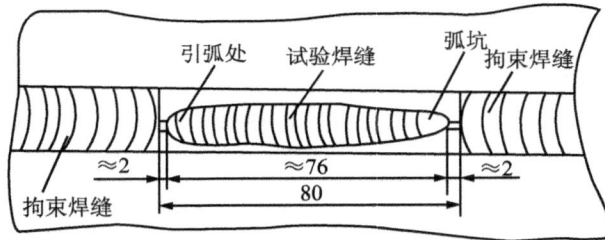

图 10-3　采用焊条自动送进装置焊接时试验焊缝位置

检测裂纹时用肉眼或手持放大镜仔细检查焊接接头表面和断面是否有裂纹，并按下列方法分别计算表面、根部和断面的裂纹率。图 10-4 为试样裂纹长度的计算。

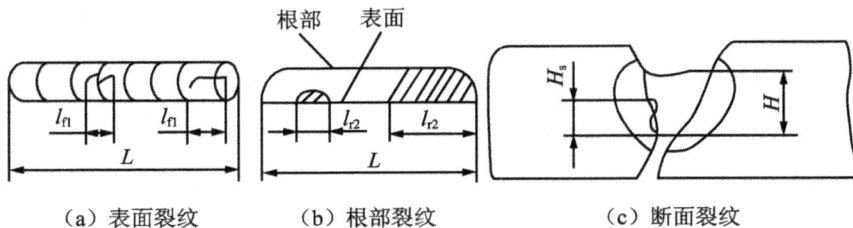

（a）表面裂纹　　　　（b）根部裂纹　　　　（c）断面裂纹

图 10-4　试样裂纹长度计算

（1）表面裂纹率 C_f　　如图 10-4(a)，按下式计算：

$$C_f = \frac{\sum l_f}{L} \times 100\% \qquad (10-5)$$

式中，$\sum l_f$——表面裂纹长度之和/mm；

　　　　L——试验焊缝长度/mm。

（2）根部裂纹率 C_r

检测根部裂纹时，应先将试件着色后拉断或弯断，然后按图 10-4(b)进行根部裂纹长度测量。按下式计算 C_r：

$$C_r = \frac{\sum l_r}{L} \times 100\% \qquad (10-6)$$

式中，$\sum l_r$——根部裂纹长度总和/mm；

　　　　L——试验焊缝长度/mm。

（3）断面裂纹率 C_s

在试验焊缝上，用机械加工等分地切取 6 块试样，检查五个横断面上的裂纹深度 H_s，如图 10-4(c)所示。按下式计算 C_s：

$$C_s = \frac{\sum H_s}{\sum H} \times 100\% \qquad (10-7)$$

式中，$\sum H_s$——5 个横断面裂纹深度的总和/mm；

　　　　$\sum H$——5 个断面焊缝的最小厚度的总和/mm。

由于斜 Y 形坡口焊接裂纹试验接头的拘束度远比实际结构大，根部尖角又有应力集中，所以试验条件比较苛刻。一般认为，在这种试验中若裂纹率低于 20%，在实际结构焊接时就不致发生裂纹。

这种试验方法的优点是，试件易于加工，不需特殊装置，操作简单，试验结果可靠；缺点是试验周期较长。除斜 Y 形坡口试件外，还可以仿照此标准做成直 Y 形坡口的试件，用于考核焊条或异种钢焊接的裂纹敏感性，其试验程序以及裂纹率的检测和计算与斜 Y 形坡口试件相同。

2. 插销试验

插销试验是主要用于测定碳钢和低合金高强度钢焊接热影响区对冷裂纹敏感性的一种定量试验方法。因试验消耗钢材少，试验结果稳定可靠，在国内外都广泛应用。我国已制定了国家标准，即 GB/T9446-1988《焊接用插销冷裂纹试验方法》。经适当改变，此方法还可用于测定再热裂纹和层状撕裂的敏感性。

插销试验的基本原理是根据产生冷裂纹的三大要素（即钢的淬硬倾向、氢的行为和局部区域的应力状态），以定量的方法测出被焊钢焊接冷裂纹的"临界应力"，作为冷裂纹敏感性指标。具体方法是把被焊钢材做成直径为 8mm（或 6mm）的圆柱形试棒（插销），插入与试棒直径相同的底板孔中，其上端与底板的上表面平齐。为了模拟实际焊接接头的应力集中效应，并使试验数据集中，在插销上开有缺口。试棒的上端有环形或螺形缺口，然后在底板上按规定的焊接热输入一道熔敷焊缝，尽量使焊道中心线通过插销的端面中心。该焊道的熔深，应保证插销试棒缺口位于热影响区的粗晶部位，如图 10-5 及图 10-7 所示。

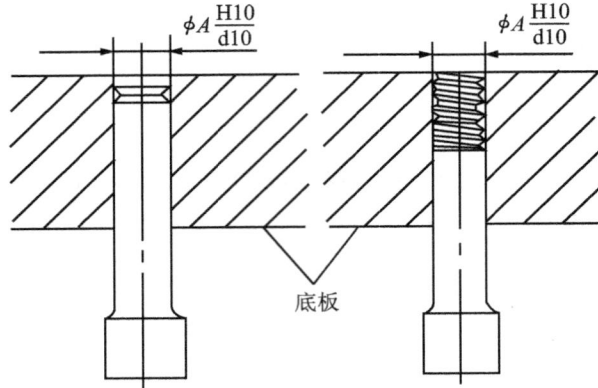

（a）环形缺口试棒　　　　　（b）螺形缺口试棒

图 10-5　插销试棒缺口处于热影响区的粗晶部位

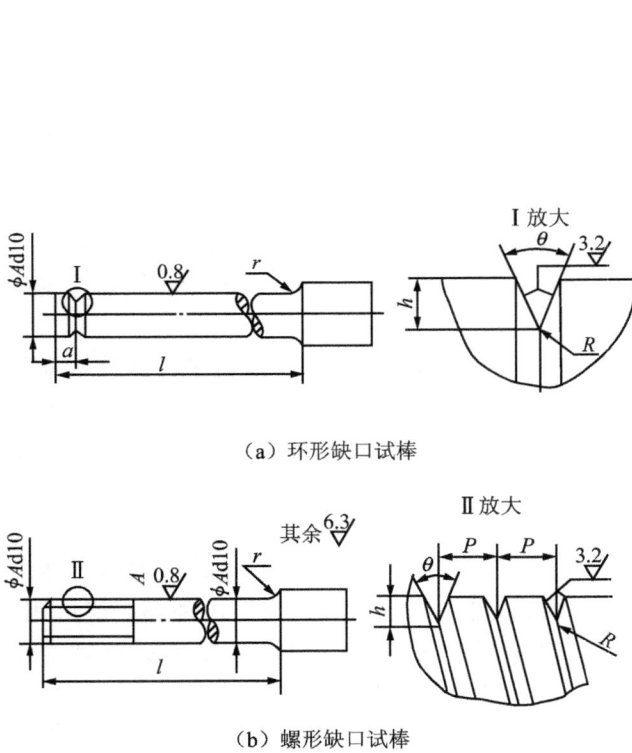

（a）环形缺口试棒

（b）螺形缺口试棒

图 10-6　插销试棒的形状

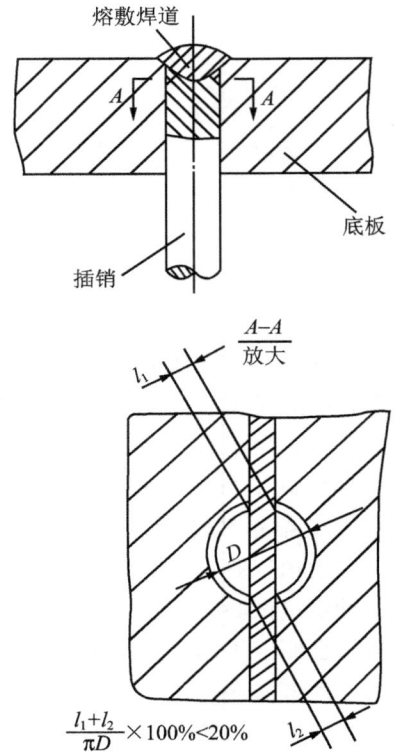

$$\frac{l_1+l_2}{\pi D} \times 100\% < 20\%$$

图 10-7　熔透比的计算

当焊后冷至 $100\sim150℃$ 时加载（有预热时，应冷至高出预热温度 $50\sim70℃$ 时加载），当保持载荷 16h 或 24h（有预热）期间试棒发生断裂，即得到该试验条件下的"临界应力"。如果在保持载荷期间未发生断裂，经过几次调整载荷后直至发生断裂为止。改变含氢量、焊接热输入和预热温度，会得到不同的临界应力。临界应力越小的金属材料，其冷裂纹敏感性就越大。

插销试棒的形状和尺寸如图 10-6 所示。插销试棒各部位的尺寸如表 10-1 所示。

对于环形缺口的插销试棒，缺口与端面的距离 a［见图 10-6(a)］，应使焊道熔深与缺口根部所截的平面相切或相交，但缺口根部圆周被熔透的部分不得超过 20%，如图 10-7 所示。

表 10-1　插销试棒的尺寸

缺口类型	ϕA /mm	h /mm	θ /(°)	R /mm	P /mm	l /mm
环形	8	0.5 ± 0.05	40 ± 2	0.1 ± 0.02		大于底板厚度，一般为 30～150
螺形					1	
环形	6	0.5 ± 0.05	40 ± 2	0.1 ± 0.02		大于底板厚度，一般为 30～150
螺形					1	

对于低合金钢，a 值在正常焊接热输入时（$E=15kJ/cm$）约为 2mm，如果改变焊接热输入，a 值的变化如表 10-2 所示。

表 10-2　缺口位置宽度 a 与热输入 E 的关系

E /kJ·cm^{-1}	a /mm	E /kJ·cm^{-1}	a /mm
9	1.35	15	2.0
10	1.45	16	2.1
13	1.65	20	2.4

底板材料应与被试材料相同或两者的物理参数基本一致，底板的尺寸及插销孔的位置如图 10-7 所示。一般试验条件下底板的厚度为 20mm，但用于测定实际焊接结构钢材冷裂纹敏感性或用于制定实际焊接工艺时，可采用实际的板厚。

使用专门设备的焊接性试验方法，还有拉伸拘束裂纹试验（TRC 试验）和刚性拘束裂纹试验（RRC 试验）。但这两种试验方法所用设备庞大，试件消耗的材料很多，因此，国内应用最多的是插销试验法。

插销试验法具有以下特点。

1）因为试件尺寸小，底板材料与插销材料又不必完全相同，并且底板可重复使用，所以试验材料损耗小。

2）调整焊接热输入及底板厚度，即可得到不同的冷却速度。

3）因插销尺寸小，故可从被试验材料的任意方向取样，也可以从全熔敷金属中取样用来测定焊缝金属对冷裂纹的敏感性。

4）环形缺口整个圆周温度往往不可能达到十分均匀，这就影响试验结果的准确性，造成数据分散，再现性不是很好。

3. 焊接热影响区最高硬度试验方法

焊接热影响区最高硬度比碳当量能更好地判断钢种的淬硬倾向和冷裂纹敏感性，因为它不仅反映了钢种化学成分的影响，而且也反映了金属组织的作用。由于该试验方法简单，已被国际焊接学会（IIW）纳为标准。我国已制定了 GB/T4675.5-1984，适用于焊条电弧焊。

最高硬度试板用气割下料，形状和尺寸如图 10-8 和表 10-3 所示。标准厚度为 20mm，当厚度超过 20mm 时，则须机械加工成 20mm，只保留一个轧制表面。当厚度小于 20mm 时，则无须加工。

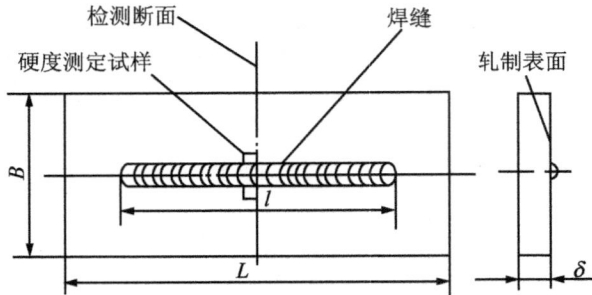

图 10-8　最高硬度试板

表 10-3　HAZ 最高硬度试件尺寸

试件号	L /mm	B /mm	l /mm
1 号试件	200	75	125 ± 10
2 号试件	200	150	125 ± 10

焊前应仔细去除试件表面的油污、水分和铁锈等杂质。焊接时试件两端由支承架空，下面留有足够的空间。1 号试件在室温下，2 号试件在预热温度下进行焊接。焊接参数为：焊条直径 4mm；焊接电流 170A；焊接速度 150mm/min。沿轧制方向在试件表面中心线水平位置焊长（125±10）mm 的焊道，如图 10-8 所示。焊后自然冷却 12h 后，采用机加工法垂直切割焊道中部，然后在断面上切取硬度测定试样。切取时，必须在切口处冷却，以免焊接热影响区的硬度因断面升温而下降。

测量硬度时，试样表面经研磨后，进行腐蚀，按图 10-9 所示的位置，在 O 点两侧各取 7 个以上的点作为硬度测定点，每点的间距为 0.5mm，采用载荷为 100N 的维氏硬度在室温下进行测定。试验规程按 GB/T4340.1-2009《金属维氏硬度试验》的有关规定进行。

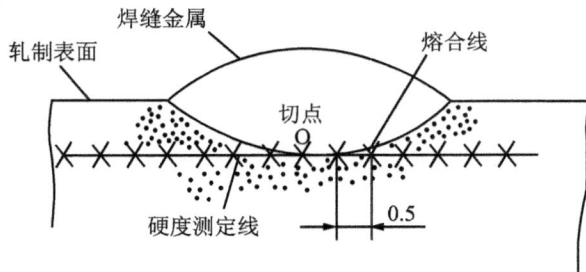

图 10-9　测量硬度的位置

最高硬度试验的评定标准，最早国际焊接学会（IIW）提出当 $HV_{max} \geqslant 350$ 时，即表示钢材的焊接性恶化，这是以不允许热影响区出现马氏体为依据。近年来大量实践证明，对不同钢种，不同工艺条件下上述的统一标准是不够科学的。因为首先焊接性除了与钢材的成分组织有关外，还受应力状态、含氢量等因素的影响；其次，对低碳低合金钢来说，即便热影响区有一定量的马氏体组织存在，仍然具有较高的韧性及塑性。因此对不同强度等级和不同含碳量的钢种，应该确定出不同的 HV_{max} 许可值来评价钢种的焊接性才客观、准确。

4. 其他焊接性试验方法简介

（1）压板对接（FISCO）焊接裂纹试验

压板对接焊接裂纹试验方法适用于低碳钢焊条、低合金高强度钢焊条，称不锈钢焊条的焊缝热裂纹敏感性试验。我国已制定了国家标准 GB/T4675.4-1984《压板对接（FISCO）焊接裂纹试验方法》。实验装置如图 10-10 所示，由 C 形拘束框架、齿形底座及紧固螺栓等组成。

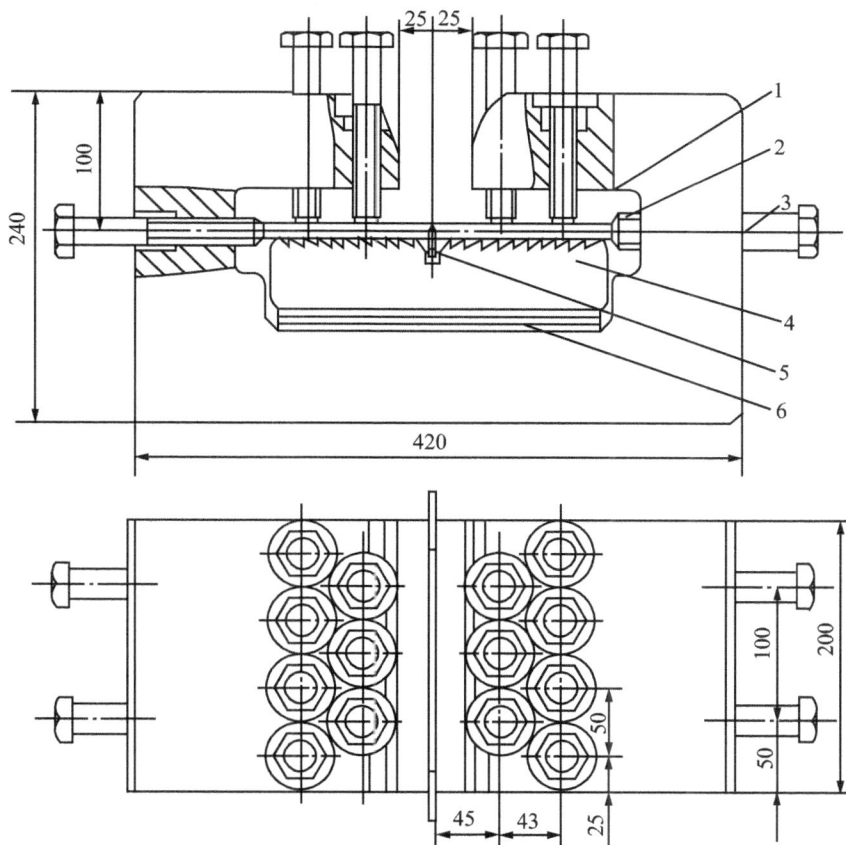

图 10-10　压板对接裂纹试验装置

1—C 形拘束框架；2—试件；3—紧固螺栓；4—齿形底座；5—定位塞；6—调节板

试件由两块 200mm×120mm 的钢板组成，坡口形状为 I 形，将试件安装在装置内，固定 F1，F2。在试件上顺序焊接四条长约 40mm 的试验焊缝，焊缝间距为 10mm，焊接弧坑原则上不填满。焊后约 10min 从装置中取出试件，待试件冷却后将焊缝沿轴向弯断，观察断面有无裂纹及测量裂纹长度。

（2）刚性固定对接裂纹试验

刚性固定对接裂纹试验方法既可用于测定焊缝金属热裂纹、冷裂纹敏感性，又可用于测定焊接热影响区的冷裂纹敏感性。因为该方法是由前苏联巴东电焊研究所提出的，所以又称为巴东拘束对接裂纹试验法。

试件尺寸和形状如图 10-11 所示。试件在不小于厚度为 40mm 的钢板上以角焊缝形式将四周焊牢。当试件板厚 $\delta \leqslant 12mm$ 时，焊脚尺寸 $K = \delta$；当试件板厚 $\delta > 12mm$ 时，焊脚尺寸 $K = 12mm$。坡口需机械加工而成。

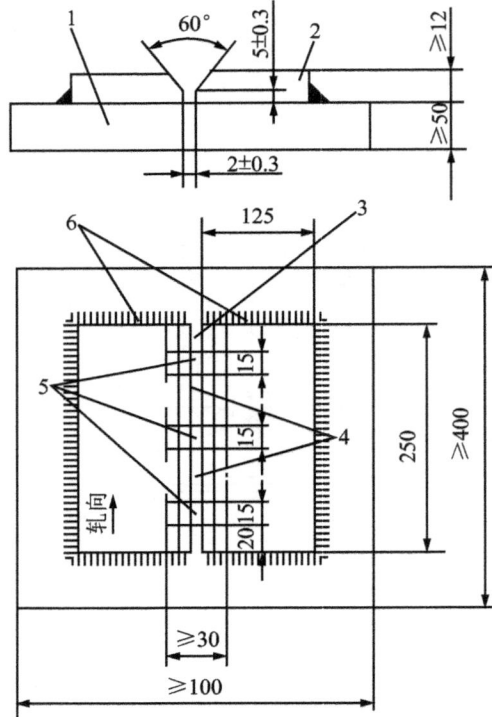

图 10-11　刚性固定对接裂纹试验试件尺寸和形状

1—C 形拘束框架；2—试件；3—紧固螺栓；4—齿形底座；5—定位塞；6—调节板

该试验所产生的拘束度比较大。试验时，可按实际生产采用的焊接参数焊接试验焊缝。试件焊后在室温放置 24h，首先检查焊缝表面，然后垂直于试验焊缝切两块磨片，检查有无裂纹。评定标准以试验结果有无裂纹为依据，每种焊接条件下需焊接两块试件。

（3）Z 向拉伸试验

Z 向拉伸试验是根据钢板厚度方向的断面收缩率来测定钢材的层状撕裂倾向。当钢材的断面收缩率 $\psi = 5\% \sim 8\%$ 时，层状撕裂倾向严重，只能用于 Z 向应力很小的结构；而 $\psi = 15\% \sim 25\%$ 时，钢材则具有较高的抗层状撕裂能力。

试件的制备及尺寸如图 10-12 所示。一般情况下，由于钢板的厚度不足，难于制作拉伸试件，因此，当被试钢板厚度 $\delta \geqslant 25mm$ 时，钢板的两侧可采用焊条电弧焊接长；当被试钢板厚度 $\delta \geqslant 15mm$ 时，可采用摩擦焊接长。

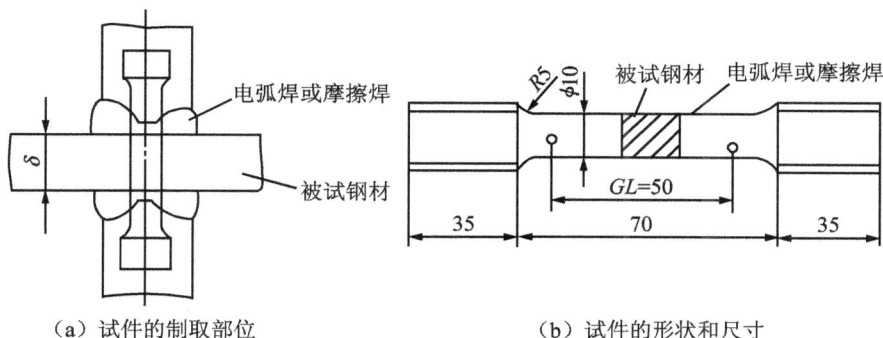

（a）试件的制取部位　　　　　　　　（b）试件的形状和尺寸

图 10-12　Z 向拉伸试验试件制备及尺寸

同常规拉伸试验一样对试件进行静拉试验，得出 Z 向断面收缩率中 ψ（％）作为层状撕裂的评价指标。

（4）拉伸拘束裂纹试验（TRC 试验）

拉伸拘束裂纹试验是一种大型定量的评定冷裂纹的试验方法。TRC 试验机的简图如图 10-13 所示。

TRC 试验的基本原理是采用恒定载荷来模拟焊接接头所承受的平均拘束应力。当试件焊接之后，冷却到某一温度（一般低合金钢为 $100\sim150℃$）施加一拉伸载荷，并保持恒载，一般保持 24h，如果不裂，则增加试验过程中的恒载，直至产生裂纹或断裂，记录起裂或断裂时间，对应一定时间产生裂纹或断裂的应力，即为对应该断裂时间的临界应力。

TRC 试验与插销试验一样，可以定量地分析被焊钢产生冷裂纹的各种因素，如化学成分、焊缝含氢量、拘束应力、预热、后热及焊接参数等。可以测定出相应条件下产生焊接冷裂纹的临界应力。

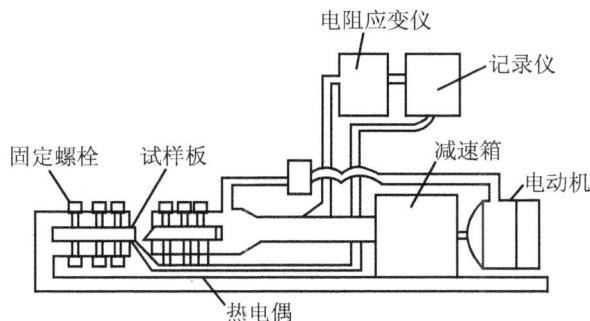

图 10-13　TRC 试验机的简图

>>> **习　题**

1．什么是金属材料的焊接性？影响金属材料焊接性的因素有哪些？

2．焊接性试验方法的选择原则是什么？

3．能否用斜 Y 形坡口焊接裂纹试验来评价 15MnV 钢的冷裂纹敏感性？

4．为什么热影响区的最高硬度可以说明金属材料的冷裂纹敏感性？

5．举例说明工艺焊接性好的金属材料使用焊接性不一定好。

第 11 章　碳钢的焊接

▶ 11.1　概述

碳钢又称碳素钢，是铁和碳的合金。碳钢除以碳作为合金元素外，还有少量的硅和锰有益元素及硫和磷等杂质。碳钢是工业中广泛采用的材料，大部分焊接结构用碳钢制造。

碳钢按不同的分类方法，可分为以下几种牌号。

1. 按含碳量分

按含碳量大致分为低碳钢[$w(C) \leqslant 0.25\%$]、中碳钢[$w(C) \leqslant 0.60\%$]和高碳钢[$w(C) > 0.60\%$]三类，其含碳量的范围没有严格的限制。低碳钢广泛用于多种结构。中碳钢的强度比低碳钢高，它经过适当的热处理后，可以改善机械性能，故多用于制造各种机器零件，如轴、连杆、齿轮、螺钉等，也常用于大型制造机件，如传动轴、轧辊等。高碳钢比中碳钢具有更高的硬度与耐磨性，故多用于制造刀具、量具、冲模等工具。

2. 按品质分

按品质主要以杂质硫和磷的含量来划分，可分为普通碳素钢[$w(S) \leqslant 0.050\%$，$w(P) \leqslant 0.045\%$]、优质碳素钢[$w(S) \leqslant 0.035\%$，$w(P) \leqslant 0.035\%$]和高级优质碳素钢[$w(S) \leqslant 0.030\%$，$w(P) \leqslant 0.035\%$]。

3. 按脱氧程度分

按脱氧程度分为沸腾钢、镇静钢和半镇静钢。沸腾钢脱氧不完全，含氧量较高，内部的杂质分布不均匀，硫、磷等杂质的局部浓度可能大大超过平均浓度，以致在焊接时导致产生裂纹。镇静钢通常具有致密而均匀的结构，有害杂质(S，P)分布较均匀。用铝脱氧的镇静钢，其时效倾向较小，所以被用来制造重要的焊接结构，如桥梁、蒸汽锅炉等。半镇静钢的性质介于沸腾钢与镇静钢之间。

4. 按用途分

按用途可分为结构钢及工具钢。结构钢用来制造各种金属构件及机器零件，而工具钢则用来制造各种工具，如量具、刀具及模具等。

一般碳钢中含碳量越高则硬度越大，强度也越高，但塑性越低。其他元素如 Ni，Cr，Cu 等均控制在残余量的限度以内，更不作为合金元素。杂质元素如 S，P，O，N 等，根据钢材品种和等级的不同，均有严格限制。因此，碳钢的焊接性主要取决于含碳量，随着含碳量的增加，焊接性逐渐变差。表 11-1 说明了这一情况。

表 11-1　碳钢焊接性与含碳量的关系

名　称	碳的质量分数/%	典型硬度	典型用途	焊接性
低碳钢	≤0.15	60HRB	特殊板材和型材薄板、带材、焊丝	优
	0.15～0.25	90HRB	结构用型材、板材、棒材	良
中碳钢	0.25～0.60	25HRC	机器部件和工具	中
高碳钢	>0.60	40HRC	弹簧、模具、钢轨	劣

　　碳钢的焊接性随含碳量增加而恶化，产生冷裂纹的敏感性增加。从本质上讲，焊接性变差的原因在于含碳量较高的钢在焊接过程中容易被淬硬，被淬硬的焊缝和热影响区因其塑性下降，在焊接应力的作用下容易产生裂纹，导致焊接性变差。碳钢被淬硬主要是因马氏体组织的形成而引起的。马氏体是碳在 α-Fe 中的过饱和的固溶体，它的硬度随着钢中的含碳量的增加而增加，另外还和所形成的马氏体的数量有关，马氏体含量越高硬度越大，如图 11-1 所示。马氏体的数量受冷却速度影响，非常快的冷却速度可产生 100% 的马氏体，从而可达到最高硬度。因此，焊接含碳量较高的碳钢时，就应当注意减缓冷却速度，使得马氏体数量减少。焊接的冷却速度受焊接热输入、母材板厚和环境温度的影响。厚板或在低温条件下焊接，其冷却速度加快；预热或加大焊接线能量，可以降低冷却速度。除淬硬性之外，碳钢焊接时，裂纹产生还受力学因素的影响。冷裂纹产生的力学原因是结构的拘束应力和不均衡的热应力，即使不易淬硬的低碳钢，在受拘束条件下采用了不正确的焊接程序，也会因受力过大而产生裂纹。

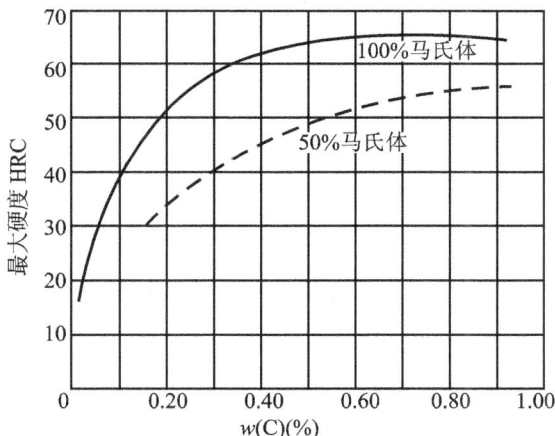

图 11-1　含碳量及马氏体的量对碳钢硬度的影响

　　碳钢的焊接性还跟氢致裂纹的敏感性有关。含碳量高于 0.15% 的碳钢焊接时，对氢致裂纹尤其敏感。因此，须注意减少氢的来源。例如，减少焊条药皮中或埋弧焊剂里及母材上或大气中的水分，焊前对待焊部位及其附近需清除油污、铁锈等。手工电弧焊时宜选用低氢型焊条。采用其他焊接方法时，应制造低氢环境，以减少焊缝周围环境中的含氢量。对已溶入焊缝和热影响区的氢，可采取后热措施使之向外扩散。

　　碳钢的内在质量对焊接性有很大的影响，S，P 等杂质的不均匀分别易导致焊接热裂纹，影响焊接性。在选择焊接材料方面，除了在成分和性能上须与母材匹配外，也应避免硫、磷等有害元素从焊接材料中带入焊缝金属。

总之，对碳钢的焊接，应针对其含碳量不同而采取相应的工艺措施，当含碳较低时，因着重注意防止拘束应力和不均衡的热应力所引起的裂纹，当含碳量较高时，除了防止因这些应力引起的裂纹外，还有特别注意防止淬硬而引起的裂纹。

▶ 11.2 低碳钢的焊接

11.2.1 低碳钢的焊接特点

低碳钢的含碳量小于0.25%，碳当量数值小于0.40%，由于低碳钢含碳量低，锰、硅含量也少，所以，通常情况下不会因焊接而产生严重硬化组织或淬火组织。低碳钢焊后的接头塑性和冲击韧度良好，焊接时，一般不需预热、控制层间温度和后热，焊后也不必采用热处理改善组织。整个焊接过程不必采取特殊的工艺措施，焊接性优良。但在少数情况下，焊接时也会出现困难。

用电弧焊焊接低碳钢时，为了提高焊缝金属的塑性、韧性和抗裂性能，通常使得焊缝金属的碳含量低于母材，依靠提高焊缝中的硅、锰含量和电弧焊所具有较高的冷却速度来达到与母材等强度。因此，焊缝金属随着冷却速度的增加，其强度也会提高，而塑性和韧性下降。为了防止过快的冷却速度，当厚板单层角焊缝时，其焊脚尺寸不宜过小；多层焊时，应尽量连续施焊；焊补表面缺陷时，焊缝因具有一定的尺寸，必要时应采用100~150℃预热。

当母材含碳量偏高，或母材、焊接材料成分（如S，P）不合格时，焊接时有可能产生热裂纹，应调整焊缝成形系数或采用碱性低氢焊条。而当母材含碳量偏高，或在低温下焊接大刚性结构时，可能产生冷裂纹，应采用预热及低氢型焊条等措施。例如，焊接母材板厚大于30mm，焊接温度低于−10℃，需要预热100~150℃，采用碱性低氢焊接材料。如试验时发现焊道下裂纹，还应采用后热处理去除接头中的氢。

有些低碳钢，以回火状态供货，应采用碱性低氢焊接材料或低氢焊接工艺焊接这类钢，以使焊缝和热影响区的韧性大致与母材相同，焊接线能量不要太大，预热与层间温度不应过高，以免晶粒过于粗大影响韧性。有时还用后热处理来恢复塑性及韧性。

总之，低碳钢是属于焊接性最好、最容易焊接的钢种，只要焊接工艺选择适当，便能得到满意的焊接接头。

11.2.2 低碳钢的焊接工艺

焊接工艺的任务就是在全面分析经济上的合理性及技术上的可能性的基础上，确定焊接工艺方法、焊接材料及工艺参数，以实现产品的设计要求。具体来说，一是根据产品材料及结构的特性，正确选定焊接方法及焊接材料；二是根据焊缝成形及热循环的特性，正确选择工艺参数及热处理规范。工艺参数选择的主要依据，一是保证焊接过程的稳定性。即保证电弧稳定燃烧或电渣过程稳定。为此，电流密度必须大于某临界值。根据焊接工艺材料特性决定用交流或直流电源，直流正接或直流反接。在焊接过程中，必须控制规范的稳定性，以保证焊缝化学成分的稳定与均匀的成形。二是保证获得组织均匀和性能稳定的接头。对低碳钢而言，在电弧焊情况下，热循环对接头性能影响不大，只需考虑热场分布对应力变形的影响。而在电渣焊时，则需考虑近缝区晶粒长大的问题，而需要进行热处理。三是保证获得无缺陷的、符合设计要求的焊缝成形。

1. 焊接方法

低碳钢是属于焊接性最好、最容易焊接的钢种，几乎所有焊接方法都能适用于低碳钢的焊接。目前，手工电弧焊、埋弧焊、气体保护电弧焊、氩弧焊、电渣焊、气焊和电阻焊等方法都是焊接低碳钢的成熟方法。在工厂生产实践中，焊接低碳钢产品时，上述焊接方法的传统工艺不仅大量使用，还可以看到一些焊接方法发展形成的新工艺，或者几种焊接方法的组合应用。例如，锅炉和压力容器制造厂等使用的"窄间隙埋弧焊"，或者"氩弧焊封底＋埋弧焊"的复合焊。

2. 焊接材料

适用于低碳钢焊接的焊接方法有多种，以下分别就手工电弧、埋弧焊、CO_2 气体保护焊和电渣焊，介绍相应焊接材料的选用。

(1)手工电弧焊用焊条

根据等强度原则选用焊条。例如，低碳钢结构通常使用 GB 70-88 的 Q235 牌号的钢材制造。这类钢的抗拉强度平均值为 417.5MPa，根据等强度原则，与之匹配的焊条应为 E43XX 系列。在 GB/T 5117—1995 中 E43XX 系列焊条按药皮类型、焊接位置和焊接电流种类分为若干型号。通常根据产品结构和材料的特点、载荷性质、工作条件、施工环境等因素进行选用。当焊接重要的或裂纹敏感性较大的结构时，常选用低氢型的碱性焊条，如 E4316，E4315，E5016，E5015 等，因这类焊条具有较好的抗裂性能和力学性能，其韧性和抗时效性能也很好，但这类焊条工艺性能较差，对油、锈和水分很敏感，焊前在 350～400℃下烘干 1～2h，并需要对接头坡口做彻底的清理。所以对一般的焊接结构，推荐选用工艺性能较好的酸性焊条，例如，E4301，E4303，E4313，E4320 等。这些焊条虽然气体杂质较高，焊缝金属的塑性、韧性及抗裂性不及碱性焊条，但一般都能满足使用性能要求。

表 11-2 是根据产品的材质、承载特点和重要性选用焊条的情况。

表 11-2　低碳钢手工电弧焊时焊条的选用

钢　号	一般结构选用的焊条型号	动载荷、复杂、厚板结构，锅炉受压容器，低温焊接选用的焊条型号	施焊条件
Q235	E4313，E4303，E4301，E4320，E4311	E4316，E4315	一般不预热
Q255		（E5016，E5015）	一般不预热
Q275	E4316，E4315	E5016，E5015	厚板结构预热150℃以上
08，10，15，20	E4303，E4301，E4320，E4311	E4316，E4315（E5016，E5015）	一般不预热
25	E4316，E4315	E5016，E5015	厚板结构预热150℃以上

续表

钢　号	一般结构选用的焊条型号	动载荷、复杂、厚板结构，锅炉受压容器，低温焊接选用的焊条型号	施焊条件
20g，22g	E4303，E4301	E4316，E4315 (E5016，E5015)	厚板结构预热 100～150℃
20R	E4303，E4301	E4316，E4315 (E5016，E5015)	一般不预热

注：表中括弧内的焊条型号表示可以代用。

此外，对于同一强度级别的低碳钢，由于产品结构上的差别，所选用的焊条也有不同。例如，随着板厚的增加，接头的冷却速度加快，促使焊缝金属硬化，接头的残余应力增大，因此需选用抗裂性能好的焊条，如低氢型焊条。厚板焊接时，为了熔透须开坡口焊接，因而填充金属量增加，为了提高生产效率，选用直径较大的焊条或者铁粉焊条。同理，相同板厚的 T 形接头与对接接头相比较，需选用直径较大的焊条。

（2）埋弧焊焊丝和焊剂

埋弧焊时，在给定焊接工艺参数条件下，熔敷金属的力学性能主要取决于焊丝、焊剂两者的组合，选择埋弧焊用焊接材料时，必须按焊缝金属的性能要求来匹配适当的焊丝及焊剂。选择的方法通常是，首先按接头强度、韧性和其他性能要求，选择适当的焊丝，然后根据焊丝的化学成分选配焊剂。例如，低碳钢埋弧焊一般选用实心焊丝 H08A 或者 H08MnA，若焊丝中 Si 的质量百分含量小于 0.1%，必须与高硅焊剂配合使用，如 HJ431。焊接时，焊剂中的 MnO 和 SiO_2 在高温下与铁反应，Mn 和 Si 得以还原，过渡到熔池，既可作为脱氧剂，又可作为合金剂，保证了焊缝的性能。若焊丝中 Si 的质量百分含量大于 0.2%，必须与中硅或低硅焊剂（如 HJ350，HJ250 或 SJ101）相配。此外，当接头拘束度较大时，应选用碱度较高的焊剂，以提高焊缝金属的抗裂性能。

几种低碳钢埋弧焊常用焊接材料的选择，如表 11-3 所示。

表 11-3　低碳钢埋弧焊焊丝与焊剂的匹配选用

钢　号	焊　丝	焊　剂
Q235	H08A	HJ430 HJ431
Q255	H08A	
Q275	H08MnA	
15，20	H08A，H08MnA	HJ430 HJ431 HJ330
25	H08MnA，H10Mn2	
20g，22g	H08MnA，H08MnSi，H10Mn2	
20R	H08MnA	

（3）气体保护焊焊丝

CO_2气体保护焊用焊丝分实心焊丝和药芯焊丝两大类。焊接低碳钢用的实心焊丝目前主要有 H08Mn2Si 和 H08Mn2SiA 两种；药芯焊丝主要是钛钙型渣系和低氢型渣系两类，药芯焊丝中又分气保护、自保护和其他方式保护等几种。

惰性气体保护焊（如 TIG，MIG）焊接低碳钢的成本较高，一般用于质量要求比较高的焊接结构或特殊焊缝。

表 11-4 列出了低碳钢气体保护焊的几种常用焊接材料。

表 11-4　低碳钢气体保护焊用的焊接材料举例

保护气体	焊丝	说明
CO_2	H08Mn2Si，H08Mn2SiA YJ502-1，YJ502R-1，YJ507-1 PK-YJ502，PK-YJ507	目前国产用于 CO_2 焊的实心和药芯焊丝，焊接低碳钢的焊缝金属强度略偏高
自保护	YJ502R-2，YJ5C7-2 PK-YJ502，PK-YJ506	自保护药芯焊丝，一般烟雾较大，适于室外作业用。有较大的抗风能力
$Ar+20\%CO_2$	H08Mn2SiA	混合气体保护焊，用于如锅炉水冷系统
Ar	H05MnSiAlTiZr	用于 TIG 焊，焊接锅炉集箱，换热器等打底焊缝

（4）电渣焊焊丝和焊剂

电渣焊熔池温度比埋弧焊低，焊接过程中焊剂更新量又少，所以焊剂的 Si、Mn 还原作用也弱。低碳钢电渣焊时，如果仅按埋弧焊选用 H08A 焊丝与高硅高锰低氟焊剂配合，则焊缝得不到足够数量的 Si 和 Mn，特别是母材和焊丝中原有的 Mn 还会烧损。另外，Mn 的过渡量与焊剂的碱度有关，碱度越大，过渡量也越大。为此，低碳钢电渣焊时，往往选用中锰高硅中氟熔炼焊剂 HJ360 与 H10Mn2 或 H10MnSi 焊丝配合，也可以使用高锰高硅低氟焊剂 HJ431 与 H10MnSi 焊丝的组合。

表 11-5 为低碳钢电渣焊用的焊接材料。

表 11-5　低碳钢电渣焊用的焊接材料

钢　号	焊　剂	焊　丝
Q235 Q235R	HJ360 HJ252 HJ431	H08MnA
10，15，20，25		H08MnA H10Mn2

11.2.3　低碳钢施焊工艺要点

低碳钢焊接一般不需要特殊的工艺措施，施焊过程中应注意如下几点。

1）焊前清除焊件表面的铁锈、油污、水分等杂质，焊接材料使用前必须烘干。

2）角焊缝、对接多层焊的第一层焊缝以及单道焊缝，应避免采用窄而深的坡口形式，以防止出现裂纹、未焊透或夹渣等焊接缺陷。

3）焊接刚性大的焊件时，为了防止产生裂纹，宜采取焊前预热和焊后消除应力的措施。表 11-6 列出了预热及焊后消除应力热处理的温度。

4）在工件厚度较大或环境温度较低时，会因冷速加快而导致接头裂纹倾向增加，因此焊接时应采取如下工艺措施：①焊前预热，焊接时保持层间温度。预热温度可根据实践经验和试验结果确定，不同产品的预热温度有所不同。表 11-7 为各种金属结构低温焊接时的预热温度。②采用低氢或超低氢型焊接材料。③定位焊时加大焊接电流，减慢焊接速度，适当增加定位焊缝的截面积和长度，必要时进行预热。④连续施焊整条焊缝，避免中断。⑤在坡口内引弧，避免擦伤母材，注意熄弧时填满弧坑。⑥不在低温下进行成形、矫正和装配，尽可能改善严寒的劳动条件。

上述措施可单独使用，有时需要综合使用。

表 11-6　低碳钢焊接时预热及焊后消除应力热处理温度

钢号	材料厚度/mm	预热温度和层间温度/℃	消除应力热处理温度/℃
Q235，Q255，08，10，15，20	～50	—	—
	＞50～100	＞100	600～650
25，20g，22g，20R	～25	＞50	600～650
	＞25	＞100	600～650

表 11-7　低碳钢金属结构低温焊接的预热温度

环境温度/℃	材料厚度/mm		预热温度/℃
	梁、柱、桁架	管道、容器	
−30℃以下	≤30	≤16	100～150
−30～−20℃	31～34	17～30	100～150
−20～−10℃	35～50	31～40	100～150
−10～0℃	51～70	41～50	100～150

11.3　中碳钢的焊接

11.3.1　中碳钢的焊接特点

中碳钢的含碳量为 0.25%～0.60%。当含碳量接近 0.25%，而含锰量不高时，焊接性良好。随着含碳量的增加，焊接性逐渐变差。含碳量在 0.45% 左右的中碳钢施焊时，接头的热影响区可能会产生硬脆的马氏体组织，易于开裂，焊接性变差。

中碳钢的主要焊接特点如下。

1）热影响区易产生低塑性、高硬度的淬硬组织。含碳量越高，板厚越大，淬硬倾向越大。当焊接工件的刚性大，或所选择的焊接材料与工艺规范不当，则易在淬硬区产生冷裂纹。

2）易产生热裂纹。由于母材含碳量较高，焊接时，相当数量的母材被熔化进入焊缝，使焊缝的含碳量增高，促使在焊缝中产生热裂纹，特别是当硫的杂质控制不严时，更易出现。这种裂纹在弧坑处更为敏感，而分布在焊缝中的热裂纹与焊缝的鱼鳞状波纹线相垂直，如图 11-2 所示。

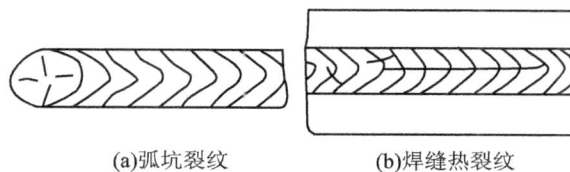

(a)弧坑裂纹　　　　　　　　　(b)焊缝热裂纹

图 11-2　中碳钢弧焊热裂纹

3)气孔。焊前烘干。另外，要求严格清理坡口。含碳量高，会增加对气孔的敏感性，因此对焊接材料要求其脱氧性好，烘干和坡口清理要求严格。

此外，中碳钢焊接接头的塑性韧性及疲劳强度不高。

11.3.2　中碳钢的焊接工艺

以下主要从焊接方法、预热情况、焊条的选用、坡口形式工艺参数的选择以及焊后热处理等几个方面分别介绍中碳钢的焊接工艺。

1. 焊接方法

中碳钢焊接性较差，一般用作机器部件，其焊接一般是修补性的，所以焊接中碳钢最合适的焊接方法是手工电弧焊。从焊接方法的特点上来讲，气焊可运用于焊接中碳钢的小型工件，一般厚度小于 3mm，用气体火焰进行焊前预热很方便，不需在炉中预热。当工件尺寸较大时，则不宜采用气焊，因为气焊的生产率低，预热慢，焊接质量也较差，最好采用其他的焊接方法。另外，埋弧焊也适合焊接具有一定淬硬倾向的中碳钢，并且对预热和后热要求不严格。因为埋弧焊的热输入大，熔敷速度快，加热面积大，冷却速度慢，因此淬硬倾向小。另外，如果埋弧焊焊剂经严格烘干、焊接区严格清理，则可获得含氢量很低的焊缝金属，这对焊接中碳钢是很有利的。

2. 预热

大多数中碳钢焊前应预热以降低冷却速度，控制近缝区马氏体的形成，降低淬硬倾向，以有效地防止冷裂纹的产生。此外，预热还可以改善接头的塑性，减少焊接残余应力。预热是焊接中碳钢的主要工艺措施，预热温度一般根据碳当量、接头厚度、结构刚性和焊条类型及焊接规范而定。例如，35 钢和 45 钢的预热温度为 $150\sim250℃$，含碳量再高或者因厚度和刚度很大，裂纹倾向大时，可将预热温度提高至 $250\sim400℃$。若焊件太大，整体预热有困难时，可进行局部预热，局部预热的加热范围为焊口两侧各 $150\sim200mm$。例如碳当量达到 $0.45\%\sim0.60\%$ 时，则建议预热温度为 $100\sim200℃$。

3. 焊条

中碳钢的焊接目前大都采用手工电弧焊。为提高焊接接头的抗裂性，应选用低氢型焊条。它们有一定脱硫能力，熔敷金属塑性和韧性良好。另外，扩散氢的量较少，有效抑制氢致裂纹，所以对热裂纹及氢致裂纹来说，采用低氢型焊条的焊接接头具有较高的抗裂性。如果要求焊缝与母材等强，则可以选用抗冷裂纹和热裂纹能力较强的碱性低氢型焊条，如 E5015，E5016 等。如不要求焊缝与母材等强，则可选强度较低的碱性低氢型焊条。如 E4316，E4315 等，这类焊条的塑性好，抗热裂纹和冷裂纹能力更强。对于一些不重要的结构件，也可选用非碱性低氢型焊条。个别情况下，也可采用钛钙型和钛铁矿型酸性焊条，但此时应采取严格的工艺措施，如焊前预热，减少熔合比（降低焊缝含碳量）等。

在工件不允许预热的特殊情况下，中碳钢焊接时可采用铬镍奥氏体不锈钢焊条，如 E0-19-10-16（奥 102），E0-19-10-15（奥 107），E1-23-13-16（奥 302），E1-23-13-15（奥 307）或奥 707（Cr17Mn13MoN 不锈钢）焊条等。奥氏体焊缝金属的塑性良好，可以减小焊接接头应力，即使焊件焊前不预热，也可避免热影响区产生冷裂纹。这类焊条，焊前不需预热，但应采用小电流，多层焊。但是，这类焊条成本高，一般不宜采用，条件许可时优先选用碱性焊条。

表 11-8 为中碳钢手弧焊接用焊条举例。

表 11-8　中碳钢手弧焊时焊条的选用

钢　号	母材含碳量/%	焊接性	母材力学性能(≥)					选用焊条型号	
			σ_s/(MPa)	σ_b/(MPa)	δ/%	ϕ/%	α_K/J	不要求等强	要求等强
35	0.32～0.40	一般	315	530	20	45	55	E4303，E4301	E5016，E5015
ZG270～500	0.31～0.40	一般	270	500	18	25	22	E4316，E4315	
45	0.42～0.50	较差	355	600	6	40	39	E4303，E4301 E4316，E4315 E5016，E5015	E5016，E5015
ZG310～570	0.41～0.50	较差	310	570	15	21	15		
55	0.52～0.60	很差	380	645	13	35	—	E4303，E4301 E4316，E4315 E5016，E5015	E5016，E5015
ZG340～340	0.51～0.60	很差	340	640	10	18	10		

4. 坡口形式

坡口的选择应本着保证焊接质量高，金属充填量少，便于操作，改善劳动条件，减少焊接应力与变形，以及利于质量检查等原则进行。对于厚度 $\delta < 3mm$ 的一般非重要结构及管子，无须要坡口。对于 $\delta < 16mm$ 的板或管结构，采用"V"形坡口。对于 $\delta < 16mm$ 限于单面焊的板、管结构采用双"V"形坡口；对于 $\delta < 16mm$ 可双面施焊的板、管结构采用"X"形坡口，对于要求焊件的变形及应力极小，且只允许单面施焊的板、管结构采用"U"形，"V/U"形坡口。

为减少热裂纹和消除气孔，采用"U"形坡口，也可用"V"形坡口，以降低母材熔化比。坡口附近的油、锈应去除干净。如果是铸件缺陷，铲挖出的坡口外形应圆滑，其目的是减少母材熔入焊缝金属中的比例，以降低焊缝中的含碳量，防止裂纹产生。

5. 焊接工艺参数

焊接中，尽量采用小线能量多层施焊。由于母材熔化到第一层焊缝金属中的比例最高达 30% 左右，所以第一层焊缝焊接时，应尽量采用小电流、慢焊接速度，以减小母材的熔深。另外，焊条金属应短线过渡，焊接速度适中，以在焊接中能保持稳定的椭圆熔池为宜。

6. 焊后热处理

焊后要注意保温缓冷，条件允许时应进行整件消除应力回火处理，消除应力的回火温度为 600～650℃。如不可能，则可在焊后将接头温度维持在比规定预热温度稍高一些的温度下后热保温，以便扩散氢逸出，以防止出现冷裂纹。后热温度不一定与预热温度相同，视具体情况而定，后热保温时间大约每 10mm 厚度为 1h 左右。特别是对于大厚度焊件、高刚性结构件以及严厉条件下（动载荷或冲击载荷）工作的焊件更应如此。

11.3.3 中碳钢的典型零件焊接

手工电弧焊焊接法兰长轴。法兰长轴的主要尺寸如图 11-3 所示，材料为 35 钢。

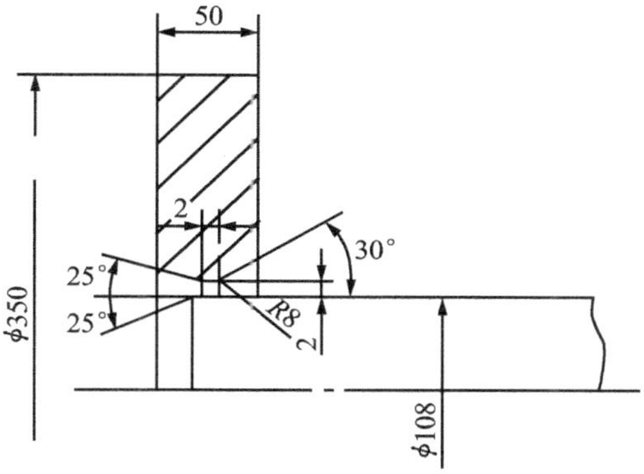

图 11-3　焊接法兰长轴示意图

施焊工艺如下所述。

（1）焊接材料的选用

被焊材料 35 钢为中碳钢，焊接性一般，裂纹倾向大。板厚 50mm，并且为法兰结构，在轴向及径向都有较大的拘束，焊条应具有较强的抗冷裂纹和热裂纹能力。另外，法兰为重要构件，一般采用等强度的要求来选用焊接材料，因此，选用 E5015 碱性低氢型焊条。底层采用 $\phi2.5$mm 焊条，第 2～3 层选用 $\phi3.2$mm 焊条，以后各层选用 $\phi4.0$mm 焊条，选择较大直径的焊条。

（2）焊接电源种类及极性的选择

碱性低氢型焊条必须采用直流焊接电源，而且要采用反极性连接。焊接电源的额定功率需满足焊接要求，直流弧焊电源的空载电压为 60～90V，但不能过高，要有较好的动特性和良好的陡降特性，以便有良好的引弧和稳弧性能。

（3）焊前准备

焊件水平放置，并垫置牢固，以免在焊接过程中变形；焊条使用前应进行烘干，烘干温度 350℃，烘干时间为 1～2h；仔细清理焊件坡口两侧 20mm 范围内的油污、铁锈等杂质；采用炉中加热的方式，预热至 150～200℃。

（4）焊接

对于要求的各项条件达到后，进行点固焊。点固焊的焊接工艺参数、焊接材料等条件与正式底层焊缝施工相同，点固焊缝的分布应在整个焊缝上均匀分布。

　　焊接中应采用小线能量、窄道、直线运条施焊，焊条金属应短路过渡，焊接速度适中。为了防止裂缝的产生，采用短段多层焊，逆向分段施焊法等。圆周焊缝分成 6 段或 4 段，分段跳焊以减小应力和变形，第一道焊缝焊速要缓慢，熄弧时要注意填满弧坑。焊接过程中，严格清理前一层的熔渣，并保持层间温度不低于预热温度。表层焊缝应过渡圆滑，不得出现咬边及熔坑。应连续一次完成单面的焊接。

　　(5)焊后处理

　　焊后缓冷，冷却速度应＜200℃/h，并进行去应力退火，去应力退火温度为 450～650℃。

11.4　高碳钢的焊接

11.4.1　高碳钢的焊接特点

　　高碳钢中碳的质量分数＞0.6%，焊接性很差，在实际中不用作焊接结构，一般用作工具钢和铸钢，用于要求高硬度和高耐磨性的部件、零件和工具，所以高碳钢的焊接大多为修复性焊接。其有如下特点。

　　1)由于高碳钢的含碳量很高，因此，焊接时比中碳钢更容易产生热裂纹。

　　2)高碳钢对淬火更加敏感，焊接时热影响区极易产生脆硬的高碳马氏体组织，所以淬硬倾向和冷裂纹倾向都很大。

　　3)高碳钢导热性比低碳钢差，在焊接高温下晶粒长大快，且碳化物容易在晶界上集聚、长大，使焊缝脆性增大，从而使接头冲击韧度降低；同时在接头中引起的内应力也较大，更容易促使裂纹的产生。

11.4.2　高碳钢的焊接工艺

1. 焊接工艺

　　为了获得高碳钢零件的高硬度和耐磨性，材料本身都需经过热处理，所以高碳钢焊前需退火处理，焊后再进行热处理，以达到高硬度和耐磨性的要求。高碳钢的焊接大多为修复性焊接，因此一般采用手工电弧焊的焊接工艺。焊件焊前应进行预热，预热温度一般为 250～350℃，焊接过程中必须保持层间温度不低于预热温度。焊后焊件必须保温缓冷，并立即送入炉中在 650℃进行消除应力热处理。

2. 焊接材料

　　焊接材料通常不用高碳钢，具体根据钢的含碳量、工件设计和使用条件等选择合适的焊接材料。由于高碳钢的抗拉强度大都在 675MPa 以上，要求强度高时，一般选用焊条型号为 E7015，E6015，对构件结构要求不高时可选用 E5016，E5015 焊条。所以焊接材料都应当是低氢型的。此外，亦可采用铬镍奥氏体钢焊条进行焊接，其牌号与中碳钢所用相同。可以不预热，也可焊时适当预热。

>>> 习 题

1. 碳钢焊接时，为什么含碳量越高冷裂纹的敏感性越大？

2. 焊接工艺方法及焊接材料的选定原则是什么？低碳钢的焊接方法及焊接材料如何选用？

2. 简述低碳钢的焊接工艺要点。

4. 简述中碳钢的焊接特点。

5. 为什么中碳钢和高碳钢焊前需预热处理？

6. 简述高碳钢的焊接特点。

第 12 章　合金钢的焊接

▶ 12.1　概述

在碳钢基础上加入一定量的合金元素即构成合金结构钢。合金结构钢具有优良的综合性能，应用范围涉及国民经济和国防建设的各个领域，是焊接结构中用量最大的一类工程材料。合金结构钢的主要特点是强度高，韧性、塑性和焊接性也较好，广泛用于压力容器、工程机械、石油化工、桥梁、船舶制造和其他钢结构，在经济建设和社会发展中发挥着重要的作用。

合金结构钢的应用领域很广，类型很多，所采用的合金系统也各不相同，因此，分类的方法也很多。从焊接生产中常用的一些合金结构钢来看，大致分为两大类：一类是强度用钢，主要是根据强度来选用，该类钢合金化的目的主要是为了提高强度，并保证足够的塑性和韧性；另一类是专用钢，主要是为了满足一些特殊使用性能的要求，如高温性能、低温性能和耐腐蚀性。

1. 强度用钢

强度用钢即通常所说的高强钢（屈服强度 $\sigma_s \geqslant 294$MPa 的强度用钢均可称为高强钢），主要应用于常规条件下能承受静载和动载的机械零件和工程结构，要求具有良好的力学性能。合金元素的加入是为了在保证足够的塑性和韧性的条件下获得不同的强度等级。合金结构钢可以分为非调质钢和经过"淬火＋回火"的调质钢。非调质钢又可分为热轧钢、正火钢和控轧钢等。

1）热轧钢、正火钢。屈服强度为 $294 \sim 490$MPa 的低合金高强钢，一般都在热轧或正火状态下使用，因此称为热轧钢或正火钢，属于非热处理强化钢。这类钢价格便宜，具有良好的综合力学性能和加工工艺性能，在世界各国都得到了广泛的应用。比如，16Mn，15MnVN，18MnMoNb。

2）低碳调质钢。这类钢的屈服强度一般为 $441 \sim 980$MPa，含碳量小于 0.25%，是一种热处理强化钢，一般在调质状态下供货使用。其特点是具有高的强度，而且兼有良好的塑性和韧性，可以在调质状态下进行焊接，焊后不需进行调质处理，必要时可采取消除应力处理。因此，这类钢在焊接结构中得到广泛的应用。常用低碳调质钢有14MnMoVN，14MnMoNbB，T-1，HT-80 等。

3）中碳调质钢。这类钢的含碳量较高，一般含碳量为 $0.25\% \sim 0.50\%$，并含有较多的合金元素，如 Mn，Si，Cr，Ni，Mo，W 及 B，V，Ti，Al 等，以保证钢的淬透性和防止回火脆性。这类钢在调质状态下具有良好的综合性能，屈服强度高达 $880 \sim 1176$MPa。这类钢通常要求在退火状态下进行焊接，然后再通过整体热处理达到所需的强度和硬度。主要应用于制造一些大型的机械零件和要求减轻自重的高强结构。常用的钢种有 35CrMo，40Cr，30CrMnSiA。

2. 专用钢

专用钢具有特殊的使用性能，主要用于一些特定条件下工作的机械零件和工程结构。根据对不同使用性能的要求，特殊用钢分为珠光体耐热钢、低温钢和合金耐蚀钢等。

1)珠光体耐热钢。以 Cr，Mo 为基础的低中合金钢，随着工作温度的提高，还可加入 V，W，Nb，B 等合金元素，具有较好的高温强度和高温抗氧化性，主要用于工作温度 500~600℃的高温设备，如热动力设备和化工设备等。

2)低温钢。大部分是一些含 Ni 或无 Ni 的低合金钢，一般在正火或调质状态使用，主要用于各种低温装置(—40~196℃)和在严寒地区的一些工程结构，如液化石油气、天然气的储存容器等。与普通低合金钢相比，低温钢必须保证在相应的低温下具有足够高的低温韧性，对强度无特殊要求。

3)合金耐蚀钢。除具有一般的力学性能外，必须具有耐腐蚀性能这一特殊要求。主要用于像大气、海水、石油化工等腐蚀介质中工作的各种机械设备和焊接结构。由于所处的介质不同，耐蚀钢的类型和成分也不同。耐蚀钢中应用最广泛的是耐大气和耐海水腐蚀用钢。

专用钢的焊接性及焊接特点与强度用钢不尽相同，而且比较复杂。以下章节主要就强度用钢进行分析。

▷ 12.2　合金结构钢的焊接性

合金结构钢含有一定量的合金元素及微合金化元素，其焊接性与碳钢有差别。合金结构钢焊接时，主要有焊接热影响区组织与性能的变化对焊接热输入较敏感，热影响区淬硬倾向增大，对氢致裂纹敏感性较大，含有碳、氮化合物形成元素的低合金高强度钢还存在再热裂纹的危险等。合金结构钢的焊接性主要取决于钢的化学成分。随着钢材强度级别的提高，钢中含碳量及合金元素增加，焊接性也会发生变化。合金结构钢焊接性通常表现为两方面的问题：一是焊接引起的各种冶金缺陷，对这类钢来说是各类裂纹问题；二是焊接时材料性能的变化，也就是接头的脆化问题。

1. 焊接接头的裂纹

(1)焊缝热裂纹

热裂纹是在焊接时高温下产生，又称高温裂纹，一般分为结晶裂纹、液化裂纹和多变化裂纹等三类。图 12-1 显示了结晶裂纹和热影响区液化裂纹的形态。结晶裂纹最为常见，焊缝结晶过程中，在固相线附近，由于凝固金属的收缩，残余液体金属不足，不能及时填充，在应力作用下发生沿晶开裂。而液化裂纹主要产生在近缝区或多层焊的层间部位，在焊接热循环峰值温度的作用下，该部分金属由于含有低熔共晶而被重新熔化，在拉伸应力的作用下沿晶界发生开裂，称之为液化裂纹。由此可见，热裂纹的产生跟接头中由低熔共晶所形成的液体薄膜以及所受的应力状态有关。在合金元素中，S 和 P 增加结晶温度区间，产生低熔共晶，使结晶过程中极易形成液态薄膜，因而显著增大裂纹倾向。而合金元素 Mn 具有脱 S 作用，并且 Mn 熔点高，早期结晶呈星球状分布，可提高接头的抗裂性。因此，为了减少热裂倾向，需严格控制 Mn/S。

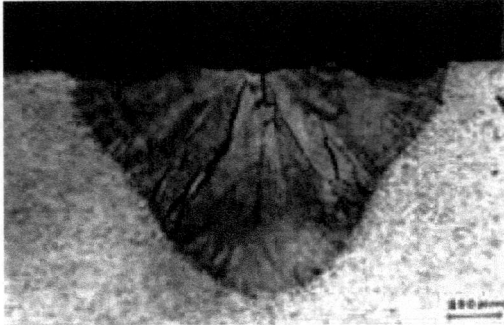

(a) 结晶裂纹

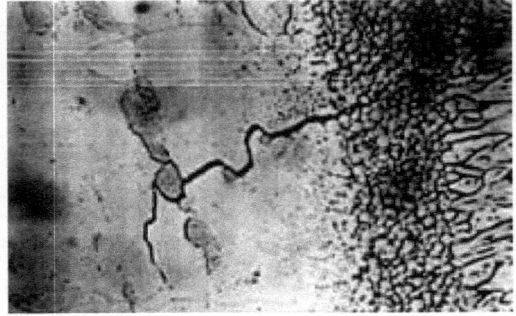

(b) 热影响区液化裂纹

图 12-1 热裂纹的形态

与碳钢相比,合金结构钢的含碳量及硫的含量较低,而锰的含量却较高,Mn/S 比能达到要求,具有较好的抗热裂性能,热裂纹倾向较小。

热轧及正火钢焊接过程中的热裂纹倾向较小,正常情况下焊缝中不会出现热裂纹。但有时也会在焊缝中出现热裂纹,如厚壁压力容器焊接生产中,在多层多道埋弧焊焊缝的根部、焊道或靠近坡口边缘等高稀释率焊道中易出现焊缝金属热裂纹;电渣焊时,如母材含碳量偏高并含 Nb 时,电渣焊焊缝可能出现八字形分布的热裂纹。另外,焊接热裂纹也常常在低碳的控轧控冷管线钢根部焊缝中出现,这种热裂纹产生的原因与根部焊缝基材的稀释率大及焊接速度较快有关。采用 Mn/S 比较高的焊接材料,减小焊接热输入,减少母材在焊缝中的熔合比,增大焊缝成形系数(即焊缝宽度与高度之比),有利于防止焊缝金属的热裂纹。

低碳调质钢碳含量较低,Mn 含量和 Mn/S 比较高,而且对 S,P 的控制也较严格,因此热裂纹倾向较小。对于高镍低锰的低碳调质钢,当含碳量较高,Mn/S 比较低,Ni 含量又较高时,可能会产生近缝区的液化裂纹。液化裂纹的产生主要和 Mn/S 比有关。碳含量越高,要求的 Mn/S 比也越高。当碳含量不超过 0.2%,Mn/S 比大于 30 时,液化裂纹敏感性较小;Mn/S 比超过 50 后,液化裂纹的敏感性很低。此外,Ni 对液化裂纹的产生起着明显的有害作用。

中碳调质钢含碳量及合金元素含量较高,焊缝凝固结晶时,固-液相温度区间大,结晶偏析倾向严重,焊接时易产生结晶裂纹,具有一定的热裂纹敏感性。

(2)冷裂纹

焊接冷裂纹,通常指氢致裂纹或延迟裂纹,它是危害最为严重的工艺缺陷,它常常是焊接结构失效破坏的主要原因。焊缝和热影响区均可出现冷裂纹,根据裂纹出现的位置不同又可分为焊道下裂纹、焊趾裂纹、焊根裂纹,如图 12-2 所示。冷裂纹产生的原因是钢种的淬硬倾向大、焊接接头的含氢量高以及结构的焊接应力大。

强度级别较低的热轧钢,由于其合金元素含量少,钢的淬硬倾向比低碳钢稍大。如 Q345 钢、15MnV 钢焊接时,快速冷却可能出现淬硬的马氏体组织,冷裂倾向增大。但由于热轧钢的碳当量比较低,通常冷裂倾向不大。但在环境温度很低或钢板厚度大时,应采取措施防止冷裂纹的产生。正火钢合金元素含量较高,焊接热影响区的淬硬

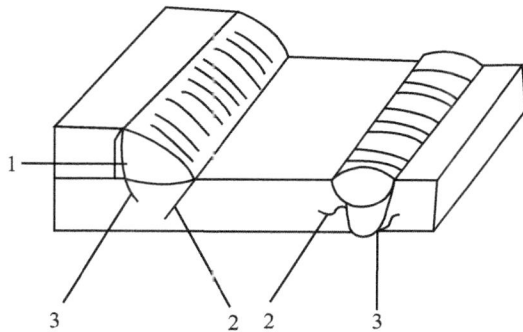

图 12-2   冷裂纹出现部位及名称
1—焊道下裂纹；2—焊趾裂纹；3—焊根裂纹

倾向有所增加。对强度级别及碳当量较低的正火钢，冷裂倾向不大。但随着强度级别及板厚的增加，其淬硬性及冷裂倾向都随之增大，需要采取控制焊接热输入、降低含氢量、预热和及时后热等措施，以防止冷裂纹的产生。

低碳调质钢的合金化原则是在低碳基础上通过加入多种提高淬透性的合金元素，来保证获得强度高、韧性好的低碳"自回火"马氏体和部分下贝氏体的混合组织。这类钢由于淬硬性大，在焊接热影响区粗晶区有产生冷裂纹的倾向。但实际上由于这类钢的特点是马氏体中的碳含量很低，所以它的开始转变温度 M_s 点较高。如果在该温度下冷却较慢，生成的马氏体来得及进行一次"自回火"处理，因而实际冷裂纹倾向并不大。也就是说，在马氏体形成后，如果能从工艺上提供一个"自回火"处理的条件，即保证马氏体转变时的冷却速度较慢，即可得到强度和韧性都较高的回火马氏体和回火贝氏体，焊接冷裂纹是可以避免的。

中碳调质钢的淬硬倾向十分明显，焊接热影响区容易出现硬脆的马氏体组织，增大了焊接接头区的冷裂纹倾向。母材含碳量越高，淬硬性越大，焊接冷裂纹倾向也越大。中碳调质钢对冷裂纹的敏感性之所以比低碳调质钢大，除了淬硬倾向大外，还由于 M_s 点较低，在低温下形成的马氏体难以产生"自回火"效应。由于马氏体中的碳含量较高，有很大的过饱和度，点阵畸变更严重，因而硬度和脆性更大，冷裂纹敏感性也更突出。

（3）再热裂纹

焊接接头中的再热裂纹亦称消除应力裂纹，出现在焊后消除应力热处理过程中。再热裂纹属于沿晶断裂，一般都出现在热影响区的粗晶区，如图 12-3 所示。有时也在焊缝金属中出现。其产生与杂质元素 P，Sn，Sb，As 在初生奥氏体晶界的偏聚导致的晶界脆化有关，也与 V，Nb 等元素的化合物强化晶内有关。

热轧钢中由于不含强碳化物形成元素（Cr，Mo，Nb，V，Ti），因此对再热裂纹不敏感。钢中的 Cr，Mo 元素及含量对再热裂纹的产生影响很大。因此，Mn-Mo-Nb 和 Mn-Mo-V 系正火钢对再热裂纹的产生有一定的敏感性。正火钢中的 18MnMoNb 和 14MnMoV 有轻微的再热裂纹倾向。

在低碳调质钢和中碳调质钢的合金系中，为了提高淬透性和抗回火性，加入了 Cr，Mo，V，Nb，Ti，B 等元素，这些元素都是能引起再热裂纹的元素。因此再热裂纹比

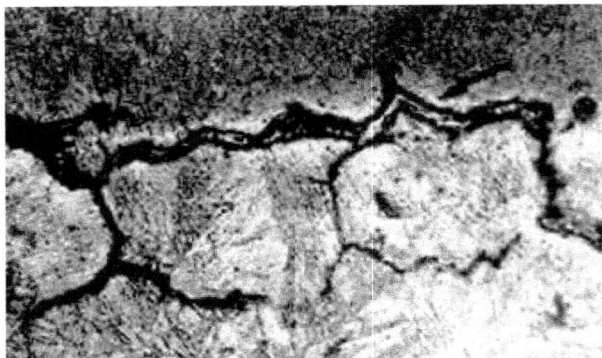

图 12-3　热影响区中的再热裂纹

较敏感。

(4)层状撕裂

大型厚板焊接结构，如海洋工程、核反应堆及船舶等，焊接时，如果在钢材厚度方向承受较大的拉伸应力时，可能沿钢材轧制方向发生呈明显阶梯状的层状撕裂。层状撕裂的产生不受钢材种类和强度级别的限制，从 Z 向拘束力考虑，层状撕裂与板厚有关，板厚在 16mm 以下一般不容易产生层状撕裂。从钢材本质来说，主要取决于冶炼条件，钢中的片状硫化物与层状硅酸盐或大量成片地密集于同一平面内的氧化物夹杂都能使 Z 向塑性降低，导致层状撕裂的产生，其中层片状硫化物的影响最为严重。因此，硫含量和 Z 向断面收缩率是评定钢材层状撕裂敏感性的主要指标。

调质钢的纯净度一般都比较高，夹杂物含量少，对层状撕裂不敏感。

2. 热影响区脆化

(1)过热区脆化

过热区是指熔合线附近加热到 1 200℃以上直到熔点以下的区域，这个区域温度很高，接近熔点，发生了奥氏体晶粒的显著长大和一些难熔质点的熔入等过程，因而出现脆化现象。过热区脆化的原因是晶粒长大造成的粗晶脆化及组织脆化，粗大魏氏体组织或马氏体组织等降低韧性，可导致脆化。

对于热轧钢含碳量低时，即使生成了马氏体等组织也是性能较好的低碳马氏体，不会出现组织脆化。因此主要是粗晶脆化。当含碳量偏高时，如果焊接线能量较小，冷却速度快，过热区中高碳马氏体组织所占的比例增大，主要是组织脆化。而正火钢过热区脆化主要是晶粒长大造成的粗晶脆化及沉淀相过饱和脆化。由于正火钢的合金化原理是通过固溶强化和弥散强化来获得满意的强度和韧性。由于过热区温度很高，钢中原来起弥散强化作用的化合物，比如 TiN 或 TiC 会溶于固溶体，冷却时由于钛的扩散能力很低，来不及析出就会保留在铁素体中，使铁素体的硬度显著提高而降低了钢的冲击韧性。钢中含钛量越高，焊接线能量越大，过热区脆化倾向越大。

低碳调质钢过热区脆化的原因除了奥氏体晶粒粗化外，更主要的是由于上贝氏体和 M-A 组元的形成。M-A 组元一般在中等冷速下形成，是奥氏体中碳浓化的结果。一旦出现 M-A 组元，脆性倾向显著增加。M-A 组元一般只在一定的冷却速度时形成，因此调整工艺参数可以控制热影响区 M-A 组元的产生。控制焊接线能量和采用多层多道焊工艺，使低碳调质钢热影响区避免出现高硬度的马氏体或 M-A 组元，可改善抗脆能力，对提高热影响区冲击韧性有利。

中碳调质钢由于碳含量较高，合金元素较多，有相当大的淬硬倾向，马氏体转变温度(M_s)低，一般低于 400℃，无"自回火"过程，因而在焊接热影响区容易产生大量脆硬的马氏体组织，尤其是高碳、粗大的马氏体，导致热影响区脆化。生成的高碳马氏体越多，脆化越严重。

（2）热应变脆化

热应变脆化是指焊接过程中在热和应变共同作用下所产生的脆化。在自由氮含量较高的 C-Mn 系低合金钢中，焊接接头熔合区及最高加热温度低于 A_{c1} 的亚临界热影响区，常常有热应变脆化现象。当焊前已经存在缺口时，会使热应变脆化更为严重。在钢中加入足够量的氮化物形成元素（如 Al，Ti，V 等），可以降低热应变脆化倾向，如 15MnVN 比 16Mn 的热应变脆化倾向小。退火处理可大幅度的恢复韧性，热应变脆化倾向明显减小。

（3）热影响区软化

低碳调质钢热影响区中，峰值温度在母材回火温度至 A_{c1} 温度区间的区域，会出现软化现象，强度及硬度都降低。热影响区峰值温度 T_p 直接影响奥氏体晶粒度、碳化物溶解以及冷却时的组织转变。低碳调质钢热影响区软化最明显的部位是峰值温度接近 A_{c1} 的区域，这与该区域碳化物的沉淀和聚集长大有关。从强度考虑，热影响区软化区是焊接接头中的一个薄弱环节，对焊后不再进行调质处理的调质钢来说尤其重要。焊前母材强化程度越高，焊后热影响区的软化越严重，中碳调质钢的软化问题突出。

▶ 12.3 合金结构钢的焊接工艺

12.3.1 焊接材料的选择

选择焊接材料时必须考虑两个原则：一是不能产生有裂纹等焊接缺陷焊缝组织；二是能满足使用性能要求，保证焊缝金属的强度、塑性和韧性等力学性能与母材相匹配。具体选择方法如下。

（1）根据产品对焊缝性能要求选择焊接材料

热轧及正火钢焊接一般是根据其强度级别选择焊接材料，要求焊缝的强度性能与母材等强或稍低于母材，焊缝中的碳含量不应超过 0.14%，焊缝中其他合金元素也要求低于母材中的含量。调质钢焊后一般不再进行热处理，在选择焊接材料时，要求焊缝金属在焊态下应接近母材的力学性能，可以采用塑韧性较好的奥氏体焊条或镍基焊条，使焊态下的焊缝具有与母材相近的性能。特殊条件下，如结构的刚度很大，冷裂纹很难避免时，应选择比母材强度稍低一些的材料作为填充金属。

考虑其他特殊要求，还应保证焊缝金属具有相应的低温、高温及耐蚀等特殊性能。比如焊接含铜的 16MnCu 钢时，要求焊缝与母材具有相同的耐腐蚀性能，则选用含铜的焊条。

（2）选择焊接材料时，还要考虑工艺条件的影响

采用同一焊接材料焊同一钢种时，如果坡口或接头形式不同，则焊缝性能各异。如用 HJ431 焊剂进行 Q345 钢不开坡口直边对接埋弧焊时，由于母材溶入焊缝金属较

多，此时采用合金成分较低的 H08A 焊丝配合 HJ431，即可满足焊缝力学性能要求；但如焊接 Q345 钢厚板开坡口对接接头时，如仍用 H08A-HJ431 组合，则因母材熔合比小，而使焊缝强度偏低，此时应采用合金成分较高的 H08MnA，H10Mn2 等焊丝与 HJ431 组合。角接接头焊接时冷却速度要大于对接接头，因此 Q345 钢角接时，应采用合金成分较低的 H08A 焊丝与 HJ431 焊剂组合，以获得综合力学性能较好的焊缝金属；如采用合金成分偏高的 H08MnA 或 H10Mn2 焊丝，则该角焊缝的塑性偏低。

考虑焊后热处理对焊缝力学性能的影响。当焊缝强度余量不大时，焊后热处理，如消除应力退火后焊缝强度有可能低于要求。因此，对于焊后要进行正火处理的焊缝，应选择强度高一些的焊接材料。

（3）对于厚板、拘束度大及冷裂倾向大的焊接结构应选用超低氢焊接材料

采用低氢焊接材料焊接，可提高接头的抗裂性能，降低预热温度。例如，厚板、拘束度大焊件，第一层打底焊缝容易产生裂纹，此时可选强度稍低、塑性、韧性良好的低氢或超低氢焊接材料。对于重要的焊接产品如海上采油平台、压力容器及船舶等，为确保产品使用的安全性，焊缝应具有优良的低温冲击韧性和断裂韧度，应选用高韧性材料，如高碱度焊剂、高韧性焊丝、焊条、高纯度的保护气体并采 Ar＋CO_2 混合气体保护焊等。

（4）焊接材料的选择还应考虑焊接生产效率以及焊工的工作环境等

为提高生产率可选用高效铁粉焊条、重力焊条、高熔敷率的药芯焊丝及高速焊剂等。在通风不良的产品中焊接时，宜采用低尘低毒焊条。

因此，热轧及正火钢焊接材料优先选用高韧性焊材，配以正确的焊接工艺以保证焊缝金属和热影响区具有优良的冲击韧性。对于低合金高强度钢，氢致裂纹敏感性较强，选择焊接材料时应优先采用低氢焊条和碱度适中的焊剂，并且焊条、焊剂使用前应按制造厂或工艺规程规定进行烘干。

12.3.2　焊接方法的选择

热轧及正火钢焊接对焊接方法的选择无特殊要求。手工电弧焊、埋弧自动焊、气体保护焊、电渣焊、压焊等焊接方法都可以采用。可根据材料厚度、产品结构、使用性能要求及生产条件等选择，其中手工电弧焊、埋弧自动焊、CO_2 气体保护焊是热轧及正火钢常用的焊接方法。

低碳调质钢焊接时，为了尽量减轻焊接热作用对热影响区强度和韧性的影响，应限制焊接过程中热量对母材的作用，要求马氏体转变时的冷却速度不能太快，使马氏体有"自回火"作用，以免冷裂纹的产生，同时，在 800～500℃ 之间的冷却速度大于产生脆性混合组织的临界速度。因此，具体选用何种焊接方法取决于所焊产品的结构、板厚及生产条件等。其中手工电弧焊、埋弧焊、实心焊丝及药芯焊丝气体保护电弧焊是常用的焊接方法。如果采用多丝埋弧焊和电渣焊等热量输入大、冷却速度低的焊接方法时，焊后必须重新进行调质处理。

中碳调质钢的淬透性很大，因此焊接性较差，焊后的淬火组织是硬脆的高碳马氏体，不仅冷裂纹敏感性大，而且焊后若不经热处理时，热影响区性能达不到原来基体金属的性能。中碳调质钢焊前母材所处的状态非常重要，它决定了焊接时出现的问题性质和采取的工艺措施，而且对焊接工艺的要求非常严格。在退火态下焊接，对焊接

方法几乎没有限制。但是在调质状态下焊接，为了减少热影响区的软化，应该是采用热量越集中、能量密度越大的方法越有利，而且焊接线能量越小越好。因此，气焊在这种情况下是根本不合适的，气体保护焊比较好，如钨极氩弧焊，它的热量比较容易控制，焊接质量容易保证。当然，激光焊、等离子弧焊也是不错的选择。

12.3.3　焊前准备

焊前准备的主要任务是预热。预热可以控制焊接冷却速度，减少或避免热影响区中淬硬马氏体的产生，降低热影响区硬度，同时预热还可以降低焊接应力，并有助于氢从焊接接头的逸出。但预热常常恶化劳动条件，使生产工艺复杂化，不合理的、过高的预热和焊道间温度还会损害焊接接头的性能。因此，焊前是否需要预热及合理的预热温度，都需要认真考虑或通过试验确定。

预热温度的确定取决于钢材的成分（碳当量）、板厚、焊件结构形状和拘束度、环境温度以及所采用的焊接材料的含量等。随着钢材碳当量、板厚、结构拘束度、焊接材料的含氢量的增加和环境温度的降低，焊前预热温度要相应提高。对于厚板多道多层焊，为了促进焊接区氢的逸出，防止焊接过程中氢致裂纹的产生，应控制焊道间温度不低于预热温度和进行必要的中间消氢热处理。但也要避免层间温度过高引起的不利影响，如韧性下降等。

工程中必须结合具体情况经试验后才能确定，推荐的一些预热温度只能作为参考。对于最常用的 16Mn，板厚大于 30mm 时需要预热到 $100\sim150℃$，见表 12-1 所示。

表 12-1　不同环境温度下焊接 16Mn 钢的预热温度

板厚/mm	预热温度
16 以下	不低于 $-10℃$ 不预热，$-10℃$ 以下预热 $100\sim150℃$
$16\sim24$	不低于 $-5℃$ 不预热，$-5℃$ 以下预热 $100\sim150℃$
$25\sim40$	不低于 $0℃$ 不预热，$0℃$ 以下预热 $100\sim150℃$
40 以上	均预热 $100\sim150℃$

当低碳调质钢板厚不大，接头拘束度较小时，可以采用不预热焊接工艺。如焊接板厚小于 10mm 的 HQ60，HQ70 钢，采用低氢型焊条手工电弧焊、CO_2 气体保护焊或 $Ar+CO_2$ 混合气体保护焊，可以进行不预热焊接。但是，焊接厚板，焊接线能量提高到最大允许值仍不能避免裂纹产生，此时，就必须采取预热措施。对低碳调质钢来说，预热的目的主要希望能降低马氏体转变时的冷却速度，通过马氏体的"自回火"作用来提高抗裂性能。预热对于改善热影响区的组织性能影响不大。相反，当预热温度过高时，不仅对防止冷裂没有必要，反而会使 $800\sim500℃$ 的冷却速度低于出现脆性混合组织的临界冷却速度，使热影响区韧性下降。因此在焊接低碳调质钢时都采用较低的预热温度（$T_0\leqslant200℃$）。

中碳调质钢在退火状态下焊接时，采用很高的预热温度（T_0 为 $200\sim350℃$），以保证在调质处理之前不出现裂纹。

12.3.4 焊接工艺参数的选择

焊接工艺参数的选择依据是焊接线能量。焊接线能量取决于接头区是否出现冷裂纹和热影响区脆化。根据焊接性分析，各类钢的脆化倾向和冷裂倾向是不同的，因此对线能量的要求也不同。各种合金结构钢焊接时应根据其自身的焊接性特点，结合具体的结构形式及板厚，选择合适的焊接热输入。

与正火钢相比，热轧钢可以适应较大的焊接热输入。含碳量较低的热轧钢（09Mn2，09MnNb 等）以及含碳量偏下限的 16Mn 钢焊接时，焊接热输入没有严格的限制。因为这些钢焊接热影响区的脆化及冷裂纹倾向较小。但是，当焊接含碳量偏上限的 16Mn 钢时，为降低淬硬倾向，防止冷裂纹的产生，焊接热输入应偏大一些。碳及合金元素含量较高、屈服强度为 490MPa 的正火钢焊接时，如 18MnMoNb 等，选择热输入时既要考虑钢种的淬硬倾向，同时也要兼顾热影响区粗晶区的过热倾向。一般为了确保热影响区的韧性，应选择较小的热输入。

低碳调质钢焊接线能量的确定主要以抗裂性和对热影响区韧性要求为依据。从防止冷裂纹出发，要求冷却速度慢为佳，但对防止脆化来说，却要求冷却快较好，因此应兼顾两者的冷却速度范围。这个范围的上限取决于不产生冷裂纹，下限取决于热影响区不出现脆化的混合组织。因此，所选的焊接线能量应保证热影响区、过热区的冷却速度刚好在该区域内。

12.3.5 焊后热处理

热轧及正火钢一般焊后不进行热处理。对要求抗应力腐蚀及低温下使用的焊接结构和厚板结构等，焊后需进行消除应力的高温回火。焊后回火温度的确定原则是，不要超过母材原来的回火温度，以免影响母材本身的性能；对于有回火脆性的材料，要避开出现回火脆性的温度区间。例如，对含 V 或 V＋Mo 的低合金钢，回火时应提高冷却速度，避免在 600℃ 左右的温度区间停留较长时间，以免因 V 的二次碳化物析出而造成脆化；15MnVN 的消除应力热处理的温度为 (550±25)℃。另外，还应根据使用要求来考虑是否需要焊后热处理。如某些焊成的部件在热校和热整形后也需要正火处理等，正火温度应控制在钢材 A_{c3} 点以上 30~50℃，过高的正火温度会导致晶粒长大，保温时间按 1~2min/mm 计算。厚壁受压部件经正火处理后产生较高的内应力，正火后应作回火处理。

低碳调质钢焊接结构一般是在焊态下使用，正常情况下不进行焊后热处理。除非焊后接头区强度和韧性过低、焊接结构受力大或承受应力腐蚀以及焊后需要进行高精度加工以保证结构尺寸等，才进行焊后热处理。为了保证材料的强度性能，焊后热处理温度必须比母材原调质处理的回火温度低 30℃ 左右。

中碳调质钢的淬透性很大，因此焊接性较差，焊后的淬火组织是硬脆的高碳马氏体，不仅冷裂纹敏感性大，而且焊后若不经热处理时，热影响区性能达不到原来基体金属的性能。在焊后调质的情况下，接头性能由焊后热处理来保证。另外，在很多情况下焊后往往来不及立即进行调质处理，为了保证焊接接头冷却到室温后在调质处理前不致产生延迟裂纹，还须在焊后及时进行一次中间热处理。即在焊缝处的金属冷到 250℃ 之前，须立即入炉加热到 (650±10)℃ 或 680℃ 回火。这种热处理一般是在焊后等于或高于预热温度下保持一段时间，目的是为了从两方面来防止延迟裂纹：一是起到扩散除氢的作用；二是使组织转变为对冷裂纹敏感性低的组织。中间回火的次数，要根据焊缝的多少和产品结构的复杂程度来决定。调质状态下焊接时，焊后应及时进行回火处理。

12.3.6　应用实例

表 12-2 列出五种常用的热轧及正火钢焊接工艺特点。焊前预热温度取决于焊件厚度和现场温度。

表 12-3 列出低碳调质钢 HQ100 的焊接工艺参数。

表 12-2　五种常用强度用钢焊接工艺特点

钢号	09Mn2	16Mn	15MnV		15MnVN	14MnMoV
碳当量值	0.36	0.39	0.40		0.43	0.50
屈服点 σ_s/(MPa)	294	343	392		441	491
抗拉强度 σ_b/(MPa)	≈420	≈490	≈540		≈590	≈690
预热温度/℃	不预热（板厚 h≤16mm）	100～150（h≥30mm）	100～150（h≥28mm）		100～150（h≥25mm）	≥200
焊条型号	E4303 E4315	E5003 E5015 E5016	E5003 E5015 E5016 E5515		E5515 E6015	E6015
埋弧焊焊丝	H08A H08MnA	H08A（不开坡口）H08MnA（不开坡口）H10Mn2（开坡口）	H08MnA（不开坡口）H08Mn2SiA H10Mn2（中板开坡口）	H08MnMoA（厚板开深坡口）	H08MnMoA H04MnVTiA	H08Mn2MoA
埋弧焊焊剂	HJ431	HJ431	HJ431	HJ350 HJ250	HJ431 HJ350	HJ350
CO₂焊焊丝		H08Mn2S，H08Mn2SiA				H06Mn2SiMoA
焊后热处理规范	电弧焊、电渣焊：不热处理	电弧焊：600～650℃回火 电渣焊：900～930℃正火 600～650℃回火	电弧焊：550℃或600℃回火 电渣焊：950～980℃正火 550℃或600℃回火		电弧焊：550℃或600℃回火 电渣焊：950℃正火 650℃回火	电弧焊：550℃或600℃回火 电渣焊：950～980℃正火 550℃或600℃回火

表 12-3　HQ100 钢的焊接工艺参数

焊接方法	焊接材料	预热及层间温度/℃	焊接电流/A	焊接电压/V	焊接速度/cm·s^{-1}	焊接线能量/kJ·cm^{-1}
手弧焊	E10015(ϕ4)400℃×1h	100～130	170～180	24～26	0.27～0.28	15～17
气体焊	GHQ-100 焊丝(ϕ1.2) 80%Ar+20%CO$_2$	100～130	300	30	0.45～0.90	10～20

12.4　不锈钢的焊接

不锈钢是指主加元素铬含量能使钢处于钝化状态，又具有不锈钢特性的钢。随着科学技术的进步，不锈钢的应用范围越来越广，被广泛应用在石油化工、电力、轻工机械、食品工业、医疗器械、纺织机械、建筑装饰等工业领域。不锈钢焊接有其特殊性，近年来越来越受到人们的重视。

12.4.1　不锈钢的分类

耐蚀和耐热高合金钢统称为不锈钢。不锈钢含有 Cr($\geqslant$12%)，Ni，Mn，Mo 等元素，具有良好的耐腐蚀性、耐热性能和较好力学性能。

不锈钢的类型较多，主要按化学成分、组织类型和用途三种方法分类。

1. 按化学成分分类

1）铬不锈钢——其 w(Cr)$\geqslant$12%，如 Cr13，Cr17 等；

2）铬镍不锈钢——在铬不锈钢中加入 Ni，以提高耐腐蚀性、焊接性和冷变形性，如 1Cr18Ni9Ti，1Cr18Ni12Mo3Ti 等；

3）铬锰氮不锈钢——含有 Cr，Mn，N 元素，不含 Ni，如 Cr17Mn13Mo2N 等。

2. 按组织分类

1）奥氏体钢——应用最广，以高 Cr-Ni 钢最为典型。主要分为 18-8 系列和 25-20 系列两大类。其中 18-8 系列主要有：0Cr19Ni9，1Cr18Ni9Ti，1Cr18Mn8Ni5N，0Cr18Ni12Mo2Cu 等，而 25-20 系列有 2Cr25Ni20Si2，4Cr25Ni20 和 00Cr25Ni22Mo2 等。该两类不锈钢的供货状态多为固溶处理态。此外，还包括沉淀硬化钢，如 0Cr17Ni4CuNb(简称 17-4PH)和 0Cr17Ni7Al(简称 17-7PH)。表 12-4 列出了常用奥氏体不锈钢的牌号及化学成分。

2）铁素体钢——含 Cr17%～30%，主要用作耐热钢，也用作耐蚀钢，如 1Cr17，1Cr25Si2 及 00Cr30Mo2 高纯铁素体钢。铁素体钢多以退火状态供货。铁素体不锈钢的应用也较广泛，主要用于腐蚀环境不十分苛刻的场合。随着真空和保护气精炼技术的发展，已经生产出间隙元素(C+N)含量极低、焊接性良好的超纯高铬铁素体不锈钢并得到日益广泛的应用。

3）马氏体钢——以 Cr13 系列最为典型，如 1Cr13，2Cr13，3Cr13，4Cr13 及 1Cr17Ni12。以 Cr12 为基的 1Cr12MoWV 多元合金马氏体钢，用作热强钢。热处理对马氏体钢力学性能影响很大，须根据要求规定供货状态，或者是退火状态，或者是淬火回火状态。

表 12-4　奥氏体不锈钢的牌号及化学成分

牌　号	化学成分/%											
	C	Si	Mn	S	P	Cr	Ni	Ti	Nb	Mo	Cu	N
00Cr17Ni13Mo2N	≤0.03	≤1.00	≤2.50	≤0.03	≤0.035	16.5~18.5	10.5~14.5	—	—	2.00~3.00	—	0.12~0.22
00Cr17Ni14Mo2	≤0.03	≤1.00	≤2.00	≤0.03	≤0.035	16.0~18.0	12.0~15.0	—	—	2.0~3.0	—	—
00Cr18Ni10N	≤0.03	≤1.00	≤2.00	≤0.03	≤0.035	17.0~19.0	8.50~11.50	—	—	—	—	0.12~0.22
00Cr18Ni12Mo2Cu2	≤0.03	≤1.00	≤2.00	≤0.03	≤0.035	17.0~19.0	12.0~16.0	—	—	1.2~2.75	1.0~2.5	—
00Cr19Ni13Mo3	≤0.03	≤1.00	≤2.00	≤0.03	≤0.035	18.0~20.0	11.0~15.0	—	—	3.0~4.0	—	—
0Cr17Ni12Mo2	≤0.08	≤1.00	≤2.00	≤0.03	≤0.035	16.0~18.0	10.0~14.0	—	—	2.0~3.0	—	—
0Cr17Ni12Mo2N	≤0.08	≤1.00	≤2.50	≤0.03	≤0.035	16.0~18.0	10.0~14.0	—	—	2.0~3.0	—	0.10~0.22
0Cr18Ni9	≤0.07	≤1.00	≤2.00	≤0.03	≤0.035	17.0~19.0	8.0~11.0	—	—	—	—	—
0Cr18Ni12Mo2Ti	≤0.08	≤1.00	≤2.00	≤0.03	≤0.035	16.0~19.0	11.0~14.0	$5\times(C\%-0.02)\sim0.8$	—	1.80~2.5	—	—
0Cr18Ni12Mo3Ti	≤0.08	≤1.00	≤2.50	≤0.03	≤0.035	16.0~19.0	11.0~14.0	$5\times C\%\sim0.7$	—	3.0~4.0	—	—
0Cr18Ni16Mo5	≤0.04	≤1.00	≤2.50	≤0.03	≤0.035	16.0~19.0	15.0~17.0	—	—	4.0~6.0	—	—
0Cr18Ni12Mo2Cu2	≤0.08	≤1.00	≤2.00	≤0.03	≤0.035	17.0~19.0	10.0~14.0	—	—	1.2~2.75	1.0~2.5	—
0Cr18Ni13Si4	≤0.08	3.0~5.0	≤2.00	≤0.03	≤0.035	15.0~20.0	11.5~15.0	—	—	—	—	—
0Cr18Ni10Ti	≤0.08	≤1.00	≤2.00	≤0.03	≤0.035	17.0~19.0	9.0~12.0	$\geq5\times C\%$	—	—	—	—
0Cr18Ni11Nb	≤0.08	≤1.00	≤2.00	≤0.03	≤0.035	17.0~19.0	9.0~13.0	—	$\geq10\times C\%$	—	—	—
0Cr19Ni9N	≤0.08	≤1.00	≤2.50	≤0.03	≤0.035	18.0~20.0	7.0~10.50	—	—	—	—	0.10~0.25
0Cr19Ni10NbN	≤0.08	≤1.00	≤2.50	≤0.03	≤0.035	18.0~20.0	7.50~10.50	—	≤0.15	—	—	0.15~0.30
0Cr19Ni13Mo3	≤0.08	≤1.00	≤2.00	≤0.03	≤0.035	18.0~20.0	11.0~15.0	—	—	3.0~4.0	—	—
0Cr23Ni13	≤0.08	≤1.00	≤2.00	≤0.03	≤0.035	22.0~24.0	12.0~15.0	—	—	—	—	—

续表

牌　号	化学成分/%												
	C	Si	Mn	S	P	Cr	Ni	Ti	Nb	Mo	Cu	N
0Cr25Ni20	≤0.08	≤1.50	≤2.00	≤0.03	≤0.035	24.0～26.0	19.0～22.0	—	—	—	—	—
1Cr18Ni12	≤0.12	≤1.00	≤2.00	≤0.03	≤0.035	17.0～19.0	10.5～13.0	—	—	—	—	—
1Cr18Ni9	≤0.15	≤1.00	≤2.00	≤0.03	≤0.035	17.0～19.0	8.0～10.0	—	—	—	—	—
1Cr18Ni9Si3	≤0.15	2.0～3.0	≤2.00	≤0.03	≤0.035	17.0～19.0	8.0～10.0	—	—	—	—	—
1Cr18Ni9Ti	≤0.12	≤1.00	≤2.00	≤0.03	≤0.035	17.0～19.0	8.0～11.0	5×(C%－0.02)～0.8	—	—	—	—
1Cr18Ni12Mo2Ti	≤0.12	≤1.00	≤2.00	≤0.03	≤0.035	16.0～19.0	11.0～14.0	5×(C%－0.02)～0.8	—	1.8～2.5	—	—
1Cr18Ni12Mo3Ti	≤0.12	≤1.00	≤2.00	≤0.03	≤0.035	16.0～19.0	11.0～14.0	5×(C%－0.02)～0.8	—	2.5～3.5	—	—
1Cr17Mn6Ni5N	≤0.15	≤1.00	5.50～7.50	≤0.03	≤0.06	16.0～18.0	3.50～5.50		—	—	—	≤0.25
1Cr18Mn8Ni5N	≤0.15	≤1.00	7.50～10.0	≤0.03	≤0.063	17.0～19.0	4.00～6.00		—	—	—	≤0.25

4）铁素体-奥氏体双相不锈钢——钢中 δ 铁素体占 $60\% \sim 40\%$，奥氏体占 $40\% \sim 60\%$，这类钢具有优异的抗腐蚀性能。最典型的有 18-5 型、22-5 型、25-5 型，如 00Cr18Ni5Mo3Si2，00Cr22Ni5Mo3N，0Cr25Ni7Mo4WCuN。与 18-8 钢相比，主要特点是提高 Cr 而降低 Ni，同时添加 Mo 和 N。这类双相不锈钢以固溶处理态供货。

在室温条件下，根据不锈钢镍当量及铬当量可以判断其组织，见图 12-4 所示。

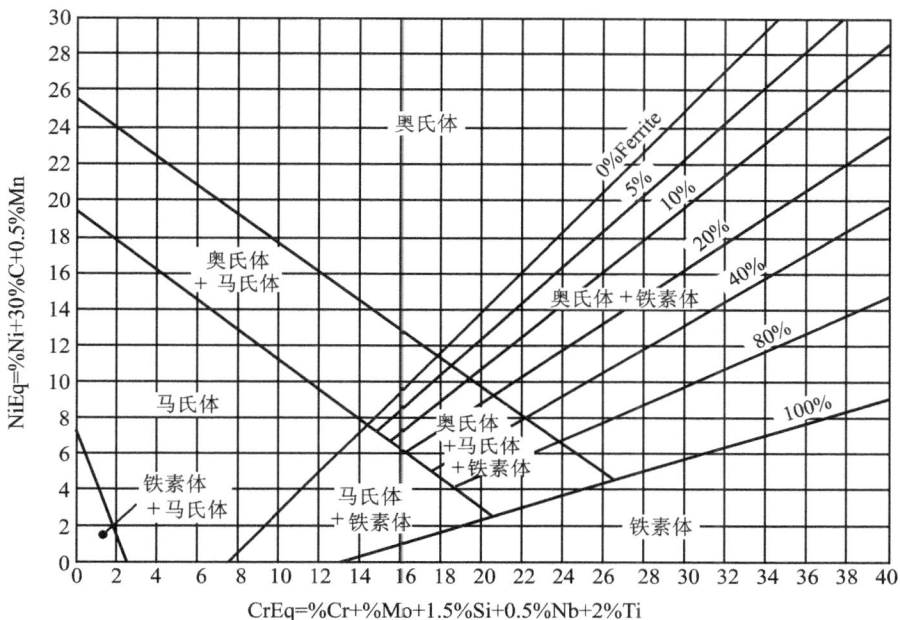

图 12-4　不锈钢的组织图

3. 按用途分类

1）不锈钢——仅指在大气环境下及侵蚀性化学介质中使用的钢，工作温度一般不超过 500℃，要求耐腐蚀，对强度要求不高。应用最广的有 Cr13 系列不锈钢和低碳 Cr-Ni 钢，如 0Cr19Ni9，1Cr18Ni9Ti；超低碳 Cr-Ni 钢也有一定的应用，如 00Cr25Ni22Mo2，00Cr22Ni5Mo3N 等。

2）热稳定钢——在高温下具有抗氧化性能，它对高温强度要求不高。工作温度可高达 $900 \sim 1\,100$℃。常用的有高 Cr 钢（如 1Cr17，1Cr25Si2）和 Cr-Ni 钢（如 2Cr25Ni20，2Cr25Ni20Si2）。

3）热强钢——在高温下既要有抗氧化能力，又要具有一定的高温强度，工作温度 $600 \sim 800$℃。广泛应用的是 Cr-Ni 钢，如 1Cr18Ni9Ti，1Cr16Ni25Mo6，4Cr25Ni20，4Cr25Ni34 等。

12.4.2　不锈钢的焊接特点

1. 奥氏体不锈钢的焊接特点

与其他不锈钢相比，奥氏体不锈钢在一般情况下能很好地适用于熔化焊接，包括手工电弧焊、埋弧焊、氩弧焊、等离子焊等。焊接接头在焊态下具有良好的塑性和韧性。但由于奥氏体的导热系数小，熔点低，线膨胀系数大，焊缝金属高温停留时间长，容易形成粗大的铸态组织，并产生较大的应力和变形等。残余应力的存在易导致焊接热应力裂纹和应力腐蚀开裂。如果焊接材料或焊接工艺不正确时，会出现晶间腐蚀或热裂纹等缺陷。

(1)焊接接头的热裂纹

焊接奥氏体不锈钢最常见的是出现焊缝凝固裂纹，焊接热影响区多半是液化裂纹，在厚大焊件中有时也出现焊道下裂纹。奥氏体不锈钢焊接热裂纹的主要形式有：横向裂纹、纵向裂纹、弧坑裂纹、显微裂纹、根部裂纹和热影响区裂纹等。

合金元素对奥氏体不锈钢焊缝热裂纹倾向的影响见表 12-5 所示。

表 12-5　合金元素对奥氏体不锈钢焊缝热裂纹倾向的影响

元素		γ 单相组织焊缝	$\gamma+\delta$ 双相组织焊缝
奥氏体化元素	Ni	显著增大热裂倾向	显著增大热裂倾向
	C	含量为 0.3%～0.5%，同时有 Nb，Ti 等元素时减小热裂倾向	增大热裂倾向
	Mn	含量为 5%～7% 时，显著减小热裂倾向，但有 Cu 时增加热裂倾向	减小热裂倾向，但若使 δ 消失，则增大热裂倾向
	Cu	Mn 含量极少时影响不大，但 Mn 含量≥2% 时增大热裂倾向	增加热裂倾向
	N	提高抗裂性	提高抗裂性
	B	含量极少时，强烈增加热裂倾向，但含量为 0.4%～0.7% 时，减小热裂倾向	—
铁素体化元素	Cr	形成 Cr-Ni 高熔点共晶细化晶粒	当 Cr/Ni≥1.9～2.3 时，提高抗裂性
	Si	Si≥0.3%～0.7% 时，显著增加热裂倾向	通过焊丝加入 Si≤1.5%～3.5% 时减小热裂倾向
	Ti	显著增大热裂倾向；但当 Ti/C≈6 时，减小热裂倾向	Ti≤1.0% 时影响不大，Ti≥1.0% 时细化晶粒，减小热裂倾向
	Nb	显著增大热裂倾向；当 Nb/C≈10 时，减小热裂倾向	易产生区域偏析，减小热裂倾向
	Mo	显著提高抗裂性	细化晶粒，减小热裂倾向
	V	稍增大热裂倾向；但若形成 VC，则细化晶粒减小热裂倾向	细化晶粒，去除 S 的作用，显著提高抗裂性
	Al	强烈增大热裂倾向	减小热裂倾向

产生热裂纹主要有以下原因。①奥氏体不锈钢的线膨胀系数大，导热系数小，焊接局部加热和冷却条件下，焊接接头部位的高温停留时间较长，焊缝及热影响区在高温承受较大的拉伸应力与应变。②奥氏体不锈钢焊缝结晶时，在凝固结晶过程的温度

范围很大,一些低熔点杂质元素偏析严重,并且在晶界聚集。③奥氏体焊缝方向性很强的柱状晶之间存在低熔点夹层薄膜,在凝固结晶后期以液态膜形式存在于奥氏体柱状晶粒之间,在一定的拉应力作用下起裂、扩展形成晶间开裂。焊接区较大的焊接应力是形成焊接热裂纹的必要条件之一。

防止焊接热裂纹主要有以下措施。①正确选用焊接材料。用低氢型焊条可以使焊缝晶粒细化,减少杂质偏析,提高抗裂性,但易使焊缝含 C 量增加,降低耐腐蚀性。用酸性药皮焊条,氧化性强,合金元素烧损严重,抗裂性差,而且晶粒粗大,容易产生热裂纹。②调整焊缝金属的化学成分。减少焊缝金属中 Ni,C,S 和 P 的含量,增加 Cr,Mo,Si 及 Mn 等元素的含量,可以减少热裂纹的产生。为了获得双相组织,一般 Cr,Ni 含量的比例为 Cr/Ni=2.2~2.3,Ni 含量过高,也容易产生热裂纹。③控制焊缝金属的组织。焊缝组织为奥氏体+铁素体的组织时,晶界处不易产生低熔点杂质偏析,可以减少热裂纹的产生。但铁素体含量应<5%,否则会造成 σ 相脆化。④采用合适的焊接工艺参数。采用小线能量,即小电流、快速焊,减少熔池过热,避免形成粗大柱状晶。采用快速冷却,减少偏析,提高抗裂性。多层焊,要控制层间温度,后道焊缝要在前道焊缝冷却到 60℃ 以下再施焊。

(2)焊接接头的晶间腐蚀

根据奥氏体不锈钢母材类型和所采用的焊接材料与工艺,焊接接头可能在三个部位产生晶间腐蚀,包括焊缝的晶间腐蚀、熔合区"刀蚀"和热影响区敏化温度区的晶间腐蚀。

奥氏体不锈钢晶界处析出碳化铬造成贫铬的晶界是在腐蚀介质中发生晶间腐蚀的主要原因。奥氏体不锈钢对晶间腐蚀的敏感程度与其化学成分、腐蚀介质、所受的热循环温度以及时间有关。不锈钢产生晶间腐蚀与钢的加热温度和加热时间有关。图12-5 为 1Cr18Ni9Ti 不锈钢的晶间腐蚀与加热温度和加热时间的关系图。从图中可看出,当加热温度小于 450℃ 或大于 850℃ 时,不会产生晶间腐蚀。因为当温度小于 450℃ 时,不会形成碳化铬化合物;而当温度超过 850℃ 时,晶粒内的铬扩散能力增强,有足够的铬扩散至晶界和碳结合,不会在晶界形成贫铬区。所以产生晶间腐蚀的加热温度为 450~850℃,这个温度区间就称为产生晶间腐蚀的"危险温度区"或称"敏化温度区",其中尤以 650℃ 为最危险。焊接时,焊缝两侧热影响区中处于危险温度区的地带最易发生晶间腐蚀,即使是焊缝,由于在冷却过程中其温度也要穿过危险温度区,所以也会产生晶间腐蚀。焊接接头在危险温度区停留的时间越短,接头的耐晶间腐蚀能力越强,所以不锈钢焊接时,快速冷却是提高接头耐腐蚀能力的有效措施。由于奥氏体不锈钢冷却过程中没有马氏体的转变过程,所以快速冷却不会使接头淬硬。

(3)应力腐蚀开裂

应力腐蚀开裂是奥氏体不锈钢焊接区比较严重的失效形式,是一种无塑性变形的脆性破坏,危害严重。应力腐蚀裂纹大多发生在焊缝表面,深入焊缝金属内部,尖部多分支,主要穿过奥氏体晶粒,少量穿过晶界处的铁素体晶粒。影响焊接接头应力腐蚀开裂的因素有焊接区的残余拉应力、焊缝结晶组织以及在焊接区的碳化物析出等。

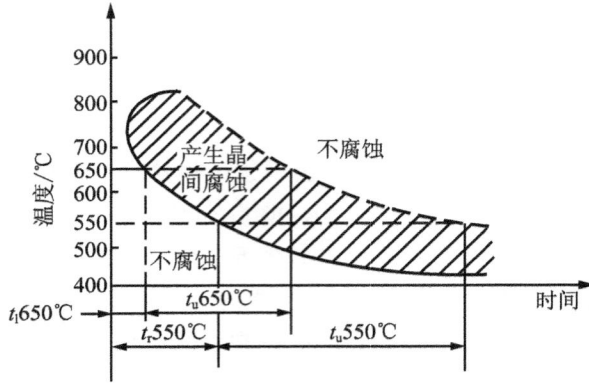

图 12-5　晶间腐蚀敏感温度与时间曲线

另外，由于结构设计的原因，在焊接接头区存在局部浓缩和积沉的介质，这也是引起焊接接头区出现应力腐蚀开裂的原因。

防止应力腐蚀开裂有以下主要措施。①合理设计焊接接头，避免腐蚀介质在焊接接头部位聚集，降低或消除焊接接头的应力集中。②减少或消除焊接残余应力，在工艺上合理布置焊道顺序，如采用分段退步焊等。尽量减小焊接接头的拘束度，焊后进行消除应力的退火处理。在难以实施热处理时，改变焊件的表面状态，对敏化侧表面进行喷丸处理，使该区产生残余压应力，或对敏化表面进行抛光、电镀或喷涂等，提高耐腐蚀性能。③合理选择母材和焊接材料，通常采用超合金化的焊接材料，即焊缝金属中的耐腐蚀合金元素(Cr，Mo，Ni 等)含量高于母材。这是提高接头抗应力腐蚀的重要措施之一。④采用合理的焊接工艺，选用热源集中的焊接方法、小线能量以及快速冷却处理等措施，减少碳化物析出和避免接头组织过热。保证焊接接头部位光滑洁净，焊接飞溅物、电弧擦伤等往往是导致应力腐蚀开始的部位，因此，焊接接头的外在质量也至关重要。

2. 马氏体不锈钢的焊接特点

马氏体不锈钢可分为 Cr13 型马氏体不锈钢、低碳马氏体不锈钢和超低碳马氏体不锈钢。马氏体不锈钢的焊接冶金性能主要与碳含量和铬含量有关。常见马氏体不锈钢均有脆硬倾向，并且含碳量越高，脆硬倾向越大。超低碳马氏体钢无脆硬倾向，并具有较高的塑韧性。对于铬含量较高的马氏体不锈钢(≥17%)，奥氏体区域已被缩小，淬硬倾向较小。

Cr13 型马氏体不锈钢主要作为具有一般耐蚀性的不锈钢使用，随着碳含量的不断增加，其强度与硬度提高，塑性与韧性降低，焊接性变差。以 Cr12 为基的马氏体不锈钢，因加入 Ni，Mo，W，V 等合金元素，除了具有一定的耐蚀性之外，还具有较高的高温强度及高温抗氧化性。低碳、超低碳马氏体不锈钢是在 Cr13 基础上，在大幅度降低碳含量的同时，将 Ni 含量控制在 4%～6%的范围内，再加入少量的 Mo，Ti 等合金元素的一类高强马氏体钢。超级马氏体不锈钢的成分特点是超低碳、低氮，Ni 含量控制在 4%～7%的范围内，还加入少量的 Mo，Ti，Si，Cu 等合金元素，这类钢具有高强度、高韧性及良好的抗腐蚀性能。

焊接碳含量较高、铬含量较低的马氏体不锈钢时，常见问题是焊接冷裂纹和热影响区脆化。

(1)焊接冷裂纹

马氏体不锈钢一般经调质热处理，显微组织为马氏体。焊接接头区域表现出明显的淬硬倾向。焊缝及热影响区焊后的组织通常为硬而脆的马氏体组织，含碳量越高，淬硬倾向越大。焊接接头区很容易导致冷裂纹的产生，尤其当焊接接头刚度大或有氢存在时，马氏体不锈钢更易产生延迟裂纹。

对于焊接镍含量较少，含 Cr，Mo，W，V 较多的马氏体不锈钢，焊后除了获得马氏体组织外，还形成一定量的铁素体组织。这部分铁素体组织使马氏体回火后的冲击韧性降低。在焊缝及过热区中的铁素体，往往分布在粗大的马氏体晶间，严重时可呈网状分布，这会使焊接接头对冷裂纹更加敏感。

防止焊接冷裂纹有如下措施。①正确选择焊接材料。为了保证使用性能，最好采用同质填充金属。为了防止冷裂纹，也可采用 Cr-Ni 奥氏体型填充金属。②焊前预热。预热是防止焊缝硬脆和产生冷裂纹的一个很有效的措施。预热温度可根据工件的厚度和刚性大小来决定，一般为 $200\sim400℃$，含碳量越高，预热温度也越高。但从接头质量看，预热温度过高，会在接头中引起晶界碳化物沉淀和形成铁素体，对韧性不利，尤其是焊缝含碳量偏低时。这种铁素体＋碳化物的组织，仅通过高温回火不能改善，必须进行调质处理。③采用较大的焊接电流，减缓冷却速度，以提高焊接线能量。④焊后处理。焊后缓冷到 $150\sim200℃$，并进行焊后热处理以消除焊接残余应力，去除接头中扩散氢，同时也可以改善接头的组织和性能。

(2)热影响区脆化

马氏体不锈钢，尤其是铁素体形成元素含量较高的马氏体不锈钢，具有较大的晶粒长大倾向。冷却速度较小时，焊接热影响区易产生粗大的铁素体和碳化物；冷却速度较大时，热影响区会产生硬化现象，形成粗大的马氏体。这些粗大的组织都使得马氏体不锈钢焊接热影响区塑性和韧性降低并导致脆化。此外，马氏体不锈钢还具有一定的回火脆性，因此焊接马氏体不锈钢时，要严格控制冷却速度。

正确选择预热温度可以防止热影响区脆化，焊接马氏体不锈钢时，预热温度不应超过 $450℃$，以避免产生 $475℃$ 脆化。另外，合理选择焊接材料调整焊缝的成分也很重要，要尽可能避免焊缝中产生粗大的铁素体组织。

3. 铁素体不锈钢的焊接特点

铁素体不锈钢为 Fe-Cr-C 三元合金，铁素体形成元素(如 Mo，Al 或 Ti 等)较多，奥氏体形成元素(如 C，Ni)含量较低。这类钢在熔点以下加热过程中几乎始终是铁素体组织，不能通过热处理强化。铁素体不锈钢成本低，抗氧化性好，尤其是抗应力腐蚀开裂性能强于奥氏体不锈钢。铁素体不锈钢在焊后冷却过程中不会出现奥氏体向马氏体转变的淬硬现象，但热影响区近缝区由于高温而促成铁素体晶粒粗大，明显降低接头的韧性，因此，焊接性较差。焊接高铬铁素体不锈钢时最大的问题是焊接接头的晶间腐蚀和热影响区脆化。

（1）晶间腐蚀

对于高铬铁素体不锈钢，由于焊接热影响区受到热循环高温作用产生敏化，在强氧化性酸中产生晶间腐蚀。产生晶间腐蚀的位置在邻近焊缝的高温区。与奥氏体不锈钢相比，普通高铬铁素体不锈钢加热到950℃以上温度冷却，将产生敏化腐蚀，而在700～850℃短时保温退火处理，耐蚀性恢复。C和N总含量是影响高铬铁素体不锈钢晶间腐蚀的最主要因素。对于超纯铁素体不锈钢，由1 100℃水淬后，腐蚀率很低，不产生晶间腐蚀，晶界上也无富铬碳化物和氮化物析出。由1 100℃空冷后，晶界上有碳、氮化物析出，晶间腐蚀严重。

（2）热影响区脆化

铁素体不锈钢焊接热影响区脆化主要包括粗晶脆化、σ相脆化和475℃脆化。

铁素体不锈钢在熔化前几乎不会发生相变，加热时有强烈的晶粒长大倾向。焊接时，焊缝和热影响区的近缝区被加热到950℃以上，产生晶粒严重长大，又不能用热处理的方法使之细化，降低了热影响区的韧性，导致粗晶脆化。一般来讲，晶粒粗化的程度取决于停留的最高加热温度和时间，因此，焊接时尽量缩短在950℃以上高温的停留时间。

σ相是一种Fe，Cr金属间化合物，具有复杂的晶体结构。如果焊后在850～650℃温度区间的冷却速度缓慢，铁素体会向σ相转化。在纯Fe-Cr合金中，Cr＞20％时即可产生σ相。当存在其他合金元素，特别是存在Mn，Si，Mo，W时，会促使在较低含Cr量下形成σ相，而且可以由三元组成，如Fe-Cr-Mo。σ相硬度高达38HRC以上，并主要集中于柱状晶的晶界，从而导致接头的韧性降低。

Cr含量超过15％的铁素体不锈钢，在430～480℃的温度区间长时间加热并缓慢冷却，就导致在常温时或负温时出现475℃脆化现象。造成475℃脆化的主要原因是在Fe-Cr合金系中以共析反应的方式沉淀析出富Cr的α'相（体心立方结构）所致。此外杂质的存在也会促进475℃脆化。

4. 铁素体-奥氏体不锈钢的焊接特点

铁素体-奥氏体双相不锈钢具有良好的焊接性，不预热或无后热施焊，均不产生焊接裂纹。但对于无镍或低镍双相不锈钢在热影响区经常出现单相铁素体及晶粒粗化的倾向。该类不锈钢焊接接头中铁素体相和奥氏体相比例会变化。根据Fe-Cr-Ni相图知，当加热温度足够高时，会发生$\gamma \rightarrow \alpha$的转变，铁素体相增多，而奥氏体相相应减少。当温度升高到1 250～1 300℃时，一些双相不锈钢甚至会变成纯铁素体组织。再急冷时，室温可获得纯铁素体的组织。另外，当加热温度低于1 000℃时，在铁素体-奥氏体相晶界上析出碳化物。由奥氏体提供C，铁素体提供Cr，从而形成$Cr_{23}C_6$型碳化物。碳化物的长大消耗了相邻区域的Cr，贫铬区域的铁素体转变为奥氏体，并形成碳化物奥氏体聚集区。对于超低碳（C≤0.03％）的双相不锈钢无碳化物析出。

双相不锈钢中铁素体占的比例很大，铁素体不锈钢所固有的475℃脆化特性也将有所表现，即也将存在475℃脆化现象。除此之外，双相不锈钢也会产生σ相脆化。在

Fe-Cr 二元合金中，σ 相中含 Cr 约为 45%，形成温度为 520～820℃ 温度范围内。有很多合金元素可置换 σ 相中的 Fe 和 Cr 原子，从而使 σ 相生成于稳定的温度区间的几率增大。σ 相析出主要在 σ 相中进行。如果 σ 相中含较多的 Mo 时，既提高 σ 稳定存在温度区间，又能加速 σ 相的析出过程。高铬双相不锈钢容易产生 σ 相脆化现象。

12.4.3　不锈钢的电弧焊、埋弧焊与氩弧焊

多种焊接方法都可用于不锈钢的焊接，但对于不同类型的不锈钢，由于其组织与性能存在较大的差异，焊接性也各不相同。因此，不同的焊接方法对于不同类型的不锈钢具有不同的适用性。在选择焊接方法时，要根据不锈钢母材的焊接性，对焊接接头力学性能、耐蚀性能的综合要求来确定。例如，埋弧焊是一种高效优质的焊接方法，对于含有少量铁素体的奥氏体不锈钢焊缝来说，通常不会产生焊接热裂纹，适合该材料的焊接。但对于纯奥氏体不锈钢焊缝，由于许多焊剂向焊缝金属中增硅，焊缝金属容易形成粗大的单相奥氏体柱状晶，焊缝金属的热裂纹敏感性大，因此一般不采用埋弧焊焊接纯奥氏体不锈钢，除非采用特殊的焊剂。当焊接接头的耐蚀性要求高时，氩弧焊等惰性气体保护焊具有明显的优势。

以下主要以奥氏体不锈钢为例，分别讨论其不同的焊接方法。

奥氏体不锈钢具有良好的焊接性，常用的熔焊方法都能进行焊接。但是由于电渣焊热过程的特点，会使接头的耐晶间腐蚀能力降低，并且在熔合线附近易产生严重的刀状腐蚀，因此极少应用。气体保护 CO_2 焊由于 CO_2 气体的强烈氧化性，使合金元素烧损严重，所以也没有得到推广应用。目前，实用的焊接方法是焊条电弧焊、埋弧焊和氩弧焊。

表 12-6 列出了多种奥氏体不锈钢的常用焊接方法及其对应使用的焊接材料。

表 12-6　奥氏体不锈钢焊接时焊接材料的选用

钢　号	焊条电弧焊		埋弧焊		氩弧焊
	焊　条		焊　丝	焊　剂	焊　丝
	型　号	牌号			
1Cr18Ni9Ti	E0-19-10-16 R0-19-10-15 E0-19-10Nb-16 R0-19-10Nb-15	A102 A107 A132 A137	H0Cr20Ni10Ti	HJ260	H0Cr20Ni10Ti
0Cr19Ni9	E0-19-10-16 R0-19-10-15	A102 A107	—	—	—
0Cr18Ni9Ti	E0-19-10Nb-16 R0-19-10Nb-15	A132 A137	H0Cr20Ni10Ti	HJ260	H0Cr20Ni10Ti
0Cr18Ni9Ti	E0-19-10Nb-16 R0-19-10Nb-15	A132 A137	—	—	—

续表

钢 号	焊条电弧焊		埋弧焊		氩弧焊
	焊 条		焊 丝	焊 剂	焊 丝
	型 号	牌 号			
00Cr18Ni10N	E00-19-10-16	A002	H00Cr21Ni10	HJ260	H00Cr21Ni10
00Cr19Ni11	E00-19-10-16	A002	—	—	
0Cr17Ni12Mo2	E0-18-12Mo2-16 E0-18-12Mo2-15	A202 A207	H00Cr19Ni12Mo2	HJ260	H00Cr19Ni12Mo2
0Cr18Ni12Mo2Ti	E00-18-12Mo2-16 E00-18-12Mo2Nb-16	A022 A212	H00Cr19Ni12Mo2	HJ260	H00Cr19Ni12Mo2
0Cr19Ni13Mo3	E0-19-13Mo3-16	A242	—	—	
0Cr18Ni12Mo3Ti	E0-18-12MoNb-16	A022 A212	H0Cr20Ni14Mo3	HJ260	H0Cr20Ni14Mo3
00Cr17Ni14Mo2	E00-18-12Mo2-16	A022	H0Cr20Ni14Mo3	HJ260	H0Cr20Ni14Mo3

奥氏体不锈钢的焊条电弧焊具有热影响区小,易于保证质量,适应各种焊接位置及不同板厚工艺要求的优点。焊条有酸性钛钙型和碱性低氢钠型两大类。低氢钠型的不锈钢焊条具有较高的抗热裂纹能力,但成形不如钛钙型焊条,耐腐蚀性也较差。钛钙型焊条具有良好的工艺性能,生产中应用较普遍。由于奥氏体不锈钢的电阻率为低碳钢的 4 倍以上,焊接时产生的电阻热较大,药皮容易发红和开裂,所以同样直径的焊条焊接电流值应比低碳钢降低 20% 左右,焊条长度亦比同直径的碳钢焊条短,否则焊接时由于药皮的迅速发红、开裂会失去保护而无法焊接。施焊时,焊条不应作横向摆动,宜采用小电流,快速焊。另外,一次焊成的焊缝不宜过宽,最好不超过焊条直径的 3 倍。多层焊时,每焊完一层要彻底清除焊渣,层间温度应低于 60℃。与腐蚀介质接触的焊缝应最后焊接,其目的是为了防止由于重复加热而降低耐腐蚀性。焊接开始时,不要在焊件上随便引弧,以免损伤焊件表面,影响耐腐蚀性。焊后可采取强制冷却措施,加速接头冷却,保证接头的组织性能。

奥氏体不锈钢埋弧焊时,由于焊接电流密度大,热量集中,因此形成的弧坑也较大,并且熔池厚度也增大,在局部间隙的较大处很容易烧穿,因此在施焊过程中需要在焊件背面采取一定的工艺措施,以防烧漏。常用方法是采用焊条电弧焊封底,并用纯铜板垫、永久垫和焊剂垫等。表 12-7 列出了 18-8 型奥氏体不锈钢埋弧焊的具体工艺参数。

表 12-7　18-8 型不锈钢埋弧焊焊接工艺参数

焊件厚度/mm	装配间隙/mm	焊接电流/A	电弧电压/V	焊接速度/(m/h)
6	1.5~2.0	650~700	34~38	46
8	2.0~3.0	750~800	36~38	46
10	2.5~3.5	850~900	38~40	31
12	3.0~4.0	900~950	38~40	25
8	1.5	500~600	32~34	46
10	1.5	600~650	34~36	42
12	1.5	650~700	36~38	36
16	2.0	750~800	38~40	31
20	3.0	800~850	38~40	25
30	6.0~7.0	850~900	38~40	16
40	8.0~9.0	1 050~1 100	40~42	12

注：1. 表中厚度为 6~12mm 焊件的焊接工艺参数是在焊剂垫上进行单面埋弧焊的参数。

　　2. 厚度为 8~40mm 的焊件，应进行双面焊，但焊接第 1 道焊缝时可以在焊剂垫上进行。

　　3. 焊丝均采用 ϕ5mm。

　　奥氏体不锈钢采用熔化极氩弧焊时，若使用纯氩气作为保护气体会引起一系列困难。液体金属的黏度及表面张力较大，易产生气孔；焊缝金属润湿性差，焊缝两侧易产生咬边；另外，电弧阴极斑点不稳定，产生所谓阴极飘移现象，使焊缝的成形很差。例如，厚度为 3mm 的不锈钢焊后焊缝宽约 4mm，而余高竟超过 3mm。解决上述现象的方法是采用氧化性混合气体作保护气体，即在纯氩气中加入少量氧气或 CO_2 气体。厚板奥氏体不锈钢熔化极氩弧焊时，推荐采用质量分数为 $Ar98\%+CO_2 2\%$ 的保护气体，并以射流过渡进行焊接。射流过渡必须采用较高的电压和电流值，该条件下，熔池流动性好，故只适于平焊和横焊。焊接奥氏体不锈钢薄板时，推荐以短路过渡焊接，保护气体的质量分数为 $Ar97.5\%+CO_2 2.5\%$。短路过渡时电压和电流值均较低，熔滴短路时会熄弧，熔池温度较低容易控制成形，因此适用于任意位置的焊接。虽然通过采取一些措施，可以用熔化极氩弧焊对奥氏体不锈钢进行焊接，但是一般情况下，采用钨极氩弧焊进行焊接。焊接时，为防止背面焊道表面氧化和保持良好成形，底层焊道的背面应附加氩气保护。

　　以上列举了奥氏体不锈钢焊接的要点，但是，为了增加奥氏体不锈钢焊件的耐腐蚀性，焊后需对焊缝表面进行处理，处理的方法主要有抛光和钝化。不锈钢焊件表面如有刻痕、凹痕、粗糙点和污点等，在介质中会加快腐蚀。焊缝表面抛光就能提高其耐腐蚀的能力，表面粗糙度越小，耐腐蚀性能就越好。因为粗糙度小的焊件表面能产生一层致密、均匀的氧化膜，保护内部金属不再受到氧化和腐蚀。钝化处理是在不锈钢的表面人为地形成一层氧化膜，以增加其耐腐蚀性。

>>> **习 题**

1. 解释下列名词：

热轧钢；低碳调质钢；再热裂纹；层状撕裂；耐热钢；马氏体钢；晶间腐蚀；应力腐蚀；焊缝 σ 相脆化；敏化温度区。

2. 与碳钢相比，合金结构钢的焊接性有何特点？

3. 为什么适当的 Mn/s 可减少热烈倾向？

4. 中碳钢调质钢焊接时，应采用什么工艺？

5. 热轧钢、正火钢焊后热处理应注意什么问题？

6. 热轧钢焊接中焊缝热裂纹的产生原因是什么？分析低碳高 Mn 热轧钢的热裂倾向。

7. 论述低碳调质钢焊接冷裂纹的敏感性及防止措施。

8. 论述低合金高强度钢焊接接头热影响区脆化的敏感性及防止措施。

9. 奥氏体不锈钢焊接工艺有哪些？

10. 试分析奥氏体不锈钢的焊接性。

11. 不锈钢焊接接头区域在哪些部位可能产生晶间腐蚀？产生的原因是什么？如何防止？

12. 简述奥氏体不锈钢产生热裂纹的原因。在母材和焊缝合金成分一定的条件下，焊接时应采取何种工艺措施防止热裂纹？

13. 奥氏体钢焊接时为什么常采用"超合金化"焊接材料？

14. 铁素体不锈钢焊接中容易出现什么问题？如何选择焊接材料？在焊接工艺上有什么特点？

第 13 章　铸铁的焊接

▶ 13.1　概述

铸铁具有成本低，铸造性能、减振性能、耐磨性能与切削加工性能优良等很多优点，而且熔化设备简单，所以在机械制造业中获得了广泛的应用。多用于生产汽缸体、汽缸盖、变速器壳体等重要零件。铸铁零件在制造及使用过程中，经常会出现裂纹、气孔、损坏等情况。据统计，在正常使用情况下，这类零件达到磨损极限时，其尺寸变化只有 $0.08\%\sim0.40\%$，质量损失只有 $0.1\%\sim1.8\%$，此时将零件报废，无疑是非常浪费的。因此，研究和利用先进的修理经验，合理地修复铸铁零件是十分必要的。焊接就是一种非常有效的修复铸铁零件的方法。

铸铁焊接主要应用于三种场合。一是铸造缺陷的补焊。这不仅使铸件废品率降低，而且可以降低铸件的成本。二是对已损坏的铸铁成品的焊补，包括对使用中出现的裂纹等缺陷进行修补，可也节约成本。三是铸铁焊接还可以应用于新产品零件的生产，即把铸铁件与钢件或其他金属焊接起来做成零部件。

13.1.1　铸铁的一般特性

铸铁是碳质量分数大于 2.11% 的铁碳合金，碳在铸铁中多以石墨形态存在，有时也以渗碳体形态存在。除碳外，铸铁中还含有 $1\%\sim3\%$ 的硅，以及锰、磷、硫等元素。合金铸铁还含有镍、铬、钼、铝、铜、硼、钒等元素。碳、硅是影响铸铁显微组织和性能的主要元素。它可用于制造各种机器零件，如机床的床身、床头箱；发动机的汽缸体、缸套、活塞环、曲轴、凸轮轴；轧机的轧辊及机器的底座等。

铸铁具有如下性能特点。

1) 力学性能差，由于石墨相当于钢基体中的裂纹或空洞，破坏了基体的连续性，减少有效承载截面，且易导致应力集中，因而其强度、塑性及韧性低于碳钢。

2) 耐磨性好，这是由于石墨本身有润滑作用。此外，石墨脱落后留下的空洞还可以贮油。

3) 消振性能好，这是由于石墨可以吸收振动能量。

4) 铸造性能好，这是由于铸铁硅含量高且成分接近于共晶成分，因而流动性、填充性好。

5) 切削性能好，这是由于石墨的存在使车屑容易脆断，不粘刀。

铸铁是根据石墨的形态进行分类的。铸铁中石墨的形态有片状、团絮状、球状和蠕虫状四种，其所对应的铸铁分别为灰口铸铁、可锻铸铁、球墨铸铁和蠕墨铸铁。表 13-1 列出了各类铸铁的石墨形态、基体组织和牌号表示方法。

表 13-1　铸铁的石墨形态、基体组织和牌号表示方法

铸铁名称	石墨形态	基体组织	编号方法		牌号实例
灰口铸铁	片状	F	HT+一组数字 表示最低抗拉强度值，MPa 灰口铸铁代号		HT100
		F+P			HT150
		P			HT200
可锻铸铁	团絮状	F	KTH+两组数字	KTH，KTB，KTZ 分别为黑心、白心、珠光体可锻铸铁代号；第一组数字表示最低抗拉强度值，MPa；第二组数字表示最低延伸率值，%	KTH300-06
		表 F、心 P	KTB+两组数字		KTB350-04
		P	KTZ+两组数字		KTZ450-06
球墨铸铁	球状	F	QT+两组数字 第一组数字表示最低抗拉强度值，MPa；第二组数字表示最低延伸率值，% 球墨铸铁代号		QT400-15
		F+P			QT600-3
		P			QT700-2
蠕墨铸铁	蠕虫状	F	RuT+一组数字 表示最低抗拉强度值，MPa 蠕墨铸铁代号		RuT260
		F+P			RuT300
		P			RuT420

注：表中的铸铁代号，由表示该铸铁特征的汉语拼音的第一个大写字母组成。

1. 灰口铸铁

灰口铸铁是价格最便宜、应用最广泛的一种铸铁，在各类铸铁的总产量中，灰口铸铁占 80% 以上。

灰口铸铁的成分大致范围为：$2.5\% \sim 4.0\%$ C，$1.0\% \sim 3.0\%$ Si，$0.25\% \sim 1.0\%$ Mn，$0.02\% \sim 0.20\%$ S，$0.05\% \sim 0.50\%$ P。具有上述成分范围的液体铁水在进行缓慢冷却凝固时，将发生石墨化，析出片状石墨。其断口的外貌呈浅烟灰色，所以称为灰口铸铁。普通灰口铸铁的组织是由片状石墨和钢的基体两部分组成。如图 13-1 所示。

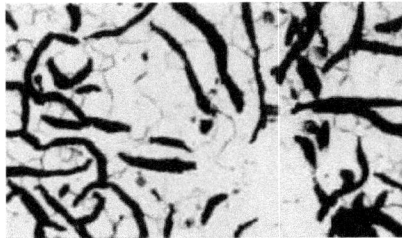

图 13-1　铁素体基灰口铸铁的显微组织

表 13-2　灰口铸铁的牌号、力学性能、显微组织及用途(摘自 GB 9489—1988)

牌号	铸件壁厚/mm	抗拉强度 σ_b/MPa（不小于）	显微组织		应 用 举 例
			基体	石墨	
HT100	2.5~10	130	F	粗片状	手工铸造用砂箱、盖、下水管、底座、外罩、手轮、手把、重锤等
	10~20	100			
	20~30	90			
	30~50	80			
HT150	2.5~10	175	F+P	较粗片状	机械制造业中一般铸件，如底座、手轮、刀架等；冶金业中流渣箱、渣缸、轧钢机托辊等；机车用一般铸件，如水泵壳、阀体、阀盖等；动力机械中拉钩、框架、阀门、油泵壳等
	10~20	145			
	20~30	130			
	30~50	120			
HT200	2.5~10	220	P	中等片状	一般运输机械中的汽缸体、缸盖、飞轮等；一般机床中的床身、机床等；通用机械承受中等压力的泵体阀体；动力机械中的外壳、轴承座、水套筒等
	10~20	195			
	20~30	170			
	30~50	160			
HT250	4.0~10	270	细P	较细片状	运输机械中薄壁缸体、缸盖、线排气支管；机床中立柱、横梁、床身、滑板、箱体等；冶金矿山机械中的轨道板、齿轮；动力机械中的缸体、缸套、活塞
	10~20	240			
	20~30	220			
	30~50	200			
HT300	10~20	290	细P	细小片状	机床导轨、受力较大的机床床身、立柱机座等；通用机械的水泵出口管、吸入盖等；动力机械中的液压阀体、涡轮、汽轮机隔板、泵壳、大型发动机缸体、缸盖
	20~30	250			
	30~50	230			
HT350	10~20	340	细P	细小片状	大型发动机汽缸体、缸盖、衬套；水泵缸体、阀体、凸轮等；机床导轨、工作台等摩擦件；需经表面淬火的铸件
	20~30	290			
	30~50	260			

(1)灰口铸铁的牌号、性能及用途

灰口铸铁的牌号、性能及用途如表 13-2 所示。从表 13-2 可以看出，在同一牌号中，随铸件壁厚的增加，其抗拉强度降低。因此，根据零件的性能要求选择铸铁牌号时，必须同时注意到零件的壁厚尺寸。

灰口铸铁的性能与普通碳钢相比，具有如下特点。

1)机械性能低，其抗拉强度和塑性韧性都远远低于钢。这是由于灰口铸铁中片状石墨(相当于微裂纹)的存在，不仅在其尖端处引起应力集中，而且破坏了基体的连续性，这是灰口铸铁抗拉强度很差，塑性和韧性几乎为零的根本原因。但是，灰口铸铁在受压时石墨片破坏基体连续性的影响则大为减轻,其抗压强度是抗拉强度的 2.5～4 倍。所以常用灰口铸铁制造机床床身、底座等耐压零部件。

2)耐磨性与消振性好。由于铸铁中石墨有利于润滑及贮油,所以耐磨性好。同样,由于石墨的存在,灰口铸铁的消振性优于钢。

3)工艺性能好。由于灰口铸铁含碳量高,接近于共晶成分,故熔点比较低,流动性良好,收缩率小,因此适宜于铸造结构复杂或薄壁铸件。另外,由于石墨使切削加工时易于形成断屑,所以灰口铸铁的可切削加工性优于钢。

(2)灰口铸铁的孕育处理

表 13-2 中 HT250,HT300,HT350 属于较高强度的孕育铸铁(也称变质铸铁),这是普通铸铁通过孕育处理而得到的。由于在铸造之前向铁液中加入了孕育剂(或称变质剂),结晶时石墨晶核数目增多,石墨片尺寸变小,更为均匀地分布在基体中。所以其显微组织是在细珠光体基体上分布着细小片状石墨。铸铁变质剂或孕育剂一般为硅铁合金或硅钙合金小颗粒或粉,当加入铸铁液内后立即形成 SiO_2 的固体小质点,铸铁中的碳以这些小质点为核心形成细小的片状石墨。

铸铁经孕育处理后不仅强度有较大提高,而且塑性和韧性也有所改善。同时,由于孕育剂的加入,还可使铸铁对冷却速度的敏感性显著减少,使各部位都能得到均匀一致的组织。所以孕育铸铁常用来制造机械性能要求较高、截面尺寸变化较大的铸件。

2. 球墨铸铁

灰口铸铁经孕育处理后虽然细化了石墨片,但未能改变石墨的形态。改变石墨形态是大幅度提高铸铁机械性能的根本途径,而球状石墨则是最为理想的一种石墨形态。为此,在浇注前向铁水中加入球化剂和孕育剂进行球化处理和孕育处理,则可获得石墨呈球状分布的铸铁,称为球墨铸铁,简称"球铁"。

(1)球墨铸铁的化学成分和组织特征

球墨铸铁常用的球化剂有镁、稀土或稀土镁,孕育剂常用的是硅铁和硅钙。球墨铸铁的大致化学成分范围是:3.6%～3.9%C,2.0%～3.2%Si,0.3%～0.8%Mn,<0.1%P,<0.07%S,0.03%～0.08%Mg。由于球化剂的加入将阻碍石墨化,并使共晶点右移造成流动性下降,所以必须严格控制其含量。

球墨铸铁的显微组织由球形石墨和金属基体两部分组成。随着成分和冷却速度的不同,球铁在铸态下的金属基体可分为铁素体、铁素体加珠光体、珠光体三种,如图 13-2 所示。

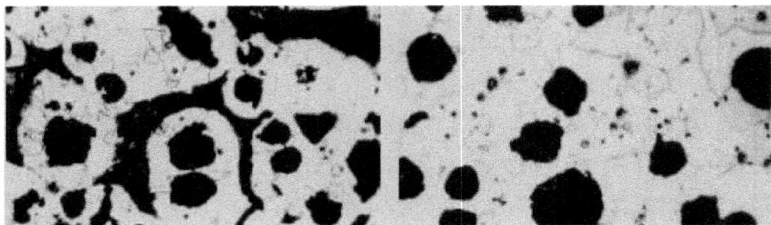

(a)珠光体+铁素体基球墨铸铁　　　　(b)铁素体基球墨铸铁

图 13-2　球墨铸铁的显微组织

（2）球墨铸铁的牌号、性能特点及用途

球墨铸铁的牌号、机械性能及用途如表 13-3 所示。

表 13-3　球墨铸铁的牌号、组织、力学性能及用途（摘自 GB 1348—1988）

牌号	σ_b/ MPa	σ_s/ MPa	δ/ %	供 参 考		应 用 举 例
	最　小　值			硬度 H3	基 体 组 织	
QT400-18	400	250	18	130～180	铁素体	汽车、拖拉机底盘零件；阀门的阀体和阀盖等
QT400-15	400	250	15	130～180	铁素体	
QT450-10	450	310	10	160～210	铁素体	
QT500-7	500	320	7	170～230	铁素体＋珠光体	机油泵齿轮等
QT600-3	600	370	3	190～270	铁素体＋珠光体	柴油机、汽油机的曲轴；磨床、铣床、车床的主轴；空压机、冷冻机的缸体、缸套
QT700-2	700	420	2	225～305	珠光体	
QT800-2	800	480	2	245～335	珠光体或回火组织	
QT900-2	900	600	2	280～360	贝氏体或回火马氏体	汽车、拖拉机传动齿轮等

　　与灰口铸铁相比，球墨铸铁具有较高的抗拉强度和弯曲疲劳极限，也具有相当良好的塑性及韧性。这是由于球形石墨对金属基体截面削弱作用较小，使得基体比较连续，且在拉伸时引起应力集中的效果应明显减弱，从而使基体的作用可以从灰口铸铁的 30％～50％提高到 70％～90％。另外，球铁的刚性也比灰口铸铁好，但球铁的消振能力比灰口铸铁低很多。

　　由于球铁中金属基体是决定球铁机械性能的主要因素，所以球铁可通过合金化和热处理强化的方法进一步提高它的机械性能。因此，球铁可以在一定条件下代替铸钢、锻钢等，用以制造受力复杂、负荷较大和要求耐磨的铸件。如具有高强度与耐磨性的珠光体球铁常用来制造内燃机曲轴、凸轮轴、轧钢机轧辊等；具有高韧性和塑性的铁素体球铁常用来制造阀门、汽车后桥壳、犁铧、收割机导架等。

　　3. 蠕墨铸铁

　　蠕墨铸铁作为一种新型工程材料。它是由液体铁水经变质处理和孕育处理随之冷却凝固后所获得的一种铸铁。通常采月的变质元素（又称蠕化剂）有稀土硅铁镁合金、稀土硅铁合金、稀土硅铁钙合金或混合稀土等。

　　（1）蠕墨铸铁的化学成分和组织特征

　　蠕墨铸铁的石墨形态介于片状和球状石墨之间。灰口铸铁中石墨片的特征是片长、较薄、端部较尖。球铁中的石墨大部分呈球状，即使有少量团状石墨，基本上也是互相分离的。如图 13-3 所示，蠕墨铸铁的石墨形态在光学显微镜下看起来像片状，但不同于灰口铸铁的是其片较短而厚、头部较圆（形似蠕虫）。所以可以认为，蠕虫状石墨是一种过渡型石墨。

蠕墨铸铁的化学成分一般为：3.4%～3.6%C，2.4%～3.0%Si，0.4%～0.6%Mn，≤0.06%S，≤0.07%P。对于珠光体蠕墨铸铁，要加入珠光体稳定元素，使铸态珠光体量提高。

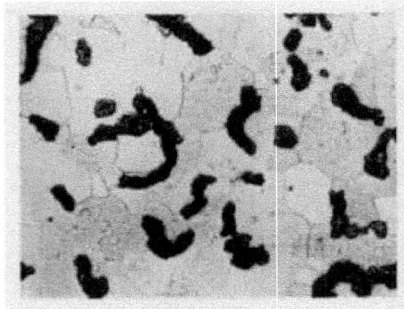

图 13-3　蠕墨铸铁的显微组织(铁素体基体)400×

(2)蠕墨铸铁的牌号、性能特点及用途

蠕墨铸铁的牌号、机械性能及用途如表 13-4 所示。表中的"蠕化率"为在有代表性的显微视野内，蠕虫状石墨数目与全部石墨数目的百分比。

表 13-4　蠕墨铸铁的牌号、组织、力学性能及用途(摘自 JB 4403—1987)

牌号	$\sigma_b/$ MPa	$\sigma_s/$ MPa	$\delta/$ %	硬度值范围 HB	基体组织	应用举例
	不　小　于					
RuT420	420	335	0.75	200～280	P	活塞环、汽缸套、制动盘、玻璃模具、刹车鼓、钢珠研磨盘、吸泥泵体等
RuT380	380	300	0.75	193～274	P	
RuT340	340	270	1.0	170～249	P+F	重型机床件、大型齿轮箱体、盖、座、飞轮、起重机卷筒等
RuT300	300	240	1.5	140～217	P+F	排气管、变速器体、汽缸盖、液压件、纺织机零件、钢锭模等
RuT260	260	195	3	121～197	F	增压器废气进气壳体、汽车底盘零件等

注：各牌号蠕墨铸铁的蠕化率不小于 50%。

由于蠕墨铸铁的组织是介于灰口铸铁与球墨铸铁之间的中间状态，所以蠕墨铸铁的性能也介于两者之间，即强度和韧性高于灰口铸铁，但不如球墨铸铁。蠕墨铸铁的耐磨性较好，它适用于制造重型机床床身、机座、活塞环、液压件等。

蠕墨铸铁的导热性比球墨铸铁要高得多，几乎接近于灰口铸铁，它的高温强度、热疲劳性能大大优于灰口铸铁，适用于制造承受交变热负荷的零件，如钢锭模、结晶器、排气管和汽缸盖等。蠕墨铸铁的消振能力优于球墨铸铁，铸造性能接近于灰口铸铁，铸造工艺简便，成品率高。

4. 可锻铸铁

可锻铸铁是由白口铸铁经长时间石墨化退火而获得的一种高强度铸铁，又叫玛钢。白口铸铁中的渗碳体在退火过程中分解出团絮状石墨，所以明显减轻了石墨对基体的割裂。与灰口铸铁相比，可锻铸铁的强度和韧性有明显提高。

(1)可锻铸铁的化学成分和组织特征

可锻铸铁的制作过程是，先铸造成白口铸铁，再进行"可锻化"退火将渗碳体分解为团絮状石墨，得到铁素体基体加团絮状石墨或珠光体(珠光体及少量铁素体)基体加团絮状石墨。铁素体基体＋团絮状石墨的可锻铸铁断口呈黑灰色，俗称黑心可锻铸铁，如图 13-4(a)所示。这种铸铁件的强度与延性均较灰口铸铁高，非常适合铸造薄壁零件，是最为常用的一种可锻铸铁。珠光体基体或珠光体与少量铁素体共存的基体加团絮状石墨的可锻铸铁件断口呈白色，俗称白心可锻铸铁，这种可锻铸铁应用不多，如图 13-4(b)所示。

由于生产可锻铸铁的先决条件是浇注出白口铸铁，若铸铁没有完全白口化而出现了片状石墨，则在随后的退火过程中，会因为从渗碳体中分解出的石墨沿片状石墨析出而得不到团絮状石墨。所以可锻铸铁的碳、硅含量不能太高，以促使铸铁完全白口化；但碳、硅含量也不能太低，否则使石墨化退火困难，退火周期增长。可锻铸铁的化学成分大致为：2.5%～3.2%C，0.6%～1.3%Si，0.4%～0.6%Mn，0.1%～0.26%P，0.05%～1.0%S。

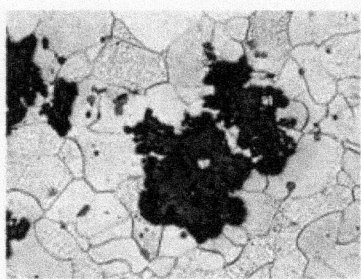

(a)黑心可锻铸铁　　　　　　　(b)白心可锻铸铁

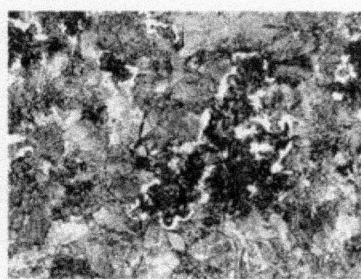

图 13-4　可锻铸铁的显微组织 400×

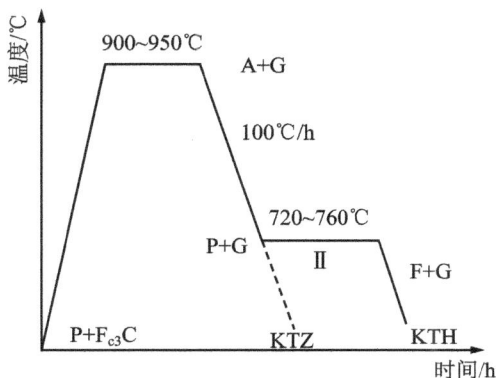

图 13-5　可锻铸铁石墨化退火工艺曲线

表 13-5　可锻铸铁的牌号、力学性能及用途(摘自 GB 9440—1988)

分类	牌号	试样直径/mm	σ_b/MPa	σ_s/MPa	δ/%(L_0=3d)	硬度HB	应用举例
			不小于				
黑心可锻铸铁	KTH300-06	12 或 15	300	—	6	≤150	管道、弯头、接头、三通、中压阀门
	KTH330-08		330	—	8		各种扳手、犁刀、犁柱、车轮壳等
	KTH350-10		350	200	10		汽车拖拉机前后轮壳、减速器壳、转向节壳、制动器等
	KTH370-12		370	—	12		
珠光体可锻铸铁	KTZ450-06		450	270	6	150～200	曲轴、凸轮轴、连杆、齿轮、活塞环、轴套、耙片、犁刀、摇臂、万向节头、棘轮、扳手、传动链条、矿车轮等
	KTZ550-04		550	340	4	180～230	
	KTZ650-02		650	430	2	210～260	
	KTZ700-02		700	530	2	240～290	

(2)可锻铸铁的牌号、性能特点及用途

可锻铸铁的牌号、机械性能及用途如表 13-5 所示。牌号中的"KT"表示"可铁"二字汉语拼音的大写字头,"H"表示"黑心","Z"表示珠光体基体。牌号后面的两组数字分别表示最低抗拉强度和最低延伸率。

可锻铸铁不能用锻造方法制成零件,只是因为石墨的形态改造为团絮状,不如灰口铸铁的石墨片分割基体严重,因而强度与韧性比灰口铸铁高。

可锻铸铁的机械性能介于灰口铸铁与球墨铸铁之间,有较好的耐蚀性,但由于退火时间长,生产效率极低,使用受到限制,故一般用于制造形状复杂,承受冲击,并且壁厚<25mm 的铸件(如汽车、拖拉机的后桥壳、轮壳等)。可锻铸铁亦适用于制造在潮湿空气、炉气和水等介质中工作的零件,如管接头、阀门等。

(3)可锻铸铁的石墨化退火

可锻铸铁的石墨是通过白口铸件退火形成的。如图 13-5 所示,通常是先形成的白口铸件加热到 900～980℃温度,一般保温 60～80h,炉冷使其中渗碳体分解让"第一阶段石墨化"充分进行形成团絮状石墨。待炉冷至 770～650℃再长时间保温让"第二阶段石墨化"充分进行,这样处理后获得"黑心可锻铸铁"。若取消第二阶段的 770～650℃长时间保温,只让第一阶段石墨化充分进行炉冷后便获得珠光体基体或珠光体与少量铁素体共存的基体加团絮状石墨的"白心可锻铸铁"。

可锻铸件的问题是,可锻化退火时间太长,生产效率太低,退火后在 600～400℃之间缓冷后铸铁件脆性大。解决问题的办法是,避免退火后在 600～400℃之间缓冷;向铸铁液中引入少量 B,B 元素并可适当提高硅的含量,可有效地缩短退火时间。我国有的厂家已将可锻化退火时间缩短到 20h。

13.1.2　铸铁焊接性分析

1. 灰口铸铁焊接性分析

灰口铸铁应用最为广泛，所以灰口铸铁焊接性研究工作进行的较多。灰口铸铁在化学成分上的特点是 C 含量高及 S，P 杂质含量高，这就增大了焊接接头对冷却速度变化的敏感性及冷热裂纹的敏感性。在力学性能上的特点是强度低，基本无塑性。焊接过程具有冷速快及焊件受热不均匀而形成焊接应力较大的特殊性。这些因素导致焊接性不良。铸铁的含碳量高，脆性大，焊接性很差。主要问题有两方面：一方面是焊接接头易出现白口及淬硬组织；另一方面是焊接接头易出现裂纹。

白口组织是由于在铸铁补焊时，碳、硅等促进石墨化元素大量烧损，且补焊区冷速快，在焊缝区石墨化过程来不及进行而产生的。白口铸铁硬而脆，切削加工性能很差。采用含碳、硅量高的铸铁焊接材料或镍基合金、铜镍合金、高钒钢等非铸铁焊接材料，或补焊时进行预热缓冷使石墨充分析出，或采用钎焊，可避免出现白口组织。

裂纹通常发生在焊缝和热影响区，产生的原因是铸铁的抗拉强度低，塑性很差（400℃以下基本无塑性），而焊接应力较大，且接头存在白口组织时，由于白口组织的收缩率更大，裂纹倾向更加严重，甚至可使整条焊缝沿熔合线从母材上剥离下来。防止裂纹的主要措施有，采用纯镍或铜镍焊条、焊丝，以增加焊缝金属的塑性；加热减应区以减小焊缝上的拉应力；采取预热、缓冷、小电流、分散焊等措施减小焊件的温度差。

（1）焊接接头易出现白口及淬硬组织

以含碳为 3%、含硅 2.5% 的常用灰口铸铁为例，分析电弧焊焊后在焊接接头上组织变化的规律。整个焊接接头可分为六个区域，如图 13-6 所示。图中 γ 表示奥氏体，G 表示石墨，C 表示渗碳体，α 表示铁素体，图中未加括号时表示介稳态转变，加括号时表示稳态转变。

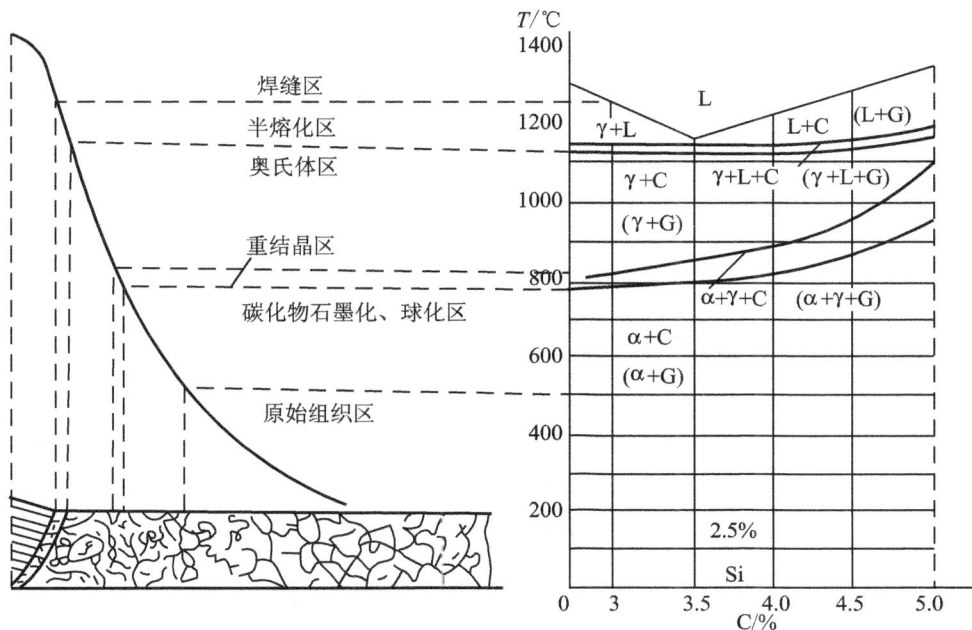

图 13-6　灰口铸铁焊接组织变化图

1)焊缝区。当焊缝成分与灰口铸铁铸件成分相同时，在一般电弧焊情况下，由于焊缝冷却速度远远大于铸件在砂型中的冷却速度，焊缝主要为共晶渗碳体＋二次渗碳体＋珠光体，即焊缝基本为硬脆的白口铸铁组织。

防止措施，一是要采用适当的工艺措施来减慢焊缝的冷却速度，如增大线能量；二是要调整焊缝化学成分来增强焊缝的石墨化能力。

当焊缝成分与灰口铸铁铸件成分不同时，即如果采用的是异质焊缝，例如，若采用低碳钢焊条进行焊接，由于母材熔化而过渡到焊缝中的碳较高，会产生硬脆的马氏体组织。因此需要采用较小焊接电流等方法，目的是防止和减少母材过渡到焊缝中过多的碳。

采用异质金属材料焊接时，必须要设法防止或减弱母材过渡到焊缝中的碳所产生高硬度组织所带来的有害作用。思路是：改变碳的存在状态，使焊缝不出现淬硬组织并具有一定的塑性，例如，使焊缝分别成为奥氏体，铁素体及添加有色金属等是一些有效的途径。

2)半熔化区。该区被加热到液相线与共晶转变下限温度之间，温度范围1 150～1 250℃。该区处于液固状态，一部分铸铁已熔化成为液体，其他未熔化部分在高温作用下已转变为奥氏体。影响此区域的组织及缺陷的产生有两个因素。

①冷却速度对半熔化区白口铸铁的影响。该区域的冷却速度很快，液态铸铁在共晶转变温度区间转变成莱氏体，即共晶渗碳体加奥氏体。继续冷却二次渗碳体从含有饱和态碳的奥氏体中析出。在共析转变温度区间，奥氏体转变为珠光体。由于该区冷却速度很快，在共析转变温度区间，可出现奥氏体向马氏体转变的过程，并产生少量残余奥氏体。

如图13-7所示的左侧为亚共晶白口铸铁，其中白色条状物为渗碳体，黑色点、条状物及较大的黑色物为奥氏体转变后形成的珠光体。右侧为奥氏体快冷转变成的竹叶状高碳马氏体，白色为残余奥氏体。还可看到一些未熔化的片状石墨。

图13-7 半熔化区白口及马氏体

当半熔化区的液态金属以很慢的冷却速度冷却时，其共晶转变按稳定相图转变。

最后其室温组织由石墨＋铁素体组织组成。

当该区液态铸铁的冷却速度介于以上两种冷却速度之间时，随着冷却速度由快到慢，或为白口铸铁，或为珠光体铸铁，或为珠光体加铁素体铸铁。

影响半熔化区冷却速度的因素有焊接方法、预热温度、焊接热输入、铸件厚度等因素。

例如，电渣焊时，渣池对灰口铸铁焊接热影响区先进行预热，而且电渣焊熔池体积大，焊接速度较慢，使焊接热影响区冷却缓慢，为防止半熔化区出现白口铸铁，将焊件预热到 650～700℃ 再进行焊接，这个过程称热焊。这种热焊工艺使焊接熔池与 HAZ 很缓慢地冷却，从而为防止焊接接头白口铸铁及高碳马氏体的产生提供了很好的条件。

研究灰口铸铁试板焊件，当热输入相同时，随板厚的增加，半熔化区冷却速度加快。白口淬硬倾向增大。

②化学成分对半熔化区白口铸铁的影响。铸铁焊接半熔化区的化学成分对其白口组织的形成同样有重大影响。该区的化学成分不仅取决于铸铁本身的化学成分，而且焊缝的化学成分对该区也有重大影响。这是因为焊缝与半熔化区紧密相连，且同时处于熔融的高温状态，为该两区之间进行元素扩散提供了非常有利的条件。某元素在两区之间向哪个方向扩散首先决定于该元素在两区之间的浓度梯度（含量变化）。元素总是从高含量区域向低含量区域扩散，其含量梯度越大，越有利于扩散的进行。

提高熔池金属中促进石墨化元素（C，Si，Ni 等）的含量对消除或减弱半熔化区白口的形成是有利的。

用低碳钢焊条焊铸铁时，半熔化区的白口带往往较宽。这是因为半熔化区含 C，Si 量高于熔池，故半熔化区的 C，Si 反而向熔池扩散，使半熔化区 C，Si 有所下降，增大了该区形成较宽白口的倾向。

3）奥氏体区。该区被加热到共晶转变下限温度与共析转变上限温度之间。该区温度范围为 820～1 150℃，此区无液相出现，该区在共析温度区间以上，其基体已奥氏体化，加热温度较高的部分（靠近半熔化区），由于石墨片中的碳较多地向周围奥氏体扩散，奥氏体中含碳量较高；加热较低的部分，由于石墨片中的碳较少向周围奥氏体扩散，奥氏体中含碳量较低，随后冷却时，如果冷速较快，会从奥氏体中析出一些二次渗碳体，其析出量的多少与奥氏体中含碳量成直线关系。在共析转变快时，奥氏体转变为珠光体类型组织。冷却更快时，会产生马氏体与残余奥氏体，该区硬度比母材有一定提高。

熔焊时，采用适当工艺使该区缓冷，可使奥氏体直接析出石墨而避免二次渗碳体析出，同时防止马氏体形成。

4）重结晶区。该区很窄，加热温度范围为 780～820℃。由于电弧焊时该区加热速度很快，只有母材中的部分原始组织可转变为奥氏体。在随后冷却过程中，奥氏体转变为珠光体类组织。冷却很快时也可能出现一些马氏体。

其他加热温度更低的区域，焊后组织变化不明显或无变化。

（2）焊接接头易出现裂纹缺陷

1）冷裂纹。冷裂纹可发生在焊缝或热影响区。

①对于发生在焊缝区的冷裂纹，多数是铸铁型焊缝。而当采用异质焊接材料焊接，使焊缝成为奥氏体、铁素体，铜基焊缝时，由于焊缝金属具有较好的塑性，焊接金属不易出现冷裂纹。

冷裂纹的产生原因是，在焊接过程中由于工件局部不均匀受热，焊缝在冷却过程中会产生很大的拉应力，这种拉应力随焊缝温度的下降而增大。当焊缝全为灰口铸铁时，石墨呈片状存在。当片状石墨方向与外加应力方向基本垂直，且两个片状石墨的尖端又靠得很近，在外加应力增加时，石墨尖端形成较大的应力集中。铸铁强度低，400℃以下基本无塑性。当应力超过此时铸铁的强度极限时，即发生焊缝裂纹。

此外，当焊缝中存在白口铸铁时，由于白口铸铁的收缩率比灰口铸铁收缩率大，加以其中渗碳体性能更脆，故焊缝更易出现裂纹。因此，影响铸铁型焊缝区出现冷裂纹的因素如下。

第一个是与焊缝基体组织有关，焊缝中渗碳体越多，焊缝中出现裂纹数量越多。当焊缝基体全为珠光体与铁素体组成，而石墨化过程又进行得较充分时，由于石墨化过程伴随有体积膨胀过程，可以松弛部分焊接应力，有利于改善焊缝的抗裂性。

第二个在于焊缝石墨形状，粗而长的片状石墨容易引起应力集中，会减小抗裂性；石墨以细片状存在时，可改善抗裂性；石墨以团絮状存在时，焊缝具有较好的抗裂性能。

第三个与焊补处刚度与焊补体积的大小及焊缝长短有关，焊补处刚度大，焊补体积大，焊缝越长都将增大应力状态，促使裂纹产生。

为避免此类冷裂纹的出现，可采用如下措施。

第一，对焊补件进行整体预热(550～700℃)能降低焊接应力。

第二，向铸铁型焊缝加入一定量的合金元素(Mn，Ni，Cu 等)使焊缝金属先发生一定量的贝氏体相变，接着又发生一定量的马氏体相变，则利用这二次连续相变产生的焊缝应力松弛效应，可较有效地防止焊缝出现冷裂纹。

近年来的研究表明，向铸铁型焊缝中加入一定量的合金元素(如锰、钼、铜等)，使焊缝金属先发生一定量的贝氏体相变(500～250℃)，接着又发生一定量的马氏体相变(低于200℃)，利用这样焊缝二次相变产生焊缝应力松弛可有效防止冷裂纹出现。造成这种焊缝应力松弛的原因是金属及合金在相变过程中塑性增加，这种特性称相变塑性；同时贝氏体与马氏体的比容较奥氏体、珠光体及铁素体都大，相变过程中的体积膨胀也有利于松弛焊缝应力。

第三，可以加入既能改变石墨形态又能促使石墨化的元素。例如，Ca 电弧冷焊时，发现焊缝含一定量 Ca 时，既能促使焊缝石墨化，又能改变焊缝石墨状态。焊缝中 Ca 为 0.002 7% 时(焊缝中 C＝3.89%，Si＝2.85%)，焊缝部分球化，另有部分蠕虫状石墨及少量片状石墨，焊缝中无白口铸铁组织。在焊条中加入一定量 Ca 能改善抗冷裂性能。

②发生在热影响区(HAZ)的冷裂纹。

此外现出的冷裂纹多与含有较多渗碳体及马氏体有关。这样的冷裂纹也可能发生在离熔合线稍远的 HAZ。其原因如下。

首先，在电弧冷焊情况下，在半熔化区及奥氏体区产生铁素体及马氏体等脆硬组织（白口铸铁的抗拉强度为 $107.8\sim166.8$ MPa，马氏体铸铁的抗拉强度也不超过 147 MPa）。当焊接拉应力超过某区的强度时，就会在该区发生裂纹。

其次，半熔化区上白口铸铁的收缩率（$1.6\%\sim2.3\%$）比其相应的奥氏体的收缩率（$0.9\%\sim1.3\%$）大得多。在该二区间产生一定的切应力。

最后，在焊接薄壁铸铁件（$5\sim10$ mm）导热程度比厚壁铸件差的多，加剧了焊接接头的拉应力。使冷裂纹可能发生在离熔合线稍远的 HAZ 上。

为避免此类冷裂纹的出现，可采用的防止措施包括：

第一，采取工艺措施来减弱焊接接头的应力及防止焊接接头出现渗碳体及马氏体。如采用预热焊。

第二，采用屈服点较低而且有良好塑性的焊接材料焊接，通过焊缝的塑性变形松弛焊接接头的部分应力。

第三，在修复厚大件的裂纹缺陷时，可在坡口两侧进行栽丝法焊接（坡口大，焊层多，积累焊接应力大。为防止 HAZ 冷裂发展成剥离性裂纹）

2）热裂纹

采用低碳钢焊条与镍基铸铁焊条冷焊时，焊缝较易出现属于热裂纹的结晶裂纹。铸铁型焊缝对热裂不敏感，高温时石墨析出过程中有体积增加，有助于减低应力。

当用低碳钢焊条焊铸铁时，即使采用小电流，第一层焊缝中的熔合比也在 $1/4\sim1/3$ 之间，焊缝平均含碳量可达 $0.7\%\sim1.0\%$，铸铁含 S，P 量高，焊缝平均含 S，P 也较高，焊接表层含 C 及 S，P 较低，越靠近熔合线，焊缝含 C 及 S，P 越高。C 与 S，P 是促使碳钢发生结晶裂纹的有害元素，故用低碳钢焊条焊接铸铁时，第一层焊缝容易发生热裂纹。这种热裂纹往往隐藏在焊缝下部，从焊缝表面不易发觉。

利用镍基铸铁焊条焊接铸铁时，由于铸铁中含有较多的 S，P，焊缝易生成低熔点共晶，如 $Ni\text{-}Ni_3S_2$，$644℃$，$Ni\text{-}Ni_3P$，$880℃$，故焊缝对热裂纹有较大的敏感性。

解决措施，首先在冶金方面，调整焊缝化学成分，使其脆性温度区间缩小，加入稀土元素，增强脱 S，P 反应，使晶粒细化，以提高抗热裂性能。另外要采用正确的冷焊工艺，使焊接应力减低，以及使母材有害杂质较少熔入焊缝。

2. 球墨铸铁的焊接性

球墨铸铁由于添加 Mg，RE（稀土）等球化剂，使得石墨以球状存在，力学性能明显提高。但是球墨铸铁的焊接性较差，因为球化剂都是阻碍石墨化的元素，所以白口现象比较严重，其淬硬倾向比灰口铸铁大，并且在冷却过程中热影响区也会形成淬硬组织，硬度可高达 $620\sim700$ HB，使焊后机械加工发生困难。此外由于球墨铸铁本身的强度和塑性较好，所以焊接时不易产生裂纹，但是要求焊接接头与各强度等级的球墨铸铁母材匹配，所以球墨铸铁焊接比灰口铸铁焊接时就更困难一些。

13.1.3　铸铁的焊接方法

铸铁的焊补可采取电弧热焊、电弧冷焊和气焊等方法。将工件整体或有缺陷的局部位置预热到 $600\sim700℃$（暗红色），然后进行焊补，焊后并进行缓冷的铸铁焊补工艺，人们称"热焊"。冷焊法是焊前不对工件进行预热，或预热温度不超过 $300℃$。气焊采用

RZCQ 型焊丝，焊前预热 700～750℃，配合硼砂为熔剂，用中性焰或弱还原性焰焊接。气焊预热方法适于补焊中小型薄壁零件。

在选择焊接方法时应注意以下原则。

1)针对不同的切削加工性、强度等选择不同的焊接方法。焊条电弧焊热焊法对于要求质量高、切削加工性好的铸件最适合，焊条电弧焊冷焊法则适宜于机加工的表面及不便于预热的大型铸件。

2)针对不同的焊件体积、形状、厚度及使用条件等选择不同的焊接方法。对于中小型薄壁零件(如汽缸)采用气焊、冷焊、热焊均可，对于较大的零件应采用气焊热焊法。

▶ 13.2 铸铁焊接用的焊条及焊粉

13.2.1 铸铁焊接用焊条

表 13-6～表 13-11 列出常用的铸铁焊接用焊条及其使用参数，供实际焊接时选用。

表 13-6　常用铸铁焊条牌号及成分

牌号	国标型号	药皮类型	焊接电流	焊缝主要成分	主　要　用　途
Z100	EZFe-2	氧化性	交直流	1	用于一般铸铁件缺陷的修补，焊后不能进行切削加工
Z116	EZV	低氢型	交直流	高钒钢	高强度灰口铸铁件及球墨铸铁件的焊补
Z117	EZV	低氢型	直流	高钒钢	高强度灰口铸铁件及球墨铸铁件的焊补
Z122Fe	EZFe-2	钛钙型	交直流	1	用于各种灰口铸铁件非加工面的焊补
Z208	EZC	石墨型	交直流	铸铁	一般灰口铸铁件的焊补
Z238	EZCQ	石墨型	交直流	球墨铸铁	用于球墨铸铁件的焊补
Z248	EZC	石墨型	交直流	灰口铸铁	用于灰口铸铁件的焊补
Z258	EZCQ	石墨型	交直流	球墨铸铁	用于球墨铸铁件的焊补
Z268	EZCQ	石墨型	交直流	球墨铸铁	用于球墨铸铁件的焊补
Z308	EZNi-1	石墨型	交直流	纯镍	重要灰口铸铁薄壁件和加工面的焊补
Z408	EZNiFe-1	石墨型	交直流	镍铁合金	重要高强度灰口铸铁件及球墨铸铁件的焊补
Z438	EZNiFe-1	石墨型	交直流	镍铁合金	重要高强度灰口铸铁件及球墨铸铁件的焊补
Z508	EZNiCu-1	石墨型	交直流	镍铜合金	用于强度要求不高的灰口铸铁件的焊补

Z208 是低碳钢芯、强石墨化型药皮的铸铁电焊条，焊缝在缓冷时可变成灰口铸铁，抗裂性能较差。可交直流两用，价格低廉。用于焊补灰口铸铁的缺陷。

表 13-7　Z208 使用参数

熔敷金属化学成分/%				
化学成分	C	Mn	Si	S	P
保证值	2.00～4.00	≤0.75	2.50～6.50	≤0.100	≤0.150

参考电流(AC，DC+)		
焊条直径/mm	φ3.2	φ4.0	φ5.0
焊接电流/A	90～120	130～180	190～220

注意事项：

1. 焊前焊条须经 150℃ 左右烘焙 1h；

2. 对于承受应力及冲击等重要铸件结构，不宜采用本焊条；

3. 小型薄壁铸件刚度不大部位的缺陷可以不预热焊补，而一般焊件需预热至 400℃，焊后保温缓冷，则焊补处有可能进行切削加工。

Z238 是低碳钢芯、强石墨化型药皮的球墨铸铁焊条，由于加入一定量的球墨化剂，使熔敷金属中的石墨在受冷过程中呈球状析出，可交直流两用。用于焊补球墨铸铁件。

表 13-8　Z238 使用参数

熔敷金属化学成分/%							
化学成分	C	Mn	Si	S	P	Fe	其他元素总量	球化剂
保证值	3.20～4.20	≤0.80	3.20～4.00	≤0.100	≤0.150	余量	≤0.100	0.04～0.15

参考电流(AC，DC+)		
焊条直径/mm	φ3.2	φ4.0	φ5.0
焊接电流/A	80～120	130～170	160～190

注意事项：

1. 焊前焊条须经 250℃ 左右烘焙 1h；

2. 焊前应将焊件预热至 500℃ 左右，焊后保温缓冷，则补焊处有可能进行切削加工；

3. 热处理规范：

正火处理　900～920℃保温 2.5h，炉冷到 730～750℃保温 2h 取出空冷；

退火处理　900～920℃保温 2.5h，炉冷至 100℃以下。

Z308 是纯镍焊芯、强还原性石墨型药皮的铸铁焊条，施焊时，焊件可不预热，具有良好的抗裂性能和加工性能。镍价格昂贵，应该在其他焊条不能满足时才可选用。交直流两用。用于铸铁薄件及加工面的补焊，如发动机座、机床导轨、齿轮座等重要灰口铸铁件。

表 13-9　Z308 使用参数

熔敷金属化学成分/%						
化学成分	C	Mn	Si	S	Ni	Fe	其他元素总量
保证值	≤2.00	≤1.00	≤2.50	≤0.030	≥90	≤8	≤1.00

续表

参考电流（AC，DC+）			
焊条直径/mm	φ2.5	φ3.2	φ4.0
焊接电流/A	50～100	70～120	110～180

注意事项：

1. 焊前焊条须经 150℃ 左右烘焙 1h；

2. 可以通过锤击焊缝消除焊补区应力，避免裂纹。

Z408 是镍铁合金焊芯、强还原性石墨型药皮的铸铁焊条，具有强度高，塑性好，线膨胀系数低等特点。抗裂性对灰口铸铁与 Z308 差不多，但对球墨铸铁则比 Z308 强，对含磷量高（0.2％P）的铸铁，也具有良好的效果，切削加工性能比 Z308 和 Z508 稍差。用于常温或稍经预热（至 200℃ 左右）灰口铸铁及球墨铸铁的焊接。交直流两用。适用于重要高强度灰口铸件及球墨铸件的补焊。如汽缸、发动机座、齿轮、轧辊等。

表 13-10　Z408 使用参数

熔敷金属化学成分/％							
化学成分	C	Mn	Si	S	Ni	Fe	其他元素总量
保证值	≤2.00	≤1.80	≤2.50	≤0.030	45～60	余量	≤1.00

参考电流（AC，DC+）			
焊条直径/mm	φ3.2	φ4.0	φ5.0
焊接电流/A	50～100	70～120	110～180

注意事项：焊前焊条须经 150℃ 左右烘焙 1h。

Z508 是镍铜合金（蒙乃尔）焊芯、强还原性石墨型药皮的铸铁焊条。其工艺性能及切削加工性能都接近 Z308，但由于收缩率较大，抗裂性较差。焊接接头强度较低，所以不宜用于受力部位的焊接，可用于常温或低温预热（至 300℃ 左右）的灰口铸铁的焊接。交直流两用。用于强度要求不高的灰口铸件的焊补。

表 13-11　Z508 使用参数

熔敷金属化学成分/％								
化学成分	C	Mn	Si	S	Cu	Ni	Fe	其他元素总量
保证值	≤1.00	≤2.50	≤0.80	≤0.025	24～35	60～70	≤6	≤1.00

参考电流（AC，DC+）				
焊条直径/mm	φ2.5	φ3.2	φ4.0	φ5.0
焊接电流/A	50～100	70～120	110～170	140～190

注意事项：

1. 焊前焊条须经 150℃ 左右烘焙 1h；

2. 焊时运条以窄焊道为宜，每次焊缝的长度不宜超过 50mm，焊后立即用小锤轻轻锤击焊接处，以消除焊补区应力，防止裂纹。

13.2.2　铸铁焊粉

铸铁焊粉是指铸铁气焊时所用的助熔剂。常用的焊粉是 CJ201，其熔点为 650℃。铸铁焊粉在铸铁气焊时作助熔剂用。铸铁焊粉有潮解性，能有效地去除铸铁的气焊过程中所产生的硅酸盐和氧化物，有加速金属熔化的功能。

▷ 13.3　铸铁电弧热焊

13.3.1　灰口铸铁同质(铸铁型)焊缝的电弧热焊

电弧热焊前将工件整体或局部预热到 600～700℃，补焊过程中不低于 400℃，焊后缓慢冷却至室温。

1. 预热的选择

对结构复杂(如缸体)且焊补处拘束度很大的焊件，宜采用整体预热，采用局部预热焊，会在焊补处产生高拉应力，而再出现裂纹。

对结构简单而焊补的地方拘束度轻小的焊件，可采用局部预热。拘束度大，是指焊缝处于高拉应力状态中，故易裂。拘束度小，是指焊补的地方有一定的自由膨胀及收缩的余地，焊缝受应力小。

预热温度不能超过共析温度下限，否则焊后焊件因相变的结果，会引起焊件基体组织的变化，从而引起焊件力学性能的变化。

2. 电弧热焊的优点

1)有效地减少了焊接接头上的温差，而且铸铁由常温完全无塑性改变为有一定塑性，灰口铸铁在 600～700℃时，伸长率可达 2%～3%，再加以焊后缓慢冷却，焊接应力状态大为改善。

2)600～700℃预热，石墨化过程进行比较充分，焊接接头有完全防止白口及淬硬组织的产生，从而有效地防止了裂纹。

3. 缺点

1)预热温度高，劳动条件很坏，焊补时焊工胸前高温烤，背后凉风吹(电扇)，身体前后温差很大，工人容易得病。

2)将焊件加热到 600～700℃需消耗很多燃料，焊补成本高，工艺复杂，生产率低。

4. 预热方法

一些大型拖拉机厂、汽车厂生产铸件多，焊补量大，焊补要求高，常装备有专门进行铸铁热焊的连续式煤气加热炉。铸铁焊补前，进入装有传送带的煤气加热炉，依次经过低温(200～350℃)、中温(350～600℃)及高温(600～700℃)加热，使焊件升温缓慢而均匀，然后出炉焊补，焊补后再把焊件送入另一传送带，反过来由高温区到低温区出炉，以消除焊接应力。一般中、小型铸造车间及修配厂常采用地炉或砖砌的明炉加热，燃料常用焦炭、木炭，也可用煤气火焰及氧乙炔焰加热。

5. 焊接材料

铸铁热焊时虽采取了预热缓冷的措施，但焊缝一般还是快于铸铁铁液在砂型中的冷却速度，为了保证焊缝石墨化，不产生白口组织且硬度合适，焊缝中总的 C，Si 含量还应稍大于母材。经研究认为电弧热焊时，焊缝中 $w(C)=3\%～3.8\%$，$w(Si)=3\%～3.8\%$，$w(C+Si)=6\%～7.6\%$ 为宜。

我国目前采用的电弧热焊焊条有两种：一种是采用铸铁芯加石墨型药皮，Z248，直径 6mm 以上；另一种是采用低碳钢芯加石墨型药皮，Z208，直径 5mm 以下。

新国际标准中这两种焊条均属 E2C 型焊条。

热焊时采用大直径铸铁芯焊条，配合采用大电流，可加快焊补速度，缩短焊工从事热焊的时间，热焊时工人愿意采用大直径铸铁芯焊条。电弧热焊主要适用于厚度大于 10mm 以上工件缺陷的焊补，若对 10mm 以下薄件的焊补，则易发生烧穿等问题。

乌克兰巴顿焊接研究所研制的适用于铸铁焊接电弧焊用的药芯焊丝，外皮由低碳钢带制成，内装有石墨、硅铁、铝粉等石墨化剂。优点是可以用较大焊接电流，熔敷率达 5～19kg/h，可用于 15mm 厚板及大、中型缺陷焊接修复。

6. 焊接工艺

热焊法的焊接设备主要有加热炉、焊炬、电炉(油炉或地炉)等，焊接工艺如下。

1)焊前准备和预热。清除缺陷周围的油污和氧化皮，露出基体的金属光泽；开坡口，一般坡口深度为焊件壁厚的 2/3，角度为 70°～120°；将焊件放入炉中缓慢加热至 600～700℃(不可超过 700℃)。

2)施焊。采用中性焰或弱碳化焰(施焊过程中不要使铁水流向一侧)，待基体金属熔透后，再熔入焊条金属；发现熔池中出现白亮点时，停止填入焊条金属，加入适量焊剂，用焊条将杂物剔除后再继续施焊；为得到平整的焊缝，焊接后的焊缝应稍高出铸铁件表面，并将溢在焊缝外的熔渣重新熔化，待降温到半熔化状态时，用焊丝沿铸件表面将高出部分刮平。

3)焊后冷却。一般应随炉缓慢冷却至室温(一般需 48h 以上)，也可用石棉布(板)或炭灰覆盖，使焊缝形成均匀的组织，同时防止产生裂纹。

13.3.2 球墨铸铁的电弧热焊

球墨铸铁的球化剂一般都严重阻碍石墨化过程，所以当采用电弧冷焊时由于冷却速度大，而使焊缝中的白口倾向增大。这样，不仅使机械加工性能变坏，而且在焊接应力的作用下，容易在焊缝中出现裂纹。因此在生产中，多采用500～700℃高温预热法焊接球墨铸铁。常用的是钢芯球墨铸铁焊条——EZCQ 型(Z238)焊条。该焊条是低碳钢芯外涂石墨化和球化剂药皮的焊条。由于其中含有镁，增加了焊条白口及淬硬倾向。焊前工件应预热500℃，焊后缓冷，并进行正火或退火处理，以利于石墨化和球化过程的进行。正火处理的工艺参数是：加热至 900～920℃，保温 2.5h，炉冷至 750～730℃保温 2h 后空冷。退火处理是加热至 900～920℃，保温 2.5h，炉冷到 100℃以下出炉。

▶ 13.4 铸铁的电弧冷焊

13.4.1 灰口铸铁同质电弧冷焊(焊缝为铸铁型的电弧冷焊)

电弧冷焊优点是，焊前对被焊补的工件不预热，焊工劳动条件好，焊补成本低，焊补过程短，焊补效率高。对于预热很困难的大型铸件或不能预热的已加工面等情况更适于采用。

易出现的问题是，①铸铁型焊缝的焊接熔池及其 HAZ 冷却速度很快，易产生白口及马氏体。②焊件上的温度场很不均匀，使焊缝产生较高的拉应力，而灰口铸铁的焊缝强度较低，基本无塑性，焊后很容易产生冷裂纹。

解决措施如下。

1)提高焊缝石墨化的能力。冷焊条件下焊缝中 $w(C)=4.0\%\sim5.5\%$，$w(Si)=3.5\%\sim4.5\%$，$w(C+Si)=7.5\%\sim10\%$，比较合适。过去一般都趋向于提高焊缝含 Si 量($4.5\%\sim7\%$)，把 C 控制在 3%左右，通过近来大量研究工作表明，适当提高焊缝含 C 量及适当保持焊缝含 Si 较为理想。其原因如下。①提高焊缝含 C 量对减弱与消除半熔化区白口作用比提高 Si 有效，因为液态时，C 的扩散能力比 Si 强 10 倍左右。②在 C，Si 总量一定时，提高焊缝含 C 量比提高焊缝含 Si 量更能减少焊缝收缩量，从而对降低焊缝裂纹敏感性有好处。③焊缝含 $Si>75\%$时，Si 对铁素体固溶强化，使焊缝硬度升高，C 不存在这一问题。

2)焊缝中加入 Ca，Ba，Al 等，这些微量元素的加入，可形成高熔点的硫化物、氧化物等，成为石墨形核的异质核心，加速焊缝石墨化过程。

3)为了防止焊接接头上出现白口及淬硬组织，采取大的焊接热输入工艺，即采用大电流、连续焊工艺来降低焊缝冷却速度。

4)过去电弧冷焊灰口铸铁，受传统观念束缚，一直使焊缝也成为灰口铸铁，但灰口铸铁石墨为片状，片状石墨的尖端是高应力集中区，加以铸铁焊缝强度低，无塑性，又采用大电流连续工艺，工件局部受热较严重，焊缝应力状态较严重，很易形成冷裂纹。近期，通过冶金处理，改变焊缝石墨的形态，甚至使石墨成为球状，并控制基体为铁素体+珠光体，使焊缝的抗冷裂能力获得提高。

13.4.2　灰口铸铁异质焊缝的电弧冷焊

鉴于铸铁型焊缝电弧冷焊存在很多局限，包括缝强度低、塑性差，焊补较大刚度缺陷时易出现裂纹；易出现白口以及对于薄壁件缺陷的焊补有困难等问题。异质焊缝的电弧冷焊逐渐发展并得到较好应用。

1. 异质焊缝电弧冷焊材料

(1)镍基焊缝手弧焊

Ni 是扩大奥氏体的元素，当 Fe-Ni 合金中含 Ni 量超过 30%时，合金凝固后一直到室温都保持硬度较低的奥氏体组织，不发生相变。Ni，Cu 为非碳化物形成元素，不会与 C 形成高硬度的碳化物。以 Ni 为主要成分的奥氏体，及铁素体相均能溶解较高的 C。例如，纯 Ni，1 300℃，溶解 2%的 C，温度下降后会有少量 C 由于过饱和而以细小的石墨析出，故焊缝有一定的塑性与强度，且硬度较低。另外，Ni 为促使石墨化元素，对减弱半熔化区白口的宽度很有利。

我国目前应用的镍基铸铁焊条所用焊芯有纯镍焊芯、镍铁焊芯[$w(Ni)=55\%$，余为 Fe]、镍铜焊芯[$w(Ni)=70\%$，余为 Cu]三种，所有镍基铸铁焊条均采用石墨型药皮，也就是说，药皮中含有较多的石墨。

镍基铸铁焊条采用石墨型药皮是基于以下几点理由。

1)石墨是强脱氧剂，药皮中含有适量石墨，可防止焊缝产生气孔。

2)适量 C 可以缩小液固相线结晶区间，也就是缩小高温脆性温度区间，从而有利于提高焊缝抗裂纹的能力。

3)有利于降低半熔化区中的 C 向焊缝扩散的程度,进一步降低该区白口宽度。

镍基焊条的最大特点是焊缝硬度较低,半熔化区白口层薄,适用于加工面焊补,而且镍基焊缝的颜色与灰口铸铁母材相接近,更利于加工面焊补。镍基铸铁焊条价格贵,应主要用于加工面的焊补,工件厚或缺陷面积较大时,可先用镍基焊条在坡口上堆焊两层过渡层,中间熔敷金属可采用其他较便宜的焊条。

我国目前生产的镍基铸铁焊条主要有下列几种。

①EZNi 焊条(Z308)。它是纯镍焊芯、石墨型药皮的铸铁焊条。这种焊条的最大特点是:电弧冷焊焊接接头加工性优异;半熔化区的白口宽度一般为 0.05mm 左右;焊接接头强度可满足一般常用灰口铸铁的要求;焊缝有一定塑性,伸长率 5%,Ni53%～60%,Fe40%～47%。

②EZNiFe 焊条(Z408)。它是 NiFe 合金焊芯、石墨型药皮的铸铁焊条。由于铁的固溶强化作用,其特点,一是所焊焊缝及焊接接头具有较高的抗拉强度。二是焊缝有较高的塑性,伸长率 10%左右。第一层焊缝受母材稀释后的含镍量为 35%～40%,具有最小的线膨胀系数。三是抗裂性能优于纯 Ni 及 NiCu 铸铁焊条。四是焊接接头机械加工性比"EZNi"稍差。

③EZNiCu 焊条(Z508)。它是 Ni70-Cu30 合金焊芯、石墨型药皮的铸铁焊条,由于 Ni70-Cu30 的 NiCu 合金又称为 Monel 合金,故人们常称该焊条为蒙乃尔焊条。该焊条 $w(Ni)=70\%$,低于纯 Ni 焊条,而高于 NiFe 焊条。其特点,一是半熔化区白口较窄,介于纯 Ni 焊条与 NiFe 焊条之间。在合适的焊接工艺下,半熔化区白口宽度 0.07mm 左右。二是焊接接头的加工性接近纯 Ni 焊条而稍优于 NiFe 焊条。三是由于 NiCu 合金收缩率较大(2%),易引起焊缝较大的内应力,故该焊条的抗裂性能不及 NiFe 焊条及纯 Ni 焊条。据研究,向焊缝中加入适当稀土后,可消除焊缝热裂纹,使接头强度与灰口铸铁母材相匹配。

(2)铜基焊条手弧焊

镍基焊条的适应性高,但 Ni 价格昂贵,焊接工作者研究 Cu 与 C 不生成碳化物,也不溶解 C,C 以石墨形态析出,Cu 有很好的塑性,Cu 又是弱石墨化元素,对减少半熔化区白口也有些作用。但纯 Cu 焊缝对热裂纹很敏感,抗拉强度低,在焊缝中加入一定量的 Fe,可大大提高焊缝的抗热裂性能。

铜的熔点低(1 083℃)而铁的熔点高(1 530℃),故熔池结晶时先析出 Fe 的 γ 相,当铜开始结晶时,焊缝为双相组织。但 Cu 基铸铁焊条中含 Fe 量超过 30%后,则焊缝的脆性增大,容易出现低温裂纹。故目前铜基铸铁焊条中的 Cu:Fe 为 80:20 为宜。

铜基铸铁焊条有如下特点。

1)(在常温下铁在 Cu 中的溶解度很小)焊缝中的 Cu 与 Fe 是以机械混合物形式存在,焊缝以 Cu 为基础,在其中机械地混合着少量钢或铸铁的高硬度组织。第一层焊缝时,铸铁中的 C 较多地熔入焊缝中,由于 Cu 不溶解 C,也不与 C 形成碳化物,C 全部与焊条及母材熔化后的 Fe 结合,在焊缝快速冷却情况下,形成马氏体,Fe_3C 等高硬度组织。

2)整个焊缝还是有较高的塑性,有较好的抗裂性。

3)Cu 是弱石墨化元素,而且其扩散能力较弱,焊缝接头上白口区较宽。

4)焊接接头加工性不良(焊缝的 Cu 基很软,马氏体,Fe_3C 很硬)。

5)Cu 基焊条所焊焊缝颜色与母材差别较大。

(3)H08Mn2Si 细丝 CO_2 保护焊

采用 H08Mn2Si 细丝(0.6~1.0mm)CO_2 或 $CO_2 + O_2$ 气体保护焊焊补灰口铸铁,在我国汽车、拖拉机修理行业中获得了一定的应用。细丝 CO_2 气体保护焊采用小电流、低电压焊接且属于短路过渡过程,故有利于减少母材熔深,降低焊缝含碳量,短路过渡时,热输入小,有利于降低焊接应力。母材在第一层焊缝的熔合比也有所减少。此外,CO_2 保护焊有一定的氧化性,对焊缝中的 C 的氧化烧损也能起一些作用,这些都可使焊缝含 C 量降低。

焊接规范的选择:

焊接电压以 18~20V 为宜,小于此限电弧过程不稳,大于此限焊缝变宽,焊缝含 C,S,P 量上升,出现裂纹;

焊速以 10~12m/h 为宜,18~20m/h 时焊缝组织变坏,马氏体增加,3~4m/h 时 HAZ 白口明显小;

焊接电流<85A、电流>85A 以上时,焊缝易出现裂纹。原因是焊接电流密度大,熔深大,母材中 C,S,P 向焊缝过渡多,半熔化区白口层随电流减小而减薄。

2. 异质(非铸铁型)焊缝的电弧冷焊工艺要点

准备工作要做好,焊接电流适当小,短段断续分散焊,焊后立即小锤敲。

(1)做好焊前工作

清除焊件及缺陷的油污(碱水、汽油擦洗,气焊火陷清除)、铁锈及其他杂质,同时将缺陷预先制成适当的坡口。焊补处油锈清除不干净,容易使焊缝处出现气孔等缺陷,对裂纹缺陷应设法找出裂纹两端的终点,然后在裂纹终点打上止裂孔。在保证顺利运条及熔渣上浮的前提下,宜用较窄的坡口。

(2)采用合适的最小电流焊接

在保证电弧稳定及焊透情况下,应采用合适的最小电流焊接。

1)电流小,熔深小,铸铁中的 C,S,P 等有害物质可少进入焊缝,有利于提高焊缝质量。

2)冷焊时,随电流减小,在焊接速度不变的情况下减小了焊接线能量,不仅减少了焊接应力,使焊接接头出现裂纹的倾向减小,而且也减小了整个 HAZ 宽度,其中包括减少了最易形成白口的半熔化区宽度,使白口层变得薄些。

(3)采用短段焊、断续分散焊及焊后锤击工艺

焊缝越长,焊缝所承受的拉应力越大,故采用短段焊有利于减低焊缝应力状态,减弱焊缝发生裂纹的可能性,焊后应立即采用小锤快速锤击处于高温而具有较高塑性的焊缝,以松弛焊补区应力,防止裂纹的产生。为了尽量避免焊补处局部温度过高,应力增大,应采用断续焊,即待焊缝附近 HAZ 冷却至不烫手时(50~60℃),再焊下一道焊缝。必要时还可采取分散焊,即不连续在一固定部位焊补,而换在焊补区的另一处焊补,这样可更好地避免焊补处局部温度过高,从而避免裂纹产生。

(4)大厚件多层焊焊补时,合理安排多层焊焊接顺序(图 13-8),必要时采用栽丝法(图 13-9)。

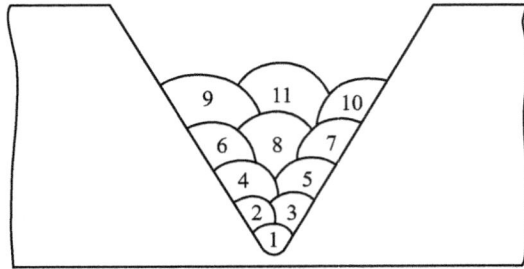

图 13-8　多层焊焊接顺序

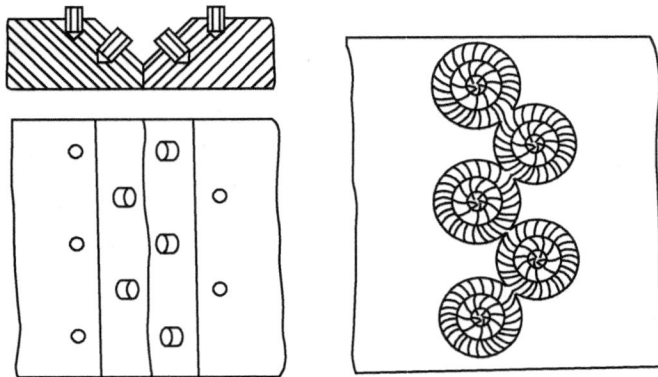

图 13-9　栽丝焊示意图

铸铁冷焊时，HAZ 的白口区附近是最薄弱的环节，故多层焊时，由于焊接应力大，较易发生剥离性裂纹。

13.4.3　球墨铸铁的电弧冷焊

采用镍铁铸铁焊条 EZNiFe 型（Z408）和高钒铸铁焊条 EZV 型（Z116，Z117）焊补球墨铸铁与焊补灰口铸铁的工艺相同，按照冷焊工艺要点进行而不必预热。当焊件较厚或气温较低时，可适当预热 100～200℃。采用这两种焊条时，焊缝金属都具有较高的强度（约 400MPa），当焊后要求机械加工时，必须采用 EZNiFe 型焊条。

▶ 13.5　铸铁的气焊

13.5.1　灰口铸铁的气焊

由于氧乙炔火焰温度（<3 400℃）比电弧温度（6 000～8 000℃）低很多，而且热量不集中，因此，气焊很适于薄壁铸件的焊补。

气焊的优点是，气焊时需用较长时间才能将焊补处加热到焊补温度，而且其加热面积又较大，实际上相当于焊补处先局部预热再进行焊接的过程。在采用适当成分的铸铁焊芯对薄壁件的缺陷进行气焊焊补时，由于冷却速度较慢，有利于石墨化过程的进行。焊缝易得到灰口铸铁组织，而 HAZ 也不易产生白口或其他淬硬组织。

气焊的缺点是工件受热面积大，焊接热应力较大，焊补刚度较大的缺陷时比热焊更容易产生冷裂纹。

13.5.2　球墨铸铁的气焊

由于气焊温度比较低，可以减少焊接过程中镁的蒸发损失，以利于焊缝金属中的石墨球化过程。故采用气焊工艺焊补球墨铸铁有利于防止淬硬组织及裂纹的产生。此外，气焊火焰预热工件比较方便，适于中、小缺陷的补焊。焊补大缺陷时，由于气焊的生产率低，所以不经济。

气焊采用 RZCQ 型焊丝，焊前预热 $700 \sim 750℃$，配合硼砂为熔剂，用中性焰或弱还原性焰焊接，焊缝中可以实现石墨球化。基体组织为铁素体加珠光体，接头性能与母材相近。当焊补部位刚度较大时，焊前预热至 $700 \sim 800℃$，焊后进行缓冷也可以避免产生裂纹。因此，采用球墨铸铁焊丝的气焊方法是焊补球墨铸铁的合理工艺。

表 13-12 为铸铁焊接工艺要点。

>>>　**习　题**

1. 铸铁的特点和应用范围有哪些？

2. 铸铁的分类和牌号分别代表的意义是什么，HT200，QT400-15h 和 QT700-2 分别代表什么样的铸铁？

3. 灰口铸铁焊接时易出现白口及淬硬组织的原因有哪些？

4. 灰口铸铁焊接时易出现冷裂纹的原因有哪些？

5. 灰口铸铁焊接时易出现热裂纹的原因有哪些？

6. 球墨铸铁的焊接性和灰口铸铁相比哪个好？

7. 铸铁用焊条有哪些？EZV，EZC，Q EZNi-1 和 EZNiFe-1 分别代表什么焊条？

8. 灰口铸铁的热焊工艺特点有哪些？

9. 灰口铸铁的冷焊工艺特点有哪些？

表 13-12 铸铁焊接工艺要点

焊件类别	焊缝类别	主要特点	工艺措施	焊条	热规范/℃ 预热	热规范/℃ 后热	备注
灰口铸铁	铸铁	灰口铸铁可焊性较差，由于熔池极易凝固成块，焊缝及近缝区极易产生白口及脆性马氏体组织，灰口铸铁强度低、塑性差，由于焊接的局部不均匀加热、快速冷却，容易产生较大的焊接应力，导致焊缝和热影响区产生裂纹	冷焊：通过药皮和焊芯过渡合金元素，调整焊缝金属的化学成分，提高焊缝石墨化能力。如适当提高 C、Si 含量，添加少量 Ti、Re，可加强焊缝石墨化，细化石墨。 热焊、半热焊：(1)预热和焊后缓冷，防止白口和淬硬组织的产生 (2)提高焊缝输入热，采用大直径焊条、大电流，连续焊接，降低冷却速度	石墨型钢芯铸铁焊条 208 铸铁芯铸铁焊条 248 钢芯铸铁焊条 100 铸116 铸117	600～700	600～700，然后隔热缓冷或整体加热随炉冷却	预热可降低冷却速度，促进石墨化，防止白口，还可减小应力，防止裂纹
	非铸铁		(1)降低母材在焊缝中的熔化，抑制 C、S、P 有害杂质熔入焊缝，减小焊接热影响区的宽度。尽量使热量不集中，以降低焊接应力 (2)采用小直径焊条、小电流，快速焊接，采用短段焊、断续焊，分散焊方法，焊后锤击，以降低焊接应力 (3)加焊退火焊道	铸308 铸408 铸508 铸607 铸612 铸422 结427 结507	冷焊	冷焊	

续表

焊件类别	焊缝类别	主要特点	工艺措施			备注
			焊条	预热	后热（热规范/℃）	
球墨铸铁	球墨铸铁	由于球墨铸铁中石墨呈球状,提高了机械性能和抗裂性,但由于以镁作球化剂,使其比灰口铸铁淬硬倾向明显的白口化,缝及近缝区更易产生白口和脆性马氏体组织,球墨铸铁强度高、韧性好,因此对焊接接头的机械性能要求也高（严格控制焊接工艺参数及热规范）	球墨铸铁焊芯焊条,其中含:C3.0%~3.6% Si2.0%~3.6% Mg0.10%~0.14% Mn0.4%~0.8% S≤0.03% P≤0.10%	600~700	正火 900~920 2h+730~750 保温2h	
			石墨型钢芯铸铁焊条	350~700	石棉隔热缓冷+正火 900~920,2h+730~750 保温2h	
			铸238	500~700	冷焊	
	非球墨铸铁		铸408 铸116 铸117	≤200	冷焊	

第14章 有色金属的焊接

14.1 铝及铝合金的焊接

14.1.1 铝合金的种类、性能和用途

在铝中加入铜、镁、锰、硅、锌、钒和铬等元素，可获得不同性能的铝合金。根据其化学成分和制造工艺，可分为形变铝合金和铸造铝合金两大类。形变铝合金又可

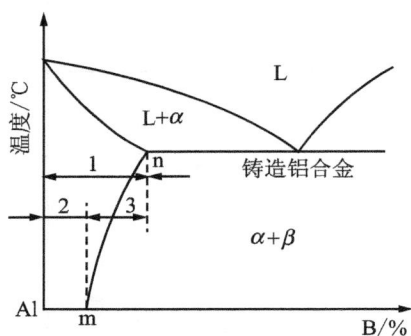

图14-1 铝合金的典型二元相图

分为热处理强化型和非热处理强化型铝合金。铝合金的典型二元相图如图14-1所示，图中最大溶解度 n 点是分界线。n 点以右的合金存在着共晶组织，流动性较好，因此适宜于铸造，是铸造铝合金；n 点以左的合金称作形变铝合金，当合金加热到固溶线 m—n 以上时，可获得均匀的单相固溶体组织，其固溶体成分随温度而变，属于热处理强化型合金；成分在 m 点以左的合金，其固溶体成分不随温度而变，属于非热处理强化型合金，这种合金系统不能通过热处理来提高其力学性能，而只能用冷作形变强化。

铝合金的种类繁多，而其主要用于焊接的形变铝合金，按合金元素的种类根据美国铝业协会（Aluminum Association）大致分类如下。

1. 工业纯铝（1×××系）

纯度为 99.0%～99.9% 的铝称为工业纯铝，与合金相比机械强度虽低些，但抗腐蚀性、对光的反射性、导电性和导热性优良，加工性和可焊性也很好。因此，它们在化工设备、家用器具、导电材料、线材、箔材等方面均有广泛的用途。

2. Al-Cu 系合金（2×××系）

这是典型的可热处理强化合金，根据合金的不同，除了 Cu 以外，还含有 Si-Mn 或 Mn，Mg 等元素，以高强而著称的硬铝、超硬铝等即属于 Al-Cu 系合金。一般来说，该系合金的可焊性均较差，因此可作为铆接结构材料和锻造材料应用于飞机结构方面。而且，该系合金的抗腐蚀性能较差，因此多采用纯铝或 Al-Mg-Si 系合金作为表层材料，将其制成包铝板材使用。

3. Al-Mn 系合金（3×××系）

这是非热处理强化合金，采用不同的冷作硬化方法可以获得各种不同材质的材料。在多数实用合金中，Mn 含量为 1.0%～1.5%。这类合金比纯铝的强度略高些，可焊性、抗腐蚀性和加工性能等也不比纯铝差，所以用途很广泛。

4. Al-Si 系合金(4×××系)

Si 含量约小于 12% 的合金，其熔点随着 Si 含量的增加而逐渐下降。在不引起合金发脆的范围内，该系合金熔化后的流动性好，不易产生结晶裂纹，铸造性和可焊性良好，可作为各种铸造材料、焊条、焊丝或钎焊料使用，这些都是利用其熔点低和结晶温度范围宽的特点。该系合金虽是非热处理强化的材料，但因它们不易产生热裂纹而作为可热处理强化合金的重要添加材料使用。此时，根据基体金属的具体情况，将与基体金属的合金成分组成新的合金，往往可使焊缝金属具有可热处理强化合金的特性。在这种情况下，可以通过重新热处理的方法来提高焊接接头的机械性能，但是，焊接接头的延伸率和韧性却会降低。

5. Al-Mg 系合金(5×××系)

这是向铝中单独添加 Mg 或同时添加 Mg 和 Mn 的非热处理强化合金。含 2.5%~5%Mg 的 AA5052 和 AA5083 等合金，随 Mg 含量的不同，可具有 $196 \sim 294 N/mm^2$ 的抗拉强度，可作为焊接结构材料使用。当与适当成分的添加金属配合时，可焊性很好，抗腐蚀性特别是抗海水腐蚀性也很好。但是，Mg 含量大于 5% 时，合金容易发生应力腐蚀，因此通常添加 Mn 或 Cr，以防止这种腐蚀。合金随着 Mg 含量的增加而形变阻力增大，加工也变得困难，但由于阳极镀膜性能极为优越，所以广泛应用于建筑、车辆、船舶、防护装置以及低温液化气设备等方面。

6. Al-Mg-Si 系合金(6×××系)

这是以 Mg_2Si 作为强化相的可热处理强化合金，抗拉强度随固溶处理温度的提高和溶质原子的充分固溶而提高。该系合金的加工成型性能和抗腐蚀性能均好，如果采用适当成分的添加金属，可焊性也不会坏，但缺点是焊接接头由于焊接热的影响而变软。

7. Al-Zn 系合金(7×××系)

以 Zn 为主要添加元素并含有少量 Mg 的三元合金，具有约 $294 N/mm^2$ 的抗拉强度和优良的可焊性。该系合金由于具有优良的常温时效特性，以及因焊接热而发生的软化区焊后能自然地恢复，因此作为焊接结构材料而受到重视。

14.1.2　铝合金的焊接特性

铝及铝合金与黑色金属相比，具有不同的特点，因此用来作焊接结构时，就需要了解其以下不同的物理、化学特性。

1. 熔化温度和热容量

纯铝的熔点为 660℃，而铝合金的熔化温度随着合金种类的不同而异，其范围在 530~650℃ 之间，但都比钢和铜的熔点低，所以容易熔化。铝的比热和熔解热比其他大多数金属高，导热性又好，因此局部加热困难。为使它们熔化，就必须迅速供给大量的热量。

2. 和氧的亲和力

铝在空气中及焊接时极易氧化，生成的氧化铝(Al_2O_3)熔点高，非常稳定，不易去除。阻碍母材的熔化和熔合，氧化膜的密度大，不易浮出表面，易生成夹渣、未熔合、未焊透等缺欠。铝材的表面氧化膜和吸附大量的水分，易使焊缝产生气孔。焊接前应采用化学或机械方法进行严格表面清理，清除其表面氧化膜。在焊接过程中加强保护，防止其氧化。钨极氩弧焊时，选用交流电源，通过"阴极清理"作用，去除氧化膜。气焊时，采用去除氧化膜的焊剂。在厚板焊接时，可加大焊接热量，例如，氩弧热量大，利用氦气或氩氦混合气体保护，或者采用大规范的熔化极气体保护焊，在直流正接情况下，可不需要"阴极清理"。

3. 气体的吸收

液体铝对氢的溶解吸收大致与铁和铜相同。溶解于焊接接头中的氢气来源于焊接火焰、电弧气氛、溶剂和金属表面的污染、与氧化膜同时存在的水分以及大气中的潮气等。焊接时所溶解的氢是结晶过程中产生气孔的根源，它能使焊接接头的强度和抗腐蚀性能降低。

4. 热膨胀和冷收缩

铝的热膨胀系数约为钢的两倍，纯铝结晶时体积收缩率达 7%，铝合金的收缩率平均也达 5%。因此，铝及铝合金的焊接变形显著，焊接时如果不保持适当的焊根间隙或不进行拘束，则将产生变形，而且结晶时，在某些合金的焊缝金属和热影响区等部位会产生裂纹。

5. 焊接热对基体金属的各种影响

焊接热会使基体金属的某些部位的机械性能变坏，并且焊接热输入量愈大，性能降低的程度也愈明显。此外，由于焊接热的影响，常常在晶界上发生成分偏析或析出杂质相，从而使该区的抗腐蚀性能降低。

6. 铝对光、热的反射

铝对光、热的反射能力较强，固、液转态时，没有明显的色泽变化，焊接操作时判断难。高温铝强度很低，支撑熔池困难，容易焊穿。

7. 铝的相变

铝为面心立方晶格，没有同素异构体，加热与冷却过程中没有相变，焊缝晶粒易粗大，不能通过相变来细化晶粒。

14.1.3　铝合金焊接的主要问题

1. 焊接结晶组织

焊缝金属是典型的激冷结晶组织，在许多情况下，不仅结晶速度和冷却速度极快，而且还可以看到自基体金属的外延生长、随着焊接热源的移动而产生的晶粒生长方向的变化和显著的搅拌等焊接所特有的结晶现象。焊缝金属组织的过冷度，随着由熔合线区向焊道中心的接近而增大，并随着焊接速度的提高而更加显著。因此，靠近熔合线区的结晶组织是细网状组织，但随着向焊道中心的接近而逐渐变成网状枝晶组织，并通过新晶核的形成进一步向着形成等轴枝晶的方向变化。用显微镜能观察到枝状晶的轴间距，随着结晶速度的加快，枝状晶组织变得愈细小。焊缝金属是激冷的结晶组织，因此会伴随着不平衡结晶而产生偏析。枝状晶轴间距愈小，偏析率愈小；反之，枝状晶轴间距愈大，偏析率亦愈大。

2. 焊接裂纹问题

焊接裂纹是焊接接头的最主要缺陷之一，可分为焊道金属中的纵向裂纹、横向裂纹、弧坑裂纹、显微裂纹和焊根裂纹以及热影响区中的焊趾裂纹、层状撕裂和熔合线区附近的显微裂纹。按裂纹产生的机理分类，产生在焊接接头中的裂纹属于热裂纹，它主要是由晶界上的合金元素的偏析或低熔点物质的存在所引起的。焊接裂纹与焊接接头的结晶过程及其组织有密切的关系。一般认为，合金的结晶温度区间愈宽，愈容易产生裂纹。实践表明，纯铝及非热处理强化的形变铝合金含铁量在 0.6% 以下时一般是不易产生焊接裂纹的。但是，当工件刚度较大或合金杂质控制不当，或工艺条件不当时，也往往会出现裂纹。产生焊接裂纹的主要原因可归结为合金成分的影响，铝合金线膨胀系数较大，焊接过程中易变形、热应力较大，为热裂纹的产生提供了条件。

3. 气孔的产生

焊接接头中的气孔是仅次于焊接裂纹的重要缺陷，与其他金属材料相比，铝合金的焊接接头容易产生气孔，这是众所周知的。气孔的生产机理是复杂的，但产生气孔的直接根源是氢气。其原因是高温时熔池可以溶解大量的氢，随着温度的下降氢的溶解度急剧减小，同时由于铝合金冷却速度较快，铝合金的密度较小，形成的气泡受到的浮力较低，致使气泡溢出困难，因此形成较多的气孔。氢在铝合金中的溶解大致通过以下途径：

$$2Al + 3H_2O \longrightarrow Al_2O_3 + 6H$$
$$2H \longrightarrow H_2$$

在焊接时要防止气孔产生，着重减少进入焊接区的水分和污物。因此焊接前表面清理的好坏和保护方式的选择是直接影响到是否出现气孔的重要因素。

4. 夹渣

夹渣是较重要的焊接缺陷，在铝焊缝中有金属的和非金属的两种形式，应尽量避免。夹渣产生的原因，对于气焊来说，主要是氧化铝未很好清除而产生的夹渣及焊药夹渣；对于 TIG 焊来说，主要是氧化铝夹渣以及钨极电流密度过大而使钨极熔化或钨极与熔池、钨极与焊丝接触，使钨的质点进入熔池而产生的钨夹渣；对于 MIG 焊来说，主要是氧化铝夹渣和因导电嘴被烧熔的铜液进入熔池而产生的铜夹杂。

5. 未熔合、未焊透

未熔合是不允许存在的，未焊透对于双面焊接的焊缝是不允许存在的。未熔合产生的原因，主要是由于母材尚未真正熔化或有时虽已熔化但表面氧化膜未予清除就填加熔化金属引起的。在对接焊缝中，未焊透缺陷通常是由于焊接电流太低，坡口或焊接间隙不够而形成的，或者对热输入而言，使用的焊枪的移动速度太高造成的。在填角焊缝中，是由于充填金属跨接于接头的焊边而没有熔透底部造成的。

6. 合金元素的蒸发

在铝合金的焊接过程中，由于 Mg 的沸点(1 107℃)低于 Al(2 450℃)，且 Mg 的沸点与 Al 的熔点(660℃)仅差 447℃，所以在如激光焊接等的高温熔池中，当 Mg 达到其沸点时，其他合金元素甚至还未熔化，必将有一部分 Mg 成为金属蒸气并逸出熔池，造成 Mg 在焊缝金属中的缺少。因为 Mg 是焊缝强度保证的必要元素，所以选择焊接条件和焊接材料时需考虑到 Mg 的损失量。有研究表明，Mg 的损失量与合金本身性质有关，即与合金初始 Mg 含量有关，高 Mg 含量合金的蒸发损失量大于低 Mg 含量合金。在合金元素 Mg 被蒸发的同时，Al 的蒸发也是存在的。焊缝合金被过多蒸发，就会造成焊缝金属不足，焊缝表面下凹。

14.1.4　铝合金的焊接方法

铝合金焊接方法主要有气焊、氩弧焊、电阻焊、电子束焊、电渣焊和钎焊等。气焊是最早用来焊铝的方法之一，在某些器具和装饰性产品上仍然用气焊这种方法，但必须采用焊剂；氩弧焊，如手工钨极氩弧焊、熔化极半自动氩弧焊是当前应用最广泛的焊接方法；电阻焊对高强度的可热处理强化合金的焊接特别有用；电子束焊能量密度高，穿透性能强，热影响区非常小，可对大厚度的铝合金进行施焊，焊后接头力学性能良好，但焊接可热处理强化合金时易产生裂纹；大厚度铝件采用电渣焊很有成效；大多数铝合金均可进行钎焊，可以采用钎焊料或硬钎焊片进行炉中钎焊、火焰钎焊、浸渍钎焊和真空钎焊等。

随着铝合金应用范围的扩大，针对铝合金焊接的难点，科研工作者又发现和研究了铝合金新的焊接方法，如搅拌摩擦焊、激光焊、激光-电弧复合焊、真空电子束焊等。以下介绍几种重要的焊接方法。

1. 氩弧焊

各种熔焊方法中以氩弧焊的应用最为广泛，焊接薄板多用钨极氩弧焊（TIG），而熔化极氩弧焊（MIG）主要用在板厚 3mm 以上的产品上。

（1）钨极氩弧焊

铝合金钨极手工氩弧焊是目前广泛采用的焊接方法，其焊接质量较高。钨极氩弧焊是在惰性气体氩气的充分保护下进行焊接，阻止了空气中有害气体的侵入，能够获得性能较好的焊接接头，焊缝成形较为美观。其工艺参数的选择是根据合金成分、焊件厚度及接头形式而定。

（2）熔化极氩弧焊

中等厚度、大厚度铝及铝合金板材的焊接，已较广泛地应用自动、半自动熔化极氩弧焊。这种方法的优点是电流密度大，电弧穿透力强，生产率高，并随着焊件厚度的增大，生产率进一步提高。由于焊接速度快，焊接接头热影响区和焊件的变形量小，因此可确保接头的焊接质量。在焊接铝及其合金时，TIG 和 MIG 各有其特点，可概括归纳为表 14-1 所示。

表 14-1　TIG 与 MIG 在铝合金焊接时的特征

电　源	TIG 特性	MIG 特性
直流正接（DCSP）	电极容许电流大 熔深大 无阴极雾化作用	粗滴过渡 熔深浅 无阴极雾化作用
直流反接（DCRP）	电极容许电流小 熔深浅 有阴极雾化作用	喷射过渡 熔深大 有阴极雾化作用 电弧有"自发调节"作用
交流（AC）	介于 DCSP 与 DCRP 之间	介于 DCSP 与 DCRP 之间

2. 搅拌摩擦焊接

搅拌摩擦焊接工作原理是用一种特殊形式的搅拌头插入工件待焊部位，通过搅拌头高速旋转与工件间的搅拌摩擦，摩擦产生热使该部位金属处于热塑性状态，并在搅拌头的压力作用下从其前端向后部塑性流动，从而使焊件压焊在一起，如图 14-2 所示。由于搅拌摩擦焊过程中不存在金属的熔化，是一种固态连接过程，故焊接时不存在熔焊的各种缺陷，可以焊接用熔焊方法难以焊接的有色金属材料，如铝及高强铝合金、铜合金、钛合金以及异种材料、复合材料焊接等。目前搅拌摩擦焊接在铝合金的焊接方面研究应用较多。已经成功地进行了搅拌摩擦焊接的铝合金包括 $2\times\times\times$ 系列（Al-Cu）、$5\times\times\times$ 系列（Al-Mg）、$6\times\times\times$ 系列（Al-Mg-Si）、$7\times\times\times$ 系列（Al-Zn-Mg）、$8\times\times\times$ 系列等。国外已经进入工业化生产阶段，在挪威已经应用此技术焊接快艇上长为 20m 的结构件，美国洛克希德·马丁航空航天公司用该项技术焊接了铝合金储存液氧的低温容器火箭结构件。

铝合金搅拌摩擦焊接焊缝是经过塑性变形和动态再结晶而形成，焊缝区晶粒细化，无熔焊的树枝晶，组织细密，热影响区较熔化焊时窄，无合金元素烧损、裂纹和气孔等缺陷，综合性能良好。与传统熔焊方法相比，它无飞溅、烟尘，不需要添加焊丝和保护气体，接头性能良好。由于是固相焊接工艺，加热温度低，焊接热影响区显微组织变化小，如亚稳定相基本保持不变，这对于热处理强化铝合金及沉淀强化铝合金非常有利。焊后的残余应力和变形非常小，对于薄板铝合金焊后基本不变形。与普通摩擦焊接相比，它可不受轴类零件的限制，可焊接直焊缝、角焊缝。传统焊接工艺焊接铝合金要求对表面进行去除氧化膜，并在 48h 内进行加工，而搅拌摩擦焊接工艺只要在焊前去除油污即可，并对装配要求不高。并且搅拌摩擦焊接比熔化焊接节省能源、污染小。

搅拌摩擦焊接不仅能很好地焊接铝合金，还可实现以前不能或很难进行的异种材料的焊接，如铝和铜的焊接，铝和银的焊接，铝和钢的焊接等。但是搅拌摩擦焊接也存在一定的局限性：搅拌摩擦焊接仅适合于规则焊缝（直缝、环缝），而且设备复杂，对工件形状的适应性差；焊接速度比熔焊要低；接头部间隙的容许范围比熔焊小；焊后接合部终端残存匙孔；不能三维曲面施工。

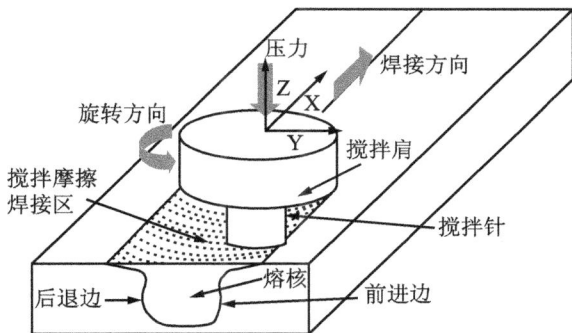

图 14-2　搅拌摩擦焊示意图

3. 铝合金的激光焊接

铝及铝合金激光焊接技术（Laser Welding）是近十几年来发展起来的一项新技术，与传统焊接工艺相比，它具有功能强，可靠性高，无需真空条件及效率高等特点。其功率密度大，热输入总量低，同等热输入量熔深大，热影响区小，焊接变形小，速度高，易于工业自动化等优点，特别对热处理铝合金有较大的应用优势。可提高加工速度并极大地降低热输入，从而可提高生产效率，改善焊接质量。在焊接高强度、大厚度铝合金时，传统的焊接方法根本不可能单道焊透，而激光深熔焊时形成大深度的匙孔，发生匙孔效应，则可以得到实现。激光焊接铝合金有以下优点：

1）能量密度高，热输入低，热变形量小，熔化区和热影响区窄而熔深大；

2）冷却速度高而得到微细焊缝组织，接头性能良好；

3）与接触焊相比，激光焊不用电极，所以减少了工时和成本；

4）不需要电子束焊时的真空气氛，且保护气和压力可选择，被焊工件的形状不受电磁影响，不产生 X 射线；

5）可对密闭透明物体内部金属材料进行焊接；

6）激光可用光导纤维进行远距离的传输，从而使工艺适应性好，配合计算机和机械手，可实现焊接过程的自动化与精密控制。

现在应用的激光器主要是 CO_2 和 YAG 激光器。CO_2 激光器功率大，对于要求大功率的厚板焊接比较适合。但铝合金表面对 CO_2 激光束的吸收率比较小，在焊接过程中造成大量的能量损失。YAG 激光器功率一般比较小，铝合金表面对 YAG 激光束的吸收率相对 CO_2 激光束较大，可用光导纤维传导，适应性强，工艺安排简单等。

4. 铝合金的电子束焊接

电子束焊接由于能量密度高可大大减小热影响区，提高焊接接头强度，避免热裂纹等缺陷的产生。由于能量密度高，穿透能力强，可对难以焊接的铝合金厚板进行焊接。同传统电弧焊接铝合金相比，电子束焊接能量密度高 3～4 个数量级，与另外一种高能量密度焊接工艺——激光焊接相当。因此焊接接头的热影响区非常小，接头强度较传统焊接方法提高很多。电子束的穿透性能好，可对大厚度的铝合金进行施焊，焊后接头力学性能良好。铝合金焊缝金属的抗裂性能随着焊接能量密度的增加和热输入的减少而增加。所以铝合金电子束焊接接头的抗裂性能要比采用传统焊接方法的焊接接头高很多，一般要比氩弧焊焊缝高出 1～1.5 倍。铝合金电子束焊接焊后残余应力小，变形小，对薄板焊后几乎可做到不变形。电子束焊接要求在真空条件下完成，真空是最好的保护手段，在这种条件下可以得到纯净的焊缝金属。电子束焊接铝合金在真空重熔时，焊缝中杂质含量微乎其微，焊缝气体含量降低接近一半，从而焊缝塑性、韧性大大提高。电子束可控性好，可以方便地进行扫描、偏转、跟踪等，易于焊接过程的自动化，并且通过电子束扫描熔池可以消除缺陷，提高接头质量。电子束焊接获得优良的焊缝的最有效方法是焊接过程中同时对刚刚焊过的焊缝进行扫描。回扫间距决定晶粒细化的可控程度，凝固组织可由粗大的柱状晶转化为细小等轴晶。对 Al-Mg-Si 合金进行扫描焊接与无扫描焊接相比，晶体主轴长度减少到无扫描焊接时的 1/5；焊缝硬度提高 80%，接近母材水平。铝合金焊缝金属晶粒细化程度对接头性能有重要影响。采用具有回扫运动的电子束扫描焊接，可减少合金元素的损失，细化焊缝组织，使之变为细小的等轴晶，并提高硬度。对于已经成核生长的晶体，如果电子束扫描间距过小在电子束扫描时产生重熔，但导致电子束回扫细化晶粒的作用减弱。铝合金电子束焊时对电子束流非常敏感，尤其是对于大厚度铝合金板焊接时，电子束流小时不能焊透，大时产生下塌，出现凹坑。铝合金电子束焊接的另外一个难点是焊接气孔。铝合金表面的氧化膜主要成分是 Al_2O_3 和 MgO，容易吸收大量的水分是铝合金焊缝中气孔的主要来源。铝合金表面氧化膜密度接近基体，容易进入焊缝产生夹杂、气孔。尤其是防锈铝合金电子束焊，气孔问题较为严重。传统 TIG 焊接铝合金时通常采用大的热输入量并在较低的焊接速度下进行焊接，促使氢气从熔池中逸出，而电子束焊接铝合金时速度快，热输入量小，氢气来不及从熔池中逸出，容易形成气孔。通常电子束焊铝合金采用表面下聚焦和较窄的焊缝以及扫描重熔的方法来防止气孔的产生。另外，电子束焊接要求在真空条件下进行，所以对铝合金大型结构件施焊困难。电子束易受周围环境电磁场的影响，设备比较复杂，费用比较昂贵，所以还没有达到大规模工业化生产。

5. 铝合金复合焊

随着科学技术的发展，人们对铝合金焊接的质量要求也越来越高，为了使焊接质量得到进一步的提高，科学家们提出采用多种焊接法相结合的新方法，如激光焊接与钨极氩弧焊接，激光焊接与熔化极氩弧焊接相结合。与传统单一焊接方法相比，能得到更好的焊接质量。

(1)激光-TIG 复合焊接

激光-TIG 复合焊接是将激光束与 TIG 电弧复合在一起同时作用于熔池，如图14-3，利用激光产生的锁孔效应吸引、玉缩和稳定焊接电弧，使得电流密度显著提高，从而建立一种全新的高效热源，具有熔深大，焊速快，成本低等显著优势。由于加入TIG 电弧，非熔化钨极对焊接过程的影响小于熔化极焊接，更容易实现激光、电弧的同轴复合。激光-TIG复合焊接时 TIG 多采用直流正接，因为此时能量输入、能量密度和电极寿命都有增加。尤其是采用低电流、高焊接速度和长电弧时，激光-TIG 复合焊接速度可达单独激光焊接的 2 倍，而且搭桥能力加强，咬边、气孔大大减少。因此，激光-TIG 复合焊接最适合做薄板高速焊接。

(2)激光-MIG 复合焊接

激光-MIG 复合焊接可以利用填丝的优点，提高焊接熔深、增加焊接适应性，改善焊缝冶金性能和微观组织。MIG 电弧可以解决焊缝金属的初始熔化问题和激光金属蒸气的屏蔽问题。激光束作用于电弧，不仅改变了电弧形态，而且改变了材料熔滴的过渡形式，增强了 MIG 电弧的引燃和维持能力，使 MIG 电弧更稳定。与激光-TIG 复合焊接相比，焊接板厚更大，适应性更强。通过调节电弧与激光的位置，可以有效地提高对焊接间隙的容忍度，减少焊缝边缘的处理工作量和焊接后处理。总之，复合焊接可以带来较好的综合性能，在今后铝合金焊接中有非常可观的应用前景。

图 14-3 为复合焊接示意图。

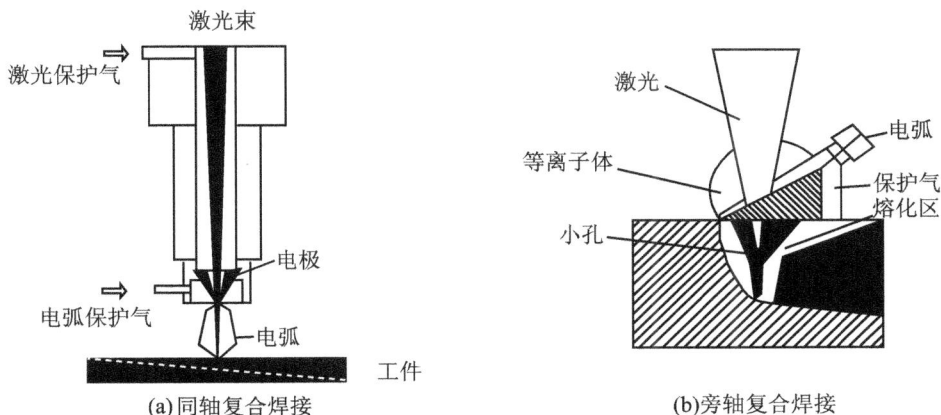

(a)同轴复合焊接　　　　　　　　　　(b)旁轴复合焊接

图 14-3　复合焊接示意图

14.1.5 焊前准备

1. 焊前清理

铝及铝合金焊接时，焊前应严格清除工件焊口及焊丝表面的氧化膜和油污，清除质量直接影响焊接工艺与接头质量，如焊缝气孔产生的倾向和力学性能等。常采用化学清洗和机械清理两种方法。

(1)化学清洗

化学清洗效率高，质量稳定，适用于清理焊丝及尺寸不大、成批生产的工件。可用浸洗法和擦洗法两种。可用丙酮、汽油、煤油等有机溶剂表面去油，用 $40\sim70℃$ 的 $5\%\sim10\%$NaOH 溶液碱洗 $3\sim7$min(纯铝时间稍长，但不超过 20min)，流动清水冲洗，接着用室温至 $60℃$ 的 30%HNO$_3$ 溶液酸洗 $1\sim3$min，流动清水冲洗，风干或低温干燥。

(2)机械清理

在工件尺寸较大，生产周期较长，多层焊或化学清洗后又沾污时，常采用机械清理。先用丙酮、汽油等有机溶剂擦拭表面以除油，随后直接用直径为 $0.15\sim0.2$mm 的铜丝刷子或不锈钢丝刷子刷，刷到露出金属光泽为止。一般不宜用砂轮或普通砂纸打磨，以免砂粒留在金属表面，焊接时进入熔池产生夹渣等缺陷。另外也可用刮刀、锉刀等清理待焊表面。

工件和焊丝经过清洗和清理后，在存放过程中会重新产生氧化膜，特别是在潮湿环境下，在被酸、碱等蒸气污染的环境中，氧化膜成长得更快。因此，工件和焊丝清洗和清理后到焊接前的存放时间应尽量缩短，在气候潮湿的情况下，一般应在清理后 4h 内施焊。清理后如存放时间过长(如超过 24h)应当重新处理。

2. 垫板

铝及铝合金在高温时强度很低，液态铝的流动性能好，在焊接时焊缝金属容易产生下塌现象。为了保证焊透而又不致塌陷，焊接时常采用垫板来托住熔池及附近金属。垫板可采用石墨板、不锈钢板、碳素钢板、铜板或铜棒等。垫板表面开一个圆弧形槽，以保证焊缝反面成形。也可以不加垫板单面焊双面成形，但要求焊接操作熟练或采取对电弧施焊能量严格自动反馈控制等先进工艺措施。

3. 焊前预热

薄、小铝件一般不用预热，厚度 $10\sim15$mm 时可进行焊前预热，根据不同类型的铝合金预热温度可为 $100\sim200℃$，可用氧乙炔焰、电炉或喷灯等加热。预热可使焊件减小变形、减少气孔等缺陷。

14.1.6 焊后处理

1. 焊后清理

焊后留在焊缝及附近的残存焊剂和焊渣等会破坏铝表面的钝化膜，有时还会腐蚀铝件，应清理干净。形状简单、要求一般的工件可以用热水冲刷或蒸气吹刷等简单方法清理。要求高而形状复杂的铝件，在热水中用硬毛刷刷洗后，再在 $60\sim80℃$、浓度为 $2\%\sim3\%$ 的铬酐水溶液或重铬酸钾溶液中浸洗 $5\sim10$min，并用硬毛刷洗刷，然后在热水中冲刷洗涤，用烘箱烘干，或用热空气吹干，也可自然干燥。

2. 焊后热处理

铝容器一般焊后不要求热处理。如果所用铝材在容器接触的介质条件下确有明显的应力腐蚀敏感性，需要通过焊后热处理以消除较高的焊接应力，使容器上的应力降低到产生应力腐蚀开裂的临界应力以下，这时应由容器设计文件提出特别要求，才进行焊后消除应力热处理。如需焊后退火热处理，对于纯铝，5052，5086，5154，5454，5A02，5A03，5A06 等，推荐温度为 345℃；对于 2014，2024，3003，3004，5056，5083，5456，6061，6063，2A12，2A24，3A21 等，推荐温度为 415℃；对于 2017，2A11，6A02 等，推荐温度为 360℃，根据工件大小与要求，退火温度可正向或负向各调 20～30℃，保温时间可在 0.5～2h 之间。

▷ 14.2　铜及铜合金的焊接

14.2.1　铜及铜合金的种类及性质

1. 铜

铜为面心立方晶格，具有较多的形变滑移系，室温、高温变形能力很好，退火状态的铜，不经中间退火可压缩 85%～95% 而不产生裂纹。但纯铜在 500～600℃ 呈现"中温脆性"。在焊接过程中，易在此温度区间发生裂纹。据研究，"中温脆性"与杂质的性质、含量、分布、固溶度等有关。铜可分为无氧铜和含有少量氧的纯铜。纯铜的导电性能好，常用于导电材料，但是存在 Cu_2O-Cu 的低熔点共晶物，焊接时易出现裂纹。无氧铜又可分为用 P，Mn 脱氧的脱氧铜和无氧铜，由于其焊接性好，常用于焊接结构。

2. 铜合金

铜合金分为黄铜、青铜、白铜三大类。

黄铜是 Cu-Zn 合金，根据 Zn 的含量不同又可分为很多种，为了改变黄铜的性能，也可以加入其他元素，如 Al，Ni，Mn 等。从而形成了铝黄铜、镍黄铜、锰黄铜等。由 Cu-Zn 二元系相图可知，黄铜固态下有 α，β。

青铜是 Cu 与 Sn，Al，Si 等元素的合金。按成分可分为锡青铜、铝青铜、硅青铜等。青铜具有较高的耐磨性、力学性能和耐腐蚀性，弹性和焊接性能都很好，且线收缩系数小。青铜广泛用于铸件和加工制品。

白铜是铜镍合金，颜色呈银色或淡灰白色。白铜具有耐热和耐寒的性能，中等强度，塑性高，能进行冷热压力加工，还有很好的电学性能，除用作结构材料外，还是重要的高电阻和热电偶合金。所以，白铜按其用途可分为结构白铜和电工白铜。结构白铜具有很好的耐腐蚀性，优良的力学性能和压力加工性能，焊接性好，主要用来制造冷凝管、蒸发器、热交换器和各种高强度的耐腐蚀件等。另外，白铜中也可加入其他元素，形成铁白铜、锌白铜、铝白铜、锰白铜等。

14.2.2　焊接性分析

1. 铜的焊接性

普通工程中所用的铜，其含量一般在 99.95% 以上，其余是杂质，杂质的存在对铜的焊接性有很大的影响。

1）Bi 与 Pb 是铜中的主要杂质，它们均不溶于固态铜，微量的 Pb 形成低熔点共晶组织（Cu＋Pb），其共晶温度为 326℃；Bi 与 Cu 也形成低熔点共晶组织（Cu＋Bi），其共晶温度为 270℃，这些共晶体最后结晶，集中在晶界上，会使铜产生脆性，在焊接过

程中形成裂纹，因此，应限制 Bi，Pb 在铜中的含量，Bi<0.002%，Pb<0.005%。

2）P 的熔点为 44℃，在 700℃时 P 在铜中的溶解度为 1.75%，而在 200℃时的溶解度则仅为 0.4%，温度下降，P 在铜中的溶解度也下降。它能显著降低铜的导电性和导热性，但对铜的力学性能有良好的影响，焊接时可作为还原剂，但含量过多，会使焊缝金属产生气孔和裂纹。

3）S 能溶解在熔融的铜中，S 的存在使铜的熔点降低，形成 Cu_2S 脆性化合物，使铜的塑性降低，当 S>0.1%时，铜就会有热脆性，焊接时热状态就产生裂纹。

4）氧很少固溶于铜，与铜生成 Cu_2O，由 $Cu-O_2$ 相图可知，含氧铜冷凝时，氧呈共晶体（$Cu+Cu_2O$）析出，分布在晶界上，其熔点是 1 066℃，共晶体比铜后凝固，分布在晶体的晶界，这就降低了铜的塑性和耐腐蚀性，也使其焊接性变差。铜有较高的导热性（是低碳钢导热系数 8 倍），若加热温度不高，即使长时间加热也不易使 Cu 熔化。而随温度的升高，它的结晶组织变为粗大，相互间连接能力降低。

铜在焊接时易出现的缺陷主要有裂纹和气孔。首先是热裂纹和氢侵蚀裂纹。由于铜中含有一定量的使铜的固—液区间扩大的杂质，如 Pb，Bi，P，As 等。所以，即使杂质含量很少，也十分容易产生热裂纹。其次是氢的侵蚀裂纹，由于铜中含有一定量的氧，焊接过程中，氢就会向铜中扩散，发生如下反应：

$$Cu_2O+H_2 \longrightarrow 2Cu+H_2O$$

所形成的 H_2O，以气体形态聚集于晶界，造成氢侵蚀裂纹。

最后是气孔，气孔是由以下反应形成的：

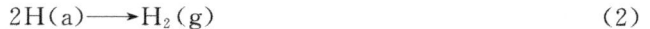

$$2H(a)+O(a) \longrightarrow H_2O(g) \tag{1}$$
$$2H(a) \longrightarrow H_2(g) \tag{2}$$

式中（a）为原子态，（g）为气态。由反应（1）生成的 H_2O，不溶解于铜中，在铜的凝固过程中，来不及逸出而形成气孔，同理由反应（2）生成的 H_2，也会形成氢气孔。防止气孔的措施主要是在焊接材料中加入一定量的脱氧剂，提高焊前预热温度，减缓熔池的冷却速度，以使 H_2，H_2O 能有时间逸出，另外还可以在焊枪上加电磁发生设备，使电磁作用于熔池，搅拌熔池，使气体逸出。

2. 铜合金的焊接性

黄铜在焊接时的主要困难是合金中 Zn 的蒸发（Zn 在 906℃时蒸发），由于 Zn 的蒸发而容易产生多气孔的焊缝。在焊接锡青铜时，当温度升高，Sn 极易蒸发或氧化成 SnO_2，在焊缝金属中很难除去，于是形成气孔和夹杂物，因此在焊接时应加入一定量的脱氧剂。铝青铜焊接时，Al 和 O_2 反应生成难熔的 Al_2O_3，为了清除 Al_2O_3，可采用铝合金焊接时的还原剂。

Ni 是白铜的主要成分，Ni 的熔点为 1 450℃，沸点为 3 075℃，并具有加热到 700～800℃时仍不氧化的性能，因此，在焊接白铜的过程中，主要应防止 Cu 的蒸发和防止 O_2，S，C 的破坏作用。

铜合金的焊接，最主要的问题是裂纹。与铜一样，由于杂质在晶界析出，铜合金也十分容易形成裂纹。在铝青铜中，由于含 Al 量比较低，所以形成了 α 单相的焊缝组织，裂纹敏感性比较高，特别是多层焊时，前一层易出现裂纹。如果提高 Al 的含量，就会形成 α+β 的双相组织，可以抑制裂纹的出现，但是 Al 的含量过高，会在 β 相中析

出 γ_2 硬质相，又会使裂纹敏感性增大，所以，Al 的含量以 7%～11% 为宜，且要加入一定量的 Ni，Fe，Mn 来抑制 γ_2 硬质相的析出。Cu 和 Ni 无限互溶，因此焊缝组织是粗大的 α 单相固溶体，由于受杂质元素的影响，固、液相区间扩大，晶界析出低熔点共晶物，在焊接应力的作用下，易形成裂纹。多层焊时裂纹敏感性更大，应避免使用过大的焊接线能量。

14.2.3　铜及铜合金的焊接工艺特性

1. 铜的焊接工艺特性

焊接过程中，最重要的是预热、保温，并采用较快的焊接速度，这样才能使焊缝金属很快达到熔化温度，晶粒不会长得过大。特别是在焊厚板时，预热温度必须达到400～500℃。另外，还要在焊接过程中加入一些脱氧还原剂，以便于清除焊缝中的 O_2，H_2，S 等杂质。采用惰性气体保护焊时，使用不同的气体，得到熔深也不同，用双原子气体 N_2 比 Ar 的熔深大，因此，保护气体用 N_2 时预热温度可以降低一些。一般在焊丝中加入一定量的 Si 比较好。用激光、等离子弧、电子束焊接则比较好，用电子束熔焊脱氧铜时，第一次焊易出现缺陷，再焊一次时则焊道成形良好。

2. 铜合金的焊接工艺特性

（1）黄铜

为了减少 Zn 的蒸发，焊接时应尽可能地采用快速焊，这就需要加大焊接线能量，因此，焊前最好先预热，预热温度为 200～250℃。尽可能不补焊或在反面焊接，因为再次加热会使黄铜中的 Zn 加剧蒸发，晶粒增大，易出现裂纹。

（2）青铜

青铜在加热状态下脆性大，焊接时应防止冲击和振动。铝青铜焊接时，Al 和 O_2 化合成难熔的 Al_2O_3，为了清除 Al_2O_3 可以采用铝合金焊接时的还原剂。硅青铜焊接时，Si 和 O_2 化合成 SiO_2，形成薄膜，可以减少其他合金成分的蒸发，具有很好的焊接性。

（3）白铜

白铜的流动性能比较好，焊接时也要依靠加入还原剂和采用较快的焊接速度，以保证焊接接头的质量。因 B30，B10 都存在中温脆性，因此拘束度大的焊缝易出现裂纹，应尽可能地采用小的焊接线能量，以使晶粒细小，提高焊接质量。

14.2.4　铜及其合金焊接的常用工艺

目前铜及其合金常用手工电弧焊、气焊、埋弧焊、TIG 焊、MIG 焊及高能密度焊焊接等。

手工电弧焊一种传统的最简单、最灵活的熔焊方法，但对紫铜及大部分铜合金并不易采用此工艺。其所用的焊条能使铜及铜合金焊缝中含氧量、含氢量过高，锌元素蒸发严重，不但容易出现气孔，焊后接头强度低，导电、导热性下降严重。所以在焊接过程中对焊接工艺参数的要求较严格。

用钨极氩弧焊（TIG）焊接铜及铜合金可以获得高质量焊接接头，具有电弧稳定，能量集中，保护效果好，热影响区窄，操作灵活等突出的优点。是目前铜及铜合金焊接手法中应用最广泛的一种，特别适合中、薄板和小件的焊接和补焊。大部分铜及铜合金 TIG 焊时对工件有预热要求，与焊条手工电弧焊相似。但它的熔深，焊缝成形等要比手工电弧焊出色。在焊接紫铜或高导热率铜合金工件时，不允许预热或要求较大熔

深时，可以使用氮气或氦气作为保护气体。但铜在氮气中进行焊接，其熔池金属流动性差，焊缝易生气孔。氦气密度较小，焊接时消耗气体量增加1~2倍，成本过高。

与钨极氩弧焊相比，熔化极氩弧焊（MIG）可以选用更大的焊接电流。因而电弧功率更大，熔化效率高，熔深大，焊速快，接头质量好，是焊接中、厚度铜及铜合金的理想方法。

MIG焊的穿透力较强。采用大功率焊速的规范参数，可以提高焊接效率。由于熔池的增大，保护气的流量相应也成倍增加。与TIG焊相比，焊接同样厚度的铜件，焊接电流增加30%左右，焊速可提高一倍。大电流有利于电弧的稳定，高速焊接时避免一些铜合金的热脆性和近缝区晶粒长大。MIG焊接规范中最重要的是电流密度的选择，它决定着熔滴的过渡形式，而后者又是电弧稳定和焊缝成形的决定因素。

等离子弧具有比TIG焊和MIG焊更高的能量密度和温度，同样适合于焊接高导热系数和对过热敏感的铜及铜合金。与TIG焊电弧相比，其显著特征是等离子弧的流速与电弧压力显著提高。等离子弧是一种经压缩后的电弧，能量密度高度增加，焊接热影响区较小。6~8mm厚的铜件可以不预热，不开坡口一次焊成，接头质量可以达到基材水平。等离子弧束很细，能量密度集中，焊前对工件边缘的加工精度、工件的装配精度、薄件的夹具精度等都有很高的要求。等离子弧的稳定性很差，对焊接工艺参数的变化很敏感，而且焊接规范参数很多，因此其获得稳定的焊接质量规范参数的选择范围很窄。

铜及铜合金具有优良的钎焊性，无论是硬钎料还是软钎料都容易实现。因为铜及铜合金有着良好的润湿性，表面的氧化膜也容易去除。只有部分含铝的铜合金由于表面形成Al_2O_3膜较难去除，钎焊较困难。铜及铜合金的钎焊多采用氧—乙炔火焰，但接头的间隙较宽，钎料是靠熔敷方法分布，而不是靠毛细管作用分布的。

激光焊是一种高质量、高精度、低变形、高效率、高速度的焊接手法，它的能量密度与温度更大，非常适于高导热系数、对过热敏感或不允许预热的铜及铜合金的焊接。由于激光的能量密度高度集中，焊接过程是一个快速而不均匀的热循环过程，焊缝附近的温度梯度很大，在焊后的结构中会出现不同程度的残余应力和变形，且焊接线能量不能过大，过大将导致飞溅严重，焊缝凹陷加剧，焊缝质量下降。试验中发现，黄铜激光焊接时，不宜采用过大的焊接速度。大功率和大速度下会出现焊缝晶界微小裂纹。低焊速时熔池呈椭圆形，柱状晶呈人字纹路向焊缝中部生长，晶界较长不易产生偏析弱面，热裂倾向小。大焊速下熔池呈泪滴形，柱状晶近乎垂直地向焊缝轴向生长，易在会合面处形成显著的偏析弱面，热裂倾向增大。另外大功率将造成焊缝晶粒粗大，低熔点共晶偏析严重，也是产生热裂的原因。激光焊接黄铜的线能量过大会导致焊接过程中飞溅严重，焊缝凹陷加剧，焊缝A相显著增多，晶粒粗化，焊缝硬度和强度下降。

▶ 14.3 钛及钛合金的焊接

14.3.1 钛及其合金的分类

金属元素钛在地壳里的分布范围比较广泛，据推算和估计，其含量是地壳质量的4‰还要多，世界储量约34亿吨，在所有含量最丰富的元素中排第10位。在含量最丰富的结构金属中排第 4 位，仅次于铝、铁和镁。遗憾的是，人们极少在地壳中发现高含量的矿石，且从未发现过纯钛。由于制取金属纯钛的难度很大，所以钛的价格非常高。即使到现在，钛也只能分批、间歇式地进行生产，而很少像其他结构金属那样的连续生产工艺。

钛像许多其他金属一样，也能结晶形成不同的晶体结构。低温下，纯钛和大多数钛合金结晶成接近理想状态的密排六方结构（hcp），称为 α-Ti。高温下，体心立方结构（bcc）的钛很稳定，则称为 β-Ti。纯钛的 β 转变温度为（882±2）℃。钛合金的两种不同晶体结构以及相应的同素异构转变温度是其获得各种不同性能的基础，因此非常重要。钛合金具有 α，β 或者 α+β 双相混合的显微组织，这使得钛合金可以通过热处理在较大的范围内控制显微组织，从而控制合金的性能。

钛加入合金元素后可改善加工性能和力学性能，常加的合金元素有 Al，V，Mn，Cr，Mo 等，按照成分和在室温时的组织不同，钛和钛合金可分为以下几类。

1）工业纯钛。按其纯度可分为 TA1，TA2，TA3 等牌号，其中 TA1 的杂质最少，少量杂质将使强度增高、塑性降低，故 TA1 的强度最低（σ_b 为 300～500MPa）、塑性最好（δ 为 30%）。工业纯钛有良好的焊接性。

2）α 钛合金。钛中加入了 Al，Sn 等元素，牌号为 TA6，TA7，有良好的高温强度和抗氧化性。

3）β 钛合金。钛中加入了 Mn，V，Mo，Cr 等元素，牌号为 TB1，TB2。热处理后强度较高（TB1 的 σ_b 为 700MPa），塑性也较好，而且具有良好的加工性，但耐热性稍差，体积质量大，成本高。

4）α+β 钛合金。钛中加入了 Al，Se，Mo，Mn，Cr 等元素，牌号为 TC1，TC2。可通过热处理强化，加工性能良好，但高温强度低于 α 钛合金。

单相合金各有其特点：α 钛合金高温性能稳定，焊接性能好，是耐热 Ti 合金的主要组成部分，但常温强度低，塑性不够高。商业纯钛是指几种含有少量铁、碳和氧等杂质不同品味的非合金钛，它不能进行热处理强化，其成形性能优异，易于熔焊，它主要用于制造各种非承力结构件，长期工作温度可达 300℃。当前应用最多的是 α+β 钛合金，其次是 α 钛合金，β 钛合金应用相对较少。α+β 钛合金焊接性很差，很少用于焊接结构。

14.3.2　钛及钛合金的焊接性

（1）化学活性大

钛和钛合金不仅在熔化状态，即使在 400℃ 以上的高温固态也极易被空气、水分、油脂、氧化皮等污染，吸收 O_2，N_2，H_2，C 等元素，使焊接接头的塑性及冲击韧度下降，并易引起气孔。因此，施焊时对焊接熔池、焊缝及温度超过 400℃ 的热影响区都要妥善保护。

（2）热物理性能特殊

钛和钛合金与其他金属比较，具有熔点高，热容量较小，热导率小的特点，因此焊接接头易产生过热组织，晶粒变得粗大，特别是 β 钛合金，易引起塑性降低，所以在选择焊接参数时，既要保证不过热，又要防止淬硬现象。由于淬硬现象可通过热处理改善，而晶粒粗大却很难细化，因此为防止晶粒粗大，应选择硬参数。

（3）冷裂倾向较大

溶解于钛中的氢在320℃时和钛会发生共析转变，析出TiH_2，引起金属塑性和冲击韧度的降低，同时发生体积膨胀而引起较大的应力，严重时会导致产生冷裂纹。

（4）易产生气孔

产生气孔的气体是氢。因氢在钛中的溶解度随温度升高而下降，焊接时，沿熔合线附近加热温度高，会引起氢的析出，因此气孔常在熔合线附近形成。

（5）变形大

钛的弹性模量比钢约小一半，所以焊接残余变形较大，并且焊后变形的矫正较为困难。

14.3.3　采用一般焊接方法存在的主要问题

钛及钛合金在高温下对氧、氮、氢和碳等具有极大的亲和力，这给焊接带来了一定困难。飞溅和接头成形成为限制钨极氩弧焊、熔化极气体保护焊应用的重要因素；等离子焊和氩弧焊进行焊接时均需填充焊接材料，由于保护气氛、纯度及效果的限制，导致接头含氧量增加，强度下降，且焊后变形较大。焊接接头塑性下降，产生气孔及冷裂纹等，其主要原因如下。

（1）焊接接头的脆化

焊接接头的脆化，一是钛有强烈的吸气性。不仅在熔化状态，而且在600℃以上就大量的吸收氧气、氮气，400℃以上则大量吸收氢气，形成了氧化钛、氢化钛、氮化钛等，致使接头塑性下降。二是在高温下钛和碳有特别的亲和力，生成碳化钛也造成接头塑性下降。从工业纯钛的显微组织可以看出，当焊缝中含有0.2%的碳时，将会有碳化钛的质点出现。当含碳量超过0.2%时，则碳化钛以网状析出，降低了接头塑性。

（2）焊接接头出现气孔

焊接接头出现气孔是在焊道加热时，从母材及焊接材料中大量逸出氢，由于焊接电弧在高温下会使围绕的氢分子离解成原子，温度越高其量越多且溶解度在相变时会突变，而在焊接冷却时焊缝中氢的溶解度急剧下降，发生$2[H] \longrightarrow H_2$反应。因为分子氢不熔于金属，积聚成气泡来不及逸出，形成了氢气孔。

（3）焊接焊缝中出现冷裂纹是因为氢含量的因素

正常情况下钛及其合金中氢的含量极低，但氢在焊道或影响区极易形成氢脆，当焊接时对焊丝中的水分、坡口油污、空气潮湿等处理不当，均会产生氢，大部分的氢由于不能及时逸出而以过饱和状态熔于凝固的焊缝中，造成氢脆。综上所述，目前焊接钛合金最常用的焊接工艺存在着焊接变形大，残余应力分布复杂等缺陷。激光焊接和电子束焊接由于具有能量集中，焊接速度快，飞溅少，热影响区小，焊缝成形好，操作简单，易于监测，焊缝成形美观等优点得到了迅速发展，比较适合焊接各种厚度的钛合金材料。

14.3.4　钛合金的焊接方法

随着钛合金在各个领域的应用推广，钛合金焊接问题逐渐成为影响其用途和应用前景的关键问题之一而引起人们的关注。目前钛合金的焊接方法有很多种，随钛合金种类对焊接接头各项性能指标的要求不同可使用的焊接方法也不尽相同。下面对可用于钛合金焊接的几种焊接方法做一简要介绍。

1. 钨极氩弧焊

TIG 焊缝过程根据工件的具体要求可以加或者不加填充焊丝。喷嘴结构和尺寸对焊接质量影响很大，由于钛及其合金导热性差，散热慢，高温停留时间长，加之钛的活性强，故喷嘴直径要大些，一般取 16～18mm。喷嘴到工件的距离应小些。为提高保护效果和保证可见性和焊炬可达性，可采用双层气流保护的焊炬。对于厚度大于 1.0mm 的钛合金焊件来说，喷嘴已不足以保护焊缝和近缝区高温金属，一般需附加拖罩，拖罩宽 25～60mm，手工焊拖罩长 40～100mm，为便于操作，喷嘴和拖罩可作成一体，自动焊拖罩长 60～200mm，视焊件厚度而定，薄的焊件拖罩短些，厚的焊件拖罩则要长些。焊接直缝用平的拖罩，环缝用弧形拖罩。为减少钛合金焊接接头过热产生粗晶，提高接头塑性，减少焊接变形和降低装配精度要求，可以采用脉冲焊。脉冲频率一般为 2～5Hz。用此工艺，板厚 0.5mm 时，变形可减少 30％，2.0mm 时可减少 15％左右。

2. 熔化极氩弧焊

钛的 MIG 焊接是用钛裸电极丝代替钨电极连续地从焊炬供给，使丝端与母材间起弧，其热能使丝和母材熔化而进行焊接。此法比钨极氩弧焊有较大的热功率，用于中厚度产品焊接，可减少焊接层数，提高焊接速度和生产率，降低成本。此法的主要缺点是飞溅问题，它影响焊缝成形和焊接保护。另外还易产生气孔，所以最好焊接速度慢一些。

MIG 焊接的关键点是焊丝、焊接电流、焊接速度、焊道次数、焊接顺序以及保护气体流量等。短路过渡适用于较薄件焊接，喷射过渡则适于较厚件焊接。由于熔化极焊接时填丝较多，故焊接坡口角度较大，厚度 15～25mm 一般选用 90°。单面 V 形坡口或不开坡口，留 1～2mm 间隙两面各焊一道。钨极氩弧焊的拖罩可用于熔化极焊接，只是由于焊速较高、高温区较长，拖罩要适当加大，并用流水冷却。

3. 等离子弧焊接

等离子弧焊接具有能量集中，单面焊双面成形，弧长变化对熔透程度影响小，无钨夹杂，气孔少和接头性能好等优点，非常适于钛及钛合金的焊接。

按焊缝成形原理，等离子弧有两和基本焊接方法：小孔型等离子弧焊及熔透型等离子弧焊，其中 30A 以下的熔透型等离子弧焊又可称为微束等离子弧焊。"小孔型"一次焊透的适合厚度为 2.5～15mm 的钛材；"熔透型"适于各种厚度，但一次焊透的厚度较小，3mm 以上一般需开坡口，填丝多层焊。由于高温等离子焰流过小孔，为保证小孔的稳定，不能使用氩弧焊的背面垫板，背面沟槽尺寸要大大增加，一般取宽、深各 20～30mm 即可，背面保护气流量也要增加。15mm 以上钛材焊接时可以开 V 形或 U 形坡口，钝边取 6～8mm，用"小孔型"等离子弧焊封底，然后用埋弧焊、钨极氩弧焊或"熔透型"等离子弧焊填满坡口，由于氩弧焊封底时，钝边仅 1mm 左右，故用等离子弧焊封底可显著减少焊接层数、填丝量和焊接脚变形，并能提高生产率和降低成本。"熔透型"多用于 3mm 以下薄件焊接，它比钨极氩弧焊容易保证焊接质量。用钨极氢弧焊焊接熔炼钛材电极时常常出现钨夹杂，直接影响钛锭和钛材质量。采用"熔透型"等离子弧焊接很容易解决这一问题。

4. 扩散焊

钛合金的扩散连接一般在真空条件下进行，虽然钛合金表面有一层致密的氧化膜，但经过适当清理的钛合金，在高温、真空的条件下，表面的氧化膜很容易熔入母材中，不会妨碍扩散连接的顺利进行。由于钛合金屈服强度较低，根据不同要求，扩散连接使用的压力可以在 $1 \sim 10MPa$ 之间变化，加热时间在几秒到几十分钟，加热温度在 $1\,073 \sim 1\,273K$ 之间变化。过高的温度及在高温下长时间停留，会使接头及母材性能变差。如将钛合金加热到 $1\,373K$，经过 $10min$ 保温，则会使接头强度和韧性下降，这与组织长大有关。

5. 钎焊

钎焊是钛及其合金与其他金属最简单可靠的连接方法，亦可用于钛与钛合金的连接，由于钛的高温活性强，钎焊一般在真空或氩气保护下进行。钛容易与钎料合金化，故易于钎焊，但同时也容易形成金属间化合物，引起接头脆性。为此应选择合适的钎料和降低钎焊温度、缩短钎焊时间以便不形成或少形成脆性的金属化合物。钎料主要有银基、铝基和钛基三类，钎料中加入少量的 Li 可以加速钎焊过程。纯银，Ag-5Al，Ag-5Al-5Ti，Ag-5Al-0.5Mn，Ag-5Al-1Mn-0.2Li，Ag-30Al，Ag-10Pd 和 Ag-9Pd-9Ga 都是较好的钎料，接头强度高、抗盐雾腐蚀性能好，它们还可以用于钛与钢的钎焊。纯铝和一些铝合金如 Al-1.2Mn 和 Al-4.8Si-3.8Cu-0.2Fe-0.2Ni 可用作钎料，铝基钎料钎焊温度低，仅 $580 \sim 670℃$，用来钎焊钛蜂窝结构。钛基钎料有 Ti-15Cu-15Ni，Ti-48Zr-4Be 等。

6. 搅拌摩擦焊

搅拌摩擦焊是英国焊接研究所推出的一项专利技术，其原理如图 14-2 所示。焊接主要由搅拌头完成。搅拌头由特型指棒、夹持器和圆柱体组成。焊接开始时，搅拌头高速旋转，特型指棒迅速钻入被焊板的接缝，与特型指棒接触的金属摩擦生热形成了很薄的热塑性层。当特型指棒钻入工件表面以下时，有部分金属被挤出表面，由于正面轴肩和背面垫板的密封作用，一方面，轴肩与被焊板表面摩擦，产生辅助热；另一方面，搅拌头和工件相对运动时，在搅拌头前面不断形成的热塑性金属转移到搅拌头后面，填满后面的空腔。在整个焊接过程中，空腔的产生与填满连续进行，焊缝区金属经历着被挤压、摩擦生热、塑性变形、转移、扩散以及再结晶等。

14.3.5 焊前清理方法

由于钛及钛合金的化学活性大，易被氧、氮、氢所污染，所以不能采用手弧焊和 CO_2 气体保护焊等焊接方法进行焊接。目前常用的焊接方法是氩弧焊、埋弧焊和真空电子束焊等，其中尤以钨极氩弧焊用得最为普遍。近年来等离子弧焊、电阻点焊、缝焊、钎焊和扩散焊得到应用。钛和钛合金焊件的表面，焊前一定要进行认真的清理，因污物易在焊缝中产生气孔和非金属夹杂，使焊缝的塑性和耐腐蚀性显著下降。常用的清理方法有机械清理和化学清理。

1）机械清理。用切削加工、喷砂、喷丸或钢丝刷清除焊接区的污物和氧化皮等。

2）化学清理。将焊件及焊丝在酸液中进行清洗，使焊件表面去净氧化物，呈银白色金属光泽为止。酸洗后在流动的清水中洗净，焊前再用丙酮或酒精擦净焊丝及焊件焊接区域的表面。

>>> **习 题**

1. Al 及其合金的焊接特性有哪些？焊接中存在的主要问题是什么？常用的焊接方法有哪些？

2. Cu 及其合金的焊接特性有哪些？焊接中存在的主要问题是什么？常用的焊接方法有哪些？

3. Ti 及其合金的焊接特性有哪些？焊接中存在的主要问题是什么？常用的焊接方法有哪些？

第 15 章　异种金属的焊接

▶ **15.1　异种金属的焊接性**

随着现代科学技术的迅猛发展和工农业生产的需要，焊接技术也在不断地进步。建造各种工程结构，不仅需要对大量的同种金属进行焊接，同时也需要对相当数量的异种金属进行焊接。由于不同金属的物理性能、化学性能及组织成分等差别较大，所以异种金属的焊接要比同种金属的焊接复杂得多，因此首先应了解异种金属的焊接性问题。异种金属的焊接性主要是指不同化学成分、不同组织性能的两种或两种以上金属，在限定的施工条件下焊接成符合规定设计要求的构件，并满足预定服役要求的能力。

15.1.1　异种金属的焊接性概述

异种金属的焊接，是指两种或两种以上的不同金属（指其化学成分、金相组织及性能等不同），在一定工艺条件下进行焊接加工的过程。例如用填充材料 A 焊接母材金属 B 和 C，其焊接时的各部分名称如图 15-1 所示。

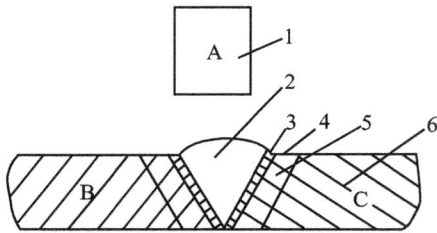

图 15-1　异种金属的焊接接头组成

1—填充材料；2—焊缝；3—熔合线；
4—熔合区；5—热影响区；6—母材金属

为使被焊接头满足熔透和焊缝成形的要求，以获得优质的焊接接头，通常根据设计或工艺需要，在焊件的待焊部位加工并装配成一定几何形状的沟槽，这种沟槽称为坡口。异种金属熔焊时，经常采用的典型坡口形式如图 15-2 所示。

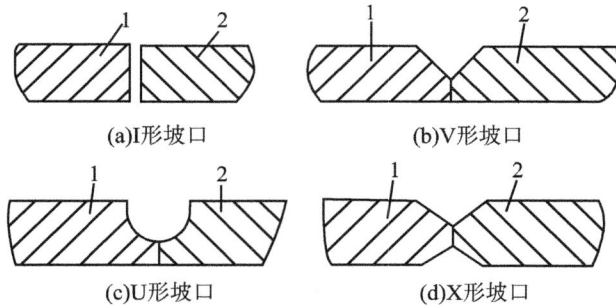

(a)I形坡口　　　　　(b)V形坡口

(c)U形坡口　　　　　(d)X形坡口

图 15-2　异种金属的坡口形式

1—金属 A；2—金属 B

1. 异种金属的焊接性分析

异种金属在给定的焊接工艺条件下，能否形成优质焊接接头主要取决于被焊金属的物理性能、化学性能、化学成分和工艺措施。异种金属焊接性与它们在液态和固态时的互溶性（溶解度）及形成脆性化合物的性能也有密切关系。通常，在液态不能互溶的金属及合金（如铁和镁、铅和铜、铁和铅等），熔化时形成分离的液层，冷却结晶后彼此之间很容易开裂，所以不能采用熔焊方法进行焊接。因此，异种金属只有在液态和固态均能无限互溶（形成无限固溶体）时，才能形成牢固的焊接接头。

组元间的溶解度与组元的晶体结构、原子半径和负电性有密切关系，因为只有当两组元的结构类型相同，溶质原子才有可能连续不断地置换溶剂的原子。两组元的结构类型不同，组元间的溶解度是有限的。

对一系列合金系所作的统计表明，只有当溶质与溶剂原子半径的相对差（用 $\dfrac{d_{溶剂}-d_{溶质}}{d_{溶剂}}\times100\%$ 表示）小于 $14\%\sim15\%$ 时，才可能形成溶解度较大甚至无限溶解的固溶体；反之，则溶解度非常有限。在其他条件相近的情况下，原子半径的相对差越大，其溶解度越受限制，原子尺寸差对溶解度的影响是由于溶质原子的溶入会使溶剂的点阵产生局部畸变；若溶质原子大于溶剂原子，则溶质原子将排挤它周围的溶剂原子；若溶质原子小于溶剂原子，则其周围的溶剂原子将向溶质原子靠拢，如图 15-3 所示。两者的尺寸相差越大，点阵畸变的程度也越大，则畸变能越高，结构的稳定性越低，从而限制了溶质原子的进一步溶入，使固溶体的溶解度减小。

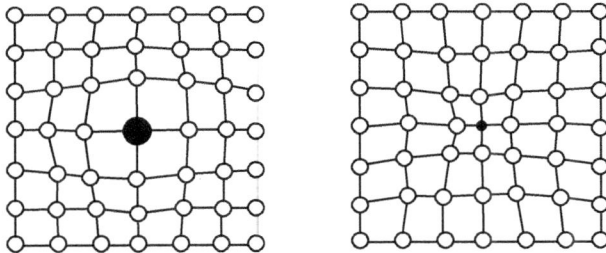

图 15-3　形成置换固溶体时的点阵畸变

组元之间的负电性（元素的原子自其他原子夺取电子而变为负离子的能力）相差越大，则它们之间的化学亲和力越强，就越倾向于生成化合物而不利于形成固溶体，所形成的固溶体的溶解度也就越小。因此，只有负电性相近的元素才可能具有大的溶解度。

对固态有限溶解的金属或含合金元素及杂质较少的合金来说，其焊接接头的质量主要取决于焊缝金属结晶过程中的晶内偏析程度、固态相变和结构转变特性。焊后，固溶体冷却时，由于在多晶形的金属及合金中发生相变和结构转变，因此焊接接头容易形成冷裂纹。而且这种转变（如珠光体钢和马氏体钢中的马氏体转变，钛和钛合金中的氢化物转变）还会使金属产生晶格畸变和体积的变化。

焊接异种金属常采用预先防止热裂的措施，因此很少产生热裂缺陷。热学性质（导热率、熔点等）相差大的金属，由于比热和冷却能力不同，熔化面积不等，因而不易进

行焊接。两种金属的磁性不同，焊接时熔深和电弧燃烧不稳定，很难获得均匀的焊接接头。因此，在焊接生产中，必须充分注意焊前预热和焊后缓冷。一般来说，合理地选用焊接方法，正确地制定焊接工艺和选择适宜的焊接规范可完全消除有限溶解的不利作用，或将这种不利作用降至最低限度。

2. 异种金属焊接的主要困难

由异种金属的焊接性分析可知，异种金属因化学成分、物理和化学性能有明显不同，所以焊接异种金属时有许多困难。

1)异种金属的熔点相差愈大，愈难进行焊接。焊接熔点相差很大的异种金属，由于熔点低的金属达到熔化状态时，熔点高的金属仍呈固体状态，因此已熔化的金属容易渗入过热区的晶界，使过热区的组织性能降低。当熔点高的金属熔化时，势必造成熔点低的金属流失，合金元素的烧损和蒸发。因此，焊接接头难以焊合。

2)异种金属的线膨胀系数相差愈大愈难进行焊接。由于线膨胀系数大的金属热膨胀率大，冷却时收缩率也大；线膨胀系数小的金属，冷却时收缩率也小。因此，在异种金属的熔池结晶时，会产生很大的热应力。焊缝两侧金属承受的应力状态不同，容易使焊缝及热影响区产生裂纹，甚至导致焊缝与母材剥离。目前，在生产中常用焊前将线膨胀系数小的金属预热，或者加中间金属过渡接头的措施来克服这一困难。

3)异种金属的导热率和比热相差越大，越难进行焊接。金属的导热率和比热改变焊缝的温度场和结晶条件，并影响难熔金属的润湿性能。此外，异种金属的导热率和比热相差愈大，愈易使焊缝结晶条件变坏，晶粒粗化严重。因此，对导热率和比热相差大的金属，应采用强力热源进行焊接。焊接时热源的位置应移向导热性能好的母材一侧，如焊接铌与铜时，铜的导热率比铌大 8 倍，因而必须把热源的大部分热量集中在铜母材上，即热源的位置移向铜母材侧。

4)异种金属的电磁性相差愈大愈难进行焊接。电磁性相差愈大，焊接电弧愈不稳定，焊缝成形容易变坏，如用电子束焊接铜与镍时，电子束发生横向波动，这种横向波动是由镍的残余磁性和外部磁效应引起的。在焊接铜与 20 号钢的过程中，将电子束指向铜母材时，发现电子束向钢母材一侧移动的现象（电子束跳跃），这主要是与两种金属的磁性差异有关。

5)异种金属的氧化性愈强愈难进行焊接。用熔焊法焊接铜与铝时，在熔池中极易形成铜和铝的氧化物（CuO，Cu_2O 和 Al_2O_3）。冷却结晶时，存在于晶粒间界的氧化物能使晶界结合力降低。此外，CuO 和 Cu_2O 均能与铜形成低熔点共晶体（$Cu+CuO$ 和 $Cu+Cu_2O$）。这些低熔点共晶体存在于晶界上，能使焊缝产生夹杂和裂纹。铜与铝形成的 $GuAl_2$ 和 Cu_6Al_4 脆性化合物，能显著降低焊缝强度和塑性。因此，用熔焊方法焊接铜与铝是相当困难的。

6)异种金属之间形成金属间化合物愈多，愈难进行焊接。由于金属间化合物具有很大的脆性，因而金属间化合物的数量、形状和在焊缝中的分布状态，对焊接接头的性能均有很大影响。金属间化合物愈多，焊缝愈容易产生裂纹，甚至会造成脆断。

7)异种金属焊接时，焊缝和母材不易达到等强度。焊接异种金属（或异种合金）时，通常采用强力热源，因此易造成合金元素的烧损和蒸发，从而会使焊缝的化学成分发生很大变化，组织性能显著降低，焊缝与母材达不到等强度，尤其是焊接异种有色金属更为明显。此外，焊接时产生的烧穿、夹杂和焊缝形状、尺寸不符合要求等缺陷也影响焊缝与母材达到等强度。

由此可见，焊接异种金属及其合金时，只有合理地选用焊接方法和填充材料，并正确地制定焊接工艺和采取特殊的措施，才能获得优质的焊接接头。

3. 异种金属焊接接头的连接方式

目前，在生产中实现异种金属焊接接头的连接有以下几种方式，如图 15-4 所示。

1)在金属 A(或 B)的坡口表面上堆焊一层中间金属，然后用与中间金属和金属 B(或 A)性能相近的填充金属再把中间金属与金属 B(或 A)连接起来，如图 15-4(a)所示。

2)在金属 A 的平面上堆焊金属 B，如图 15-4(b)所示。

3)在金属 A 与 B 之间加金属垫片，如图 15-4(c)所示。

4)在金属 A 与 B 之间添加金属丝，如图 15-4(d)所示。

5)在金属 A 与 B 之间添加金属粉末或焊剂，如图 15-4(e)所示。

6)在金属 A(或 B)的接头表面上进行喷涂(或镀一层金属)，然后再将涂层(或镀层)与金属 B(或 A)连接起来。连接时可外加填充金属或不加填充金属，如图 15-4(f)所示。

7)在金属 A 与 B 之间加一个复合过渡段(过渡段预先用爆炸焊或其他方法复合而成的)，然后利用复合过渡段将金属 A 与 B 连接起来，如图 15-4(g)所示。

8)在 A 与 B 管件之间加一个 AB 管垫，通过 AB 管垫再把 A 与 B 管件连接起来，如图 15-4(h)所示。

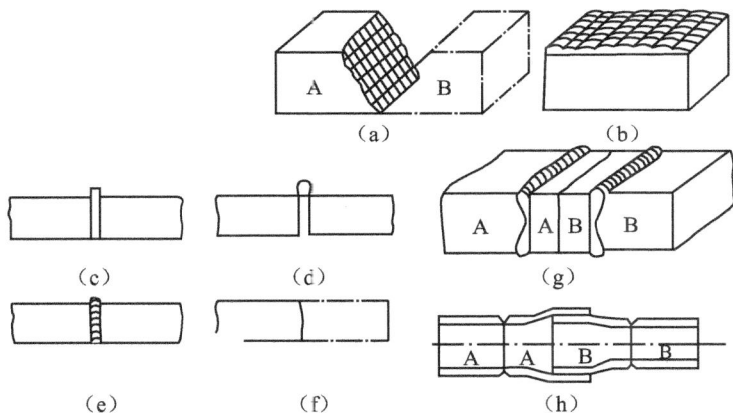

图 15-4　异种金属焊接接头的连接方式

15.1.2　异种金属焊接性的影响因素

1. 物理性能的差异

两种金属物理性能的差异主要是指熔合温度、线膨胀系数、热导率和比电阻等的差异，将影响焊接的热循环过程、结晶条件，降低焊接接头的质量。当异种金属热物理性能的较大差异会使熔化情况不一致时，就会给焊接造成一定的困难；线膨胀系数相差较大时，会造成接头较大的焊接残余应力和变形，易使焊缝及热影响区产生裂纹。异种金属电磁性相差较大时，则使焊接电弧不稳定，焊缝成形不好甚至形成不了焊缝。

2. 结晶化学性能的差异

结晶化学性能的差异主要是指晶格的类型、晶格参数、原子半径、原子的外层电子结构等的差异，也就是通常所说的"冶金学上的不相容性"。两种被焊金属在冶金学上是否相容，取决于它们在液态和固态时的互溶性以及这两种金属在焊接过程中是否产生金属间化合物。

在液态下两种互不相溶的金属不能采用熔化焊的方法进行焊接，如铁和镁、铁和铅、铅和铜等。因为这类异种金属组合从熔化到冷凝过程中极易分层脱离而使焊接失败。只有在液态和固态下具有良好互溶性的异种金属才能在熔化焊时形成良好的焊接接头。

焊接互溶性有限的两种金属或合金时，能否防止裂纹的产生主要取决于结晶条件、材料的相变性质以及受力状态。因此，当采用的冶金措施和焊接工艺尚不足以克服因互溶性差造成的焊接困难时，就会影响这两种金属的焊接性。有限的溶解度有时会形成金属间化合物或使过饱和固溶体的剩余成分析出，从而降低接头的性能。

多晶金属在固溶体冷却过程中产生的相变和组织转变会造成焊接冷裂纹。这类转变还伴随有晶格的明显畸变和体积的变化(如珠光体钢和马氏体钢中的马氏体转变，钛和钛合金中氢化物的转变)。焊接异种金属时，金属之间线膨胀系数的差异和相变临界点位置的差别都受应力状态明显的影响。

为了改善异种金属的焊接性，对不能形成无限固溶体的异种金属均能形成无限固溶体的要求。

3. 材料的表面状态

材料的表面状态是很复杂的，表面氧化膜、结晶表面层情况、吸附的氧离子和空气分子、水、油污、杂质等状态，都直接影响异种金属的焊接性，必须给予充分重视。在生产实践中，往往由于表面氧化膜和其他吸附物的存在给焊接带来极大的困难。

此外，焊接异种金属时，会产生一层成分、组织及性能与母材不同的过渡层，过渡层的性能会给焊接接头的整体性能带来重大的影响，处理好异种金属焊接的过渡层对于获得满意的焊接质量至关重要。过大的熔合比，会增加焊缝金属的稀释率，使过渡层更为明显；焊缝金属与母材的化学成分相差越大，熔池内金属越不容易充分混合，过渡层越明显；熔池内金属液体存在的时间越长，越容易混合均匀。所以，焊接异种金属时需要采用相应的工艺措施来控制过渡层，以保证接头的性能。

▶ **15.2 异种钢的焊接**

15.2.1 异种珠光体钢焊接

在钢结构的焊接制造中，经常遇到不同强度级别异种珠光体钢的焊接。采用异种珠光体钢的焊接结构，不但经济合理，还能够提高整体焊接结构的使用性能。这些焊接任务是在下列条件下提出的。

1)根据结构承受载荷的分布情况，对不同受力条件的零件或部件，在设计时就规定了采用不同强度级别的钢种。

2)在锻、铸与轧材的联合焊接结构中，各组成零件的钢号、状态、化学成分不同。

3)特种用途的结构中，由于结构各个部位工作介质或工作条件不同，零件、部件分别采用专业钢种与一般钢种。

4)由于钢材品种多，生产现场规格不齐，致使制造过程中要求代用材料。

碳是决定珠光体钢在焊接中淬火倾向性的主要化学元素。因此，在评定化学成分对碳钢焊接性的影响时，为了方便起见，常以碳在钢中的含量进行估算。

含碳量低于 0.25% 的碳钢，用常规的方法进行焊接，近缝区都不会产生淬火组织，焊接性良好，但在焊接大厚度低碳钢时，有时需要预热和回火。钢的含碳量超过 0.25%，在焊接过程中开始出现淬火倾向，含碳量越高，近缝区的冷却速度越快，淬火的倾向也就越大。

为了避免在热影响区形成脆性的马氏体过渡层（会引起裂纹），往往要采用特殊的工艺措施（包括采用最佳焊接规范、合理的焊接顺序、预热等）。如果珠光体钢中再加入合金元素 Cr，Ni，Mn，Mo 等，则会进一步提高钢的淬火倾向，并容易在近缝区形成非平衡组织。考虑这些影响时，可把每种合金元素的含量，按试验结果换算成等价的含碳量，并确定是否需要焊前预热和预热的温度。预热能降低焊缝金属近缝区的冷却速度，在焊接有淬火倾向的钢时，冷却速度对最终金相组织和金属性能有决定性的影响。实践证明，焊接高强钢时，如果冷却速度适当小，并保证近缝区组织中所形成的马氏体量不超过 25%～30%，就可以保持焊缝的高强度。实践中，对于异种珠光体钢焊接结构件，只要焊缝金属的强度不低于构件中强度较低的一种钢材就可以满足对接头性能提出的强度要求。

对于相同金相组织类型的钢材，热物理性能没有很大差异，不同钢种之间的焊接最常用的方法是熔焊。焊接材料一般选择与母材金相组织相同的金属，且熔敷金属成分接近于强度较低一侧钢材（异种钢中合金化程度小的钢材）的成分，预热温度及热处理工艺一般按合金化程度高的母材确定。

异种珠光体钢焊接时，按强度较低一侧钢材的强度要求选择焊接材料，熔敷金属的化学成分与强度较低一侧钢材的成分接近，但焊缝的热强性应等于或高于母材金属。异种低合金钢焊后一般不再进行热处理。某些情况下，为防止焊后热处理或在使用过程中出现碳的迁移，应选用合金成分介于两种母材金属之间的焊接材料。

如果异种珠光体钢构件焊接接头在工作温度下可能产生扩散层，最好在坡口上堆焊中间过渡层，过渡层中碳化物形成元素（Cr，V，Nb，Ti 等）的含量应高于基体金属。

珠光体结构钢和耐热钢可分成六类（表 15-1），这六类可相互搭配成 21 种组合（表 15-2）。焊接异种珠光体钢时，一般选用低氢型焊条，以保证焊接接头的抗裂性能和塑性。焊接异种珠光体钢时，焊接材料和热处理规范可按表 15-2 选取。表 15-2 中所推荐的焊条，主要是根据等强度（焊缝金属与异种接头中强度较低的钢等强度）要求选取的。

表 15-1　珠光体的分类

类别	钢　　号
I	低碳钢：Q195，Q215，Q235，Q255，08，10，15，20，25 低温钢，锅炉钢，20g，22g
II	中碳钢和低合金钢：Q275，15Mn，20Mn，25Mn，30Mn，14Mn，09Mn2，15Mn2，18MnSi，25MnSi，15Cr，20Cr，30Cr，10Mn2，18CrMnTi，10CrV，20CrV
III	造艇用特殊低合金钢：AK25，AK27，AK28
IV	高强中碳钢和低合金钢：35，40，45，50，55，35Mn，40Mn，45Mn，50Mn，40Cr，45Cr，50Cr，35Mn2，40Mn2，45Mn2，50Mn2，30CrMnTi，40CrMn，35CrMn2，40CrSi，35CrMn，40CrV，25CrMnSi，30CrMnSi，35CrMnSiA
V	铬钼热稳定钢：15CrMo，30CrMo，35CrMo，38CrMoAlA，12CrMo，20CrMo
VI	铬钼钒、铬钼钨热稳定钢：20Cr3MoWVA，12Cr1MoV，25CrMoV

表 15-2　焊接异种珠光体钢时焊接材料和热处理规范

钢材组合	焊接材料		预热温度/℃	回火温度/℃	其他要求
I＋I	J421，J423 J422，J424	H08	不预热或 100～200	不回火或 600～640	壁厚≥35mm 或要求保持机加工精度时必须回火，C≤0.3％可不预热
	J426				
I＋II	J427	H08A H08MnA			
I＋III	J426，J427	H08A	150～250	640～660	
	A507	H1Cr10Ni25Mo6	不预热	不回火	
I＋IV		H08A	300～400	600～650	焊后立即进行热处理
	A407	H1Cr21Ni10Mn6	200～300	不回火	焊后无法热处理时采用
I＋V	J426，J427	H08A	不预热或 150～250	640～670	工作温度在 450℃ 以下，C≤0.3％可不预热
I＋VI	R107	H08CrMoA	250～350	670～690	工作温度≤400℃
II＋II	J506，J507	H08Mn2SiA	不预热或 100～200	600～650	—
II＋III	J506，J507	H08Mn2SiA	150～250	640～660	—
	A507	H1Cr10Ni25Mo6	不预热	不回火	
II＋IV	J506，J507	H08Mn2SiA	300～400	600～650	焊后立即进行回火
	A407	H1Cr21Ni10Mn6	200～300	不回火	不能热处理时采用
II＋V	J506，J507	H08Mn2SiA	不预热或 150～250	640～670	工作温度≤400℃，C≤0.3％，δ≤35mm 不预热

续表

钢材组合	焊接材料		预热温度/℃	回火温度/℃	其他要求
Ⅱ+Ⅵ	R107		250～350	670～690	工作温度≤350℃
Ⅲ+Ⅲ	A507	1H1Cr10Ni25Mo6	不预热或 150～200	不回火	—
Ⅲ+Ⅳ	A507			不回火	工作温度≤350℃
Ⅲ+Ⅴ	A507		不预热或 150～250	不回火	工作温度≤400℃，C≤ 0.3%，不预热
Ⅲ+Ⅵ	A507	1H1Cr16Ni25Mo6	不预热或 200～250	不回火	工作温度≤400℃，C≤ 0.3%，可不预热
Ⅳ+Ⅳ	J707	1H1Cr16Ni25Mo6	300～400		焊后立即进行回火处理
	A407	1H1Cr16Ni25Mo6	200～300	不回火	无法热处理时采用
Ⅳ+Ⅴ	J707		300～400	640～670	工作温度≤400℃，焊后 立即回火
	A507		200～300	不回火	无法热处理时采用，工作 温度≤350℃
Ⅳ+Ⅵ	R107		300～400	670～690	工作温度≤400℃
	A507		200～300	不回火	无法热处理时采用，工作 温度≤380℃
Ⅴ+Ⅴ	R107		不预热或 150～250	660～700	工作温度≤530℃，C≤ 0.3%，不预热
Ⅴ+Ⅵ	R107		250～350	700～720	工作温度500～520℃，焊 后立即回火
Ⅵ+Ⅵ	R307		250～350	720～750	工作温度550～560℃，焊 后立即回火

　　为了避免有淬火倾向的钢（Ⅲ，Ⅳ，Ⅴ和Ⅵ类）在近缝区产生裂纹，通常应该对焊件进行预热，如果焊接规范能够保证近缝区的最大硬度不超过 HB260，则可不预热。实际上一般焊条电弧焊时，如碳当量不超过 0.35% 就可满足上述要求。如果构件不受钢构约束，没有应力集中的情况，淬火钢焊前就可以不预热。

　　在常温下工作的珠光体淬火钢（Ⅲ 和 Ⅳ 类）焊前不预热时，最好选用奥氏体焊条（A502，A507）焊接，这是因为熔敷金属中有数量较多的奥氏体，能保持焊缝金属的高塑性，并不会在焊缝和近缝区出现裂纹。如果焊接的是珠光体淬火钢构件，在焊后不可能进行回火以消除残余焊接应力和近缝区淬火段的硬度时，均推荐采用奥氏体焊条进行焊接。

　　在高温下工作的热稳定钢（第 Ⅴ，Ⅵ类）不能用奥氏体焊条进行焊接，因为熔合区可能形成脆性的金属间化合物层和脱碳层。

对异种珠光体钢焊接接头进行焊接热处理的目的是，改善焊缝及热影响区的淬硬组织和性能；消除大厚度构件中的焊接残余应力；保持焊件的精确尺寸；提高珠光体耐热钢在高温使用条件下的抗裂性。

对异种珠光体钢的焊接接头主要采用三种热处理：高温回火、正火、正火加回火。其中应用最多的是高温回火，高温回火可以把非平衡状态的淬火组织转变为比较平衡状态的组织，在改善性能的同时，还可以消除部分焊接残余应力。

对铬钼钒钢（第Ⅵ类）的刚性构件，可以用正火或正火加回火来提高抗裂性。如采用大电流、低速焊接低合金钢和碳钢，而又不允许存在有很粗大的晶粒，也可以采用正火或正火加回火来细化晶粒。

为了保证焊件的工作性能和使用寿命对焊接接头进行热处理，不仅要考虑基体金属和焊缝金属的化学成分，而且还要考虑构件类型、被焊材料的厚度、焊件的焊接条件和使用条件等因素。也就是说，考虑每个焊件是否需要热处理，必须从焊接和冶金学观点全面考虑。

表 15-2 中推荐的异种钢焊接接头回火规范是根据下列要求提出的，使体系适当的合金化、焊缝金属和近缝区金属具有最佳性能、焊接残余应力最小。如果表中所推荐的焊接接头回火温度超过异种接头中的一种钢的最高回火温度，必须适当降低回火温度，或者对焊缝和近缝区进行局部回火。

异种钢焊接接头进行回火处理时应注意：

1）当焊件中含有淬火性很强的材料，焊接时会形成脆性的马氏体组织（第Ⅳ类及部分Ⅴ、Ⅵ类），焊后要立即进行回火处理。

2）为了防止工件变形，工件装炉时炉温不得高于 350℃。焊前进行预热、焊后立即回火的焊接构件，装炉时的炉温不得低于 450℃。

3）升温速度取决于焊件类型、钢的化学成分、焊件厚度、炉子功率等因素。焊件厚度大于 25mm 时，回火的升温速度不应高于 200℃/h。

4）在回火的保温过程中，厚重工件个别区段之间的温差不应超过 ±20℃。

5）为了消除构件的热残余应力和变形，必须使工件的冷却速度不超过 200℃/h，或不超过 $200×25/δ$（℃/h）（工件厚度 $δ>25mm$）。工件在炉内冷到 350℃ 以下，可取出空冷。有回火脆化倾向的钢构件进行回火时，冷却速度应限制在最小回火脆化温度范围内。

6）进行局部回火时，可能引起残余应力，为了减少这种应力，需要在保温和冷却过程中，在焊接接头厚度方向上保持最小的温差，为此可以采用保温措施。

15.2.2　异种低合金高强钢的焊接

焊接结构中经常遇到异种低合金结构钢的焊接（Ⅰ＋Ⅱ组合或Ⅱ＋Ⅳ组合），在厚板结构和较大拘束度或低温条件施焊时，异种结构钢焊接有产生冷裂纹的可能性。采取一定的工艺措施，可避免产生冷裂纹。

1. 异种普通低合金钢的焊接

异种低合金结构钢常用熔化焊方法焊接，焊接材料一般按强度较低的母材选择，焊接工艺应根据强度较高的母材确定。异种低合金钢的焊接材料和预热温度如表 15-3 所示。

表 15-3　异种低合金钢的焊接材料和预热温度

异种钢号	电弧焊焊条型号	CO₂焊焊丝	埋弧自动焊		预热温度/℃
			焊丝	焊剂	
16Mn+20g	E4303，E4315	H08Mn2Si	H08A	HJ431	100～150（手工焊 $\delta>10$mm）
			H10Mn2	HJ230 HJ130	
16Mn+15MnV	E5016，E5015	H08Mn2Si	H08MnA，H10Mn2A	HJ431	不预热
16Mn+15MnTi	E5016，E5003	H08Mn2Si	H08MnA，H10Mn2A	HJ431	不预热
16Mn+20MnMo	E5016，E5003	H08Mn2Si	H08MnA，H10Mn2A	HJ431	100
16Mn+15MnVN	E5003，E5015	H08Mn2Si	H10Mn2A	HJ431	100
16Mn+40Cr	E5001，E5015	H08Mn2Si	H10Mn2	HJ230	200
16Mn+12Cr2MoAlV	E5015	H08CrNi2MoA	H08CrNi2MoA	HJ431	150
Q235A+16Mn	E5003，E5015，E5016	H08Mn2Si H10MnSi	H08A，H08MnA，H10Mn2	HJ431	不预热
			H10Mn2	HJ230 HJ130	100～150（手工电弧焊厚件）
20g+10MnMo	E5015	H08Mn2Si	H08A，H08MnA	HJ431	200（手工电弧焊）
			H10Mn2	HJ230	
15MnV+20MnMo	E5503，E5515-G	H08CrNi2MoA	H10Mn2	HJ431	200
14MnMoV+20MnMo	E5515-G	H08CrNi2MoA	H08MnMoA	HJ350	200
15MnV+14MnMoV	E6015-D1	H08CrNi2MoA	H08MnMoA	HJ350	200
14MnMoV+18MnMoNb	E6015-D1 E7015-D2	H08CrNi2MoA	H08Mn2MoA	HJ350	200
			H08Mn2MoVA	HJ250	
12MoAlV+12Cr2MoAlN		H12Cr3MnMoA	H12Cr3MnMoA	HJ350	200～250
15CrMo+20CrMo9	E5515-B2	H12Cr3MnMoA	H12Cr3MnMoA	HJ350	200～250
20CrMo9+Cr5Mo	E6015-B3	H12Cr3MnMoA	H12Cr3MnMoA	HJ350	200～350
20CrMo9+18MnMoNb	E7015-D2	H08CrNi2MoA	H10Mn2Mo	HJ350	200

2. 异种低碳调质钢的焊接

抗拉强度 1 300MPa 的 HQ10 钢碳当量（C_{eq}）＝0.56％，冷裂敏感指数（P_{cm}）＝0.31％；抗拉强度 700MPa 的 HQ70 钢（15MnMoVNRE）碳当量（C_{eq}）＝0.51％，冷裂敏感指数（P_{cm}）＝0.28％。若选用"等强匹配"焊材进行焊接，HQ130＋HQ70 高强钢的最低预热温度计算值为 142℃。

（1）焊接工艺及参数

不预热条件下焊接低碳调质高强度钢，控制焊接线能量（q/v）是保证焊接质量的关

键。HQ130＋HQ70 高强钢焊接线能量（q/v）的确定以抗裂性和热影响区（HAZ）韧性要求为依据，合理的焊接线能量范围是：上限取决于热影响区粗晶区不出现上贝氏体（Bu）和粒状贝氏体（Bg）等脆性组织，下限取决于焊缝中不产生冷裂纹。12mm 厚度的 HQ130＋HQ70 高强钢 CO_2 气体保护焊或 Ar＋CO_2 混合气体保护焊对接焊时，焊接线能量应控制在 10～20kJ/cm 的范围。

针对工程机械典型产品 HQ130＋HQ70 高强钢焊接，从工艺性和实用性两方面进行的试验研究和理论分析表明：尽管 HQ130 钢和 HQ70 钢淬硬性都较大，有产生焊接裂纹的倾向，只要合理选择焊接方法和焊材，焊接工艺措施得当，利用国产焊接材料在不预热条件下焊接，仍然可以保证焊接质量，焊接接头性能达到国外公司样机同等水平。

焊接工艺性及抗裂性试验表明，针对 HQ130＋HQ70 高强钢焊接，防止焊接冷裂纹（主要是根部裂纹）的工艺措施如下。

1）采用气体保护焊（CO_2 焊，或 Ar＋20％CO_2 混合气体保护焊），严格控制 CO_2 气体含水量（H_2O≤1.0g/m^3），用半自动或全自动焊接设备完成过程，选用"低强匹配"焊材可在不预热条件下焊接，但必须限制焊缝扩散氢含量在超低氢水平（不超过 5mL/100g）。对于焊缝抗拉强度 700～900MPa 的低碳调质钢，应采用 Ar＋CO_2 混合气体保护焊，承载焊缝情况下用 H08Mn2SiNiMoA 焊丝。对于焊缝抗拉强度 σ_b≤600MPa 的低合金高强钢或非承载的焊接结构，可采用 CO_2 气体保护焊，焊丝用 H08Mn2SiA 或 H08Mn2SiMoA。

2）焊接接头处开双面 V 形坡口（坡口角度 60°），严格清理坡口表面，采用多层多道焊工艺施焊，每条焊缝均应两面连续焊接完成。第二层焊道保证尽可能高的层温，使第一道焊道起预热作用（也有利于氢的扩散逸出），限制焊道长度，尽量不打焊渣连续施焊，中途不得停歇。两面施焊的对接焊缝，焊后立即清理焊缝根部。

3）严格控制焊接线能量。焊接线能量下限取决于不产生焊接冷裂纹，上限取决于热影响区不出现 Bu 和 Bg 等脆性组织。为了消除焊接裂纹和保证焊缝金属韧性，焊接时应控制焊接线能量（q/v＝10～20kJ/cm），采用双面 V 形坡口多层多道焊，使焊缝金属获得以针状铁素体（AF）为主的混合组织，限制先共析铁素体（PF）和侧板条铁素体（FSP）数量。当焊缝金属为细小 AF＋Bg 时，可达到提高焊缝金属强韧性的目的。

对于典型产品厚度 δ＝12mm 高强度钢板对接焊，合理的焊接线能量（q/v）为 10～20kJ/cm。HQ130＋HQ70（或 HQ80）高强钢焊接工艺参数如表 15-4 所示。

表 15-4　HQ130＋HQ70（或 HQ80）高强钢焊接工艺参数

焊接方法	保护气体	气体流量/ L·min^{-1}	焊接电压/V	焊接电流/A	焊接线能量/kJ·cm^{-1}
GMAW	CO_2（实丝）	8～10	30～32	200～220	15.2～17.1
	CO_2（药丝）	8～10	31～34	210～240	15.5～18.3
	Ar＋CO_2（80：20）	8～10	32～33	220～230	15.3～16.5

（2）焊接裂纹倾向

强度级别不同的两种低碳调质钢（HQ130，HQ70）的淬硬性都很大，有产生焊接裂纹的倾向。采用强度级别较高的焊材(如 GHS80 焊丝),焊接裂纹倾向明显增大,必须采取焊前预热措施。采用"低强匹配"焊材和 CO_2 或 $Ar+CO_2$ 混合气体保护焊,控制焊缝扩散氢含量在超低氢水平(不超过 5mL/100g),可实现在不预热条件下的焊接。

采用斜 Y 坡口"铁研试验",采用不同强度级别的焊材(GHS-50,GSH-60,GSH-70,GSH-80 及 EF03504 药芯焊丝),在不预热焊条件下考察不同强度级别焊材对 HQ130,HQ70 高强钢焊接裂纹倾向的影响,试验结果如表 15-5 所示。由表可见,焊接裂纹倾向随焊材强度级别的提高而增大。采用名义强度 800MPa 和 700MPa 的 GSH-80 和 GSH-70 焊丝不预热焊,焊接裂纹敏感性大(表面裂纹率和断面裂纹率大于90%);名义强度 600MPa 的焊丝施焊的裂纹率仍大于 50%;采用名义强度 500MPa 的 GSH-50 焊丝和 EF035041 药芯焊丝时,裂纹敏感性大大降低。

表 15-5   不同强度级别焊材的"铁研试验"结果

编号	焊接方法	焊接材料	焊接线能量/ $kJ \cdot cm^{-1}$	裂纹率/%	
				表面 C_f	断面 C_s
1	CO_2 焊	GSH-80	15.0~17.0	100	100
2	CO_2 焊	GSH-70	15.0~17.0	90	100
3	CO_2 焊	GSH-60	15.0~17.0	50	70
4	CO_2 焊	GSH-50	15.0~17.0	0	13
5	$Ar+CO_2$ 焊	GSH-50	15.5~17.0	0	11
6	CO_2 焊	EF035041	15.9~17.0	0	10

不预热条件下焊材强度对 HQ130+HQ70 高强钢裂纹敏感性的影响如图 15-5 所示。根据峰值温度到 100℃临界冷却时间 $(t_{100})_{cr}$ 判断,焊接线能量 $q/v=9.6\sim22.3$ kJ/cm 时,t_{100} 小于 $(t_{100})_{cr}$ 45%~50%,因比不预热焊时 HQ130+HQ70 高强钢的冷裂纹倾向十分明显。"铁研试验"的结果也表明,由于 HQ130+HQ70 高强钢淬硬性大,采用 GHS-60,GHS-70 和 GHS-80 焊丝时,为了防止焊接裂纹,焊前需预热;但采用 GHS-50 或 EF035041 焊丝并严格控制焊接工艺参数,可以在不预热条件下进行焊接。

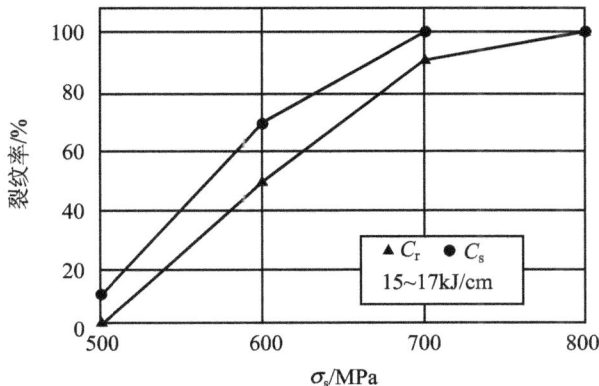

图 15-5   焊材强度对 HQ130+HQ70 高强钢裂纹敏感性的影响

用较高强度焊材焊接 HQ130＋HQ70 高强钢导致裂纹敏感性增大，为消除或减小裂纹倾向须采用预热焊工艺，这会导致调质钢热影响区软化失强，实际焊接生产中是不希望的。为了防止焊接裂纹和提高焊缝的塑韧性贮备，选择适当的"低强匹配"焊材是有利的。

"铁研试验"结果表明（表 15-5），用 GHS-50（或 EF035041）焊材焊接 HQ130＋HQ70 高强钢，试验焊缝表面裂纹率为 0，断面裂纹率最大值为 16.7％，最小值仅 6.3％（远小于 20％的临界值），能满足焊接结构对抗裂性的要求确定焊接线能量要兼顾防止冷裂和热影响区脆化，从防止冷裂纹角度，焊接线能量 q/v 应大一些，但 q/v 过大会使热影响区粗晶区韧性下降。HQ130＋HQ70 高强钢"铁研试验"结果表明，焊接裂纹随线能量呈非单调变化，同等条件下以中等焊接线能量（约 16.0kJ/cm）时的裂纹率最小，焊接线能量过小（$q/v≤9.6$kJ/cm）或过大（$q/v≥22.3$kJ/cm）都会使裂纹率增加。这是由于焊接线能量过小，淬硬性大，冷裂纹倾向增大；但焊接线能量过大，会使近缝区晶粒粗化，降低了接头的抗裂性能。

不预热条件下焊接低碳调质钢，控制焊接线能量是保证焊接质量的关键。HQ130＋QJ163 高强度钢"铁研试验"中发现中等焊接线能量（$q/v＝16$kJ/cm）时的裂纹率最低。实际工程机械 12mm 厚度的调质高强钢 CO_2 焊或 $Ar＋CO_2$ 混合气体保护焊时，焊接线能量应控制在 10～20kJ/cm 的范围。

HQ130＋HQ70 高强钢焊接中未发现热裂纹，这与两种钢 C，S，P 含量低，Mn 含量较高有关。Mn/S 的比值大对防止热裂十分有利，焊接中当 Mn/S 的比值大于 25 时，一般不产生热裂纹。经计算，HQ130 钢 Mn/S 的比值为 201.7，HQ70 钢为 98.6；HQ130 钢的裂纹敏感系数 $H_{cs}＝1.7$，比可能产生热裂纹的临界值（$H_{cs}＝4$）小很多。此外，HQ130 钢的再热裂纹敏感系数 $P_{SR}＝0.82$（小于 0），表明该钢再热裂纹倾向也很小。

低碳调质异种钢焊接中，为了保证焊接区的抗裂性和韧性要求，有时不得不牺牲一些强度而保证工艺焊接性。这种情况下可以选用"低强匹配"焊接材料在不预热条件下进行焊接。但是，采用"低强匹配"焊材获得的焊缝金属强韧性如何，可否满足使用要求，必须通过试验来进行考察。

（3）焊接接头性能

1）抗拉强度。焊接试板尺寸应充分考虑拉伸、弯曲和冲击试验取样的需要以及留有一定的余地，要符合有关国家标准的规定。焊接试板开双面 V 形坡口从两面焊透，坡口角度 60°，坡口面采用机械方法加工。试板长度为 500mm，宽度（单块）为 125mm（对接焊后为 250mm）。每块试板拉伸和弯曲试样各取 3 个；冲击试样开 V 形缺口，缺口分别开在焊缝中部、熔合区和热影响区 3 个位置处，每一位置取 3 个试样，均采用锯割。

HQ70 高强钢三种"低强匹配"工艺焊后的接头强度均大于所选焊材名义强度值约 40％以上，并已接近接头两边强度较低侧母材 HQ70 钢的强度。其中 $Ar＋CO_2$ 混合气体保护焊施焊的焊接接头，因保护效果好，减少了有害气体（O，N，H）的侵入，同时合金元素烧损少，焊缝强度几乎和 HQ70 母材强度相当。

2）冲击韧性。HQ130＋HQ70 高强钢焊接接头冲击韧性试样开缺口前，配制含 3％

硝酸的酒精溶液侵蚀试样，清楚地显示出焊接区后再开 V 形缺口。缺口轴线垂直于焊缝表面，分别开在焊缝、熔合区和热影响区，每一缺口位置取 3 个试样，试验结果如表 15-6 所示。

表 15-6　HQ130＋HQ70 高强钢焊接接头区域的冲击韧性

焊接方法	冲击功 A_{kV}/J				
	HQ130 钢		焊缝金属	HQ70 钢	
	热影响区	熔合区		熔合区	热影响区
CO_2（实丝）	139，110，141 (128)[1]	82，89，89 (87)	81，93，91 (89)	70，66，69 (68)	—
CO_2（药丝）	67，75，96 (79)	—	83，83，81 (82)	—	63，82，83 (76)
Ar＋CO_2 焊	80，91，84 (85)	97，100，112 (103)	113，127，100 (113)	93，75，63 (77)	—

①缺口位置接近热影响区回火区。

注：括号中的数据是试验平均值。

低碳调质钢熔合区和热影响区冲击韧性受焊缝形状、热影响区组织梯度和缺口位置的影响，精确地测定各区域的冲击韧性十分困难。按熔合区 V 形缺口位置进行冲击试验，所得冲击功是综合性的。名义上是熔合区的冲击功，实际上缺口破断区域包含有焊缝和热影响区粗晶区部分，热影响区的冲击功也包含有热影响区淬火区和回火区部分。

试验中采用的是"低强匹配"焊材，三种焊接工艺的焊缝韧性均高于母材的韧性。其中 Ar＋CO_2 混合气体保护焊的焊缝韧性最高，实芯和药芯焊丝 CO_2 焊的焊缝韧性稍低，但仍高于 HQ130 钢母材的冲击韧性约 30%，高于 HQ70 钢的冲击韧性约 10%。表明"低强匹配"焊材施焊的焊缝金属具有较高的塑韧性贮备，可有效缓解熔合区附近的应力集中，有利于防止焊接裂纹的产生。

对于低碳调质高强度耐磨钢焊缝金属，最有害的脆化元素是 S，P，N，O，H，必须加以限制。焊接材料直接影响焊缝金属中有害杂质的数量及其存在形式，从而影响焊缝的韧性。强度级别越高的焊缝，对这些杂质的限制越要严格。铁素体化元素对焊缝韧性有不利影响，除了 Mo 在很窄的含量范围内(0.3%～0.5%)有较好的作用外，其余铁素体化元素均在强化焊缝的同时恶化韧性，V，Ti，Nb 的作用最坏。奥氏体化元素中 C 对韧性最为不利，Mn，Ni 则在相当大的含量范围内有利于改善焊缝韧性。

焊接接头区冲击韧性试验表明，焊接线能量为 14kJ/cm 时熔合区和热影响区冲击韧性最佳，而且冲击功随着焊接线能量的增加而降低(图 15-6)；HQ130 钢热模拟试验发现，$t_{8/5} \geqslant 20s$(对应的线能量 $q/v \geqslant 20$ kJ/cm)时热影响区粗晶区韧性开始恶化。

3)硬度分布。硬度是金属耐磨性指标之一，与金属组织密切相关，硬度越高越耐磨，其强度也越高，但脆性也随之增大。为了了解焊接接头区域硬度分布规律，判断其组织淬硬性和耐磨性，对 HQ130＋HQ70 高强钢焊接区域的硬度进行了测定。

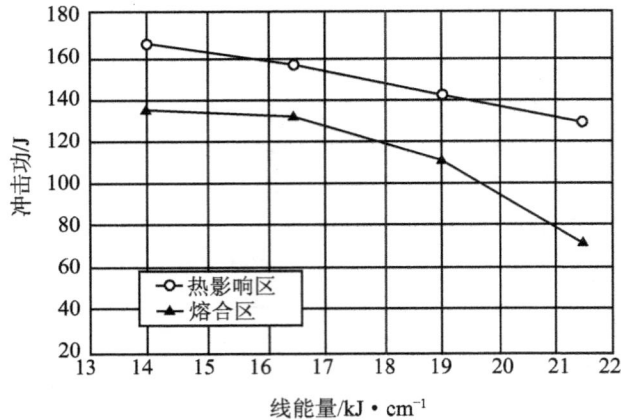

图 15-6 焊接线能量(q/v)对 HQ130 钢熔合区及热影响区冲击功的影响

①热影响区最高硬度参照 GB4675.5-1984 规定，分别在 HQ130 钢和 HQ70 钢试件上堆焊，然后在试样横截面上测定其硬度，测定结果表明：HQ130 钢热影响区最高硬度为 45HRC(430HV)；HQ70 钢热影响区最高硬度为 31HRC(296HV)。

②HQ130＋HQ70 高强钢焊接接头区域的硬度分布如图 15-7 所示。表明 HQ130 钢侧和 HQ70 钢侧的热影响区均存在淬硬区和软化区，但热影响区软化区的硬度仍高于焊缝金属的硬度(因焊缝采用"低强匹配"焊材)，热影响区综合性能能满足产品使用要求。

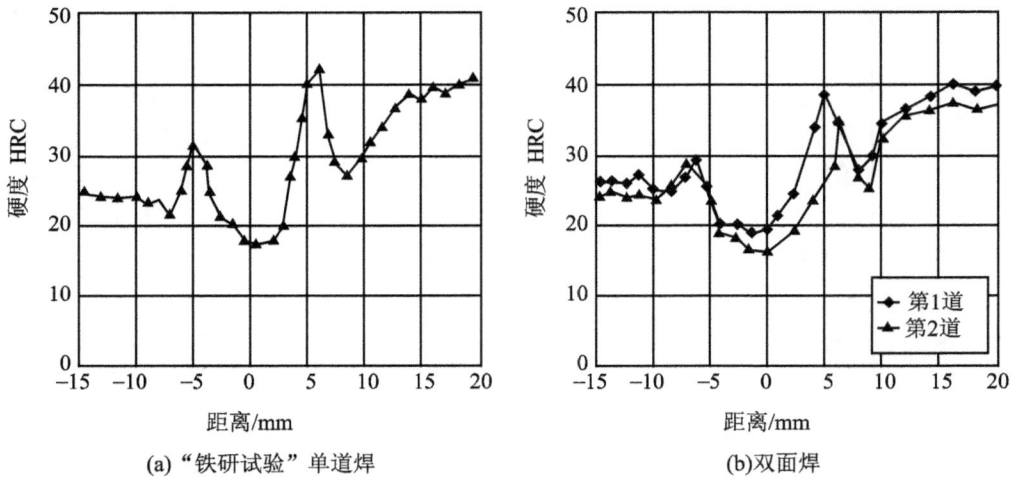

(a)"铁研试验"单道焊

(b)双面焊

图 15-7 HQ130＋HQ70 高强钢焊接区硬度分布

图 15-8 所示为美国 HY80 钢和 HY130 低碳调质高强度钢焊接区域的硬度分布，为了防止裂纹，焊缝金属硬度较低，钢材强度级别越高，焊缝硬度越低(牺牲少许强度而提高韧性贮备)。熔合区附近有明显淬硬倾向，焊接热影响区存在回火软化区，但软化区的硬度仍高于焊缝硬度。HQ130 钢焊接区的硬度测定结果与美国 HY80 钢和 HY130 钢的实验结果基本吻合。

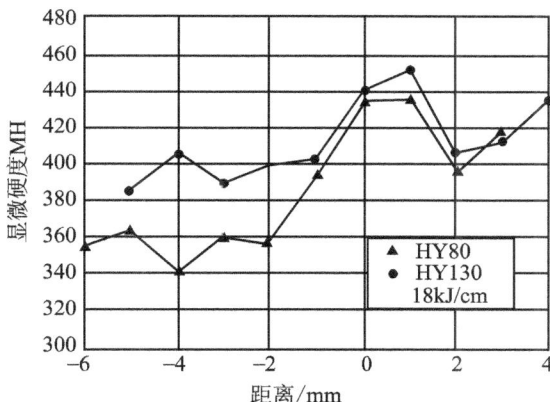

图 15-8　HY80 钢和 HY130 钢熔合区显微硬度的分布

采用"低强匹配"焊材和 CO_2 或 $Ar+CO_2$ 气体保护焊，控制焊缝扩散氢含量在超低氢水平（不超过 5ml/100g），可实现在不预热条件下焊接 HQ130+HQ70 高强钢。若采用强度级别较高的焊材（如 GHS-60，GHS-70 等），焊接裂纹倾向明显增大，必须采取焊前预热措施。

工程装载机铲斗的铲刀刃板在作业时受到砂石的强烈撞击和磨损，要求具有较高强度、硬度、耐磨性以及承受较大的冲击载荷的能力。从减少和防止焊接裂纹的角度出发，为了提高焊缝金属的塑韧性储备，选择适当的"低强匹配"焊材进行焊接是有利的。在不预热条件下对装载机铲刀刃和斗壁板高强度异种钢进行焊接，装载机铲斗焊接结构实际服役证明该焊接工艺是可行的，焊接接头区性能可以满足使用要求。

15.3　钢与铝及铝合金的焊接

15.3.1　焊接特点

目前，随着科学技术的发展，生产中钢与铝或铝合金的焊接结构越来越多。由于铝及铝合金的密度小，比强度高，且具有良好的导电性、导热性和耐腐蚀性，为了充分发挥材料的固有性能和节省材料，将钢与铝及铝合金焊接成为异种金属结构，具有独特的优势和良好的经济效益。

钢与铝或铝合金的焊接，具有以下特点。

1）铁与铝即能形成固溶体，金属间化合物，又能形成共晶体。

2）铁在固态铝中的溶解度并不大，室温下铁几乎不溶于铝，共晶温度为 645℃ 时，铁在铝中的溶解度（质量分数）为 0.053%，共晶温度在 225～600℃，溶解度（质量分数）0.01%～0.022%；共晶温度在室温时，溶解度（质量分数）为 0.002%。

3）在焊缝中含微量的铁和铝，冷却过程中会出现金属间化合物（$FeAl_3$）的晶粒。铁的质量分数达 1.8% 时，在 645℃ 能形成 $Al+FeAl_3$ 的共晶体。

4）随着铝中含铁量的增加，相继出现 Fe_2Al，Fe_2Al_7，Fe_2Al_5，$FeAl_2$ 和 FeAl 等，其中 Fe_2Al_5 脆性最大。只有 Fe_2Al_5 在一定温度下能熔化，不熔化的化合物给焊接带来很大困难。

5）由于在铝合金中的铁总是以金属间化合物形式存在，其存在会影响铝的力学性

能和焊接性能。铝中加入铁会提高强度和硬度，降低塑性，增大脆性，对焊接性影响严重。并且铝在铁中的溶解度比铁在铝中的溶解度大很多倍，含大量铝的钢，具有某些良好的性能（抗氧化性），但含铝量超过 5％ 以上时具有较大的脆性，严重地影响焊接性。

由于钢与铝或铝合金的焊接性较差，故焊接时存在以下问题。

1）被焊接头容易氧化。钢与铝或铝合金焊接时，在铝母材金属接头表面易形成难熔的氧化膜（Al_2O_3）。这种氧化膜也可存在于熔池表面，温度越高，熔池表面的氧化膜愈厚。这种氧化膜阻碍液态金属的结合，使焊缝容易产生夹渣，力学性能降低。

2）焊缝成分不均匀。由于钢的熔点比铝的熔点高（钢为 1 350℃，铝为 660℃），故焊接时，铝完全熔化为液态而钢仍处于固态。同时，两种母材金属的密度（钢为 7.87g/cm^3，铝为 2.69g/cm^3）相差很大，当钢完全熔化时，液态铝浮在钢液上面，冷却结晶后焊缝成分不均匀。

3）焊接变形大。钢与铝的热导率，线膨胀系数相差较大，焊接时易引起很大的应力，焊接接头会产生严重的变形，甚至导致裂纹。

4）焊接接头容易产生裂纹。在钢与铝或铝合金的焊接过程中，会产生各种金属间化合物（如 FeAl，$FeAl_2$，$FeAl_3$，Fe_2Al_5 及 Fe_2Al_7 等），这就增加了焊缝的脆性，降低了焊缝的塑性和韧性，在焊接应力作用下，焊接接头很容易产生裂纹，甚至拉裂。

钢与铝或铝合金焊接时，存在以上困难，必须采取特殊工艺措施和选择合适的焊接方法，才能获得满意的焊接接头。

15.3.2 钢与铝及铝合金的熔化焊

1. 碳钢与铝的钨极氩弧焊

用钨极氩弧焊法焊接钢与铝，接头形式有对接、搭接和角接。为提高接头的强度和气密性，最好采用不对称的坡口。通常钢母材侧坡口角度为铝（或铝合金）母材侧坡口角度的 1.5～2 倍，铝件厚度比钢件大 1 倍。

钢管与铝管对接时，接头开 X 接口（钢管坡口为 70°，铝管坡口为 40°），坡口形状如图 15-9 所示。焊前，先将钢管进行机械清理，然后渗铝，渗铝长度为 100～150mm。铝管进行脱脂、酸洗及钝化处理，铝管壁厚比钢管壁厚大 1 倍，铝管外径比钢管直径大 4～10mm，而内径比钢管小 4～10mm。

坡口洁整后按工艺要求定位、装配，接头间隙为 1.5～2mm，然后将铝管预热到 100～200℃，接着用钨极氩弧焊进行多道焊。焊接时按图 15-9(a)中内侧顺序焊接，随后按外侧顺序焊接。接头内外表面焊完后，在车床上进行车削加工，车削后的焊接接头如图 5-9(b)所示。

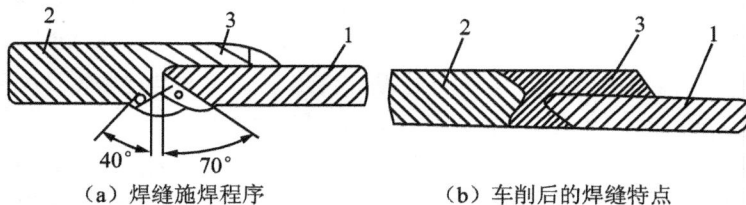

（a）焊缝施焊程序　　　　　　（b）车削后的焊缝特点

图 15-9　钢与铝的焊接接头

1—钢母材；2—铝母材；3—焊缝

2. 碳钢与铝的气焊

铝与碳钢在某些特殊场合则需要采用气焊进行焊接，例如在汽车维修中对小型零部件的焊接。气焊是一种熔焊方法，常用的是氧—乙炔焊。气焊操作简单，焊缝成形容易控制，设备小，适合焊接薄件及要求背面成形的焊缝。

碳钢与纯铝或硬铝气焊时，填充金属采用 Al-Zn-Sn 系合金，并配用气焊熔剂 CJ401。为了防止氧化，采用中性焰进行焊接。铝与碳钢气焊的工艺参数如表 15-7 所示。

表 15-7　碳钢与铝气焊的工艺参数

被焊材料	工件厚度/mm	火焰	溶剂牌号	填充金属化学成分/%
纯铝＋Q235A	1～2	中性焰	CJ401	Al88，Zn5，Sn7
硬铝＋Q235A	1～2	中性焰	CJ401	Al87，Zn5，Sn8

3. 钢与铝的电子束焊

由于电子束焊具有能量密度高，熔透能力强，焊接速度高等特点，铝与钢可以采用电子束焊进行焊接，形成窄而深的焊缝，焊接热影响区也较窄。为提高铝与钢焊接接头的使用性能，电子束焊可选用 Ag 作为中间过渡层。焊后接头的抗拉强度可提高到 117.6～156.8MPa，因为 Ag 不会与 Fe 生成金属间化合物，拉伸试件均断裂在铝母材一侧。铝与钢电子束焊的工艺参数如表 15-8 所示。

表 15-8　钢与铝电子束焊的工艺参数

被焊材料	板厚/mm	电子束电流/A	焊接速度/cm·s^{-1}	加速电压/V	中间层金属
铝＋低碳钢	12～13	80～150	0.5～1.2	40～50	Ag
铝＋不锈钢	5.5～6.5	95～140	1.5～1.7	30～50	

焊缝金属中含铝超过 65% 时，能获得良好的共晶合金，而不产生裂纹。电子束焊时可调整熔合比，使焊缝金属大部分进入共晶区，以大大减少裂纹。在焊接过程中，电子束流使铝熔化量增多，可在 Fe 与 Ag 边界上产生一个 Al 高浓度区域，会出现 $FeAl_2$，FeAl 等金属间化合物，使焊缝变脆，接头强度下降，甚至产生裂纹。

15.4　钢与铜及铜合金的焊接

15.4.1　铜-钢焊接的主要特点

目前，利用钢与铜或与铜合金，不仅能制造合理的焊接结构，而且还能节省大量的有色金属，降低结构成本。

钢和铜及铜合金的种类繁多，它们之间的物理性能、化学成分有明显不同，因而在焊接过程中会产生许多问题，这些问题都与它们的焊接性有关。

1)铁与铜的熔点、热导率、线膨胀系数差异较大，这对钢与铜或铜合金的焊接性不利。

2)由于铁与铜的原子半径、晶格类型、常数及原子外层电子数目等都比较接近，

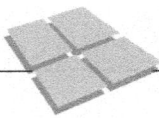

这对金属之间的连接有好处，即对钢与铜或铜合金的焊接性很有利。

3) 铁与铜属于在液态时无限互溶而在固态时能有限互溶的二元合金。如在温度为 1094℃时，铁在铜中的溶解度 ω_{Fe} 为 4%，在 650℃时 ω_{Fe} 为 0.2%，当温度再降低时，溶解度无明显变化，这对焊接性也是有利的。

4) 在钢与铜或铜合金的焊缝中，不存在不溶合的中间层，其组织主要有 $(\alpha+\varepsilon)$ 双相组织组成，所以可用各种焊接方法进行焊接。

钢与铜焊接存在的主要问题有三方面。

1. 焊缝金属容易产生热裂纹

钢与铜或铜合金焊接时，焊缝区产生热裂纹有以下主要原因。

1) 焊缝中存在低熔点共晶。碳素钢、高强度钢、不锈钢和铜及铜合金焊缝中形成的低熔点共晶体有：

$(Cu+Cu_2O)$ 共晶体，共晶点为 1065℃；

$(Cu+Bi)$ 共晶体，共晶点为 270℃；

$(Cu+Pb)$ 共晶体，共晶点为 326℃；

$(Fe+FeS)$ 共晶体，共晶点为 985℃；

$(Ni+Ni_3S_2)$ 共晶体，共晶点为 625℃。

这些低熔点共晶体，在高温时削弱了晶间结合力，使焊缝金属容易产生热裂纹。

2) 焊缝金属的组织状态。当焊缝中铁的质量分数为 0.2%～1.1% 时，其组织呈粗大的 α 单相组织，抗裂性能低；随着含铁量的增加，焊缝为 $(\alpha+\varepsilon)$ 双相组织，抗裂性能提高。当铁的质量分数为 10%～43% 时，焊缝具有最高的抗裂性能。

3) 焊缝截面形状。焊缝截面形状宽而浅，容易形成偏析，抗裂性能差；焊缝截面形状窄而深，如电子束焊接钢与铜的焊缝抗裂性能明显提高，如图 15-10 所示。

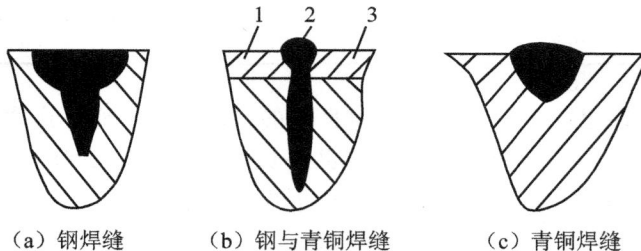

（a）钢焊缝　　　　（b）钢与青铜焊缝　　　　（c）青铜焊缝

图 15-10　电子束焊接钢与铜的焊缝截面形状

1—青铜；2—焊缝；3—钢

4) 焊接应力作用。由于铜及铜合金的线膨胀系数比铁大，而且导热性能好，故常采用较大的焊接热功率进行焊接，因此焊接热影响区增宽，焊接接头会承受较大的拉应力而产生裂纹。

综上分析，低熔点共晶体在焊缝晶粒间易形成液态薄膜，是产生热裂纹的根本原因；而焊缝中存在拉应力，则是产生热裂纹的必要条件。

2. 热影响区容易产生渗透裂纹

焊接钢与铜或铜合金时，热影响区产生渗透裂纹的主要原因是，液态铜或铜合金对钢有渗透作用和拉应力作用所形成的。

防止热影响区产生渗透裂纹的措施如下。

1）合理地控制焊接热循环，改善焊接应力状态，消除各种化合物和共晶体的有害作用。

2）正确地选用填充材料，限制有害杂质含量，避免产生偏析。

3）控制锰、硫比值，向焊缝中加入适量的锰、钛和钒等元素，提高抗裂性能。

4）焊前预热，焊后缓冷。

3. 焊接接头的力学性能降低

焊接不同的钢与铜或铜合金时，焊接接头的力学性能变化是不一样的。一是焊接 18-8 钢与铜或铜合金时，由于碳在高温下扩散能力比铬强，所以在 18-8 钢母材金属侧的晶界上出现了碳化铬（$Cr_{23}C_6$）沉淀，造成晶间贫铬现象。产生晶间腐蚀，而使焊缝强度、塑性降低。二是在低碳钢表面上堆焊锡青铜时，当铜合金渗入深度达 2～13mm 时，则堆焊接头的抗拉强度和疲劳强度明显降低。

为避免铜及铜合金与钢焊接时产生裂纹，提高接头性能可采取的工艺措施如下。

（1）两种母材金属直接焊接

选用一种填充材料，把两种母材金属直接焊接起来。为保证钢与铜的焊接性，应选用与钢和铜及铜合金均具有良好焊接性的金属（如镍基焊条或镍铜合金焊丝）作填充材料。

（2）采用堆焊过渡层

在钢或铜及铜合金的母材金属上，或同时在两种母材金属上，预先堆焊过渡层，然后再进行焊接。过渡层材料为镍或镍合金，如图 15-11（a）所示。

（3）采用中间过渡段

选择一种与钢和铜或铜合金两种母材金属，都具有良好焊接性的过渡段，然后通过过渡段分别将钢和铜焊接起来，如图 15-11（b）所示。

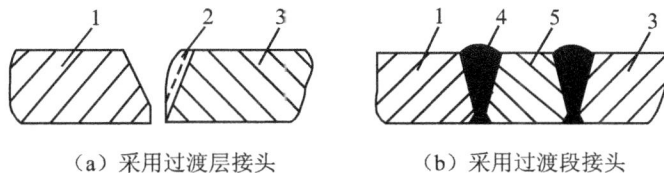

（a）采用过渡层接头　　　　（b）采用过渡段接头

图 15-11　钢与铜的焊接接头过渡层和过渡段

1—低碳钢；2—过渡层；3—铜或铜合金；4—焊缝；5—过渡段

（4）采用双金属元件

利用钢与铜预先制好的双金属元件作过渡接头，然后把钢与双金属元件的基层（钢）焊在一起，再把铜或铜合金与双金属元件的包覆层（铜）焊在一起。这种工艺用于对接接头和 T 形接头，可将钢母材金属边缘开成 V 形或 K 形坡口，坡口角度为 45°～60°，如图 15-12 所示。

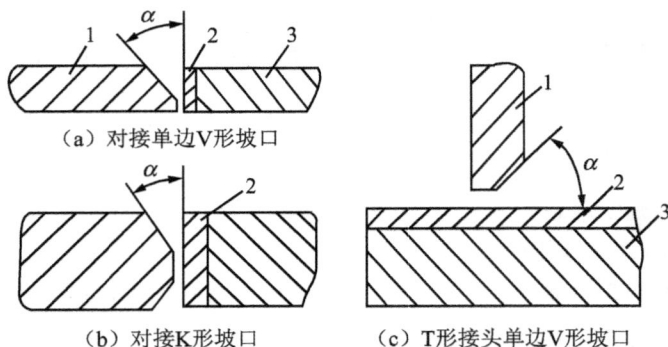

图 15-12　钢与铜采用双金属元件的对接接头及坡口形式
1—钢板；2—双金属元件基板；3—铜板

15.4.2　钢与铜及铜合金的熔焊

1．焊条电弧焊

碳钢与铜或铜合金焊接时，如采用气焊，不仅焊后变形大，而且焊接接头的韧性显著降低。采用焊条电弧焊可获得良好的焊接接头，并能降低焊接成本。

低碳钢板与紫铜板对接时，厚度小于 4mm 可不开坡口，厚度大于 4mm 可开 V 形坡口，坡口角度为 $60°\sim70°$，钝边为 $1\sim2$mm，不留间隙。焊接规范可参考焊铜时的规范。

低碳钢管与紫铜管焊接时，先将电弧拉长 10mm 左右，对准紫铜管一端，稍倾向于低碳钢管进行预热，当预热温度达 $650\sim700℃$ 时，应立即将电弧下压，以短弧施焊。如被焊工件不转动，可用爬坡灭弧焊；如被焊工件转动，则采用下坡焊。当焊到接头处时，可将电弧稍稍抬起，吹掉起弧端覆盖的熔渣，随后压低电弧越过引弧端约一个熔池的长度，再将电弧方向回拉，以填满弧坑。

低碳钢管与紫铜板焊接时，将 2/3 的熔池面积控制在低碳钢管上，即可保证良好的焊缝成形，而在管与管或管与板的对接时，熔池可控制在接头中间。为避免产生气孔和裂纹，焊前需将焊条进行 $100\sim200℃$ 烘干，并采用气焊火焰将被焊工件进行预热，预热温度为 $400\sim500℃$。每焊完一道，要立即锤击焊缝周围，以便消除残余应力。

低碳钢与紫铜采用焊条电弧焊时，焊条直径与焊接电流的选择如表 15-9 所示。

表 15-9　低碳钢与紫铜采用焊条电弧焊时焊条直径与焊接电流的关系

异种金属名称	厚度/mm	接头形式	焊条种类	焊条直径/mm	焊接电流/A
低碳钢板＋紫铜板	3＋3	对接不开坡口	J422	2.5	65～70
低碳钢板＋紫铜板	4＋4	对接不开坡口	J422	3.0	70～80
低碳钢板＋紫铜板	5＋5	对接开 V 形坡口	J422	3.2	80～85
低碳钢板＋紫铜管	12＋1	对接不开坡口	J422	3.2	80～85
低碳钢板＋紫铜管	1＋1	对接不开坡口	J422	2.5	60～65
低碳钢板＋紫铜管	2＋2	对接不开坡口	J422	3.0	75～80
低碳钢板＋紫铜管	3＋3	对接不开坡口	J422	3.2	80～85

碳钢与铜进行焊条电弧焊时，为保证焊缝具有足够的抗裂性能，应选用紫铜作填充材料，并将焊缝中的含铁量控制在 10%～43%。低碳钢与 T2 焊接时，选用铜 107 焊条采用直流正极性，焊缝成分可控制为 55.4%，0.8%C，1.6%Si，0.35%P 和 43% Fe，这种成分的焊缝不易产生裂纹。

低碳钢与铜进行焊条电弧焊的规范如表 15-10 所示。

表 15-10　低碳钢与铜进行焊条电弧焊时的焊接规范

异种金属名称	厚度/mm	接头形式	焊条种类	焊条直径/mm	焊接电流/A	电弧电压/V
低碳钢＋T2	3＋3	对接	T107	3.2	120～140	23～25
低碳钢＋T4	4＋4	对接	T107	4.0	150～180	25～27
低碳钢＋TUP	2＋2	对接	T107	2.0	80～90	20～22
低碳钢＋TUP	3＋3	对接	T107	3.0	110～130	22～24
低碳钢＋TUP	3＋8	丁字形	T107	3.2	140～160	25～26
低碳钢＋TUP	4＋10	丁字形	T107	4.0	180～210	27～28
低碳钢＋TUP	3＋10	丁字形	T207	3.2	140～160	25～26
低碳钢＋TUP	4＋10	丁字形	T207	4.0	180～220	27～29

低碳钢与硅青铜或与铝青铜焊接时，如选用铜 207 或铜 237 焊条，采用直流正极性焊缝可获得双相组织，这种组织具有较好的抗裂性能，焊缝强度也比紫铜高。

低碳钢与白铜焊接时，选用 BFe5-1 作填充材料，采用直流正极性，焊缝含 Fe 量可达 32%，焊缝具有足够的抗裂性能。低碳钢与白铜的焊条电弧焊规范如表 15-11 所示。

表 15-11　低碳钢与白铜的焊条电弧焊规范

异种金属名称	厚度/mm	接头形式	焊条种类	焊条直径/mm	焊接电流/A	电弧电压/V
低碳钢＋白铜	3＋3	对接	BFe5-1	3.0	120	24
低碳钢＋白铜	4＋4	对接	BFe5-1	3.2	140	25
低碳钢＋白铜	5＋5	对接	BFe5-1	4.0	170	26
低碳钢＋白铜	3.5＋12	丁字形	BFe5-1	4.0	280	30
低碳钢＋白铜	5＋12	丁字形	BFe5-1	4.0	300	32
低碳钢＋白铜	8＋12	丁字形	BFe5-1	4.0	320	33

2. 埋弧自动焊

采用埋弧自动焊法焊接碳钢与铜或铜合金时，可大大提高生产率，并可使焊接接头获得良好的质量。

低碳钢与铜或铜合金的板厚大于 10mm 时，可开 V 形坡口，坡口角度为 60°～70°。低碳钢与钢和铜的导热性能相差较大，因此钢和铜两侧坡口角度可不对称，如图 15-13

所示，为了使铜充分熔化，并尽量减少铜的熔化量，焊丝必须偏向钢一侧，距焊缝中心线5～8mm。通常距离为6mm，即可控制焊缝中的含铁量达1.3%～4.0%。距离过小，焊缝含铁量增加；距离过大，不能保证钢母材充分熔化，如图15-14所示，在坡口中加入铝丝，焊接时Al与Fe形成微小的$FeAl_3$质点，可减少Fe的有害作用。由于$FeAl_3$质点能使铜的晶粒粗化，它的塑性提高，延伸率可达20%，冷弯角达180°，而且抗裂性能也明显增加。但添加的铝丝过多(超过三根)时，反而会在铜母材侧的熔合线附近出现气孔和夹杂，而使焊接接头性能降低。接口中加入镍丝，焊缝中含10.92%～12.82%Ni和2%～3.32%Fe(余量为Cu)时，由于Cu-N合金在液态和固态均能无限互溶，在室温下Cu-Ni合金能形成任何成分比例的单相α固溶体，而且Fe还能固溶于Cu-Ni合金之中，可使铜母材侧的熔合线结合得相当牢固，在碳钢母材侧也不会形成中间合金层，因此整个焊接接头的性能明显提高，冷弯角可达180°。

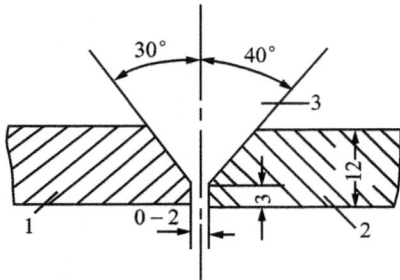

图 15-13 对接接头坡口尺寸

1—低碳钢；2—紫铜；3—坡口

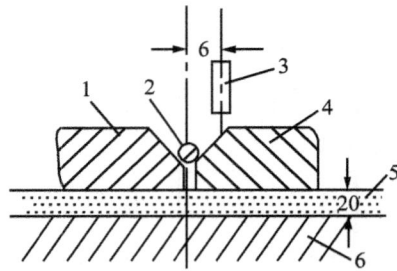

图 15-14 低碳钢与紫铜的接头装配

1—低碳钢；2—躺放焊丝；3—填充焊丝；
4—紫铜；5—焊剂垫；6—平台

由此可见，选用紫铜焊丝，在坡口中添加适量的铝丝或镍丝进行埋弧自动焊时，焊缝能获得成分均匀的Cu-Al-Fe青铜合金和Cu-Ni-Fe白铜合金。选择合适的焊接规范，可实现单面焊双面成形。

低碳钢与紫铜的埋弧自动焊焊接规范如表15-12所示，低碳钢与铜电弧焊接头形式如图15-15所示。

表 15-12 低碳钢与紫铜的埋弧自动焊焊接规范

异种材料名称	接头形式	板厚/mm	填充焊丝	焊丝直径/mm	填充材料	焊接电流/A	电弧电压/V	焊接速度/m·min⁻¹
A3＋T2	对接V形坡口	10＋10	T2	4	1根Ni丝	600～650	40～42	0.2
A3＋T2	对接V形坡口	12＋12	T2	4	2根Ni丝	650～700	42～43	0.2
A3＋T2	对接V形坡口	12＋12	T2	4	2根Al丝	600～650	40～42	0.2
A3＋T2	对接V形坡口	12＋12	T2	4	3根Al丝	650～750	42～43	0.2
A3＋T2	对接V形坡口		T2	4	3根Al丝	700～750	42～43	0.19
A3＋T4	对接	4＋4	T2	2	—	300～360	32～34	0.55

续表

异种材料名称	接头形式	板厚/mm	填充焊丝	焊丝直径/mm	填充材料	焊接电流/A	电弧电压/V	焊接速度/m·min^{-1}
A3＋T2	对接 V 形坡口	6＋6	T2	4	—	450～500	34～36	0.32
A3＋T3	对接 V 形坡口	12＋12	T2	4	1 根 Ni 丝	650～700	40～42	0.2
A3＋T3	对接 V 形坡口	12＋12	T2	4	2 根 Ni 丝	700～750	42～45	0.2
A3＋T3	对接 V 形坡口	12＋12	T2	4	1 根 Al 丝	650～700	40～42	0.2
A3＋T3	对接 V 形坡口	12＋12	T2	4	2 根 Al 丝	700～750	42～45	0.2
A3＋T3	对接 V 形坡口	12＋12	T2	4	3 根 Al 丝	750～780	44～46	0.18

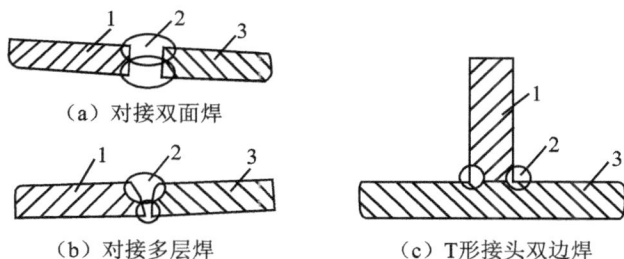

（a）对接双面焊
（b）对接多层焊
（c）T形接头双边焊

图 15-15　低碳钢与铜电弧焊接头形式
1—低碳钢；2—焊缝；3—铜或铜合金

3. 电子束焊

铜与 Q235 低碳钢可直接进行电子束焊接。电子束焊接热能密度大，熔化金属量少，热影响区窄，接头质量高，生产率高。电子束焊时最好采用中间过渡层（Ni-Al 或 Ni-Cu 等）的焊接方法，采用 Ni-Cu 中间过渡层比采用 Ni-Al 中间层的焊接质量好。紫铜与 Q235 钢电子束焊的工艺参数如表 15-13 所示。

表 15-13　Q235 低碳钢与紫铜电子束焊工艺参数

被焊材料	板厚/mm	电子束电流/A	焊接速度/cm·s^{-1}	加速电压/V	中间层金属
Q235＋紫铜	8～10	90～120	1.2～1.7	30～50	Ni-Al 或 Ni-Cu
	12～18	150～250	0.3～0.5	50～60	

>>> 习 题

1. 什么是异种金属焊接的焊接性？

2. 异种金属焊接的主要困难有哪些？

3. 影响异种金属焊接性因素有哪些？

4. 异种珠光体钢焊接特点是什么？

5. 钢与铝及铝合金的焊接特点是什么？

6. 钢与铜及铜合金的焊接特点是什么？

7. 钢与铝及铝合金焊接有哪些焊接方法？

8. 钢与铜及铜合金焊接有哪些焊接方法？

第 16 章   高分子焊接

高分子连接技术可分为机械固定和粘接两种。机械固定可用不同的固定件，如铆钉、弹簧、固定抓、金属嵌入件等。高分子粘接技术包括胶接技术、溶剂（solvent bonding）粘接和焊接技术三大类。机械固定和胶接技术适用于包括金属在内的所有材料，而高分子焊接仅适用于热塑性高分子。

高分子焊接因为要求材料先熔融，然后在焊接表面凝固形成连接，所以主要适用于热塑性高分子。根据焊接过程所用热源的不同，高分子焊接可分为热粘接、摩擦（机械）焊接、电磁焊接、溶剂焊接等。

▶ 16.1   热粘接

热粘接包括热气体焊接、挤出焊接、热工具焊接、感应加热焊接、红外线加热焊接等，而目前应用最广泛的是热工具焊接。

16.1.1   热气焊接

热气焊接广泛用于工业生产中手工制造部分。压缩空气（或惰性气体）经过焊枪中的加热器，被加热到焊接塑料所需的温度，然后，用这种经过预热的气体加热焊件和焊条，使之达到黏稠状态，在不大的压力下，使之接合，这种焊接方法称为热气焊接或热风焊接。此法与金属的气焊颇为相似，只是无须让焊条熔融成珠粒。在焊接过程中，热性填料棒被插入焊接处，然后被加热到软化直至将工件融合。

热气焊接最大优点是工具简单、价廉、操作费用低，通用性强，不仅能焊接轻型制件，也能焊接重型设备。通常用于大尺寸储槽、管件、管道以及热塑性高分子膜的密封。热气焊接适用于厚度大于 1.5mm 的材料，包括板、管等。手工热气焊接，最适用于角、短缝、小半径弧形接头等难焊接头。主要用于聚氯乙烯、聚乙烯、聚丙烯、聚甲醛、聚酰胺等塑料的焊接，也可用于聚苯乙烯、ABS、聚碳酸酯、聚四氟乙烯等塑料的焊接。近年来，热气焊接已逐渐被其他高生产率的焊接方法所替代，当不能使用别的焊接方法时，才使用此法。

热气焊接的主要设备，是由供气系统、焊枪、调压变压器及其他附属设备组成，如图 16-1 所示。所用的气体，随焊件的种类而异。对于 PVC 用空气，而聚乙烯、聚丙烯等因易氧化，最好用氮气或二氧化碳。图 16-2 为热气焊枪的结构。图 16-3 为热气焊方法示意图。

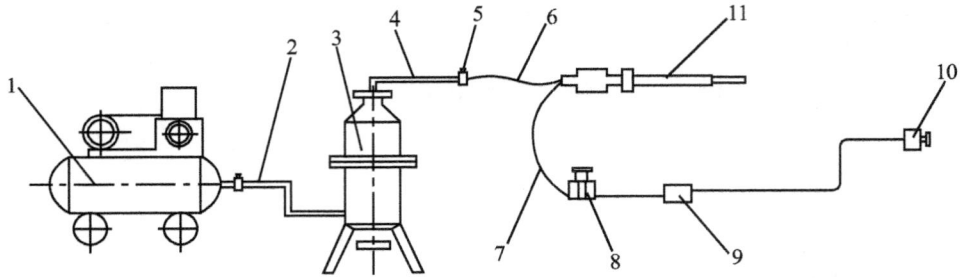

图 16-1　热气焊接的设备及配置情况

1—空气压缩机；2，4—输氧管；3—过滤器；5—气流阀；6—输气管；

7—电线；8—调压变压器；9—漏气自动切断器；10—插头；11—焊枪

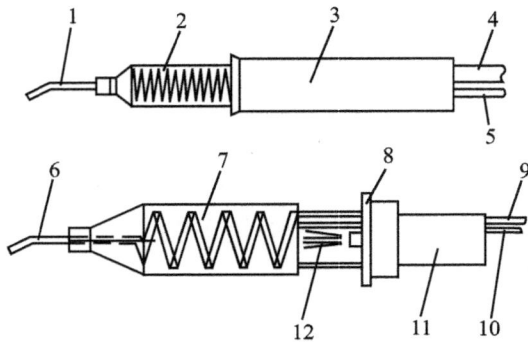

图 16-2　热气焊枪结构

1—可换式喷口；2—电加热丝；3—把手；4—压缩气体入口；5—引线；6—可换式喷口；

7—蛇形管；8—隔热板；9—压缩空气入口；10—燃气入口；11—把手；12—火焰

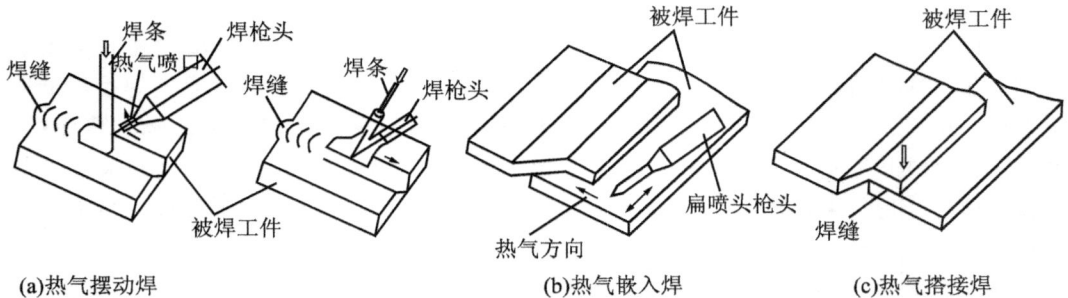

(a)热气摆动焊　　　　　　　　　(b)热气嵌入焊　　　　　　(c)热气搭接焊

图 16-3　热气焊方法示意

→加压方向；→焊接方向

　　热气焊接的焊缝强度，主要取决于焊件和焊条的塑料种类、焊缝结构、待加工面的机械加工质量和焊接技术。

16.1.2　挤出焊接

　　挤出焊接类似热气体焊接，与其不同的在于热塑性填料是被挤出到焊接处，利用一挤出机代替焊枪。利用挤出机挤出的熔料作为填充材料，填充到工件的坡口上，利用机械操作的压具对填充材料施加一定的压力，如图 16-4 所示。该法的优点是生产效率高，焊接质量好，适于大型工件组装的自动焊接。

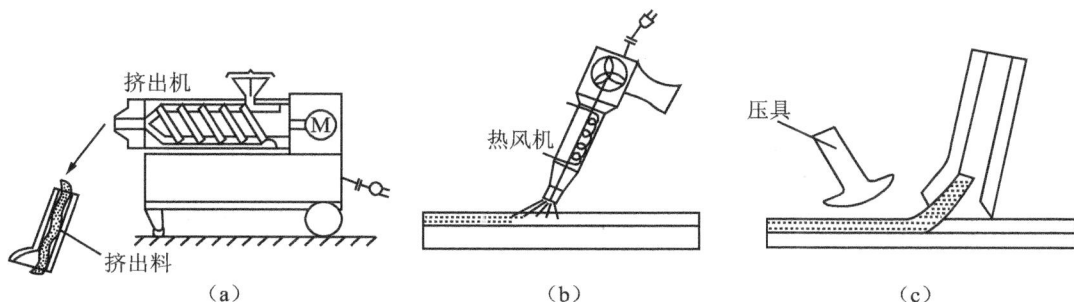

图 16-4　塑料挤塑焊示意

16.1.3　加热工具焊接

利用加热工具，如热板、热带或烙铁等，对被焊接的两个塑料表面直接加热，直至其表面层发生足够的融化，抽开热工具并立刻将两个表面压拢，直到融化部分冷却、硬化，使塑料部件彼此连接，这种焊接方法称为加热工具焊接。此法主要适用于焊接聚乙烯、聚丙烯、聚苯乙烯、聚碳酸酯、ABS、有机玻璃、氟塑料等。就制品而言，适用于焊接管、棒、板、型材、薄膜等。

为了工作需要，加热工具的形状有一定变化。焊接设备有简单手提轻便式的，也有全自动固定式的。加热工具一般由铜、铜或铝制成。为防止被焊塑料融化而玷污加热工具，工具表面通常镀镍或涂有聚四氟乙烯。镀镍或覆盖涂层还可以避免铜或钢的工具在高温下促使某些塑料的降解。加热工具一般可随焊接不同塑料而控制在一定温度范围内。

焊接聚甲基丙烯酸甲酯为 $320 \sim 350℃$；高密度聚乙烯为 $200 \sim 205℃$；低密度聚乙烯为 $150 \sim 200℃$；增塑聚氯乙烯为 $160 \sim 180℃$。压向焊接处的压力为 $0.02 \sim 0.08MPa$。压拢时，结合处的气泡应完全排除，以保证焊缝的强度。加热时间一般为 $4 \sim 10s$。自然热工具移出至被焊接部件接合的时间，最好不超过 1s，时间愈长，焊接强度愈低。

16.1.4　感应加热焊接

将金属嵌件放在被焊接的塑料表面之间，并以适当的压力保护暂时结合在一起，随后将其置于高频磁场内，使金属焊件因感应生热致使塑料融合而接合，冷却后即为焊接制品，此法称为感应焊接，是迅速而多样化的焊接方法之一。对有些焊件只需 1s 的焊接时间，一般焊件需要 $3 \sim 10s$。此法适用于热塑性塑料。

金属焊件可以是冲制的薄片、标准金属嵌件或其他形状的金属。采用此法可以得到理想的焊接效果。图 16-5 给出了感应焊接的示意图。

设计焊面结构时，主要考虑使压力均

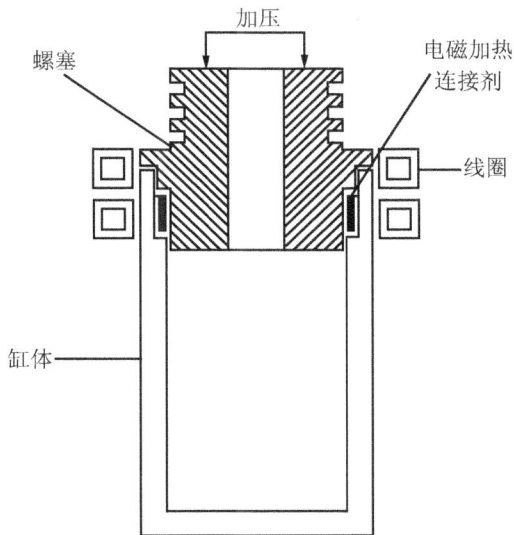

图 16-5　感应加热焊示意

匀分布在整个焊件上，所施压力愈大，塑料与金属件之间的接触愈紧。感应焊接不但可以用来焊接一般的热塑性材料，而且可焊接难以用其他加热焊焊接的高熔点工程塑料，例如乙缩醛、改性聚苯醚、聚碳酸酯等。

▶ 16.2　摩擦（机械）焊接

摩擦焊接是通过工件之间的相对运动来产生足够的热，从而使两工件表面在一定压强作用下融合在一起。当相对运动停止后，熔融高分子层固化，形成连接。旋转焊接、超声波焊接和振动焊接是3种主要的摩擦焊接方式。

16.2.1　旋转焊接

旋转焊接是通过工件间的旋转摩擦完成的。因为热塑性高分子热传导性差，旋转能即刻在两工件表面摩擦产生足够的热量来完成焊接，而焊接面以下部分的温度仍保持不变。该方法的优点在于其技术简单，速度快。其主要缺点在于仅限于不要求角向校准的圆形表面焊接，而且软化的材料可能在焊接未完成以前被挤出焊接表面。为了避免过热和维持适合的压强，旋转焊接周期应足够长以使融合完成。融合时间过短会造成内应力，从而影响焊接件的拉伸和冲击性能。旋转焊接广泛用于组装设备把手、瓶子部件、工具手柄、容器端盖、管件以及管件连接件等。

旋转焊接时两个工件必须具有一定的刚度，以防止接头在轴向压力的作用下失稳。两个工件中应至少有一个具有回转截面。两个连接表面上分别开出一定形式的凹槽和凸槽，以增大摩擦面，引导工件并隐藏飞边。图16-6给出了旋转焊接典型的接头形式。

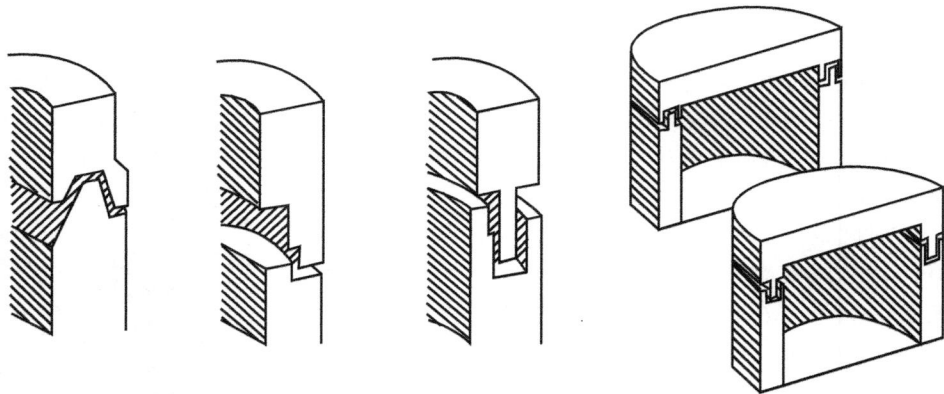

图 16-6　旋转焊接的典型接头形式

旋转焊接时不可避免要产生飞边，而塑料产品一般要求外观光滑，因此在接头上设计飞边槽，使飞边产生在内部。但是，飞边槽会降低接头强度，因此，如果接头强度要求较高，应选择焊后去除飞边的方法。

影响接头质量的焊接参数主要有转速、摩擦时间、轴向压力、摩擦停止后的压力保持时间等。这些参数的选择为：转速200～14 000r/min，摩擦时间0.1～2s、轴向压力1～7MPa，其中最主要的参数为转速，焊接时应根据工件材料的类型及直径进行选择，所选的转速以摩擦表面恰好达到塑料的发黏温度为宜。表16-1给出了各种热塑性塑料的发黏温度，该温度值不但可用于选择摩擦焊接的转速，而且对于确定其他加热焊方法的参数也有指导意义。

表 16-1　各种热塑性塑料的发黏温度

塑料	热板表面温度/℃	塑料	热板表面温度/℃
乙烯、乙烯树脂、乙酸盐酯	66	醋酸纤维素	132
PVC	77	聚碳酸酯	135
高密度聚苯乙烯	82	聚乙烯	138
高密度 ABS	93	丙烯酸树脂	160
乙缩醛	116	聚砜	163
聚氨基甲酸乙酯	118	PET	177
SAN	121	PES	221
聚丙烯	127	氟塑料	332

16.2.2　超声波焊接

塑料超声波焊接原理如图 16-7 所示。焊接时两个声极之间施加一定的静压力，超声波弹性振动能量由垂直方向导入工件，使焊件之间发生谐波振动，这种高频机械振动能量被转化为热能，而静压力则促进了软化表面的紧密结合。焊接过程中，由于塑料接合面对弹性能量的吸收远远超过塑料内部吸收的能量，只是接合接口发热并熔化，因此，焊缝的热量影响区很小。此外这种方法具有接头强度高、污染小、焊接速度快等特点。

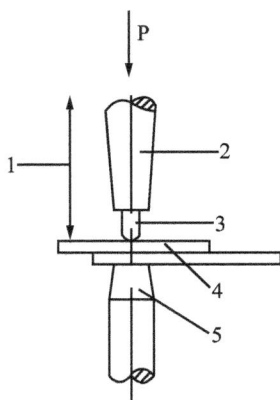

图 16-7　塑料超声波焊接原理
1—振动方向；2—聚能器；3—上声极；4—塑料工件；5—下声极

超声波焊接不能用于热固性塑料的焊接，只能焊接热塑性塑料。超声波可焊接的材料有聚氯乙烯、有机玻璃、聚乙烯、氯乙烯、尼龙、聚苯乙烯、聚酰胺、ABS、涤纶、聚碳酸酯等。焊接尼龙或者聚碳酸酯时，应预先对工件进行干燥处理，去除其上面的湿气，防止气孔产生。超声波还可焊接异种塑料，表 16-2 给出了可焊接的异种材料匹配。超声波焊机还可用于在胶接时对加热可熔型胶进行加热和养护。

表 16-2　可焊接的异种材料匹配

项目	ABS	ABS/聚碳酸酯合金	ABS、PVC合金	乙缩醛	丙烯酸树脂	丙烯酸共聚物	丙烯酸/PVC合金	ASA	丁酸盐酯	纤维素	改性次苯基氧	尼龙	聚碳酸酯	聚乙烯	聚酰亚胺	聚丙烯	聚苯乙烯	聚砜	PPO	PVC	SAN-NAS
ABS	○	○	△	×	○	△	△	△	△	×	×	×	×	×	×	×	△	×	×	×	△
ABS/聚碳酸酯合金	○	○	△	×	△	△	△	△	×	×	×	×	×	×	×	×	×	×	×	×	△
ABS，PVC合金	△	△	△	×	△	△	△	△	×	×	×	×	○	×	×	×	×	×	×	△	×
乙缩醛	×	×	×	○	×	×	×	×	×	×	×	×	×	×	×	×	×	×	×	×	×
丙烯酸树脂	○	△	△	×	○	△	△	△	△	×	×	×	×	×	×	×	×	×	×	×	×
丙烯酸共聚物	△	△	△	×	△	○	△	△	×	×	×	×	×	×	×	×	×	×	×	×	×
丙烯酸/PVC合金	△	△	△	×	△	△	○	△	×	×	×	×	×	×	×	×	×	×	×	△	×
ASA	△	△	△	×	△	△	△	○	×	×	×	×	×	×	×	×	×	×	×	×	×
丁酸盐酯	△	×	×	×	×	×	×	×	○	×	×	×	×	×	×	×	×	×	×	×	×
纤维素	×	×	×	×	×	×	×	×	×	○	×	×	×	×	×	×	×	×	×	×	×
改性次苯基氧	×	×	×	×	×	×	×	×	×	×	○	×	×	×	×	×	△	×	○	×	△
尼龙	×	×	×	×	×	×	×	×	×	×	×	○	×	×	×	×	×	×	×	×	×
聚碳酸酯	×	○	△	×	×	×	×	×	×	×	×	×	○	×	×	×	×	×	×	×	×
聚乙烯	×	×	×	×	×	×	×	×	×	×	×	×	×	○	×	×	×	×	×	×	×
聚酰亚胺	×	×	×	×	×	×	×	×	×	×	×	×	×	×	○	×	×	×	×	×	×
聚丙烯	×	×	×	×	×	×	×	×	×	×	×	×	×	×	×	○	×	×	×	×	×
聚苯乙烯	△	△	×	×	△	×	×	×	×	×	△	×	×	×	×	×	○	×	○	×	×
聚砜	×	×	×	×	×	×	×	×	×	×	×	×	×	×	×	×	×	○	×	×	×
PPO	×	×	×	×	×	×	×	×	×	×	○	×	×	×	×	×	○	×	○	×	×
PVC	×	×	△	×	×	×	△	×	×	×	×	×	×	×	×	×	×	×	×	○	×
SAN-NAS	△	△	×	×	×	×	×	×	×	×	△	×	×	×	×	×	×	×	×	×	○

注：○——焊接性能最好；△——焊接性能较好；×——焊接性能差

根据接头形式，塑料超声波焊接可分为点焊、缝焊、线焊及面焊等几种。

塑料超声波焊机的基本部件与金属超声波焊机相似，由超声波电源、换能系统（锆酸钛压电换能器）、聚能器、时间及程控器、加压及夹持机架等部件组成。

与其他焊接方法相比，塑料超声波焊接有如下主要优点：

1）加热区限于表面，对塑料性能热影响小，不会出现过热现象；

2）因为加热集中在表面，故生产效率高；

3）可在难焊接位置焊接各种形状截面的焊件；

4）由于能量可单侧加入，因此可在远离超声波振荡器的位置操作；

5)由于采用高频电流,非常安全;

6)容易实现自动化。

16.2.3　振动焊接

振动焊接也是通过连接表面之间相互摩擦生成的热量进行焊接的。与旋转焊接不同的是,摩擦沿着表面方向进行线性摩擦;与超声波焊接不同的是,振动频率较低,只有 120~240Hz。振动是通过两个工件之间的线性相对运动产生的,直线摩擦非常灵活,可焊接形状复杂的、尺寸较大的零件,这是其他塑料焊接方法所不能实现的。

振动焊接的主要焊接参数是振动幅度、振动频率、焊接压力及焊接时间。振动频率选择范围在 120~240Hz 之间。振动幅度一般不大于 5mm,振动频率较大时以及第一零件焊接到凹槽中时,振动幅度均应选得小一些。焊接高熔点热塑性塑料时,振动幅度一般选择为 0.5mm。焊接压力一般选择在 1.4~1.75MPa 之间。当工件表面熔化后降低压力,使尽可能多的融化的塑料保留在连接区域中,提高接头的强度。振动焊接所需要的时间取决于塑料工件的熔点,熔点越高,所需的时间越长,一般在 1~10s 之间,而凝固时间一般小于 1s。缩短焊接时间不但可以提高生产率,还可以提高接头强度。

工件之间应留出适当的空隙,以便产生相对运动,夹具应支撑整个连接部位,防止产生挠曲。如果工件的壁厚不是很大,一般应设有凸缘,以提供足够大的刚性及连接面积。振动焊接的接头形式如图 16-8 所示。

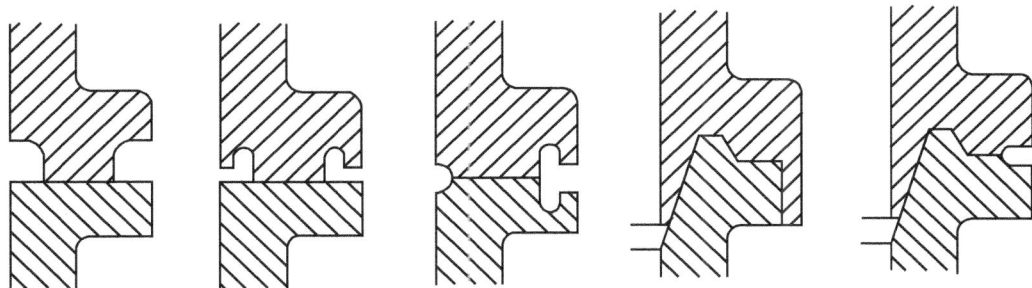

图 16-8　塑料振动焊接的典型接头形式

几乎所有的热塑性塑料均可通过振动焊接进行焊接。最适合于焊接注射模压成形或压制成形的工程热塑性塑料有乙缩醛、尼龙、聚乙烯以及聚丙烯树脂等。振动焊接还可焊接含氟聚合物、聚酯弹性体等超声波不能焊接的塑料。这种焊接方法已广泛用于汽车工业、塑料压力容器制造业。

▶ 16.3　溶剂焊接

溶剂焊接是通过工件的溶解而实现连接的焊接方法。利用适当的溶剂软化、溶解被连接表面,同时扩散到表层之下的溶剂增大了聚合物分子链的运动自由度,通过施加一定的压力,软化的塑料发生流动,两个工件中的大分子之间相互混合和扩散,继续保持适当的压力,溶剂完全蒸发后形成牢固的接头。溶剂焊接是连接非定性塑料的最简单、最经济的方法。

16.3.1 常用的溶剂

溶剂必须满足如下几个要求：

1)要求有足够的活性，能够使连接表面上的塑料均匀地溶解；

2)溶剂应具有较快的挥发速度；

3)溶剂应无毒，或毒性很小。

溶剂与塑料的溶解度参数越接近，溶剂对塑料的溶解性越好，因此通常根据溶解度参数来选择溶剂，如果没有适当的单质溶剂，则可配制混合溶剂。表 16-3 给出了焊接常用塑料的溶解度参数。表 16-4 给出了溶剂焊接常用溶剂的溶解度参数。

表 16-3 常用塑料的溶解度参数

塑料	溶解度参数	塑料	溶解度参数	塑料	溶解度参数
聚苯乙烯	8.6～9.1	硝酸纤维素	9.7～11.5	PET	10.7
聚氯乙烯	9.5～9.7	聚氨酯	10.0	PVC-EVA	10.4
PMMA	9.3	乙基纤维素	10.3		
醋酸纤维素	10.4～11.3	尼龙 66	13.6		

表 16-4 溶剂焊接常用溶剂的溶解度参数

溶剂	溶解度参数	溶剂	溶解度参数
水	23.2	醋酸乙酯	9.1
甲醇	14.5	醋酸甲酯	9.6
乙醇	12.7	乙二醇碳酸酯	14.5
正己烷	7.3	三氯乙烯	9.2
环己烷	8.2	甲酮	9.3
全氟环己烷	5.6	丙酮	10.0
1，1，1-三氯乙烷	8.3	环己酮	9.9
二噁烷	10.0	甲苯	8.9
硝基甲烷	12.6	硝基苯	10.0
四氯化碳	8.6	二甲替甲酰胺	12.1
氯仿	9.6	苯酚	14.5
二硫化碳	10.0	四氢呋喃	9.9
醋酸戊酯	8.5	二亚甲砜	13.4

16.3.2 溶剂焊接的适用范围

大部分热塑性塑料均可用溶剂焊接来连接。只有一些表面无极性的热塑性塑料，如聚乙烯、聚丙烯、氟塑料等，不用溶剂法进行焊接。另外这种方法还可将塑料连接到多孔的非塑料表面上。溶剂焊可采用单一溶剂、混合溶剂或者溶剂与胶粘剂的混合物。溶剂与胶粘剂的混合物通常是在溶剂中加入与被焊材料同质的或相容的聚合物，并加入适当的引发剂、促进剂、增塑剂后形成的，这种混合物不但可促进聚合，而且还可减少收缩程度，增加接头的密封性，防止龟裂。龟裂主要是因为塑料内部的残余应力在溶剂的作用下得到释放引起的，这种应力大多数是在成形加工中形成的。表 16-5 给出了可用溶剂焊接的塑料及其可选用的溶剂，其溶剂的代号含义见表 16-6 所示。

表 16-5　可用溶剂焊接的塑料及其可选用的溶剂

塑料＼溶剂	23	24	25	26	27	28	29	30	31	32	33	34	35	36	37	38	39	40	41	42	43	44	45	46	47	48	49	50	51	52	53	54	55	56	57	58
ABS																				○				○	○							○				○
CA		○		○	○	○	○					○								○				○												
CAB	○	○	○	○	○	○	○		○		○	○		○						○	○															
CP							○					○								○				○												
CN	○											○								○				○												
EC												○	○	○																		○				
PA	○																																			
PMMA														○						○	○	○			○											
PC														○	○					○			○							○						
PS												○		○						○		○		○			○		○					○	○	
PVC/PVCA		○								○	○									○				○	○		○	○		○	○					
SAN					○							○												○												
S/B	○																							○	○											
PVAL																○																				
聚苯醚									○	○				○																○				○	○	○
改性聚苯醚									○											○		○									○		○			
均聚甲醛															○					○																
共聚甲醛																		○																		
聚芳醚																				○				○												
PBT																		○	○																	
PET																		○																		
聚砜																				○																

○—可溶解；未填充表示不能溶解。

注：ABS—丙烯腈—丁二烯—苯乙烯共聚物；CA—乙酸纤维素；CAB—乙酸-丁酸纤维素；CP—硝酸纤维素；EC—乙基纤维素；PA—聚酰胺（尼龙）；PMMA—聚甲基丙烯酸甲酯；PC—聚碳酸酯；PS—聚苯乙烯；PVC—聚氯乙烯；PVCA—醋酸乙烯；SAN—苯乙烯/丙烯腈共聚物；S/B—苯乙烯/丁二烯共聚物；PVAL—聚乙烯醇；PBT—聚对苯二甲酸丁二酯

表 16-6　溶剂和混合溶剂代号的含义

代号	溶剂	代号	溶剂
23	冰乙酸	41	乙酸甲酯
24	丙酮	42	二氯甲烷
25	40％丙酮：40％乙酸乙酯：20％CAB	43	60％二氯甲烷：40％甲基丙烯酸甲酯单体
26	90％丙酮：10％乳酸乙酯	44	50％二氯甲烷：50％甲基丙烯酸甲酯单体
27	80％丙酮：20％乙酸甲氧乙酯	45	85％二氯甲烷：15％三氯乙烯
28	70％丙酮：30％乙酸甲酯	46	甲基乙基酮（MER）
29	50％乙酸丁酯：30％丙酮：20％乙酸甲酯	47	甲基乙丁基酮（MIBK）
30	40％乙酸丁酯：60％甲基丙烯酸甲酯单体	48	甲基丙烯酸甲酯单体
31	氯仿	49	四氯乙烷
32	95％氯仿：5％四氯化碳	50	四氯乙烯
33	环己烷	51	80％四氢呋喃：20％环己醇
34	乙酸乙酯	52	甲苯
35	80％乙酸乙酯：20％乙醇	53	90％：10％乙醇
36	二氯乙烯	54	50％甲苯：50％甲基乙基酮
37	50％二氯乙烯：50％二氯甲烷	55	1，1，2-三氯甲烷
38	15％甘油：85％水	56	三氯乙烯
39	六氟丙酮倍半水合物	57	二甲苯
40	六氟异丙醇	58	75％二甲苯：25％甲基异丁基酮

▶ 16.4　高分子的焊接质量测试

　　焊接质量可能受一个或多个因素的影响，如不完全粘接、热降解、孔隙形成和过细或过薄的焊接。有些焊接很有可能看上去不错，但实际上易以脆裂方式破裂。

16.4.1　破坏性测试

　　常规测试都是以牺牲样本作代价的。测试方法包括拉伸应力测试、应力开裂测试、冲击测试、疲劳测试等。

　　1）通过拉伸应力测试可以得到两个参数：断裂生长百分比和焊接因子。焊接因子是焊接后材料的屈服强度与材料本体强度的比值。对满意的焊接，测试样品应有较高的断裂生长百分比和接近于1的焊接因子。为了评估焊接质量而不受焊渣影响，焊渣应于测试前用机械方法除去。近来，拉伸实验得到的焊接因子因其方便性被广泛用于评估焊接质量。

　　2）应力开裂测试广泛用于预测连接管件在工作条件下的开裂行为。即在稳定的周围温度下，测量承受一定内应力的连接管件的破裂时间。开裂测试的优点在于其测试条件类似其使用条件。其缺点在于费时，成本高，仅适用于管件连接。

　　3）通常有几种冲击测试方式，如简支梁式摆锤冲击试验、悬臂梁式摆锤冲击试验、落球和拉伸冲击试验等。通常记录能量损失、破坏类型及位置以评估焊接质量。

4)疲劳测试是在高温下通过周期性应力加载检测焊接质量,从而评估在工作条件下焊接的寿命期。

16.4.2 非破坏性测试

适用于高分子材料连接的非破坏性测试方法包括:超声波测试、放射线测试、低频振动测试和热成像测试等。最佳测试方法的确定取决于焊接缺陷的尺寸、测试结构的尺寸以及测试环境。

1)超声波测试或者采用单传感器脉冲-回声模式,或者采用双传感器穿透-发射模式。无论采用何种模式,因为在气固材料之间存在严重阻抗不匹配,所以须要用液体或固体介质来耦合传感器和测试结构。这可通过浸没探头或运用喷射探头系统实现。该法比 X 射线测试更灵敏,且不会损坏高分子材料。

2)基于材料吸收特性的不同,X 射线可用来测试大的缺陷,如孔隙、缩孔、裂缝以及包涵物等。但因为在增强复合材料中树脂和碳纤维的吸收特性非常接近,所以不能用此方法来测试纤维体积分率和堆积规律。而玻璃和硼增强复合材料则适合用 X 射线测试方法。

3)低频振动测试是用振动激发和测量来测试结构的整体性。根据测量特征的不同,可采用全局或局部测量技术。这些方法能用来快速区分多层结构的堆积规律和具有明显不同模量的纤维种类。然而,为了检测局部缺陷,如孔隙和分层,需要有很高灵敏度和低噪声的与外界振动相隔绝的测试环境,相应设备成本高。

4)热成像测试包括主动和被动两和模式。主动模式是指或在疲劳机或用共振振动来施加周期性应力到测试结构上以产生热量。被动模式是指监控测试结构对加热或冷却转换的反应。通常用红外照相机监控结构表面,缺陷的存在通过温度分布异常得到反映。热成像测试对大面积结构提供快速测试方式。然而,其设备成本高,且其灵敏度不如超声波测试。

>>> 习题

1. 热气焊接包括哪几种焊接类型?

2. 摩擦焊接的基本原理是什么?包括哪几种类型?

3. 振动焊接的主要焊接参数有哪些?

4. 溶剂焊接时溶剂选择的依据是什么?

参考文献

1. 中国机械工程学会焊接学会. 焊接手册(第1卷 焊接方法及设备). 北京：机械工业出版社，2001

2. 中国机械工程学会焊接学会. 焊接手册(第2卷 材料的焊接). 北京：机械工业出版社，2001

3. 任家烈，吴爱萍. 先进材料的连接. 北京：机械工业出版社，2000

4. 李亚江，王娟. 异种难焊材料的焊接及应用. 北京：化学工业出版社，2004

5. 李亚江，王娟. 有色金属焊接及应用. 北京：化学工业出版社，2006

6. 李亚江. 特殊及难焊材料的焊接. 北京：化学工业出版社，2003

7. 周兴中. 焊接方法与设备. 北京：机械工业出版社，1990

8. 顾曾迪. 铝及铝合金的焊接. 北京：机械工业出版社，1983

9. 沈世瑶. 焊接方法与设备(第三分册). 北京：机械工业出版社，1982

10. 李亚江，王娟. 特种焊接技术及应用. 北京：化学工业出版社，2004

11. 李志远，钱乙余. 先进连接方法. 北京：机械工业出版社，2000

12. 陈祝年. 焊接工程师手册. 北京：机械工业出版社，2002

13. 周振丰，张文钺. 焊接冶金与金属焊接性. 北京：机械工业出版社，1988

14. 英若采. 熔焊原理及金属材料焊接. 北京：机械工业出版社，2000

15. 熊腊森. 焊接工程基础. 北京：机械工业出版社，2002

16. 美国焊接学会. 韩鸿硕，张桂清等译. 焊接新技术. 北京：宇航出版社，1987

17. 周振丰. 焊接冶金学(金属焊接性). 北京：机械工业出版社，2000

18. 潘春旭. 异种钢及异种金属焊接. 北京：人民交通出版社，2000

19. 曾乐. 现代焊接技术手册. 上海：上海科学技术出版社，1993

20. 刘中青，刘凯. 异种金属焊接技术指南. 北京：机械工业出版社，1997

21. 中国机械工程学会焊接学会. 焊接手册：第3卷. 北京：机械工业出版社，2001

22. 愈尚智. 焊接工艺人员手册. 上海：上海科学技术出版社，1991

23. 吴祖乾. 低合金钢厚壁压力容器焊接. 上海：上海科学技术文献出版社，1982

24. 机械工程学会焊接分会. 焊接词典. 北京：机械工业出版社，1998

25. 成都电焊机研究所. 全国电焊机产品样本. 北京：机械工业出版社，1996

26. 中国机械工程学会焊接学会电阻焊专业委员会. 电阻焊理论与实践. 北京：机械工业出版社，1994

27. 赵熹华，冯吉才. 压焊方法及设备. 北京：机械工业出版社，2007

28. 朱正行. 电阻焊技术. 北京：机械工业出版社，2001

29. 雷雨成，陈希章，朱强. 金属材料焊接工艺. 北京：化学工业出版社，2007

30. 邹家生. 材料连接原理与工艺. 哈尔滨：哈尔滨工业大学出版社，2005

31. 赵熹华. 焊接方法与机电一体化. 北京：机械工业出版社，2001

32. 赵熹华. 压力焊. 北京：机械工业出版社，1997

33. 毕惠琴. 焊接方法及设备（第二分册）——电阻焊. 北京：机械工业出版社，1981

34. 邹僖. 钎焊. 北京：机械工业出版社，1989

35. 雷雨成，陈希章，朱强. 金属材料焊接工艺. 北京：化学工业出版社，2007

36. Erich Folkhard. Welding Metallurgy of Stainless Steels. New York：Springer-Verlag World Publishing Corp.，1990

37. 张文钺. 焊接物理冶金. 天津：天津大学出版社，1991

38. Kah D H and Dickinsion D W. Weldability of Ferriteic Stainless Steel. Welding Journal，1981，60(8)：135～142

39. 李亚江，张永兰. Cr18Mo2 铁素体钢焊接热影响区组织结构特征. 焊接学报，1995(16)，3：130～134

40. 钱在中. 焊接技术手册. 太原：山西科学技术出版社，1999

41. 邹增大，李亚江，孙俊生. 焊接材料、工艺及设备手册. 北京：化学工业出版社，2001

42. 傅积和，孙玉林. 焊接数据资料手册. 北京：机械工业出版社，1996

43. 陈伯蠡. 金属焊接性基础. 北京：机械工业出版社，1982

44. 张子荣. 焊接材料简明选用手册. 北京：机械工业出版社，1997

45. 周振丰，张文钺，焊接冶金与金属焊接性. 北京：机械工业出版社，1987

46. 尚盈宇. 灰口铸铁的冷焊工艺. 现代焊接，2008(02)

47. 李军. 铸铁零件的常用焊接方法. 汽车维修，2006(01)

48. 孔海旺，刘兰平. 铸铁焊接性能与工艺的分析讨论. 铸造设备研究，2001(05)

49. 王云程，胡云岩. 灰口铸铁焊接的现状及焊接方法的选择. 汽车工艺与材料，1997(11)

50. 马宏程，王振毅. 浅谈灰口铸铁的焊接方法及工艺要点. 硅谷，2010(06)

51. 王宗杰. 熔焊方法及设备. 北京：机械工业出版社，2007

52. 刘会杰. 焊接冶金与焊接性. 北京：机械工艺出版社，2007

53. 中国机械工程学会焊接学会. 焊接手册. 北京：机械工业出版社，2003

54. 姜焕中. 电弧焊及电渣焊. 北京：机械工业出版社，1988

55. 殷树言，张九海. 气体保护焊工艺. 哈尔滨：哈尔滨工业大学出版社，1989

56. 张修智，殷树言，赵崇仪. 气体保护焊. 北京：电力工业出版社，1982

57. 王震澄，郝廷玺. 气体保护焊工艺与设备. 北京：国防工业出版社，1982

58. http://www.gi-hoy.com/news_view.asp?id=80

59. http://www.looge.com/news/11C5982-8871195.html

60. 余普军，中国先秦钎焊技术发展规划的探讨. 自然科学史研究，2009(01)

61. 杨春利，林三宝. 电弧焊基础. 哈尔滨：哈尔滨工业大学出版社，2003

62. 李昌梅. CO_2 气体保护焊在汽车焊姜中的应用. 现代制造技术与装备，2006(05)：43～45

63. 贾航. CO_2 气体保护焊在 $4000m^3$ 球罐中的应用. 石油化工设备，2007，36：81～84

64. 王小妹，阮红文. 高分子加工原理与技术. 北京：化学工业出版社，2006

65. 陈茂爱，陈俊华，高进强. 复合材料的焊接. 北京：化学工业出版社，2005

66. 王平. 高分子焊接技术及焊接性能评估. 重庆工学院学报，Vol. 17，No. 4，2003

67. 王平. 高分子连接技术的研究应用. 表面技术，Vol. 33，No. 2，2004

68. 金普军，秦颖，胡雅丽等. 湖北九连墩楚墓出土青铜器钎焊材料的分析. 焊接学报，2007，Vol. 11

69. http://www.heyidl.com/NewsView.asp? ID＝36

70. http://www.doc88.com/p-03947990100.html

71. http://bbs.yingchengnet.com/home/space.php? uid＝43287&do＝blog&id＝11338

72. 刘玉东. 小议现代焊接工艺中常用的几种铝合金焊接方法. 今日科苑. 2008，6：62

73. 季杰，马学智. 铜及铜合金的焊接. 焊接工艺. 1999，2：13

74. 秦晓旭. 铜合金等离子弧焊接温度场的数值分析及试验研究. 河北工业大学. 2008

75. 任萍. ZTC4钛合金电子束焊接机理及焊接工艺研究. 沈阳工业大学. 2006

76. 元恒新. 焊接材料及工艺对铝合金焊接性能的影响. 重庆大学. 2006

77. 李妙珍. 关于铝及铝合金的焊接工艺浅析. 轻金属. 2007，9：66

78. 韩彩霞，张柯柯，杨蕴林等. 钢与铜及铜合金的焊接研究现状. 热加工工艺. 2003，6：53